“十四五”国家重点
出版物出版规划项目

机械工程前沿著作系列 HEP MEF
HEP Series in Mechanical Engineering Frontiers

先进制造与智能制造前沿技术丛书

移动式工业机器人制造系统

YIDONGSHI GONGYE JIQIREN ZHIZAO XITONG

Mobile Industrial Robot Manufacturing System

张加波　乐　毅　等　编著

中国教育出版传媒集团
高等教育出版社 · 北京

内容提要

航空航天等领域重大装备研发是推进我国制造业高质量发展，加快建设制造强国、航天强国的重要战略任务之一。龙门式数控机床等传统加工方式在进行大型构件加工时面临诸多瓶颈问题，而以移动式工业机器人为代表的智能化加工单元正逐步成为大型化、整体化制造的新趋势。实践证明，优化移动式工业机器人机械结构、采用新的定位与测量技术，并通过工艺过程设计与软件系统优化，可以显著提高机器人的精度和智能化。这种全新的制造方式可以在大幅降低成本的同时提高效率。本书针对航空航天等高端制造领域大型构件面临的加工难题，对移动式工业机器人制造系统进行了系统研究。全书共五篇，概述了移动式工业机器人的发展历程、研究现状和发展趋势，系统介绍了移动式工业机器人的组成、控制架构及工艺规划与仿真等，以及其在航天器、卫星等大型构件加工制造方面的具体应用，表明我国移动式工业机器人制造系统的技术和性能已达到国际领先水平。

本书适合具有一定工程基础的机械制造、机器人等领域相关专业的本科生和研究生阅读，亦可供智能制造领域相关研发人员和行业工程师扩展阅读与参考。

图书在版编目（CIP）数据

移动式工业机器人制造系统 / 张加波等编著 . 北京 : 高等教育出版社 , 2024.12. -- (先进制造与智能制造前沿技术丛书). -- ISBN 978-7-04-062997-2

Ⅰ. TP242. 2

中国国家版本馆 CIP 数据核字第 2024Y80V72 号

策划编辑 刘占伟　　责任编辑 张　冉　　封面设计 杨立新　　版式设计 杜微言
责任绘图 于　博　　责任校对 高　歌　　责任印制 沈心怡

出版发行	高等教育出版社	咨询电话	400-810-0598
社　　址	北京市西城区德外大街4号	网　　址	http://www.hep.edu.cn
邮政编码	100120		http://www.hep.com.cn
印　　刷	涿州市星河印刷有限公司	网上订购	http://www.hepmall.com.cn
开　　本	787mm× 1092mm 1/16		http://www.hepmall.com
印　　张	20.75		http://www.hepmall.cn
字　　数	440 千字	版　　次	2024 年 12 月第 1 版
插　　页	5	印　　次	2024 年 12 月第 1 次印刷
购书热线	010-58581118	定　　价	129.00 元

物 料 号　62997-00

序

十年前, 我们面临一个技术难题: 如何对大型构件上巴掌大小的特定区域进行精密加工? 制造一台庞大的专用机床似乎既不符合经济效益, 也不切实际。自然界中, 蜜蜂、织布鸟筑巢, 啄木鸟啄木都有个共同特征: 移动定位 + 局部精细作业。人类创造发明的机器人是否也可以遵循这样的规律?

我们构想了一种灵活的装置——一辆能自如移动的小车, 搭载着能够自由伸缩的机械臂, 末端装配着加工所需的刀具。这一创新设计, 旨在实现精准、高效的加工功能。为了将这一设想付诸实践, 我们广泛查阅了国内外的相关文献, 自此踏上了移动式工业机器人系统探索之旅。

在本书中, 我们详尽地剖析了移动式工业机器人制造系统的演进历程、应用实践以及其在当代制造业中扮演的关键角色。科技的飞速发展使移动式工业机器人从概念走向现实, 成为智能制造领域不可或缺的核心力量。本书的目标是为读者揭示移动式工业机器人的全貌, 从历史发展到未来展望, 提供一个多维度的认知视角。

书中不仅聚焦于机器人技术的进步, 更着眼于其在实际工业生产中的应用成效。通过与领域内专家的深入对话及对众多案例的细致分析, 我们力图为读者展现一个真实而立体的移动式工业机器人世界。

在撰写本书的旅程中, 我们曾面临无数挑战。技术的日新月异要求我们必须不断更新自身的知识结构, 以紧跟时代的脚步。移动式工业机器人的跨学科特性也迫使我们跨越多个领域进行综合性研究。尽管这一过程充满了艰辛, 但同样也带来了满满的成就感。

在此, 我要向所有为本书的完成付出辛勤努力的人表示衷心的感谢。感激我的同事、朋友和家人给予的无限支持与鼓励, 没有他们, 本书的问世将无法实现。我期待本书能成为移动式工业机器人领域的宝贵资源, 为研究者、工程师以及对此领域感兴趣的读者提供指导与启发。同时, 我也希望与更多的同行专家交流合作, 携手推动移动式工业机器人技术的进一步发展, 为智能制造的未来探索更多的可能性。

张加波
2024 年 4 月

前　言

制造业是实体经济的基础, 是社会物质财富的支撑, 是立国之本、兴国之器、强国之基。《中华人民共和国国民经济和社会发展第十四个五年规划和 2035 年远景目标纲要》中明确指出, 坚持把发展经济的着力点放在实体经济上, 加快推进制造强国、质量强国建设。制造业实现了制造资源到工业品与生活消费品的转化, 是国民经济的支柱产业之一, 其发展质量与社会经济、国家综合实力息息相关。由此, 推动制造业高质量发展, 加快制造强国建设, 是我国一项重大的战略任务。

而制造业的崛起, 离不开机床行业的蓬勃发展。机床是用来制造装备的机器, 又称 “工业母机”。1774 年, 英国人威尔金森发明了世界上第一台真正意义上的机床——炮筒镗床, 直接解决了瓦特蒸汽机气缸加工精度问题, 促进了蒸汽机的大规模推广, 为第一次工业革命在英国的稳步推进注入了活力。随后, 机床的发展历程经历了从电力驱动到电子控制, 再到智能化的演变过程, 每一次技术革新都给机床行业带来了新的机遇和挑战, 推动着机床的发展和进步。机床的数量、性能、精度、加工能力及应用水平直接影响着各类战略装备的性能质量。

以龙门式多轴数控机床加工为代表的 “包容式” 加工面临一系列瓶颈问题。一是加工行程逐渐难以满足结构件的大型化发展要求, 制造更大行程的加工中心十分困难。二是部分大尺寸重型结构件难以移动, 或者对放置环境的要求高, 无法移动到机床上, 导致加工不可行。三是大型构件加工的新问题, 包括过度约束的夹紧装置、自重等造成的零件变形, 机械和零部件的热变形, 零件的基准找正和精度检验, 漫长的机械加工周期, 对零部件不同工艺参数和零件定位的调控, 部件安装后的维修和改装等。而移动式工业机器人为上述问题提供了解决方案。

工业机器人是指具有多个转动副或移动副, 能够用统一的运动学方程表达其安装基座到末端的位置和形态的一种多自由度机器装置, 其具有一定的自动性, 在计算机控制下, 可结合各种末端执行器 (如焊枪、夹具等) 实现多种加工制造功能, 广泛应用于汽车、电子、物流、化工等行业。起初, 工业机器人主要用于代替人类完成繁重的重复性劳动。近年来, 随着工业机器人的快速发展, 其模块化、可扩展性好的优点使其应用范围不断得到拓展。工业机器人的精度不断提高、功能不断增强, 而感知、识别、判断、决策等功能的加入不断赋予其新的能力, 使其能够应用于更加灵活、柔性的工业场景中, 由此出现了一大批以工业机器人为基础定制化开发的制造单元或生产线, 用于航空航天等现代工业大型构件的制造。

移动式工业机器人是近年来新出现的一类面向上述结构制造的智能加工单元,

主要是在工业机器人本体上安装移动平台或铺装柔性轨道，使工业机器人不再只固定于一个位置，而是可以灵活地移动到需要的地方，从而扩大了其作业行程。同时，在工业机器人的腕部法兰处安装了具备感知功能的末端执行器，用于感知作业对象的状态并执行相关任务。另外，移动式工业机器人还配置了控制系统，以实现对移动平台、轨道、机器人本体和末端执行器的控制，以及与其他作业单元或上下层系统的交互。移动式工业机器人相当于在工业机器人这条“手臂”的基础上增加了“腿脚”“手掌”和“大脑”，使其更像能够在多个领域大显身手的能工巧匠。移动式工业机器人正在逐步应用于大型构件的生产制造。例如，德国弗劳恩霍夫制造技术与先进材料研究所采用串联工业机械臂与全向移动平台，建立了移动式工业机器人，用于金属件制造的多个工艺环节中。美国 EI 公司提出了移动式工业机器人协同加工波音 787 飞机机身的方案。

用于加工制造的移动机器人本质上是一个复杂机电系统，涉及机构学、动力学、运动学、控制、计算机仿真、电气与电磁、信号处理、几何光学、测量学等多个学科的交叉融合。

本书介绍的移动式工业机器人是移动机器人的一个重要分支，主要指在工业领域使用的移动机器人，相比于其他领域的机器人，此类机器人在体系结构、精度控制、路径规划、自动控制、工艺方法等方面具有其特殊性，本书将着重从其特殊性方面进行介绍。

全书分为以下五篇：

第一篇　概述：主要介绍移动式工业机器人的发展历程、主要用途、当前的应用现状和未来的发展趋势；从应用架构、控制架构、工艺架构和软件架构提出移动式工业机器人的系统功能指标，从而为后续开展详细方案设计提供依据。

第二篇　结构与机构：将移动式工业机器人拆分为全向智能移动平台、工业机器人和末端执行器三个部分进行介绍。首先介绍了全向智能移动平台的底盘总成、动力总成和电气系统，为实现该平台的总体设计提供参考和依据。其次，详述了工业机器人及其主要参数，并将这些参数作为移动系统的关键性能指标，为机器人的选型提供参考和依据。最后，介绍了末端执行器的分类、集成和标定方法，为末端执行器的个性化设计提供参考和依据。

第三篇　感知与控制：围绕如何提高移动式工业机器人的定位能力展开论述，包括针对全向智能移动平台的全局定位与导航、针对工业机器人的定位精度提升以及针对整个移动式工业机器人系统的高精度控制集成。在全局定位与导航一章中，介绍了当前发展最迅速且应用最为广泛的激光广域感知定位和 iGPS 高精度空间定位。在机器人定位精度提升一章中，介绍了机器人的误差分类，以及如何从几何误差、非几何误差和系统刚度方面进行建模与补偿，以提升机器人在作业过程中的运动精度。在移动机器人系统高精度控制一章中，介绍了全向智能移动平台和移动式工业机器人的系统集成控制架构、通信链路机制等。

第四篇　决策：围绕移动式工业机器人制造系统应用前的系统工艺规划与仿真以及应用过程中的系统在线决策与调控两大核心问题，介绍了移动式工业机器人系统加工过程工艺架构、时间空间作业仿真流程、多机器人正常作业运行的智能调度模型、电子地图建模方法、智能制造系统产品制造过程信息融合等内容。

第五篇　应用: 主要介绍了移动式工业机器人在航空航天领域大型构件的铣削、焊接、测量等方面的应用。

本书适合具有一定工程基础的机械制造、机器人等领域相关专业的本科生和研究生阅读, 亦可供智能制造领域相关研发人员和行业工程师扩展阅读与参考。

在本书三年的写作和修改过程中, 感谢文科、朱林对第一篇概述中部分内容的贡献, 董礼港、王云鹏、张俊辉、陈涛、陈钦韬对第二篇结构与机构中部分内容的贡献, 刘净瑜、王颜、徐建萍、亓元对第三篇感知与控制中部分内容的贡献, 周莹皓、杨继之、刘扬、黄宁对第四篇和第五篇部分内容的贡献。同时感谢北京卫星制造厂有限公司韩建超副总经理、赵长喜总师、曾婷部长, 南京航空航天大学田威教授, 天津大学刘海涛教授, 清华大学刘辛军教授、谢福贵副教授对本书出版的支持和推荐。感谢国家自然科学基金项目 (项目编号: 52075533、62003346) 对本书研究工作给予的支持。

由于作者水平有限, 加之学科发展迅速, 书中难免存在疏漏之处, 敬请读者批评指正, 意见和建议请反馈至邮箱 yuebuaa@sina.com。

作者
2024 年 4 月

目　　录

第一篇　概　　述

第二篇　结构与机构

第三篇 感知与控制

第四篇 决 策

第五篇 应 用

第一篇　概　　述

第 1 章 系统介绍

移动式工业机器人是近十年来面向大型构件制造的一种新产物，它的效率虽然没有专机那样高，但相较于大型专机，其本体小巧、成本低、能在不同工位之间灵活移动，已逐渐成为一类新型装备出现在航空航天、能源、交通等行业中。本章主要回顾了移动式工业机器人的发展历程、标志性技术的突破过程，介绍了移动式工业机器人的用途、关键技术并展望了未来的发展方向。

1.1 移动式工业机器人的发展

工业机器人是用于制造生产的机器人系统，其具有自动化和可编程的特性，并配备有 3 个及以上的运动轴。工业机器人按照机械结构分类，包括串联机器人、并联机器人和混联机器人；按照坐标形式分类，包括直角坐标型机器人、圆柱坐标型机器人、球坐标型机器人和关节型机器人。自 1959 年第一台工业机器人 Unimate 诞生到今天，工业机器人已广泛应用于搬运、码垛、焊接、检测、上下料、喷涂等工艺流程。特别是在汽车制造业，已经实现上千台工业机器人协同完成白车身的焊接、装配、喷漆、磨抛、检测等工作，使得从车身板料到车身下线基本可以实现无人化生产，如图 1–1 所示。每台工业机器人可能仅仅完成简单的任务，如完成车身某几个部位的点焊或把车身从一个工位搬运到另一个工位，但要把上千台机器人组成生产线并不容易，需要考虑好各单元设备之间的协作性，因此需要有一套强大的逻辑控制系统，保证各工步的独立性和工序节拍，以此保证产品的可靠性和制造过

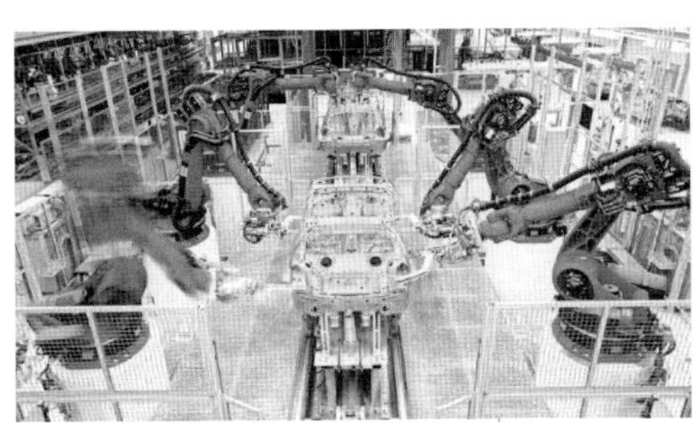

图 1–1 工业机器人协同制造汽车白车身[1]

程的高效性。

另一类常用于工业的机器人是自动导引车 (automated guided vehicle, AGV), 其装备有电磁或者光学等自动导引装置, 使其能够沿着规定的导引路径行驶, 且具有安全防护以及移载功能。在 AGV 上增加新的功能, 例如利用软件绘制工作场景或地图以实现自主导航, 安装能够感知周围环境的传感器并可以根据环境做出相应的决策, 则形成了自主移动机器人 (automated mobile robot, AMR)。AMR 通过顶升装置驮着标准货架在一个封闭的区域内移动, 货架上放置着各种类型的商品, AMR 通过射频识别 (radio frequency identification, RFID) 控制行走方向, 如图 1–2 所示。

图 1–2 自主移动机器人实现货物搬运[2]

上述两类机器人已很好地满足了各自的应用需求。而 KUKA 公司提出了概念机器人 “moiros”, 如图 1–3 所示, 口号是 “胜任任何工作, 可达任意行程”。其获得了 2013 年德国汉诺威工业展览会应用方案冠军。它将大范围全向移动平台 omniMove、KR QUANTEC 系列高精度关节型机械臂、KR C4 控制系统和软件集成在一起, 主要针对船舶、风电、航空航天等行业的大型结构。这些结构通常又大又重, 固定不动的机器人解决方案无法满足其需求。一方面, “moiros” 结合了高精度导引的全向移动技术, 面对任意大型结构, 都可以达到 ±5 mm 的定位精度; 另一方面, “moiros” 代表了新的制造理念, 传统的制造方式是将工件固定在加工设备

图 1–3 KUKA “moiros” 移动式工业机器人概念[3]

上, 即设备比工件更庞大, 而 "moiros" 则采用低成本、小型化的加工单元来加工充满挑战甚至无法移动的巨大工件。

KUKA 将 "moiros" 机器人应用于大型风电叶片的磨抛, 如图 1–4 所示, 通过全向移动平台 omniMove 带动关节型机械臂沿着叶片轴线方向移动, 与传统放置在轨道上的工业机器人系统相比, 其无须将叶片放置在机器人轨道旁边, 而是可以任意摆放, 减少了工件的移动。

图 1–4 KUKA 机器人叶片磨抛系统[4]

2019 年 6 月, 西门子公司与德国弗劳恩霍夫制造技术与先进材料研究所 (Fraunhofer IFAM) 通过 "大型复合材料结构高效高生产率精密加工" (ProsihPⅡ) 项目, 开发出可在工件周围自由移动进行机械加工的机器人, 以解决航空航天大型零件精密加工设备专用、加工工位转移费时费力等问题。作为移动加工机器人基础平台的自动导引车, 其质量为 6 t, 具备足够的刚性以保持精密加工任务执行中的稳定性; 作为加工平台的 6 轴工业机器人, 其额定负载为 150 kg, 可实现精密驱动和相对位移精密测量。图 1–5 展示了机器人完成空客 A320 飞机碳纤维垂直尾翼的制孔和切边。

图 1–5 机器人正在加工空客 A320 飞机的垂直尾翼[5]

以 Electroimpact 公司为代表的航空航天集成商, 将机器人集成于一个带有升降导轨且可以拖动的车上, 用于飞机机身的自动化制孔和铆接, 相较于 Fraunhofer IFAM 研制的机器人, 这种机器人的额定负载更大, 达到了 1 100 kg, 同时还安装了能够实现定位、制孔和铆接的多功能末端执行器。图 1–6 和图 1–7 分别展示了空客 A320 德国汉堡新总装线上的钻孔和填充机器人以及波音 787 机身生产线上的自动制孔机器人。

图 1–6 空客 A320 德国汉堡新总装线上的钻孔和填充机器人[6]

图 1–7 波音 787 机身生产线上的自动制孔机器人[7]

同时期，我国也开始了此类移动装备的研制，并大量应用于航空航天、轨道交通、能源领域等重大型号产品的制造中。其中包括沈阳飞机工业 (集团) 有限公司 (以下简称沈飞) 用于机身制孔铆接的移动机器人加工系统 (图 1–8)、华中科技大学丁汉院士团队研制的大型风电叶片移动磨抛机器人 (图 1–9)、浙江大学研制的适用于飞机机身钻铆及铣孔的移动机器人 (图 1–10、图 1–11)。移动机器人加工已成为当前的研究热点。

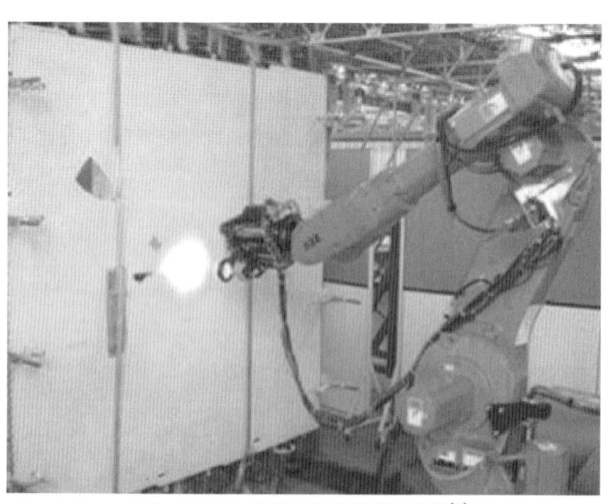

图 1–8 沈飞移动钻铆系统[8]

图 1–9 华中科技大学移动磨抛机器人[9]

图 1–10 浙江大学移动钻铆机器人[10]

图 1–11 浙江大学移动螺旋铣孔机器人[11]

哈尔滨工业大学 (以下简称哈工大) 根据重大科技工程中超大构件的特点, 提出了可移动小机床分区自适应加工超大构件的方法, 给出了该方法的方案原理和系统结构, 并根据该方法给出了可移动机床的可重构设计方案 (图 1–12)。该机床采用轮式移动结构, 可以沿工件加工面移动, 将超大构件分为若干个小区域进行加工, 利用大空间测量技术实现机床精确定位, 采用并联加工头实现自适应加工。该机床具有可移动性、可重构性与加工灵活性, 可以提高超大构件加工柔性和加工效率, 同时降低加工成本。

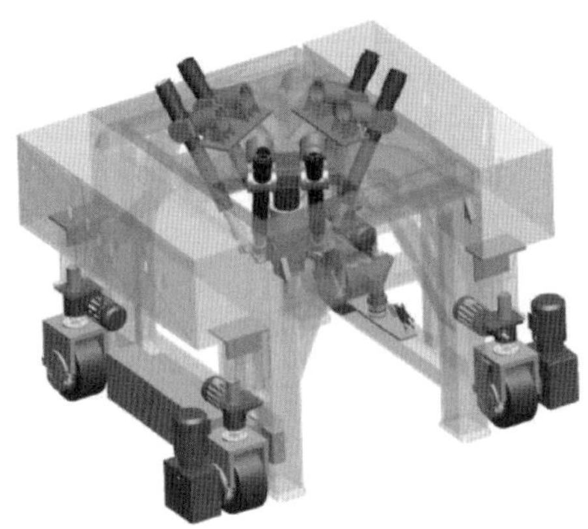

图 1–12 哈工大可移动机床[12]

北京卫星制造厂有限公司联合清华大学、天津大学、南京航空航天大学、大连理工大学等高校开展了移动式工业机器人的研究和应用, 采用移动式串联机器人、移动式混联机器人等完成了大型航天结构件的移动加工制造 (图 1–13)。

图 1–13 移动式串联、混联机器人在大型航天结构件加工中的应用

1.2 移动式工业机器人的用途

移动式工业机器人的一部分是机械臂, 用来代替机器或人对产品进行加工操作; 另一部分是全向移动平台底盘, 类似于人的下肢或机器的轨道以进行移动。移动式工业机器人主要有以下用途。

1.2.1 移动制造

移动制造是突破现有加工设备的地域限制, 产品保持原地不动, 设备围绕产品进行加工的过程。大型复杂构件通常具有尺寸大、形状复杂、位置精度和表面质量要求高并伴有薄壁结构等特征, 对基础制造装备的加工能力提出了严峻挑战。目前, 此类构件的加工主要采用龙门式多轴数控机床, 存在机床尺寸大且造价昂贵、加工对象相对单一、加工效率较低甚至机床行程不足等若干问题。近几年, 小型加工单元原位作业模式逐步兴起, 在大型构件的制孔、磨抛、喷涂、装配等作业中得到应用。

1.2.2 移动搬运

移动机器人可以代替人类实现移动搬运。不同于以往货物到人的 AMR 仓储物流系统, 智能机器人公司波士顿动力 (Boston Dynamics) 开发了 Stretch 机器人 (图 1–14)。Stretch 机器人配有一个全向移动底座 (拥有 4 个独立控制的轮子) 和一个定制的七自由度工业机器人手臂, 内置电池可支持连续运行 8 h。"手臂" 尾端有一个定制的吸力托盘, 能够举起约 23 kg 的物品。该机器人还配置有用于导航的摄像头和传感器。其名为 "Pick" 的视觉系统采用了高分辨率的 2D 和 3D 视觉以及机器学习算法。Stretch 机器人将首先执行卡车卸载任务, 之后, 它会支持仓库工作流程中的其他部分, 以实现仓库的自动化。这类移动机器人能够做到人车共存, 可以与人在同一场景里并行工作, 还可以解决抓放接口不统一的问题, 实现不同种类箱体的存取操作。

图 1–14 Stretch 机器人及搬运包裹场景[13]

移动机器人也可用于完成化学实验, 如英国利物浦大学化学系将移动机器人作为实验员来代替人工完成繁杂的实验过程 (图 1–15)。该机器人每天能够工作 21.5 h, 一周内可研究 1 000 种催化剂配方, 相当于一个博士生 4 年的工作量; 其工作环境和工作设备与人类完全相同, 可以通过激光扫描和触摸反馈系统进行位置定位, 以及对仪器与药物进行甄别; 内置贝叶斯搜索算法, 使其能够根据前一个实验的结果确定下一步的最佳实验方式。经过反复优化训练后, 该机器人 8 天就自主发现了新型催化剂材料。

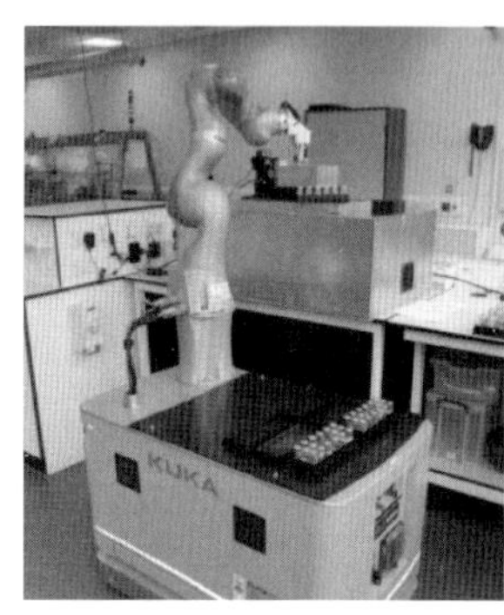

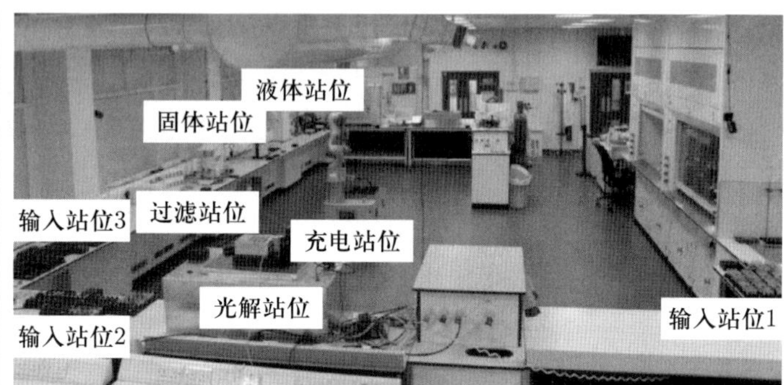

图 1–15 利物浦大学化学实验室的移动机器人化学家[14]

1.3 移动式工业机器人的几项关键技术

实践证明, 移动式工业机器人制造系统对于大型构件的原位制造降本增效、产品升级、质量控制、柔性提高等都具有十分重要的作用。随着智能制造技术的发展, 移动式工业机器人制造系统的应用范围将越来越广泛、作业任务也将越来越精细且复杂, 为满足现代制造技术及工艺的发展需求, 移动式工业机器人制造系统必须具备高精度、高柔性、自我维护和感应识别等特性。目前的研究成果主要体现在以下几个方面。

1.3.1 移动式工业机器人的末端形式

移动式工业机器人常见的用于加工的末端形式包括: ① 加工主轴, 这种方式最简单, 可以与机器人本体构成统一的运动学模型, 方便数控编程和运动控制; ② 功能末端, 末端具备 1 ~ 2 个自由度, 通过增加的自由度提升某些特殊工艺过程 (如钻孔和铆接) 的运动精度; ③ 并联机构, 相比于功能末端, 其自由度更多, 但控制更加复杂, 可用于仿形制造; ④ 微动机构, 通过采用压电驱动等非常规方式, 使末端具备行程非常小且精确的移动, 从而解决工业机器人由于自身精度低而无法实现高精度定位的问题。常见的末端形式如图 1–16 所示。

还有一类用于加工的混联机器人, 主要包括 Tricept、Sprint Z3、Trimule 和 Crafts Robot, 如图 1–17 所示。相比于串联工业机器人, 此类机器人的特点是刚度大、精度高, 常用于高精度、大切削量加工。

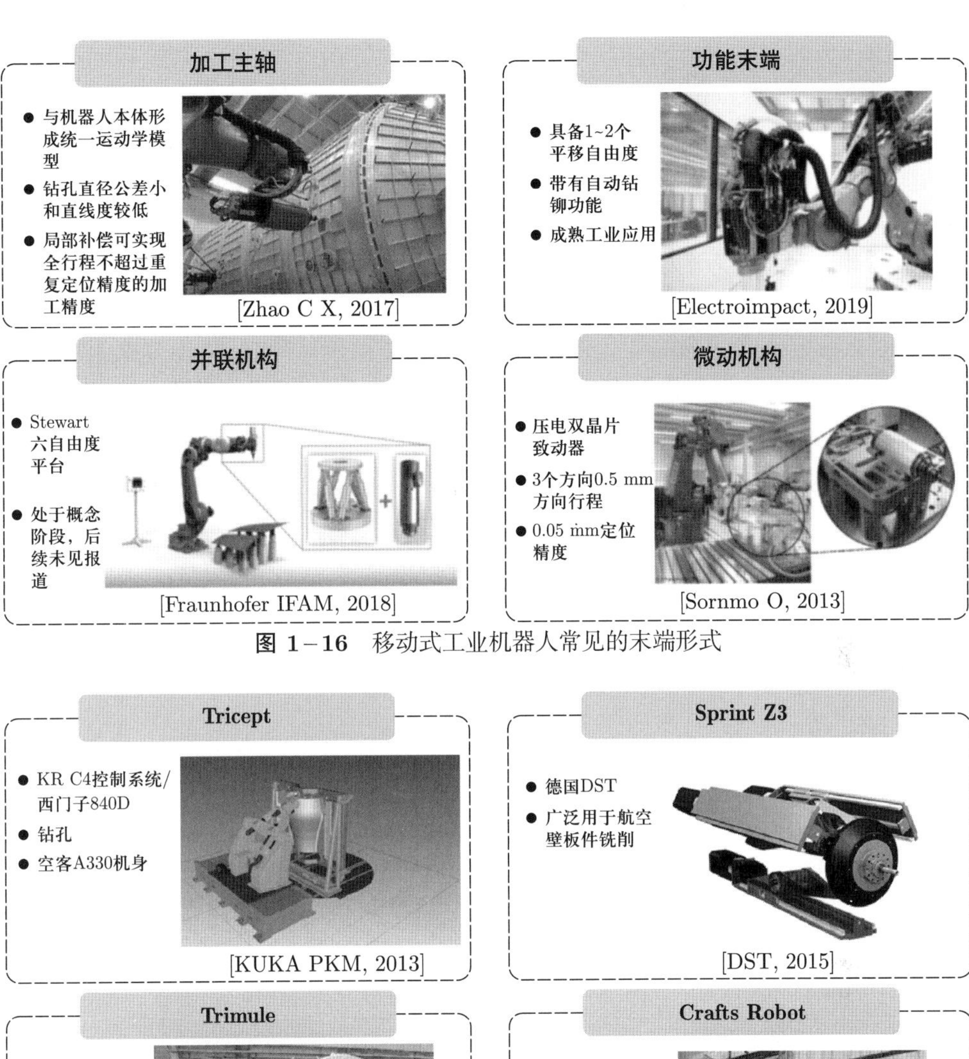

图 1－16 移动式工业机器人常见的末端形式

图 1－17 用于加工的混联机器人

1.3.2 移动式工业机器人的精度

工业机器人广义上为多关节串联结构, 其伺服控制系统以关节角度作为控制对象, 与直线机构相比, 多关节机构的定位精度明显更低。传统制造中, 工业机器人主要承担焊接、喷涂、搬运以及堆垛等重复性任务, 一般采用示教再现的方式工作, 较高的重复定位精度即可胜任此类工作。然而, 现代制造环境下, 在铣削、制孔、磨抛等作业中, 工业机器人的作业任务复杂多样, 需要以准确的运动学模型为基础, 采用离线编程方式对其进行轨迹规划。由于制造装配等误差, 机器人理论运动学模型与实际模型存在偏差, 绝对定位精度普遍较低, 远不能满足高精度离线规划及柔性智能制造的需求。例如, 对于重复定位精度为 ±0.05 mm 的机器人系统, 其绝对定位精度一般只能达到 2 ~ 3 mm。

移动式工业机器人是一种空间开链机构, 移动平台、串联工业机器人各关节的运动控制相互独立, 为实现末端位姿, 需要协调移动式工业机器人各环节的运动。因此, 末端位姿精度受各关节转速、各连杆自重以及外加负载等多种因素影响, 关节转速、末端姿态及负载的变化都将引起末端位姿误差。同时, 移动式工业机器人作为自动化设备, 通常工作在多变的环境下, 加之各关节伺服电动机工作时发热严重, 机器人本体将处于升温—冷却的反复循环中, 温度变化引起的定位漂移非常突出, 导致长期定位稳定性严重不足, 多数情况下机器人将处于不确定状态 (相对一定的精度要求), 如果直接应用于产品制造, 可能会面临失控的风险, 产品质量将无法保证。

评价移动式工业机器人性能优劣的指标较多, 其中加工精度是最为重要的指标之一。加工精度的误差源包括控制误差、机械结构误差、工艺过程误差以及环境和温度造成的误差等, 如图 1–18 所示。

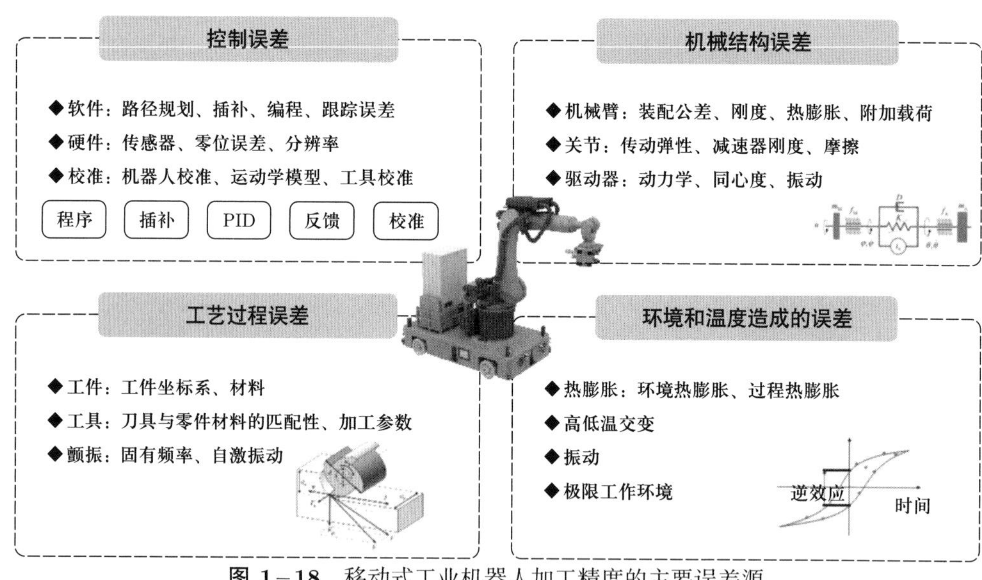

图 1–18　移动式工业机器人加工精度的主要误差源

1.3.3　移动式工业机器人的作业形式

移动式机器人可以像机床一样作业, 也可以灵活组合, 共同完成某项任务。相比于单移动式机器人制造单元, 多移动式机器人系统配置灵活[15], 可根据加工对象进行重构, 而且多机器人系统在时间和空间分布上更具优越性, 可以基于先进的协作架构和协同策略完成复杂加工任务[16]。例如, 卡内基梅隆大学开发了多机器人军机表面涂层激光剥离系统[17]; 南京航空航天大学研制了双机器人协同钻铆系统[18]; 2013 年, KUKA 研制了一套用于波音 777X 飞机的机身自动直立钻铆系统 (fuselage automated upright build, FAUB)[19], 2019 年底又研发了一台安装在柔性导轨上的制孔设备, 其不同于过去需要两个机器人分别从机身的内、外侧去配合制孔并完成铆接等一系列操作的做法, 而仅用机器人完成钻孔工作, 铆接仍然由人工完成[20], 如图 1–19 所示。

图 1–19 机身自动直立钻铆系统和新的柔性轨道制孔机器人[21]

移动式工业机器人可归纳为三种作业形式——单机独立加工、多机并行加工和多机协同加工, 各种作业模式需要解决的关键问题如图 1–20 所示。

单机独立加工

- 加工轨迹如何规划
- 如何到达加工位置
- 如何精确定位
- 加工过程如何保持稳定

[KUKA, 2022]

多机并行加工

- 加工任务如何配置
- 如何分别到达加工位置
- 发生干涉怎么解决
- 任务怎么协调

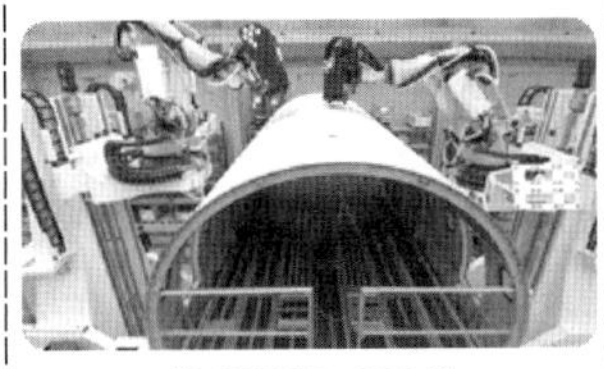

[LOXIN, 2021]

多机协同加工

- 相互配合、协作、竞争
- 协同控制
- 实时通信
- 动态交互

[波音, 2020]

图 1–20 移动式工业机器人的三种作业形式

1.3.4 移动加工工艺规划技术

对于移动加工, 除了装备精度控制外, 要实现高效率加工制造, 还需解决工艺方法问题。目前, 主要研究热点集中在大型工件找正、轨迹离线修正、自动工艺规划以及轨迹在线补偿四个方面, 如图 1–21 所示。

由于多机系统定位准确度不高, 离线规划与在线位置偏差较大, 加之各机回差不一致、非线性摩擦、遥操作延迟等多源复杂扰动, 移动加工路径研究主要集中在机器人几何空间路径规划 (工步层) 与多机协同任务流程时间规划 (工序层) 两个层面, 如图 1–22 所示。

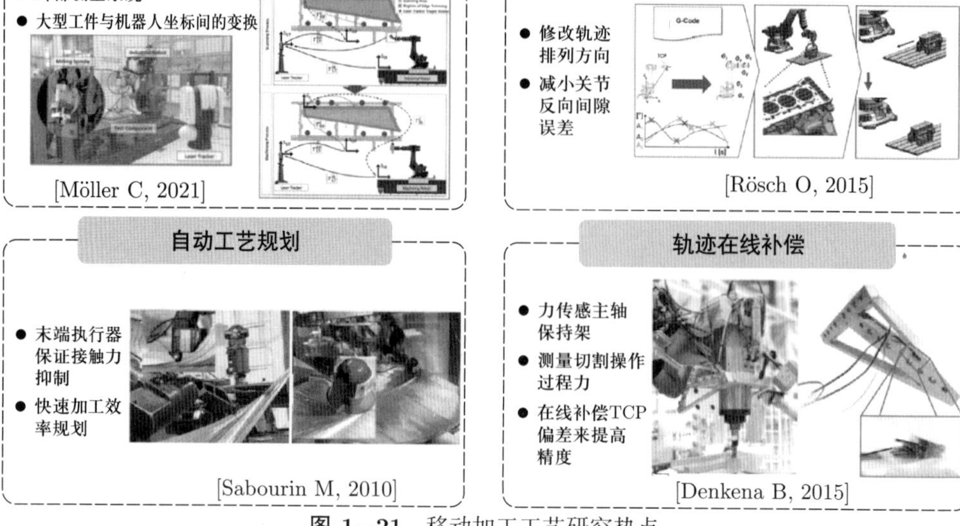

图 1–21　移动加工工艺研究热点

几何空间路径规划(工步层)

采用特定的数学模型和算法

- 多目标粒子群优化
- 遗传算法参数优化
- 分站式规划建模和优化
- 空间交集站位可行区域
- 可操作度和平稳性指标

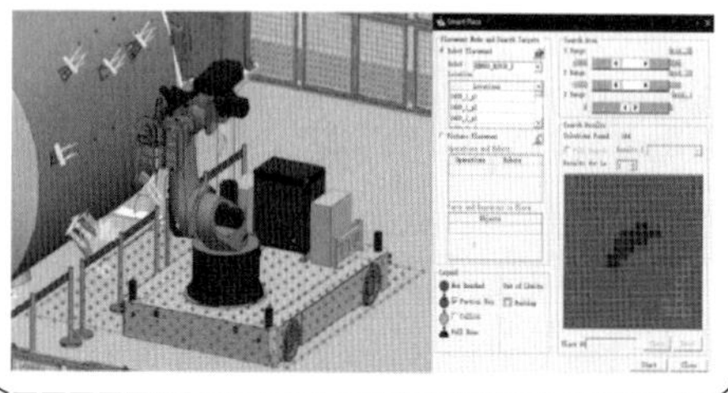

多机协同任务流程时间规划(工序层)

难以建立完整的数学模型，对离散事件产生的随机结果进行统计

- 分散搜索
- 化学反应算法、粒子群优化、混合整数规划与贪婪搜索、易理优化

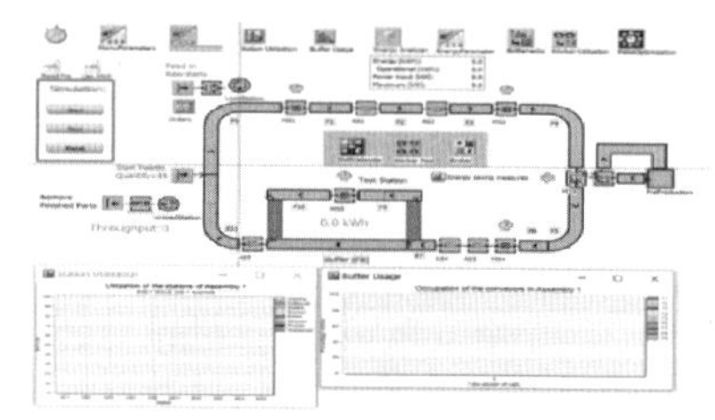

图 1–22　机器人几何空间路径规划与多机协同任务流程时间规划

在几何空间路径规划 (工步层) 层面，主要是通过采用特定的数学模型和算法开展研究。将机器人选型和机器人站位同时作为多机器人系统集成设计指标，利用多目标粒子群优化、遗传算法进行参数优化[22]。针对多机器人单元，采用分站式规划进行建模和优化[23]。针对移动机器人站位规划问题，通过求解各目标点的空间交集得到站位可行区域[24]，以及可操作度和平稳性指标优化站位[25]。

在多机协同任务流程时间规划 (工序层) 层面，由于难以建立完整的数学模型，大多数研究基于对离散事件产生的随机结果进行统计，找到瓶颈因素，以此完成工序流程和工艺布局上的优化。由于多机多工序涉及多个加工对象，并需要满足复杂多样的工艺流程约束，需要统筹考虑各工序在不同机器上的分配和排序[26]。目前的研究主要集中于分散搜索[27]、化学反应算法[28-29]、粒子群优化[30]、混合整数规划与贪婪搜索[31]、易理优化的模因算法[32] 等。

移动加工工艺稳定性方面主要是实现振动抑制。目前被广泛接受的颤振机理主要包括再生颤振、模态耦合颤振、力–热颤振[33] 和摩擦型颤振[34] 等。对于铣削加工，颤振稳定性分析是合理选取加工参数的依据，同时也是工艺过程优化、生产效率改进的基础，机器人加工振动抑制的方法有使用稳定性叶瓣图确定合适的切削深度和主轴转速。目前常用的方法有以下两类。① 频域分析方法[35]。通过将方向系数矩阵进行傅里叶级数展开，并只取其中的零阶项，以此给出一定主轴转速下临界稳定的轴向切削深度计算公式。该方法对于多刀齿、大径向切削深度的加工工况具有较高的预测精度，但是不适用于少刀齿、小径向切削深度的加工过程[36]。② 时域分析方法。其包括半离散法[37-38] 和全离散法[39-40]。半离散法适用于任意刀齿数与径向切削深度的加工过程。系统的稳定性由过渡矩阵的模决定，计算精度与计算量由离散步长决定。全离散法具有较高的分析精度、计算效率和通用性，并已推广到考虑螺旋角效应的铣削稳定性预报中。机器人刚度低，无法采用大径向切削深度进行加工，因此半离散法更适合于机器人铣削过程的颤振稳定性分析。此外，机器人加工振动抑制的方法还有增加设备刚性、改变刀具几何形状和采用被动阻尼技术等，如图 1–23 所示。

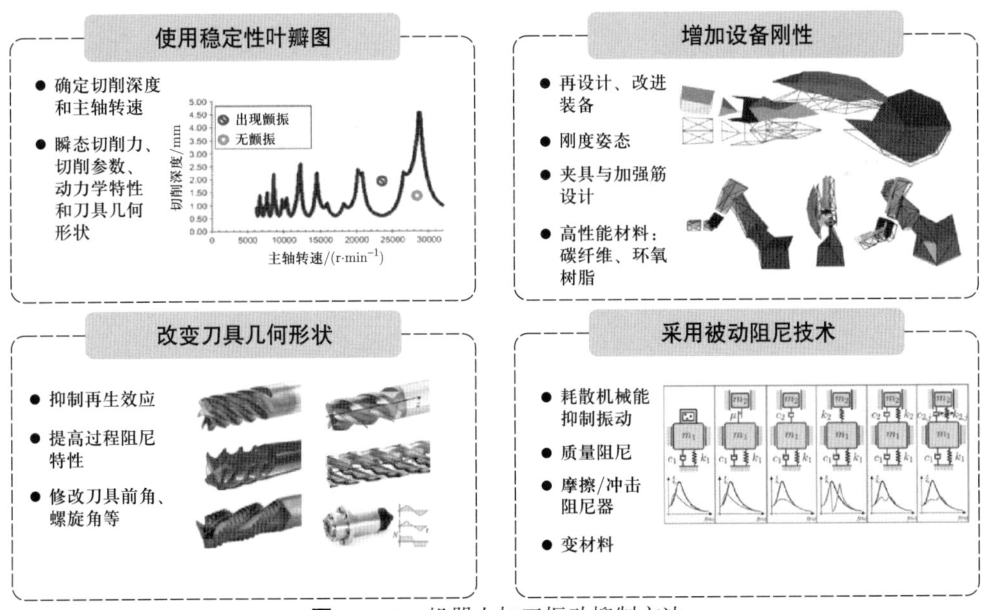

图 1–23 机器人加工振动抑制方法

1.3.5 移动式工业机器人的控制技术

工业机器人可以采用示教再现或离线编程方式进行规划轨迹，目前，机器人作业只是简单重复预先规划的动作，对于加工对象以及工作环境的感知能力低。例如，工业机器人重复定位精度高, 非常适合于如汽车制造流水线上的重复作业, 但是对于大型复杂构件, 由于其具有尺寸超大、结构刚性弱、型面/结构复杂等特点, 在制造、装配等环节往往会出现与理想状态的差异, 因此移动式工业机器人制造系统需要具备感应识别能力, 才能修正误差。而现代制造中工业机器人的作业任务日趋精细, 作业环境复杂多变, 具备感应识别能力的智能机器人必将成为高端制造战略性新兴产业的重要组成部分。

工业机器人控制器支持各种工业总线和以太网 (Ethernet) 通信, 而移动式工业机器人需要实现全向移动平台、机器人本体、末端执行器、测量系统等的互联互通, 现有的通信方式已无法满足现代制造系统的集成需求。且移动式工业机器人制造系统对实时性提出了更高的要求, 通信方式实时性差将阻碍移动式工业机器人制造系统的应用扩展。当前工业机器人控制器对我国尚未全面开放, 很多接口模块对我国是禁用的, 技术壁垒的存在导致集成通信受限, 无法在集成通信方面将工业机器人应用到最佳状态。

工业机器人控制系统设计以高负载下的高速运动为目标, 运动速度是其主要设计指标。面向大型复杂构件, 移动机器人加工过程需要具备高精度和良好的动态特性, 以保证产品的最终加工质量。对于复杂的加工工艺, 加工程序更需要专业性强、功能齐全的代码模块来支持, 而面向加工现场, 还需考虑工作人员的编程技能, 相比数控代码, 机器人控制系统更具优势。对于数控代码模块, 例如程序管理 (子程序、变量)、刀具管理 (刀具调用、半径、长度补偿、磨损)、坐标系管理 (G54~G59、坐标系框架变换)、M 功能代码 (切削液、主轴功能)、工艺循环 (打孔、3+2 定位加工) 等, 工业机器人支持得很少或根本不具备, 这导致数控工艺编程时很多功能无法实现。

可见, 现代柔性制造、智能制造对移动式工业机器人制造系统所提出的高精度、高稳定性、高柔性、感应识别等要求, 与其现有的实际状况之间仍存在异常突出的矛盾, 研究可行、可实现、可靠的移动式工业机器人制造系统构建及定位误差补偿方法已成为当务之急。

在多机并行作业控制方面: 机器人控制时延为 80 ~ 100 ms, 刚度变化为 2 000 ~ 3 000 N/mm, 由此导致内部误差累积、指令一致性差等多源扰动。因此, 需要考虑协作问题[41]、自组织问题[42]、环绕和避障问题[43]、功能区认知问题[44]、通过网络模型协同控制提高多机系统通信的稳定性和同步性问题[45]、自适应控制问题[46–47] 等。以上问题使实现多机系统高精度协同控制和精度补偿充满挑战。

在移动加工过程控制方面, 引入接触动力学模型, 将作用力引入前馈控制中, 建立在线补偿机制, 以提高多机器人协同加工性能[48–50]。然而, 对于大型复杂构件的同步加工问题, 工件的全局信息难以获得, 多机器人之间的约束关系复杂, 难以精确求解[51]。但随着传感技术、实时控制技术的发展, 先进的轨迹规划算法和控制算法都得到广泛的应用[52]。虽然移动机器人在行程上适于加工大型构件, 但其刚性比机床的低得多, 它们的静/动态性能很容易影响这些结构的尺寸精度和表面粗糙度[53]。通常通过离线控制方法修正机器人运动过程中的点位误差, 而对于高精度的运动轨迹，通常采用在线控制方法进行修正，如图 1－24 所示。

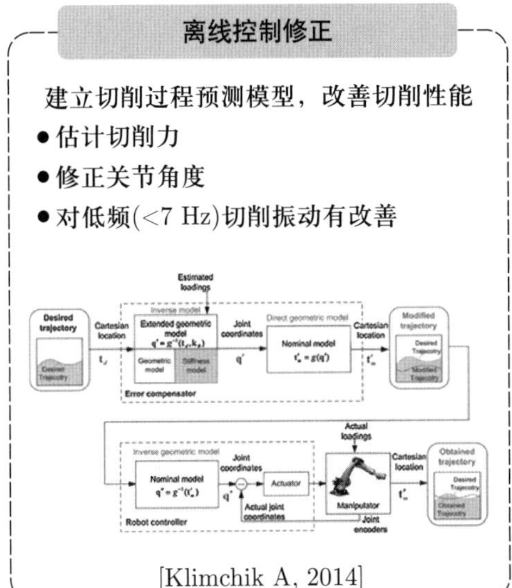

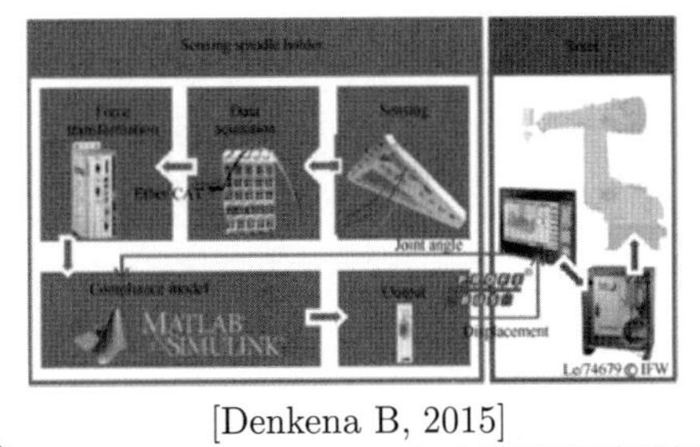

图 1－24 离线控制修正与在线控制修正

1.4 移动式工业机器人的未来发展趋势

1.4.1 机器人化、小型化、便携式加工装备

针对大型构件的复杂型面特征，单一的串/并联加工装备虽然能够满足部分工件加工需求，但随着复杂构件的大型化加工需求不断提高，单一构型加工装备的固有局限性限制了其加工精度及加工效率的进一步提升，而以机器人化、小型化、便携式为主要特征的加工装备的优势得以凸显。一方面具有姿态耦合运动的全并联五轴加工模块具有结构紧凑、质量小、刚度高、动态特性好等优点，通过运用机构尺度综合、高能效优化设计等先进设计方法，可以实现复杂型面特征的高精度、高效加工；另一方面，模块化便携式的设计使并联五轴加工模块具有可重构配置的特点，可根据实际加工场景需求搭配真空吸附装置、磁吸附装置、高刚度机械臂以及移动底盘等移动单元，能够拓宽加工模块的工作空间或加工可达性，提升加工单元对不同加工场景的适应性，进一步满足大型复杂构件的高精度、高效加工需求。

1.4.2 多机原位智能协同制造

随着复杂构件大型化的设计需求不断增长以及机床大型化的发展模式难以为继，机器人化装备原位协同加工的制造模式应运而生。面向复杂构件表面特征的多元化加工需求，采取“蚂蚁噬骨”式多机器人原位协同加工方法，可充分发挥加工装备小型化特点，构建并行式、阵列式、镜像式等多类型机器人化装备协同加工系统，实现大型复杂构件复杂型面特征的原位加工。多机原位智能协同的制造模式，是新一代信息通信技术与先进制造技术的深度融合，推动着制造模式由单机制造向多机网络化协同、智能化加工方向发展。

1.4.3 检测 – 装调 – 加工一体化

面向大型构件复杂型面特征的加工需求，需构建场景信息融合、在线加工、实时检测有机结合的制造体系，以实现大型构件各类表面特征的一体化高效加工和检测。移动加工机器人装备可实现大场景、复杂工序下的视觉/激光自主导航以及视觉/激光特征基准与加工特征的自动配准，从而做到自寻位及局部基准下的精确定位，完成机器人的高精度运动控制。加工过程中可对加工特征进行在线质量评估，实时修正加工工艺参数。融合多源信息的机器人协同加工系统，可实现检测 – 装调 – 加工一体化控制，进一步结合数字孪生技术，从而形成虚实交互融合、数据信息共享、实时决策优化、精准控制执行的生产系统和生产过程，使加工制造全过程透明可控。

1.5 小结

本章主要描述了移动式工业机器人的概念、发展、用途和关键技术。自 KUKA 公司提出概念机器人 “moiros” 后，短短六七年时间，移动式工业机器人已在轨道交通、航空航天、能源动力等行业展开大规模应用。移动式工业机器人已逐渐成为一种解决大型构件加工制造和实现离散制造业物流智能化的重要手段，它本身不仅是一种生产工具，由于具有移动、识别、决策和执行能力，未来移动式工业机器人还将有更加广阔的应用空间。目前移动式工业机器人在精确定位、环境适应、感知识别、集成通信、智能控制等方面仍存在适应能力弱的问题，需要突破相应的关键技术，并通过现代柔性制造、智能制造方法对此类系统进一步改造和升级。

参考文献

[1] KUKA 公司. 汽车行业的设备制造 [EB/OL]. [2024-01-11].

[2] Amazon. Amazon unveils its eighth generation fulfillment center [EB/OL]. (2014-11-02) [2024-01-11].

[3] EXPO21XX online exhibitions. KUKA mobile robot concept vehicle “moiros” wins robotics award [EB/OL]. [2024-01-11].

[4] SPRUNK C, LAU B, PFAFF P, et al. An accurate and efficient navigation system for omnidirectional robots in industrial environments [J]. Autonomous Robots, 2017, 41: 473–493.

[5] Fraunhofer IFAM. Machining technologies [EB/OL]. [2024-01-11].

[6] BRYAN V. Robots Luise, Renate join Airbus A320 production line in Hamburg [EB/OL]. (2018-06-14) [2024-01-11].

[7] WILHELM S. These 30,000-pound QuadBots, built in Mukilteo, speed up Boeing 787 assembly in S.C. [EB/OL]. (2016-03-03) [2024-01-11].

[8] 战强, 陈祥臻. 机器人钻铆系统研究与应用现状 [J]. 航空制造技术, 2018, 61(4): 24–30.

[9] 陶波, 赵兴炜, 丁汉. 大型复杂构件机器人移动加工技术研究 [J]. 中国科学: 技术科学, 2018, 48(12): 1302–1312.

[10] 蒋君侠, 张启祥, 朱伟东. 飞机壁板自动钻铆机气动送钉技术 [J]. 航空学报, 2018, 39(1): 299–308.

[11] BI Y B, LI Y C, JIANG Y H, et al. An industrial robot based drilling system for aircraft structures [J]. Applied Mechanics and Materials, 2013, 433–435: 151–157.

[12] 武加锋. 超大构件分区自适应定位加工及其可移动机床的研制 [D]. 黑龙江: 哈尔滨工业大学, 2010.

[13] HORACZEK S. The new Boston Dynamics “Stretch” robot is a mobile arm built for moving boxes [EB/OL]. (2021-03-29) [2024-01-11].

[14] BURGER B, MAFFETTONE P M, GUSEV V V, et al. A mobile robotic chemist [J]. Nature, 2020, 583(7815): 237–241.

[15] 高峰. 机构学研究现状与发展趋势的思考 [J]. 机械工程学报, 2005, 41(8): 3–17.

[16] 关英姿, 刘文旭, 焉宁, 等. 空间多机器人协同运动规划研究 [J]. 机械工程学报, 2019, 55(12): 37–43.

[17] CMU. Laser coating removal for aircraft [EB/OL]. [2024-01-11].

[18] 向勇, 田威, 洪鹏, 等. 双机器人钻铆系统协同控制与基坐标系标定技术 [J]. 航空制造技术, 2016(16): 87–92.

[19] KUKA. Automation in the aerospace industry [EB/OL]. [2024-01-11].

[20] DOMINIC G. Boeing abandons its failed fuselage robots on the 777X, handing the job back to machinists[EB/OL]. [2024-01-11].

[21] WEBER A. Assembly automation takes off in aerospace industry [EB/OL]. (2015-04-02) [2024-01-11].

[22] 王军, 曹春平, 丁武学, 等. 基于遗传算法的双机器人加工中心布局优化 [J]. 中国机械工程, 2016, 27(2): 173–178.

[23] 林晓青, 杨继之, 乐毅, 等. 一种可移动检测机器人站位规划策略 [J]. 宇航学报, 2018, 39(9): 1031–1038.

[24] 田威, 戴家隆, 周卫雪, 等. 附加外部轴的工业机器人自动钻铆系统分站式任务规划与控制技术 [J]. 中国机械工程, 2014, 25(1): 23–27.

[25] REN S N, XIE Y, YANG X D, et al. A method for optimizing the base position of mobile painting manipulators [J]. IEEE Transactions on Automation Science and Engineering, 2017, 14(1): 370–375.

[26] 王凌, 邓瑾, 王圣尧. 分布式车间调度优化算法研究综述 [J]. 控制与决策, 2016, 31(1): 1–11.

[27] NADERI B, RUIZ R. A scatter search algorithm for the distributed permutation flowshop scheduling problem [J]. European Journal of Operational Research, 2014, 239(2): 323–334.

[28] BARGAOUI H, DRISS O B, GHÉDIRA K. A novel chemical reaction optimization for the distributed permutation flowshop scheduling problem with makespan criterion [J]. Computers & Industrial Engineering, 2017, 111: 239–250.

[29] BARGAOUI H, DRISS O B, GHÉDIRA K. Towards a distributed implementation of chemical reaction optimization for the multi-factory permutation flowshop scheduling problem [J]. Procedia Computer Science, 2017, 112: 1531–1541.

[30] DU X Y, JI M C, LI I Y, et al. Scheduling of stochastic distributed assembly flowshop under complex constraints [C]// 2016 IEEE Symposium Series on Computational Intelligence. Athens, 2016.

[31] LIN S-W, YING K-C. Minimizing makespan for solving the distributed no-wait flowshop scheduling problem [J]. Computers & Industrial Engineering, 2016, 99: 202–209.

[32] 李政阳, 云昕, 杨怡欣, 等. 在轨空间智能制造: 分布式调度建模与优化 [J]. 系统工程理论与实践, 2019, 39(3): 705–724.

[33] DAVIES M A, BURNS T J . Thermomechanical oscillations in material flow during high-speed machining [J]. Philosophical Transactions of the Royal Society A: Mathematical, Physical, and Engineering Sciences, 2001, 359(1781): 821–846.

[34] WIERCIGROCH M, KRIVSTOV A M. Frictional chatter in orthogonal metal cutting [J]. Philosophical Transactions of the Royal Society A: Mathematical, Physical, and Engineering Sciences, 2001, 359(1781): 713–738.

[35] ALTINTA Y, BUDAK E. Analytical prediction of stability lobes in milling [J]. Cirp Annals, 1995, 44(1): 357–362.

[36] GRADISEK J, KALVERAM M, INSPERGER T, et al. On stability prediction for milling [J]. International Journal of Machine Tools & Manufacture, 2005, 45(7–8): 769–781.

[37] INSPERGER T, STÉPÁN G. Updated semi-discretization method for periodic delay-differential equations with discrete delay [J]. International Journal for Numerical Methods in Engineering, 2004, 61(1): 117–141.

[38] INSPERGER T, STÉPÁN G. Semi-discretization method for delayed systems [J]. International Journal for Numerical Methods in Engineering, 2002, 55(5): 503–518.

[39] DING Y, ZHU L M, ZHANG X J, et al. A full-discretization method for prediction of milling stability [J]. International Journal of Machine Tools & Manufacture, 2010, 50(5): 502–509.

[40] INSPERGER T. Full-discretization and semi-discretization for milling stability prediction: Some comments [J]. International Journal of Machine Tools & Manufacture, 2010, 50(7): 658–662.

[41] GAN Y H, DAI X Z, LI J. Cooperative path planning and constraints analysis for master-slave industrial robots [J]. International Journal of Advanced Robotic Systems, 2012, 9(3): 88.

[42] BIE D Y, GUTIÉRREZ-NARANJO M A, ZHAO J, et al. A membrane computing framework for self-reconfigurable robots [J]. Natural Computing, 2018, 18(3): 635–646.

[43] 易国, 毛建旭, 王耀南, 等. 多移动机器人运动目标环绕与避障控制 [J]. 仪器仪表学报, 2018, 39(2): 11–20.

[44] 吴培良, 李亚南, 杨芳, 等. 一种基于 CLM 的服务机器人室内功能区分类方法 [J]. 机器人, 2018, 40(2): 188–194.

[45] LI X M, LI D, DONG Z J, et al. Efficient deployment of key nodes for optimal coverage of industrial mobile wireless networks [J]. Sensors, 2018, 18(2): 545.

[46] ZHAI D H, XIA Y Q. Adaptive fuzzy control of multilateral asymmetric teleoperation for coordinated multiple mobile manipulators [J]. IEEE Transactions on Fuzzy Systems, 2016, 24(1): 57–70.

[47] YANG X, HUA C C, YAN J, et al. Adaptive formation control of cooperative teleoperators with intermittent communications [J]. IEEE Transactions on Cybernetics, 2018, 49(7): 2514–2523.

[48] BASILE F, CACCAVALE F, CHIACCHIO P, et al. Task-oriented motion planning for multi-arm robotic systems [J]. Robotics and Computer-Integrated Manufacturing, 2012, 28(5): 569–582.

[49] LI Y, XI J, MOHAMED R-P, et al. Dynamic analysis for robotic integration of tooling systems [J]. Journal of Dynamic Systems, Measurement, and Control, 2011, 133(4): 041002.

[50] ZHU W H. On adaptive synchronization control of coordinated multirobots with flexible/rigid constraints [J]. IEEE Transactions on Robotics, 2005, 21(3): 520–525.

[51] BI Q Z, WANG X Z, WU Q, et al. Fv-SVM-based wall-thickness error decomposition for adaptive machining of large skin parts [J]. IEEE Transactions on Industrial Informatics, 2019, 15(4): 2426–2434.

[52] 熊有伦, 李文龙, 陈文斌, 等. 机器人学: 建模、控制与视觉 [M]. 武汉: 华中科技大学出版社, 2018.

[53] MEIRING G A M, MYBURGH H C. A review of intelligent driving style analysis systems and related artificial intelligence algorithms [J]. Sensors, 2015, 15(12): 30653–30682.

第 2 章 系统架构

移动式工业机器人是一类特殊的移动机器人。相比于其他移动机器人，它更像一个由多个组件有机组合而成的系统。要深入了解移动式工业机器人，就需要从其系统功能和工作流程上进行理解，只有脱离开其具体的组成部分，从功能层面进行规划，才能设计出一个适合的移动式工业机器人。

本章主要从系统架构描述移动式工业机器人的应用场景，从而提出移动式工业机器人的系统功能指标。从控制架构描述移动式工业系统的组成部分，从而提出具体的设计指标和组成。从工艺架构描述移动式工业机器人系统的工作流程，从而提取出具体的软、硬件组成。从软件架构描述移动式工业机器人系统的软件功能和模块组成，从而为后续开展详细方案设计提供依据。

2.1 应用架构

大型舱体是保证大型航天器服役性能的关键构件，可为航天器提供总体构型，为各分系统仪器设备提供支撑，承受和传递载荷，并保持一定刚度和尺寸稳定性。大型舱体上存在大量的安装接口，用于不同功能载荷的安装，各安装接口的尺寸、高度不等，且接口呈多样化，存在水平、垂直、多角度倾斜等不同安装形式。须保证所有安装接口都具有极高的形位公差，才能实现整体的载荷安装精度。移动式工业机器人原位制造能够有效解决上述安装接口的一体化加工。图 2–1 所示为面向大型舱体结构的移动式工业机器人原位制造应用架构。图中以人、机、物的互联互通为基础，大型舱体结构安装在柔性工装上，能够实现轴线的旋转定位，不同功能移动式工业机器人围绕舱体进行安装接口的检测、装配和加工作业。移动配送机器人负责运送安装支架。激光跟踪仪、iGPS 数字化测量系统、视觉测量系统等负责制造过程中的数据采集、反馈及跟踪。仿真系统主要根据工艺需求进行智能工艺设计，包括测量工艺设计、加工工艺设计、装配工艺设计等，在仿真环境下进行制造流程与制造工艺的验证，以提高效率。上述装备使系统协同工作，支撑起智能制造的动态感知、实时分析、自主决策以及精准执行，最终建成具有“感知、决策、控制、执行”典型特色的智能制造系统。

图 2–1 面向大型舱体结构的移动式工业机器人原位制造应用架构

从局部上看, 空间站大型舱体结构移动式工业机器人原位制造包含如下关键点:

(1) 在工艺设计环节, 基于三维设计模型的感知和分析, 采用特征关联、工艺仿真、参数优化、知识推送等优化技术, 实现模型驱动的机器人装配、测量及加工工艺设计, 并将工艺规划输出给移动式工业机器人, 同时实时感知实际的制造作业情况, 实现智能工艺设计功能。

(2) 检测系统根据空间站装配模型, 构建大尺度的测量场, 并根据装配模型中零件的加工位置要求, 规划移动检测机器人的检测位置和检测路径, 并将检测过程形成的数据实时反馈给工艺系统、加工机器人以及制造信息融合与分析系统, 为系统运行提供实测数据依据。

(3) 移动式工业机器人制造系统根据输出的加工路线实施加工操作。在加工过程中, 机器人末端根据检测系统提供的误差信息、视觉系统提供的位置信息进行误差补偿的分析和决策, 实现精准加工。

(4) 对于制造系统需要的零件、刀具、工装等物品, 由智能物流系统根据计划、工艺的要求, 实时感知加工机器人所在位置, 进行路径的分析和决策, 并以物联网、移动仓库、立体库等系统为支撑, 实现仓储智能管控和物流主动配送。

激光跟踪仪、iGPS 数字化测量系统、视觉测量系统等数字测量手段是实现移动式工业机器人原位制造的重要保障条件。当前, 测量已经融入移动机器人作业过程中, 其不是仅将测量环节与移动机器人作业简单地组合在一起, 而是集成了先进测量理念与测量方法, 将产品设计、工艺规划、制造、检测等多个环节的数据整合与过程融合。图 2-2 所示为移动式工业机器人作业过程测量架构, 该架构以测量过程模型为核心, 由产品设计出发, 给出了 “设计—测量—移动机器人作业仿真—分析验证 (虚拟) ” 和 “设计—测量—移动机器人制造作业—优化设计 (物理)” 两类过程, 并且两类过程均以数据传递为基础, 互为迭代优化。

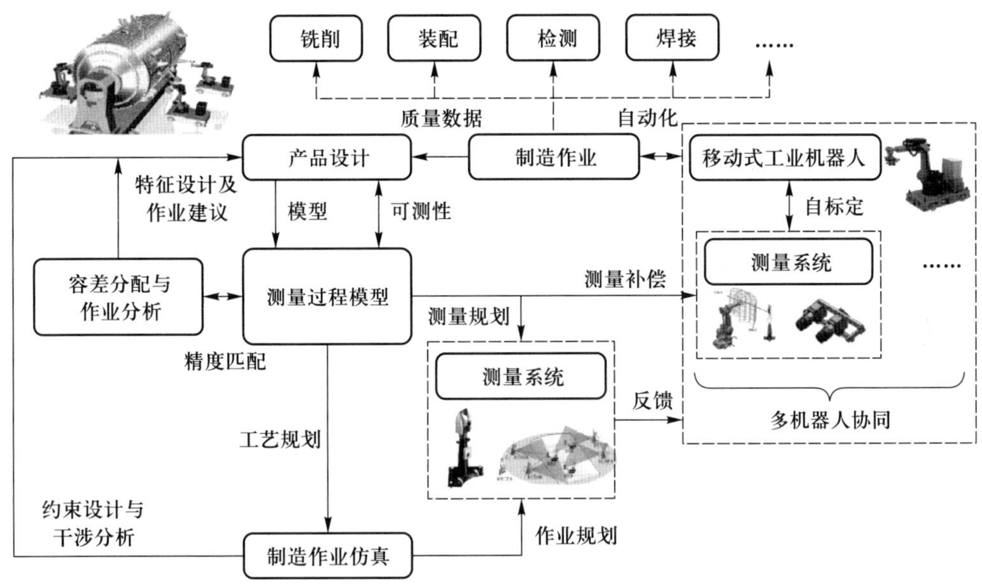

图 2-2 移动式工业机器人作业过程测量架构

“设计—测量—移动机器人作业仿真—分析验证 (虚拟)” 过程: 一方面, 由产品设计输出三维数字化模型, 再由测量过程模型进行可测性分析, 获取移动机器人作业过程理论数据, 通过容差分配与作业分析, 反馈给产品设计流程, 并考虑测量特征设计、产品公差、有效作业建议等, 进行迭代设计; 另一方面, 由产品设计输出三维数字化模型, 再由测量过程模型进行可测性分析, 进而对理论数据进行采集, 通过工艺规划对制造过程进行虚拟仿真, 反馈给产品设计流程, 并考虑干涉检查、布局约束等。

“设计—测量—移动机器人制造作业—优化设计 (物理)” 过程: 一方面, 由产品设计输出三维数字化模型, 经由测量过程模型进行可测性分析, 对机器人关节转角、全向移动平台移动距离等进行实时测量, 进而对移动机器人空间位姿进行离线标定, 实现基于测量反馈的移动机器人误差补偿; 另一方面, 由产品设计输出三维数字化模型, 经由测量过程模型进行可测性分析, 并进行测量规划, 对移动机器人进行高精度在线校准, 实现移动机器人高精度、高效制造过程。

2.2 控制架构

移动机器人作业控制架构主要采用混合式架构, 在高级的决策层面采用程序控制架构, 即根据给定初始状态和目标状态规划给出移动机器人作业行为的动作序列, 使其按部就班地执行, 这样可以获得较好的目的性和效率。在较低级的反应层面采用包容式架构, 即反应式模型, 将复杂任务分解成为一系列相对简单的具体特定行为, 则基于行为的移动机器人系统对周围环境的变化能做出快速的响应, 从而获得较好的环境适应能力、实时性和鲁棒性。图 2-3 所示为本书提出的移动式工业机器人作业过程混合式三层体系控制架构, 主要包括反应层 (反馈控制层)、协调层 (规划-执行层) 和规划层 (结构控制层)。

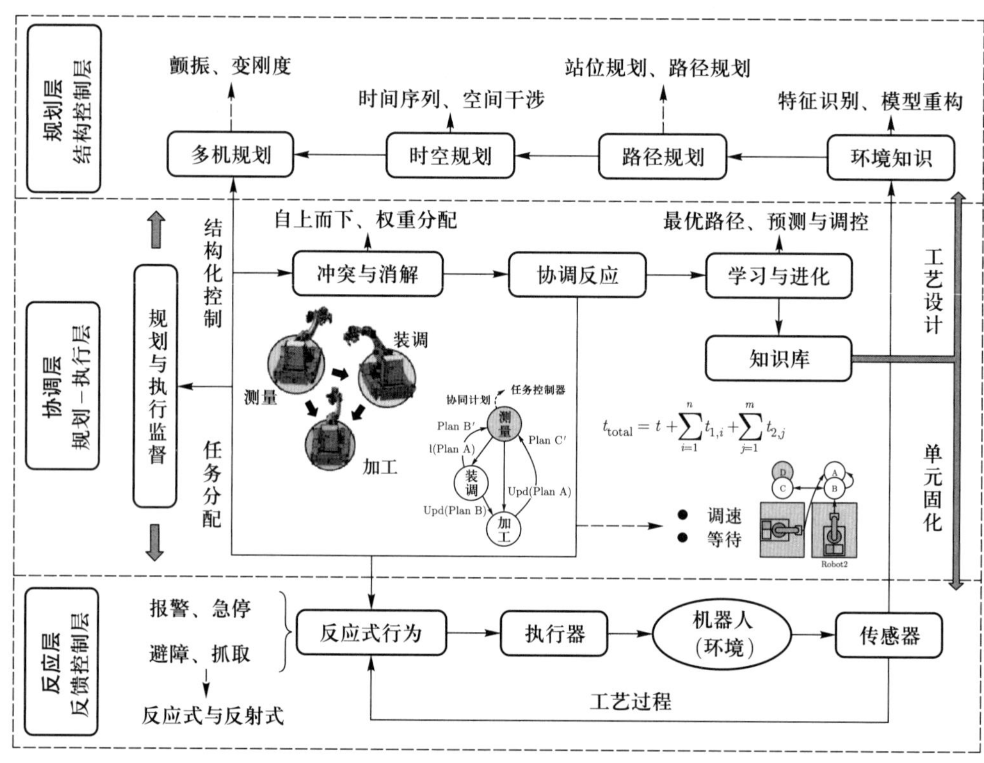

图 2-3 移动式工业机器人作业过程混合式三层体系控制架构

反应层 (反馈控制层) 主要处理紧急情况下的移动机器人的反应式行为, 如报警、急停、避障等突发情况, 利用传感器实时监测移动机器人与环境作业过程如铣削、焊接等, 根据设定或固化的反应式行为与传感器反馈的信息, 移动机器人通过执行器对上述行为做出反应。

规划层 (结构控制层) 主要是通过对环境知识描述 (特征识别、模型重构等) 对移动机器人作业进行路径规划 (站位规划、路径规划等), 进而考虑时间序列、空间干涉等情况，以进行移动机器人时空路径规划。当多移动机器人并存工作时，还要考虑颤振、变刚度等问题，进行多机协同规划。最终形成规划路径及程序。

协调层（规划–执行层）主要是对反应层与规划层在执行过程中的冲突进行协调。按照规划层结果，考虑多机协同作业过程中的冲突判定与消解策略，形成协调反应，重新进行结构化控制与任务分配，并对规划与执行情况进行监督。同时，对协调反应进行学习与进化，形成知识库，以支撑工艺迭代设计与反应式单元的重新固化。

移动式工业机器人控制系统模块划分如图 2–4 所示，包括末端执行机构伺服控制系统、全向智能移动装备控制系统、机器人本体控制系统、导航系统控制单元。根据控制系统模块设置给出移动式工业机器人系统一般性设计参数，如表 2–1 所示。

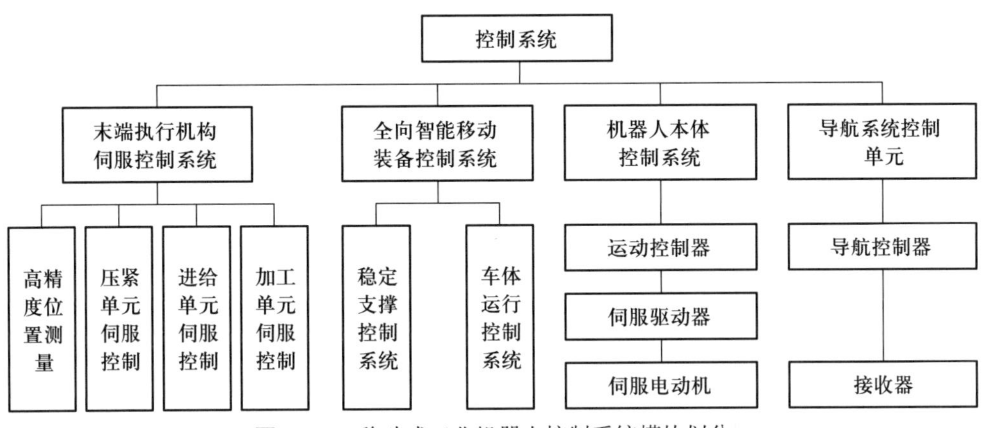

图 2–4 移动式工业机器人控制系统模块划分

表 2–1 移动式工业机器人系统一般性设计参数

序号	子系统	设计参数
1	移动平台	① 负载 ⩾ 5 t，零半径回转 ② 静态刚度 ⩾ 1.5 N/μm ③ 一阶响应频率 ⩾ 100 Hz ④ 定位精度 ⩽ 5 mm ⑤ 机械臂伸展至最远端的最大变形量 ⩽ 0.2 mm
2	工业机器人	① 末端负载 ⩾（末端执行器质量 × 当地重力加速度 + 作用在末端执行器上的最大静态力）×2.5（需进一步计算末端执行器的重心力矩以确认末端负载） ② 加工区域长度 ⩽ 工业机器人最大臂展范围 ③ 位置重复性 ⩽ 加工对象的最小尺寸公差值，如 ±0.1 mm

续表

序号	子系统	设计参数
3	测量系统	① 测量行程 ⩾ 移动平台和工业机器人本体的整体工作行程 ② 全局测量精度优于最小公差 (5 mm) ③ 可以检测移动平台和末端执行器的位姿
4	末端执行器	① 按照要求定制功能, 主轴功率根据加工零件的材料和尺寸进行计算 ② 选择带有自由度的末端执行器 (尽可能小巧, 最大行程满足加工对象的最高精度要求, 可在机械臂处于静止状态下单独完成某个功能, 如制孔) ③ 靶球、刀柄与工厂现行安装接口应尽可能保持统一
5	控制系统	① 基于工业机器人的控制系统进行功能拓展: 例如 KUKA+ 工艺包 + 末端自开发, 采用 EtherCAT 工业总线, 通过配置 Ethernet KRL、Robot sensor Interface、Profinet 或 Ethernet IP 工艺包, 在 Work Visual 上配置末端开发包通信接口, 外部可配置可编程逻辑控制器进行功能拓展 ② 外部控制器作为上位机, 并与工业机器人控制器进行通信: 例如 KUKA+ 西门子 Run My Robot/Machining, 驱动和电动机用 KUKA, 控制系统用西门子 Sinumerik ③ 使用外部控制器, 并直接控制工业机器人的驱动电动机: 例如 KUKA+ 西门子 Run My Robot/Direct Control, 可完全替换 KUKA KR C4 控制柜体, 并使用西门子驱动器直接驱动机器人关节
6	编程软件与后处理	① 复杂轨迹加工编程 (基于西门子控制系统): 例如西门子 NX+Vericut ② 随机事件规划 (如产线): 例如 Tecnomatix Process Simulate + Tecnomatix Plant Simulation ③ 复杂轨迹加工编程 (基于 KUKA 或其他机器人系统): 例如 Robotmaster
7	其他附件	① 对刀器: 辅助确定末端执行器刀尖点相对工业机器人基坐标系的位姿 ② 末端执行器快换系统 ③ 其他: 气、液、油供应, 冷却

2.3 工艺架构

以大型舱体结构产品、移动机器人、测量系统等产品设计模型作为智能工艺模型的输入, 通过模型特征提取以及作业需求获取大型舱体加工特征, 并与关联工艺、工艺知识、工艺资源、结构管理进行匹配检索, 获得历史上相同或相似产品的模型及其配套的工艺文件, 进而主动推送到智能工艺模型中, 并通过工艺规划获得适用于移动机器人工艺活动的流程, 进而实现移动机器人作业仿真, 最终应用到实际作业过程中。图 2-5 所示为移动式工业机器人作业过程工艺架构。

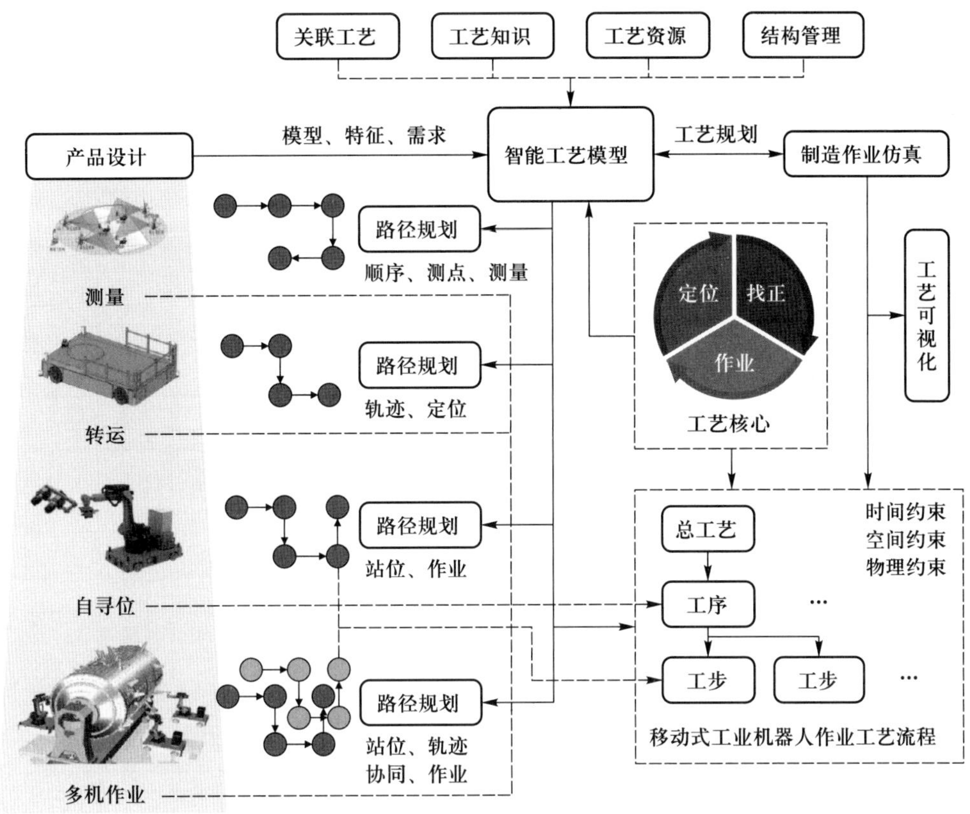

图 2-5 移动式工业机器人作业过程工艺架构

智能工艺模型以“定位—找正—作业”为核心基础工艺，即全向移动平台进行初步定位，机械臂通过数字测量系统进行高精度找正（自寻位），移动机器人按照不同功能要求进行作业。根据智能工艺模型，结合产品设计模型，对测量系统进行测量路径规划，包括测点数量、测点位置、测量顺序、干涉检查等；对全向移动平台进行路径规划，包括移动轨迹、高精度定位、稳定支撑等；对移动机器人进行路径规划，包括站位规划、轨迹规划、干涉检测、作业空间等；对多移动机器人作业进行路径规划，包括多机站位、多机轨迹、多机协同、干涉检查等。面向以工位为核心的工艺设计过程，根据“智能工艺模型 + 产品设计模型”依次编制主工艺，各专门工艺、工序、工步，以时间约束、空间约束、物理约束为约束条件，形成移动机器人作业工艺流程，并持续、动态地为智能工艺模型推送工艺/工序/工步模板，以及围绕每个核心工位的人、机、料、法、环等知识。进而实现关联工艺，并通过结构管理，形成工艺资源，反馈给智能工艺模型。

移动式工业机器人作业工艺流程细化如表 2-2 所示。

表 2-2 移动式工业机器人作业工艺

<table>
<tr><th rowspan="3">序号</th><th rowspan="3" colspan="3">工作阶段</th><th rowspan="3">执行方法</th><th rowspan="3">判断途径</th><th colspan="12">移动机器人状态</th><th colspan="2">工件状态</th></tr>
<tr><th rowspan="2">移动平台</th><th rowspan="2">机器人</th><th rowspan="2">测量系统</th><th rowspan="2">末端执行器</th><th rowspan="2">执行头</th><th colspan="7">控制系统状态</th><th rowspan="2">状态</th><th rowspan="2">描述</th></tr>
<tr><th>平台车电动机</th><th>机器人电动机</th><th>末端电动机</th><th>末端主轴</th><th>激光雷达</th><th>光栅/码盘</th><th>其他传感器</th></tr>
<tr><td>1</td><td colspan="3">F01: 运输到指定工位</td><td>—</td><td>—</td><td>断电</td><td rowspan="2">断电</td><td rowspan="2">断电</td><td rowspan="2">断电</td><td rowspan="2">断电</td><td></td><td></td><td></td><td></td><td></td><td></td><td></td><td></td><td></td></tr>
<tr><td>2</td><td rowspan="9">F0: 进行加工</td><td rowspan="3">F1: 定位</td><td>F1.1: 确定机器人加工站位</td><td>预编程/数据注入</td><td>遥测</td><td>自检</td><td></td><td></td><td></td><td></td><td></td><td></td><td></td><td></td><td></td></tr>
<tr><td>3</td><td>F1.2: 全向移动平台移动到指定位置</td><td>直接指令</td><td>数传</td><td>全向移动</td><td></td><td>确定平台位置</td><td></td><td></td><td>转动</td><td></td><td></td><td></td><td>实测</td><td></td><td>实测</td><td>原位</td><td></td></tr>
<tr><td>4</td><td>F1.3: 验证机器人加工可达性</td><td>直接指令</td><td>遥测</td><td>停止</td><td>按指令运行</td><td></td><td></td><td></td><td></td><td>转动</td><td></td><td></td><td></td><td>实测</td><td></td><td></td><td></td></tr>
<tr><td>5</td><td rowspan="3">F2: 找正</td><td>F2.1: 建立工件坐标系</td><td>直接指令</td><td>遥测</td><td></td><td>停止</td><td>确定工件位置</td><td></td><td></td><td></td><td></td><td></td><td></td><td></td><td></td><td></td><td></td><td></td></tr>
<tr><td>6</td><td>F2.2: 建立机器人坐标系</td><td>直接指令</td><td></td><td></td><td></td><td>确定机器人位置</td><td></td><td></td><td></td><td></td><td></td><td></td><td></td><td></td><td></td><td></td><td></td></tr>
<tr><td>7</td><td>F2.3: 验证加工坐标系</td><td>预编程/数据注入</td><td>数传</td><td></td><td></td><td></td><td></td><td></td><td></td><td></td><td></td><td></td><td></td><td></td><td></td><td></td><td></td></tr>
<tr><td>8</td><td rowspan="3">F3: 加工</td><td>F3.1: 机器人按程序移动</td><td>预编程/数据注入</td><td>数传</td><td></td><td>按指令运行</td><td></td><td>按指令运行</td><td>靶球</td><td></td><td>转动</td><td>转动</td><td></td><td></td><td>实测</td><td>实测</td><td></td><td></td></tr>
<tr><td>9</td><td>F3.2: 计算局部偏移量</td><td>—</td><td></td><td></td><td></td><td></td><td></td><td></td><td></td><td></td><td></td><td></td><td></td><td></td><td></td><td></td><td></td></tr>
<tr><td>10</td><td>F3.3: 修正局部偏移量</td><td>编程/数据注入</td><td>数传</td><td></td><td></td><td></td><td></td><td></td><td></td><td></td><td></td><td></td><td></td><td></td><td></td><td></td><td></td></tr>
</table>

续表

序号	工作阶段			执行方法	判断途径	移动机器人状态												工件状态	
						移动平台	机器人	测量系统	末端执行器	执行头	控制系统状态							状态	描述
											平台车电动机	机器人电动机	末端电动机	末端主轴	激光雷达	光栅/码盘	其他传感器		
11	F0: 进行加工	F3: 加工	F3.4: 验证局部偏移量	直接指令	数传		按指令运行		按指令运行	靶球			转动			实测			
12			F3.5: 开始加工	编程/数据注入	数传		按指令运行		按指令运行	加工刀具		转动	转动	转动		实测	实测	工件接触	切削工件
13	F05: 检测结果			直接指令	遥测														检测结果
14	F06: 执行下一个加工操作			编程/数据注入	数传		按指令运行		按指令运行	按程序执行		转动	转动	转动		实测	实测	工件接触	切削工件
15	F07: 移动至下一工位			直接指令	遥测	全向移动		确定平台位置			转动								

2.4 软件架构

移动式工业机器人制造系统应用过程中, 需要对相关的软件系统进行集成应用, 实现制造过程中各类信息的无缝高效流转。根据实际应用需求, 涉及 ① Tecnomatix Process Simulate, 用于对移动式工业机器人进行空间层面的站位与路径规划, 并进行仿真优化; ② Tecnomatix Plant Simulation, 用于对移动式工业机器人进行时间层面的工艺流程仿真规划; ③ UG NX, 用于对仿真系统中所需的三维模型进行建模, 并对移动式工业机器人加工路径进行仿真规划; ④ SpatialAnalyzer, 用于控制数字化测量设备进行测量, 并对测量数据进行处理, 以反馈给仿真系统与控制系统; ⑤ 西门子 840D sl 数控系统, 用于控制数控机床与机器人, 并通过通信接口接收仿真结果数据, 按照程序执行加工任务; ⑥ KUKA KR C4 控制系统, 用于控制 KUKA 机器人, 并通过通信接口接收仿真结果数据, 按照程序执行加工任务。移动式工业机器人制造系统的软件架构如图 2–6 所示。

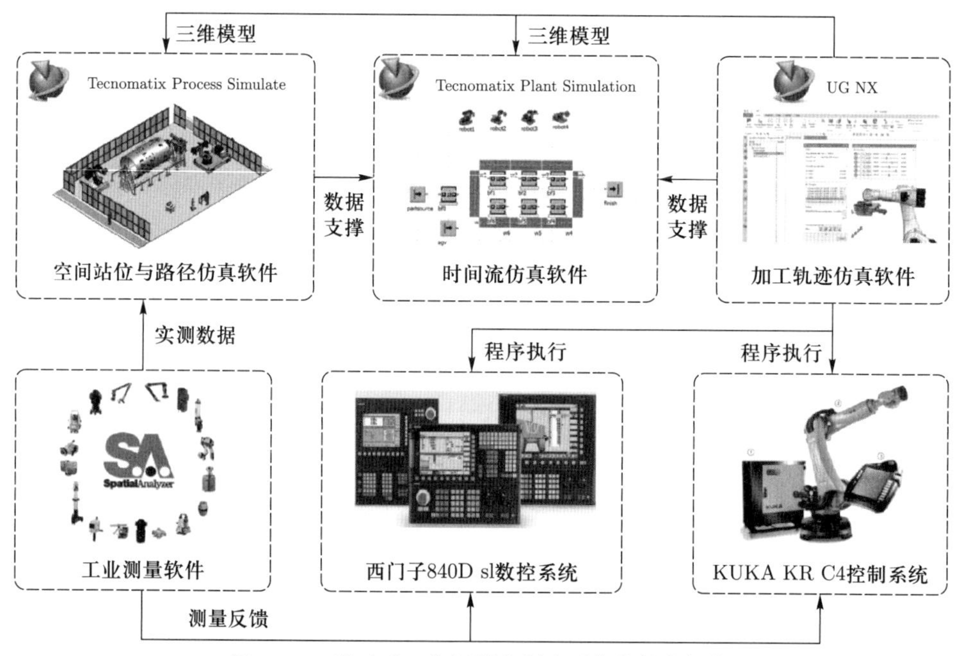

图 2–6 移动式工业机器人制造系统的软件架构

下面对各软件系统进行简单介绍。

2.4.1 Tecnomatix Process Simulate

Tecnomatix Process Simulate 是一款专业的工艺仿真软件, 其典型界面如图 2–7 所示[1]。它的优点是可以促进企业内部制造过程信息的协作和共享, 减少制造计划的工作量和时间, 优化制造过程全生命周期, 并提高整体工作效率。Tecnomatix

Process Simulate 是 Tecnomatix Application 的一个组成软件。Tecnomatix 是一套完备的应用于汽车制造领域的数字化制造解决方案，由零部件制造、装配规划、资源管理、工厂设计与优化、人力绩效、产品质量规划与分析、生产管理等核心软件构成，主要解决汽车的制造管理以及白车身焊装生产线的规划、仿真验证和虚拟调试。

图 2–7 Tecnomatix Process Simulate 软件典型界面

2.4.2 Tecnomatix Plant Simulation

Tecnomatix Plant Simulation 的前身为 eM-Plant，在被西门子收购后改为现名，它是面向对象的、图形化的、集成的建模与仿真工具。它可以对各种规模的工厂和生产线 (包括大规模的跨国企业) 进行建模、仿真和优化生产系统，分析和优化生产布局、资源利用率、产能和效率、物流和供需链等，其典型界面如图 2–8 所示[2]。

该软件具有如下功能：

(1) 仿真系统优化。使用该软件仿真工具可以优化产量、缓解瓶颈、减少再加工零件，考虑到内部和外部供应链、生产资源、商业运作过程，用户可以通过仿真模型分析不同变型产品的影响。用户可以评估不同的生产线的生产控制策略，并验证主生产线和从生产线的同步。该软件能够定义各种物料流的规则并检查这些规则对生产线性能的影响。从系统库中挑选出来的控制规则 (control rules) 可以被进一步细化，以便应用于更复杂的控制模型。用户通过该软件实验管理器 (Experiment Manager) 可以定义实验，设置仿真运行的次数和时间，也可以在一次仿真中执行多次实验。用户可以结合数据文件 (如 Excel 文件) 来配置仿真实验。

(2) 自动分析。使用该软件可以自动为复杂生产线找到并评估优化解决方案。

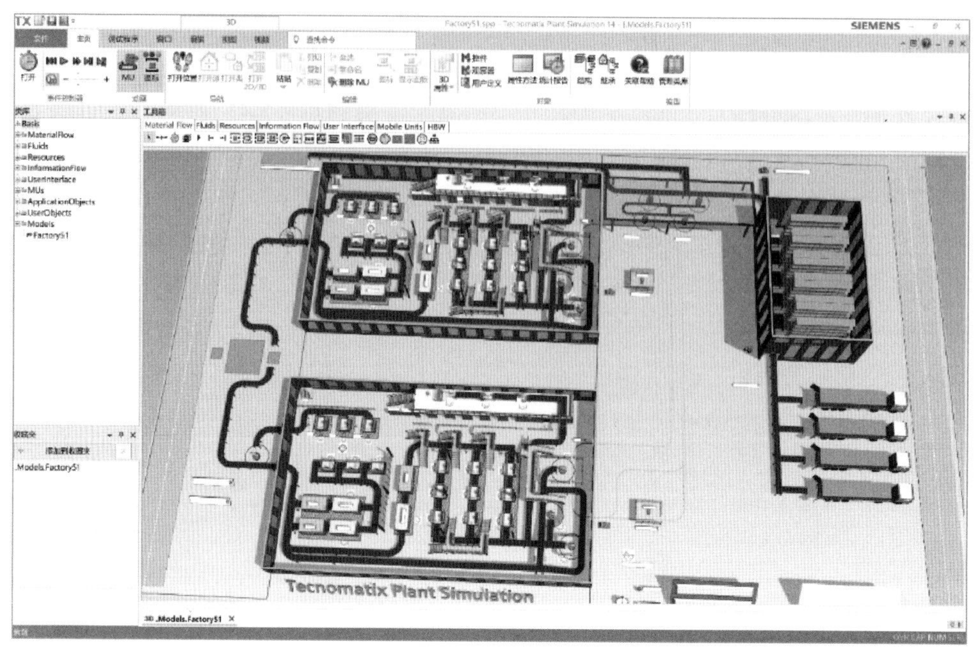

图 2–8 Tecnomatix Plant Simulation 软件典型界面

在考虑诸如产量、在制品、资源利用率、交货日期等多方面的限制条件时, 采用遗传算法 (genetic algorithm) 来优化系统参数。通过仿真手段来进一步评估这些解决方案, 按照生产线的平衡和各种不同批量交互地找到优化的解决方案。

(3) 分析仿真结果。使用该软件分析工具可以轻松地解释仿真结果。统计分析图表可以显示缓存区、设备、劳动力的利用率。用户可以创建广泛的统计数据和图表来支持对生产线工作负荷、设备故障、空闲与维修时间、专用的关键性能等参数的动态分析。该软件可以生成生产计划的甘特图并随时修改。随着数据库应用的增加, 该软件还提供了与 SQL、ODBC、RPC、DDE 的接口, 能够读入计算机辅助设计 (computer aided design, CAD) 软件 (如 AutoCAD) 的图形文件进行仿真。该软件具有图形化和交互化建模能力, 同时, 它通过内置的编程语言 SimTalk 进行过程的定义、参数的输入和控制策略的调整, 还能建立完整的仿真模型。SimTalk 是一种解释型的仿真逻辑控制语言, 语法规则类似于 Basic, 比较易学易用。同时, 该软件还提供专门的调试窗口, 用户可以快速地进行程序调试。

2.4.3 UG NX

UG NX 是西门子公司主导开发的集 CAD/CAM/CAE 于一体的工业软件, 其广泛应用于航空航天、汽车、通用机械、工业设备、医疗器械以及其他高科技领域, 其典型界面如图 2–9 所示[3]。该软件不仅具有强大的实体造型、曲面造型、虚拟装配和生成工程图等设计功能, 而且在设计过程中可进行有限元分析、动力学分析和仿真模拟, 提高设计的可靠性。同时该软件可用建立的三维模型直接生成数控代码, 用于产品加工, 处理程序支持多种类型数控机床。另外, 它所提供的二次开发语言 UG/Open API、UG/Open GRIP 简单易学, 实现功能多, 便于用户开发专用 CAD 系统。具体来说, 该软件具有以下特点: ① 具有统一的数据库, 真正实现了 CAD、计算机辅助制造 (computer aided manufacturing, CAM)、计算机辅助工程 (computer aided engineering, CAE) 等各种模块之间无数据交换的自由切换, 可实施并行工程; ② 采用复合建模技术, 可将实体建模、曲面建模、线框建模、显示几何建模与参数化建模集合为一体; ③ 采用创成式设计, 可根据定义的材料、约束和应力来确定最有效结构形状。在传统设计中, 通常会创建多个概念, 然后根据设计目标评估和优化一个或多个概念。在创成式设计中, 可从设计目标入手, 然后通过算法自动生成优化设计方案以实现目标。

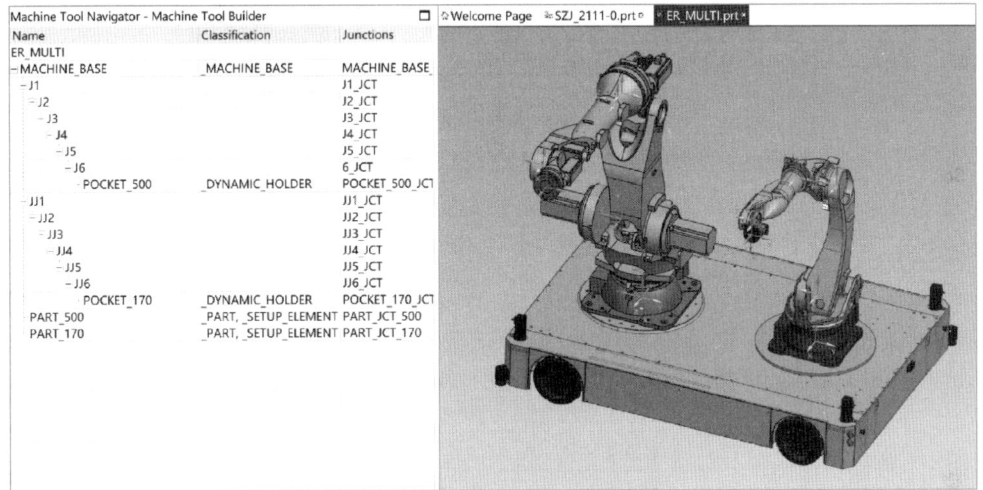

图 2–9 UG NX 软件典型界面

2.4.4 SpatialAnalyzer

SpatialAnalyzer (简称 SA) 是由美国 New River Kinematics 公司生产的一个可溯源的多用途测量软件包, 其核心是一个高级分析引擎, 与高效率的数据库和数据存储方法结合在一起, 可以进行大量数据的分析与计算, 其典型界面如图 2–10 所示[4]。高级分析功能还包括表面分析、多台激光跟踪仪移站平差、不确定度的分析等, SA 还提供多种数据输出和报表。SA 可允许用户迅速获取测量数据, 检查数据有效性, 并进行复杂分析。SA 可以方便地集成其他设备, 例如激光跟踪仪、便携式三坐标测量机 (coordinate measuring machine, CMM)、经纬仪、激光扫描仪等, 它为每个设备提供简单的通用接口, 使得复杂的测试任务得以在一个集成环境下实现。SA 的图形环境支持加载多种格式的 CAD 模型, 并可以转化为 ISO STEP 标准格式或其他工业标准格式。对于 CATIA、UG 和 ProE 等, SA 还提供多种选配接口以实现数据交换。

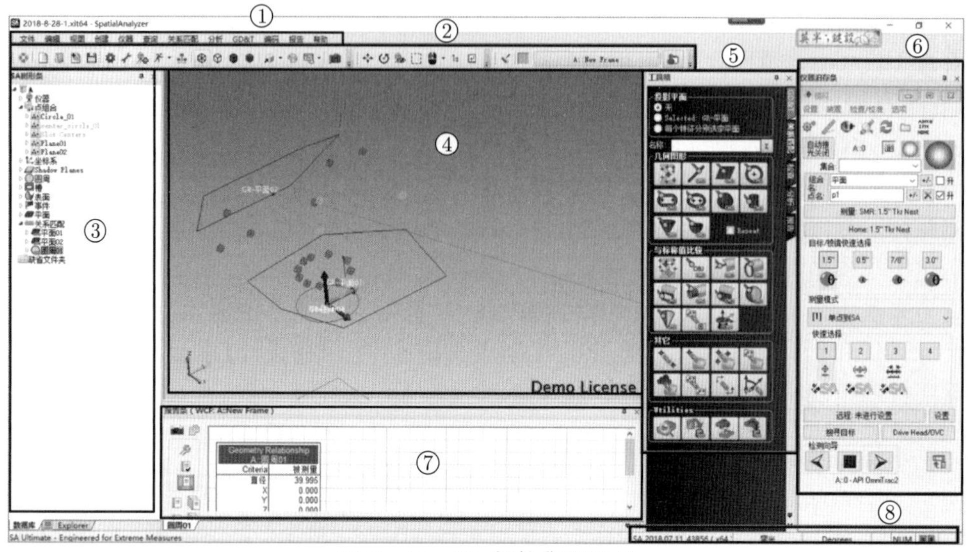

图 2–10 SA 软件典型界面

① 主菜单; ② 命令图标; ③ SA 树形条; ④ 3D 图形显示; ⑤ 工具箱; ⑥ 仪器测量界面; ⑦ 报告条; ⑧ 单位显示

2.4.5 西门子 840D sl 数控系统

西门子 840D sl 数控系统采用的是一种开放式设计结构, 不仅可以应用于数控机床, 还可以应用于运动控制领域, 通过系统本身强大的工业通信网络, 可以设计成开环或闭环, 实现柔性生产, 其典型界面如图 2–11 所示[5]。

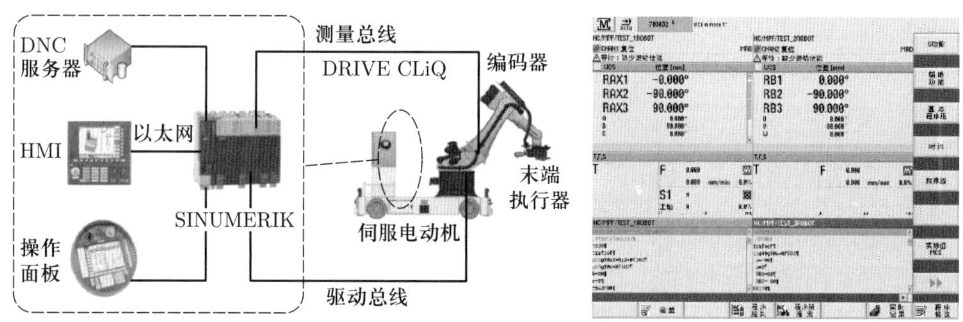

图 2–11 西门子 840D sl 数控系统控制移动机器人架构与控制软件界面

西门子 840D sl 数控系统主要分成三个部分:

(1) 人机交互界面: 主要包括上位机 (PC unit, PCU)、机床控制面板 (machine control panel, MCP)、触摸屏、扩展键盘等设备, 实现人机交互、加工与仿真、数据管理等功能。

(2) 控制、通信系统。主要包括数控内核 (numerical control kernel, NCK)、可编程逻辑控制器 (programmable logic controller, PLC), 以及总线模块、外围通信模块等, 实现运动控制、插补运算、数字量和模拟量的输入输出等。

(3) 驱动系统。主要包括驱动器和电动机, 工业机器人通常采用交流伺服电动机。KUKA 机器人可采用西门子 S120 书本型驱动器进行驱动, 其具有节能、高动态和运行可靠等优点。

2.4.6 KUKA KR C4 控制系统

KUKA KR C4 控制系统在软件架构中集成了机器人运动控制、外部输入输出控制和安全控制, 其配置界面如图 2–12 所示[6]。该系统可以实现机器人、整个机器人工作单元或机器人生产线的 I/O 处理, 还可以通过功能模块读取和处理轴位、速度等变量, 提高计算机数控 (computer numerical control, CNC) 加工性能。控制系统选项 KUKA.CNC 可以通过 G 码对 KUKA 机器人进行直接编程和操作, 同时可处理 CAD/CAM 系统中非常复杂的程序, 并通过 CNC 轨迹规划提供非常高的精度。由此, 将机器人集成到现有 CNC 环境中的过程变得特别简单。借助上游 CAD/CAM 系统中多个与机器人相关的功能, 机器人可以直接参与加工流程。KUKA KR C4 将整个安全控制系统无缝集成到控制系统中, 无需专属硬件。Safety 功能和与安全通信通过基于以太网的协议实现。该安全方案使用多核技术, 因此可实现安全应用所要求的双通道。

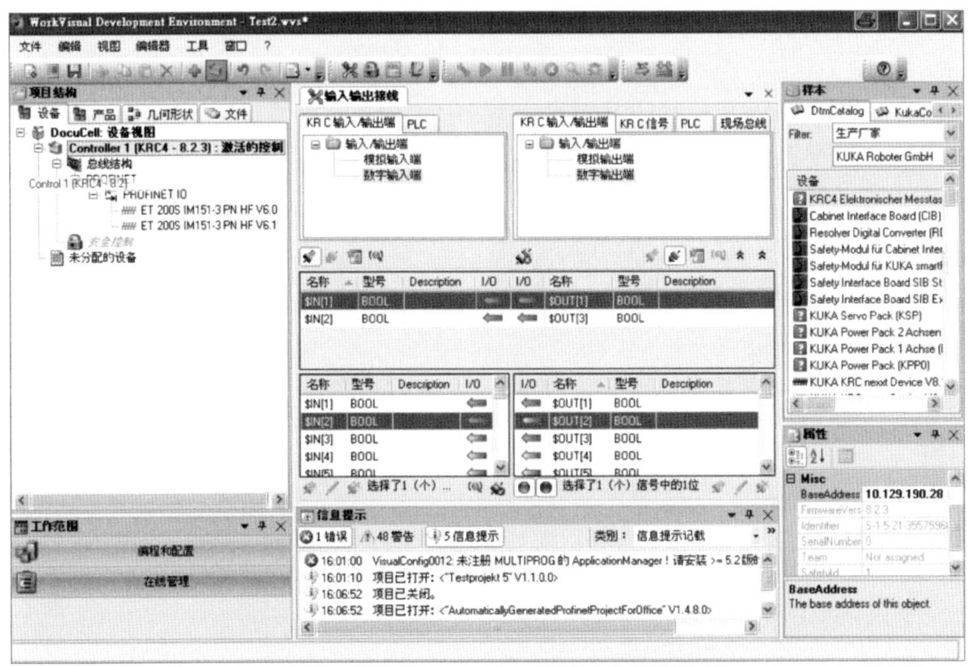

图 2–12 KUKA KR C4 控制系统配置界面

2.5 小结

移动式工业机器人原位制造系统不同于传统作业模式, 该系统使用高度集成的全向智能移动平台、机器人 (机械臂)、数字化测量闭环反馈、高精度一体化数控系统, 作业时对象原位不动, 移动机器人围绕其进行铣削、焊接、装配、测量、搬运等操作。其已经成为当前制造领域研究的热点, 但广泛应用中的关键核心技术尚处在积累阶段, 需要不断地应用和验证。本章围绕 "感知 – 决策 – 仿真 – 控制 – 执行" 的综合技术架构, 分别介绍了移动机器人的应用架构、测量架构、工艺架构、软件架构和控制架构。各架构之间相互关联、相互耦合, 依托产品设计输入, 实现移动机器人作业过程中内部的 "动态感知 – 实时分析 – 自主决策 – 以虚控实 – 精准执行" 全闭环管控。未来移动式工业机器人作业将带动我国高精尖大型复杂构件制造生产模式的不断变革, 进一步增强我国制造业的国际竞争力。

参考文献

[1] 高建华, 刘永涛. 西门子数字化制造工艺过程仿真: Process Simulate 基础应用 [M]. 北京: 清华大学出版社, 2020.

[2] 于征磊, 张乂文, 李鑫, 等. 数字化工厂建模与物流仿真: 基于 Plant Simulation [M]. 北京: 化学工业出版社, 2023.

[3] CAD/CAM/CAE 技术联盟. UG NX 12.0 中文版机械设计从入门到精通 [M]. 北京: 清华大学出版社, 2020.

[4] SpatialAnalyzer. Overview of SpatialAnalyzer® (SA) [EB/OL]. [2024-01-11].

[5] 西门子. SINUMERIK 840 [EB/OL]. [2024-01-11].

[6] KUKA. KUKA KR C4: The power of control [EB/OL]. [2024-01-11].

第二篇　结构与机构

第 3 章　全向智能移动平台

全向智能移动平台是一种基于全向轮组驱动的移动平台。全向智能移动平台具有全向移动、定位精度高、柔性化、操作方便、节省人力、场地适应性好、小空间内复杂组合运动效率高和平台扩展性好等特点。它对于中型或重型设备具有出色的搬运、装配等能力，被越来越多地应用在大型的现代化装配、智能制造车间中。

全向智能移动平台作为工业机器人的载体，为其提供稳定支撑，且使其能高精度、灵活移动，与工业机器人有机结合，可形成具备大空间柔性作业能力的移动式机器人单元。同时由于平台和机器人相互协同作业场景的特殊性，对平台提出了承载和抗偏载能力强、加工作业需保持稳定支撑、抗振能力强、全向移动以及加工作业模式切换效率高等高要求。

3.1　全向智能移动平台的组成

全向智能移动平台的组成如图 3-1 所示。

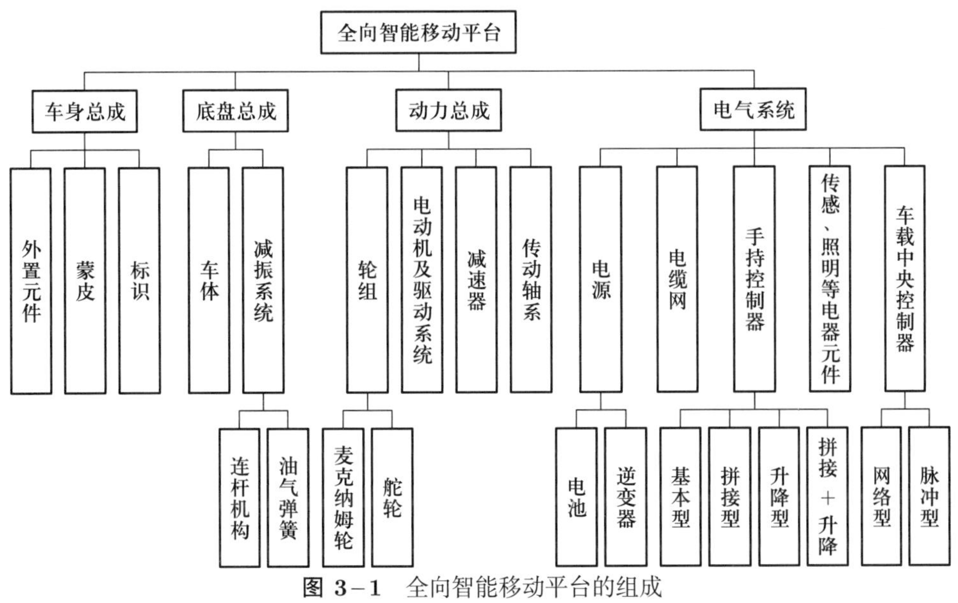

图 3-1　全向智能移动平台的组成

全向智能移动平台车结构组成及其功能如表 3–1 所示。

表 3–1　全向智能移动平台车结构组成及其功能

序号	模块	组成	功能介绍
1	车身总成	主要包括外置元件、蒙皮及标识	具有外部操作、警示和外观显示功能
2	底盘总成	主要包括车体和减振系统	主承力结构，提供其他功能部组件的安装接口
3	动力总成	主要包含全向轮组、传动轴系、减速器、电动机等	平台驱动部件
4	电气系统	主要包含电源、电缆网、手持控制器、车载中央控制器，以及传感、照明等电器元件	平台的控制系统

以某项目平台车为例，其车身总成、底盘总成、动力总成和电气系统如图 3–2 所示。本章将重点介绍底盘总成和动力总成，并简单介绍电气系统。

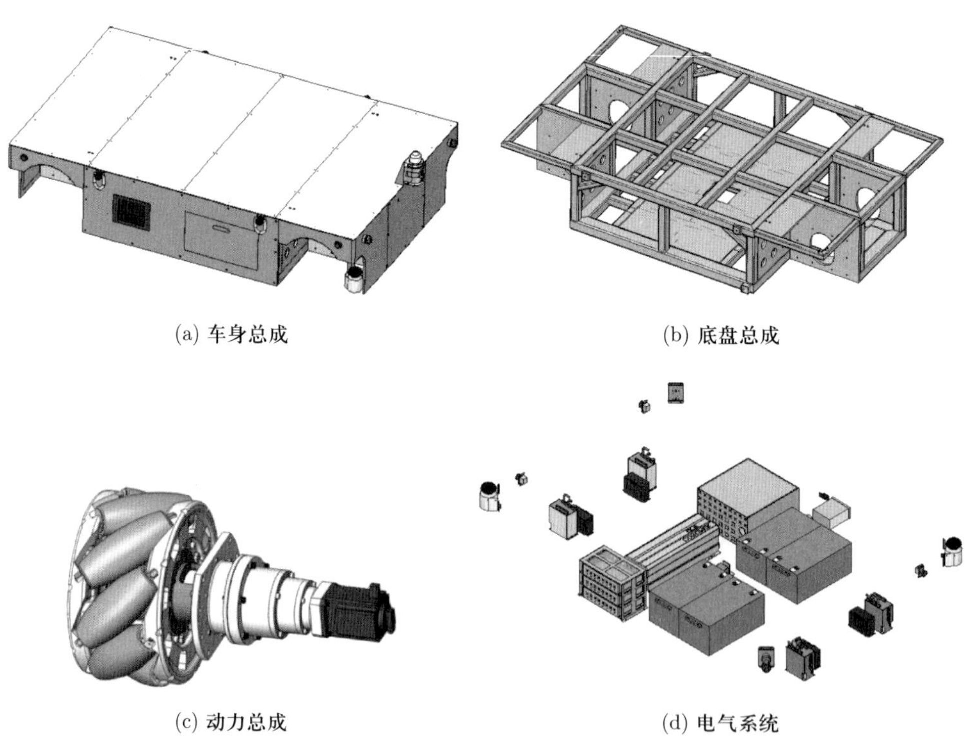

(a) 车身总成　(b) 底盘总成

(c) 动力总成　(d) 电气系统

图 3–2　某项目平台车基础结构示意

3.2 底盘总成

底盘总成是整个全向移动平台的主承力结构, 并且为动力总成、电气系统及车身总成提供布置空间和安装接口, 其结构质量直接影响整个平台的功能特性和运行精度, 所以它的结构设计不仅要以经济性为原则, 还要重点考虑使用功能的要求[1]。

3.2.1 车体

3.2.1.1 车体结构形式

底盘一般有两种类型: A 类底盘主要由 H 型钢焊接而成, 承载较大, 适用于 4 轮及以上协同工作的平台, 可承载大型机器人, 如图 3–3(a) 所示; B 类底盘主要由方钢管焊接而成, 承载相对较小, 其尺寸和形状容易自由设计, 适用于 4 轮全向移动平台, 主要用于承载小型机器人, 如图 3–3(b) 所示。根据机器人末端的自重、载荷、外形尺寸、工作范围及移动式工业机器人系统的功能需求, 选择对应类型底盘。

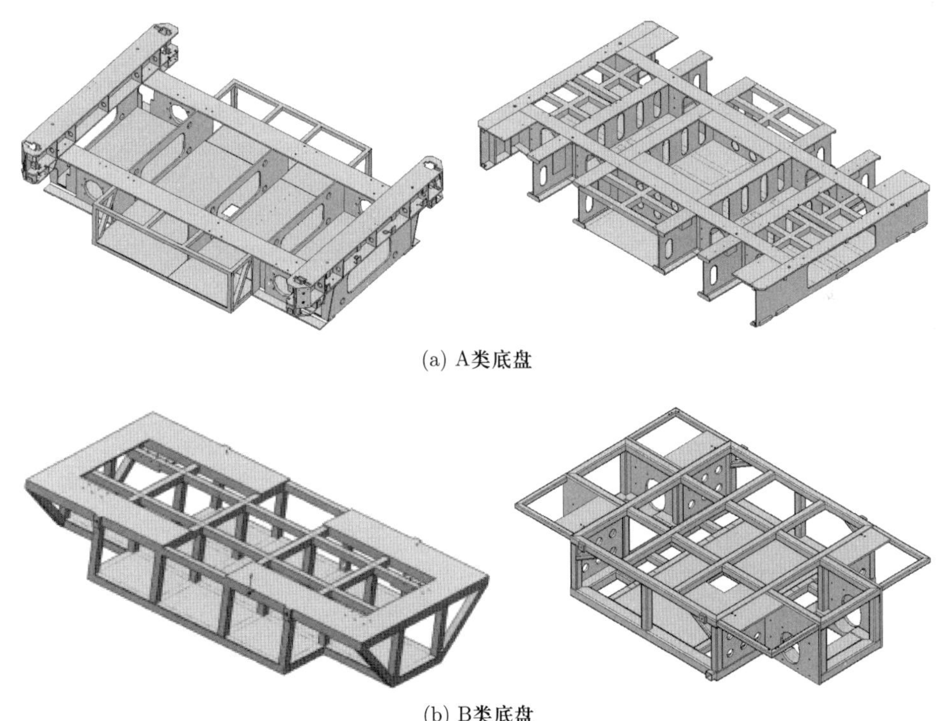

(a) A类底盘

(b) B类底盘

图 3–3 不同类型底盘总成设计

3.2.1.2 车体设计原则

为了使全向移动平台工作过程运行平稳、精度可控、操作简捷、易于维护, 底盘单元设计需遵循以下原则。

(1) 结构布局对称。考虑到全向移动平台的运动学原理, 其全向移动是基于轮组的合力实现的, 并且对于移动式工业机器人平台而言, 由于机器人运动带来的质心变化一定程度会造成平台的偏载, 在底盘设计时要尽可能减小重心的偏移, 空间布局设计上尽可能保证各单元系统质心对称, 从而避免由平台本身载荷分布不均导致的平台运行侧向误差, 保证平台的运行精度和操作稳定性。

(2) 提高底盘单元的刚度和强度。为保证平台具有足够的承载力, 提高机器人运动过程中平台的稳定性, 在底盘设计时应在自重限制范围内尽可能提高刚性和强度, 必要时可选取屈服极限较高的材料, 采用力学计算和仿真等方式对薄弱环节进行局部结构增强。

(3) 降低底盘单元重心高度。为保证机器人的工作空间范围无遮挡, 移动式工业机器人系统一般将机器人安装在底盘上台面上, 这种布局就使得机器人工作重心较高, 机器人运动过程中和平台急停工况下易造成平台侧翻, 因此在底盘单元设计时应尽可能降低底盘重心高度。

3.2.1.3 车体计算方法

车体设计需要结合仿真计算进行合理的分析和设计, 主要包括以下几方面。

1) 计算工况分析

根据实际受力情况分析底盘计算工况, 底盘计算工况一般包括轮组支撑工况、支腿支撑工况和吊装工况, 如表 3–2 所示。

表 3–2 底盘计算工况

序号	工况	工况计算
1	轮组支撑工况	计算全向轮组支撑时, 底盘在额定载荷作用下的应力和变形
2	支腿支撑工况	计算支腿支撑时, 底盘在额定载荷作用下的应力和变形
3	吊装工况	计算吊装全向智能移动平台时, 底盘在平台自重作用下的应力和变形

2) 结构材料特性参数

底盘材料一般为 Q235 和 Q345, 其特性参数如表 3–3 所示。

表 3–3 材料特性参数

材料	密度/$(g\cdot cm^{-3})$	弹性模量/GPa	泊松比	屈服强度/MPa
Q235	7.85	210	0.3	235
Q345	7.85	210	0.3	345

3) 计算模型

对三维模型进行简化, 去掉孔、圆角、倒角等特征, 将简化后的模型导入计算软件中, 划分网格, 生成有限元计算模型 (图 3–4)。

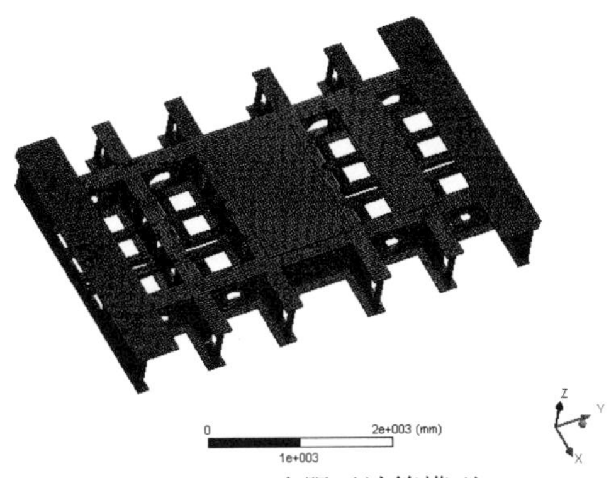

图 3-4 有限元计算模型

4) 边界条件

边界条件如表 3-4 所示。

表 3-4 边 界 条 件

序号	工况	边界条件
1	轮组支撑工况	① 固定轮组安装面 ② 通过施加重力加速度添加底盘自重载荷 ③ 施加轮组、元器件和车身等自重载荷 ④ 施加额定载荷
2	支腿支撑工况	① 固定支腿安装面 ② 通过施加重力加速度添加底盘自重载荷 ③ 施加轮组、元器件和车身等自重载荷 ④ 施加额定载荷
3	吊装工况	① 固定吊装孔 ② 通过施加重力加速度添加底盘自重载荷 ③ 施加轮组、元器件和车身等自重载荷 ④ 施加额定载荷

边界条件施加如图 3-5 所示。

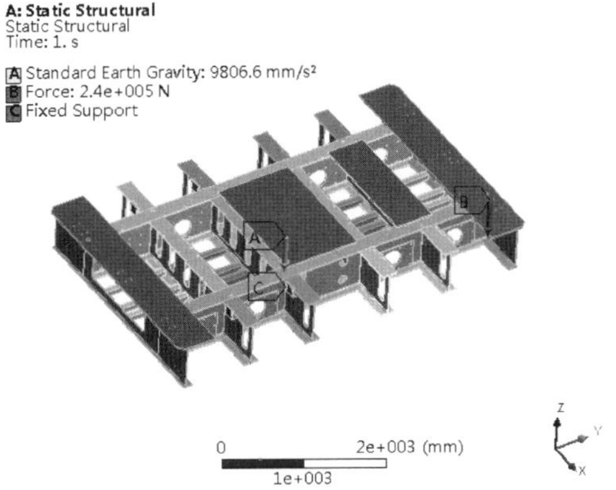

图 3-5 边界条件 (参见书后彩图)

5) 计算结果

通过解算, 可得到结构最大应力 σ_t 和最大变形。结构最大变形应满足刚度要求, 结构最大应力应满足下式:

$$\sigma_t \leqslant \frac{\sigma_b}{n} \tag{3-1}$$

式中, σ_b 为屈服强度; n 为结构安全系数。

结构计算结果如图 3-6 和图 3-7 所示。

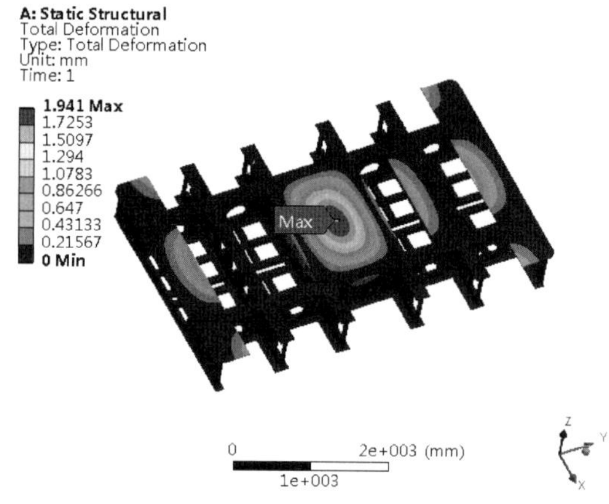

图 3-6 位移云图 (参见书后彩图)

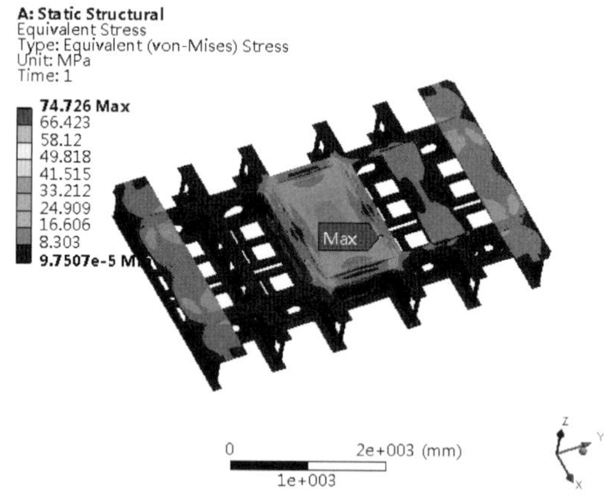

图 3-7 应力云图 (参见书后彩图)

3.2.2 减振系统

麦克纳姆轮组结构较为特殊, 小辊子的外轮廓面在一个圆柱体的圆柱面上, 轮组运动时, 轮组外缘的辊子交替与地面形成高副接触, 在这种不连续的滚动接触过程中，小辊子与地面产生冲击载荷，不仅影响基于麦克纳姆轮组的全向移动平台的平稳性，也加剧辊子的磨损；另外，麦克纳姆轮组的辊子与轮轴成一定角度，辊子受到较大的轴向力，再叠加复杂的地面环境、电动机运行波动等因素的影响，很容易产生振动和滑动，这在很大程度上影响了全向移动平台的运动性能，降低平台的运动平稳性，最终影响平台的使用性能。单从优化轮组外形、改良辊子材料工艺、优化运动控制方法等方面，很难保证提高平台的平稳性，这就需要对全向移动平台进行运动学研究，采用适宜的减振方法，设计合理的减振系统，来解决平台的复杂环境下的减振问题。

全向移动平台驱动轮对地面的附着性能直接决定着平台前进的动力是否充足，同时也影响着其运行轨迹控制性能。在地面环境良好时，只需要平台的驱动轮对地面具有稳定的压紧力即可。但是在地面环境较复杂时，需要全向移动平台轮组具有足够的附着力，保证平稳与地面接触，这就需要设计具备较好适应能力的减振系统[2]。

减振系统是车架与车桥之间的传力连接装置，可以使车轮组全部着地，具有传力、减振、导向及稳定车身的作用，使车体运行更加平稳。减振系统可分为非独立悬挂减振系统和独立悬挂减振系统。

1. 非独立悬挂减振系统

非独立悬挂减振系统是重载移动平台较为早期时采用的减振系统，其中具有代表性的就是如图 3–8 所示的整体桥式悬挂，它主要用于平台的后轮减振，它将两个后轮用整根横杆连接，该横杆称为后轮的桥体。然后在桥体中部与平台车体之间添加一个旋转副，旋转轴线与后轮轴线垂直并与地面平行。整体桥式悬挂由于桥体的存在使轮系间的完整性得到了提升，承载能力显著提高。整体桥式悬挂的不足主要表现在：被桥体连接的两个麦克纳姆轮在垂直方向的运动轨迹受到限制，遇到大的障碍物或者较深低凹路面时，平台的机动性能会下降很多，一般只适用于具有 4 个麦克纳姆轮的移动平台。

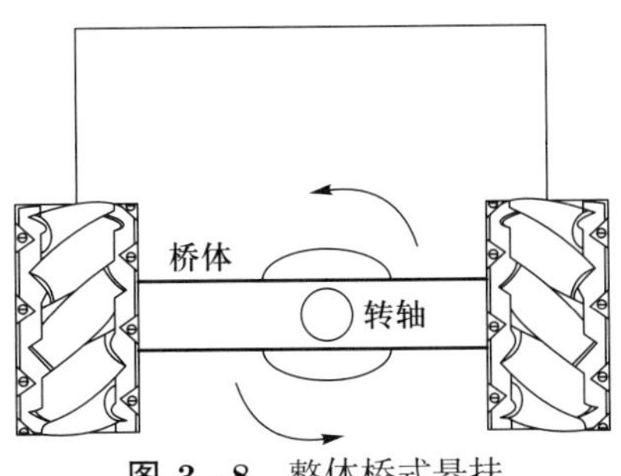

图 3–8　整体桥式悬挂

图 3–9 为一种新型非独立悬挂减振系统，该系统承载能力较强，减振器和螺旋弹簧并存来调整麦克纳姆轮的移动平台高度，从而保证麦克纳姆轮始终与地面充分接触，使得所有的轮子受力均匀，确保平台运行平稳、越障能力强。减振系统为轴对称结构，以尽量减少制造成本；每个麦克纳姆轮均在内侧布置驱动装置，以保证

外观的整洁美观；麦克纳姆轮外侧安装架上连接两个由油气弹簧和螺旋弹簧组成的减振器机构，以承担主要的减振浮动任务；而在麦克纳姆轮内侧布置两根弹簧导杆，在弹簧导杆上装有圆柱螺旋弹簧，这样做的目的除了起到缓冲作用，还可以起到减振器导向作用，从而保证倾斜布置的减振器工作稳定可靠。

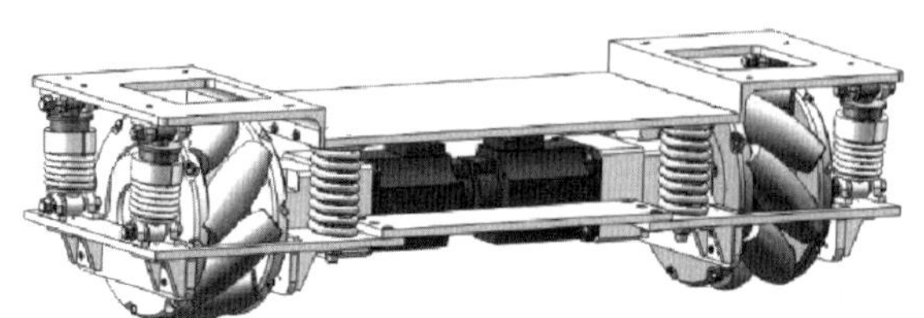

图 3–9 新型非独立悬挂减振系统

2. 独立悬挂减振系统

独立悬挂减振系统的车身受到的冲击弱，车轮的地面附着力有所提高，且因质量较轻、缓冲与减振力强，可减小车身倾斜使其更加平稳。其各项指标都优于非独立悬挂减振系统，但结构复杂、成本高、维修不便、占据空间大。

1) 弹簧独立悬挂减振系统

弹簧是最常见的一种缓冲元件，其由于结构简单、成本低、工作较可靠等优势而被广泛应用在各种缓冲减振的场合中。下面介绍几种常见的弹簧独立悬挂减振系统。

图 3–10 所示结构是一种弹簧独立悬挂减振系统。在移动平台中，一般将弹簧安装在平台与轮子中间，这样不仅可以将平台行驶在不平整路面时由地面激励产生的动能转化为弹性势能，还可以对轮子的运动轨迹起到约束限制的作用[3]（图 3–11）。

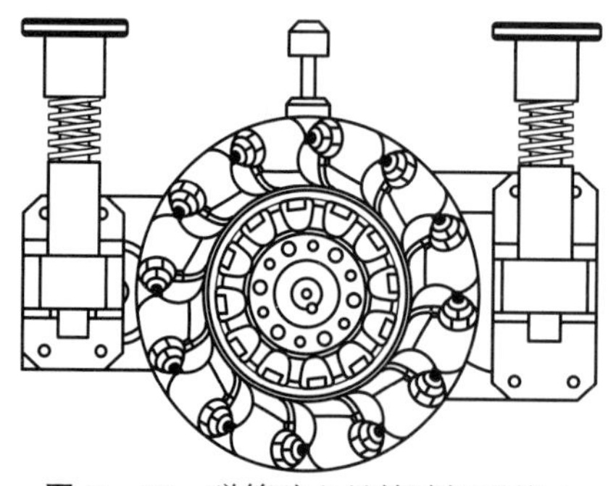

图 3–10 弹簧独立悬挂减振系统 1

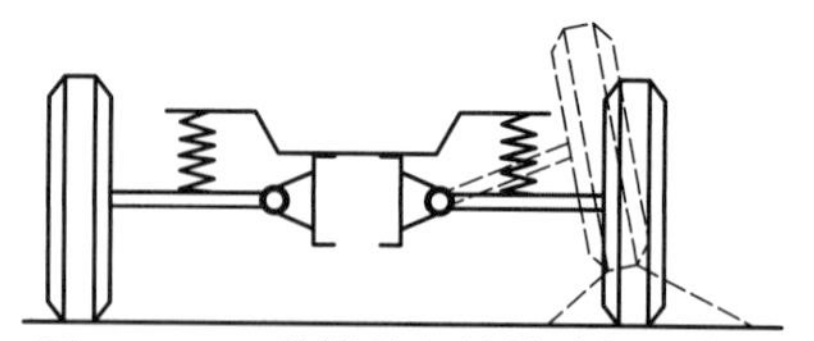

图 3–11 弹簧独立悬挂减振系统 2

图 3–12 所示结构是另一种弹簧独立悬挂减振系统。车轮组连杆与车架铰接，弹簧安装在车架与车轮组之间。这种结构主要有麦弗逊式悬架（图 3–12）和多连杆悬架（图 3–13）。麦弗逊式悬架结构简单、质量小、响应速度快、平稳度好、性价比高；多连杆悬架在启动与加速时更稳定，横向滑动量小。

图 3-12 麦弗逊式悬架

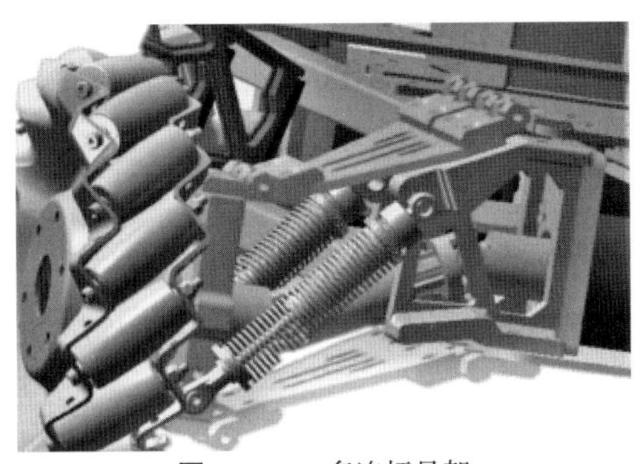

图 3-13 多连杆悬架

图 3-14 所示结构为一种弹簧液压阻尼减振系统。通过车身、弹簧液压阻尼器和连杆组成的三角形结构来实现减振的效果。弹簧液压阻尼器的优点在于，弹簧可以用来吸收瞬间的冲击，防止对其他部件的伤害，而液压阻尼可以有效地将剩余的能量吸收，避免振动[4]。

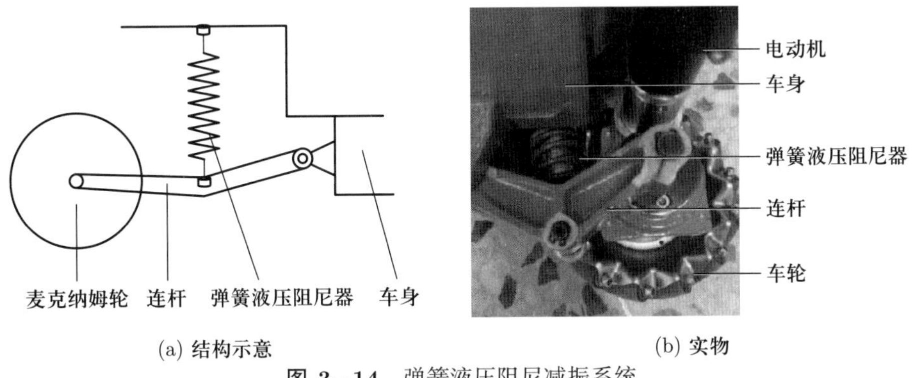

(a) 结构示意　　(b) 实物

图 3-14 弹簧液压阻尼减振系统

如图 3-15 所示，该减振系统采用包围式的设计理念，使所有零部件尽可能地环绕在麦克纳姆轮附近，结构紧凑，麦克纳姆轮的轴向两侧采用基本对称的结构，径向一端为弹簧结构。

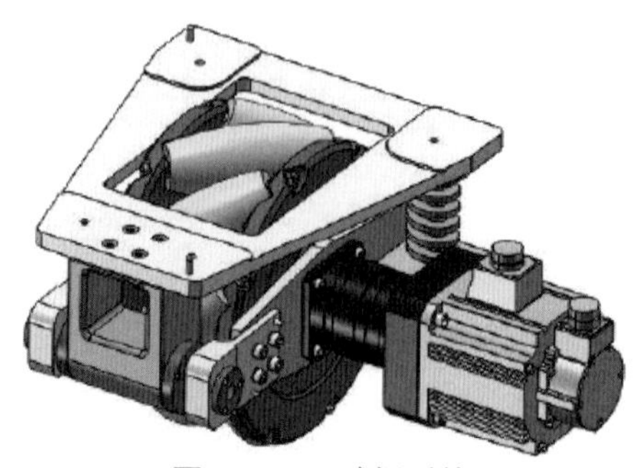

图 3-15 减振系统

弹簧减振独立悬挂可以很好地完成缓冲功能，但由于弹簧只是储能元件，并非阻尼元件，其缓冲储存的能量在后期某一时刻还是会传递给底盘结构和轮组，引起平台不必要的振荡，影响平台运行精度，同时也会降低工业机器人加工作业过程的平稳性。

2) 油气弹簧独立悬挂减振系统

油气弹簧独立悬挂减振系统的主要作用是传递轮组与车架之间的垂向力，采用内部或外部气体作为弹性介质，以油液来传递压力，并能够缓和、衰减外力引起的车架振动。

油气弹簧中主要起缓冲作用的是内部的油液或者惰性气体，它的工作原理是利用空气受压后体积变小的特征吸收能量以达到浮动效果。油气弹簧可使平台的载重能力得到大幅度提高，但其对工作环境和密封性的要求较高，成本也较高。

油气弹簧的刚度阻尼特性为非线性，这样可以保证在簧载质量变化时，结构的固有频率保持在一定的范围内，可以在很大程度上提高车辆的平顺性和稳定性，并且可有效减轻载荷的冲击，极大限度地满足运载车辆的需求，提高其使用寿命。由于油气弹簧的刚度具有非线性特性，它被广泛应用于各种工程车辆[5]。

根据油气弹簧的工作原理，其一般可分为单气室油气弹簧和双气室油气弹簧，如图 3-16 所示。

根据不同的结构形式，油气弹簧可以分为独立式油气弹簧系统和连通式油气弹簧系统，如图 3-17 所示。

(1) 独立式油气弹簧系统。独立式油气弹簧系统左右两侧油气弹簧互不连通，各悬架缸相互独立，互不影响。通过控制悬架缸的气体压力实现车身高度的调整，有利于改善车辆行驶平顺性及通过能力。

(2) 连通式油气弹簧系统。连通式油气弹簧系统的特点是悬架缸之间相互连通。其不仅具有独立式油气弹簧的优点，而且可使车辆在不平路面行驶时仍能较好地保持水平状态，防止单轮压力过大。连通式油气弹簧主要应用在多轮车辆上。

此外，油气弹簧还可以分为油气混合式和油气分离式 (图 3-18)。

(1) 油气混合式。油气混合式弹簧的油液与气体接触，不可避免地会被部分乳化，因此需要具备一定的抗乳化性能。油气混合式悬架结构相对简单，且保证了悬架的弹性性能。

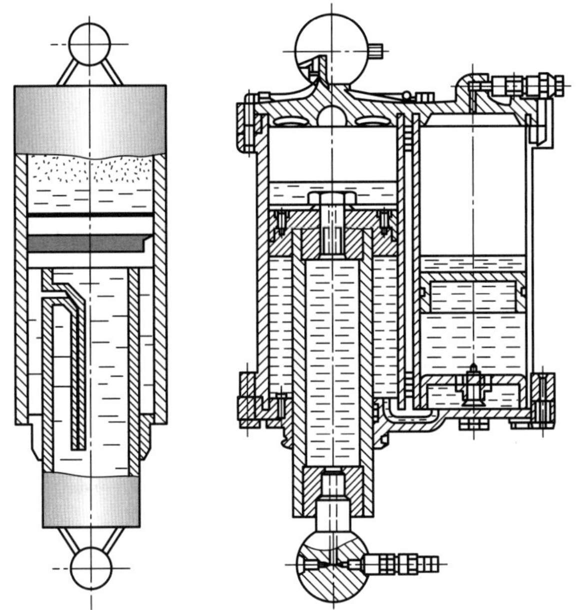

图 3-16　油气弹簧按工作原理分类

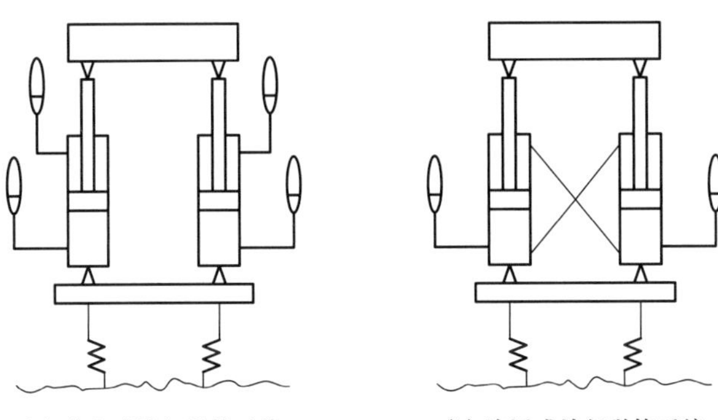

(a) 独立式油气弹簧系统　　(b) 连通式油气弹簧系统

图 3-17　油气弹簧按结构形式分类

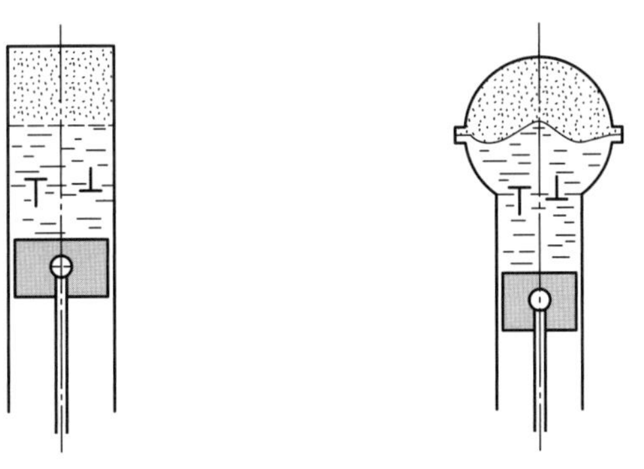

(a) 油气混合式　　(b) 油气分离式

图 3-18　油气弹簧按油气形式分类

(2) 油气分离式。油气分离式悬架的油液与气体由隔离元件分开, 可有效防止油液乳化, 并且便于充气。然而, 一旦隔离元件损坏, 气体会迅速部分溶解于油中, 影响悬架的性能。

本章选用单气室油气混合式独立油气弹簧 (图 3-19)。其工作原理是: 外缸筒作为储存油液和高压气体的容器, 同时作为外壳使用, 其上端通过螺纹与上支耳连接, 用 O 型圈密封, 并用大螺母进行锁紧。内缸筒作为推液压油液的工作缸, 设在外缸筒的内部, 其一端装配导向套, 导向套上装配导向带, 另一端与外缸筒动配合, 装配密封圈、防尘圈和导向带。内缸筒下端通过螺纹与下支耳连接, 同样用 O 型圈密封。独立油气弹簧内充入油液或混合液气, 内缸筒产生支撑力以平衡车体载荷。当载荷增加时, 外缸筒相对内缸筒向下移动, 压缩气体, 刚性增大, 直至压力与载荷平衡。车辆在行驶过程中遇到不同频率和振幅的振动, 使内缸筒不断地上下移动。当内缸筒向上移动时, 油液通过两个阻尼孔进入环形腔; 当内缸筒向下移动时, 油液通过一个阻尼孔流回缸体, 另一个阻尼孔由钢球封死, 即压缩的阻尼力小而拉伸的阻尼力大。图 3-20 为该油气弹簧减振系统的装配示意。

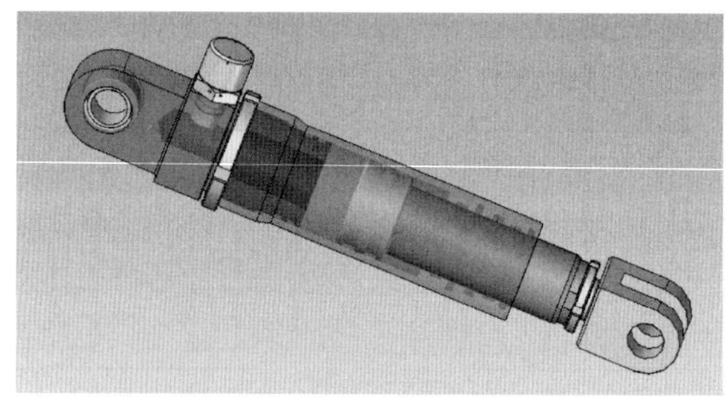

图 3-19 单气室油气混合式独立油气弹簧

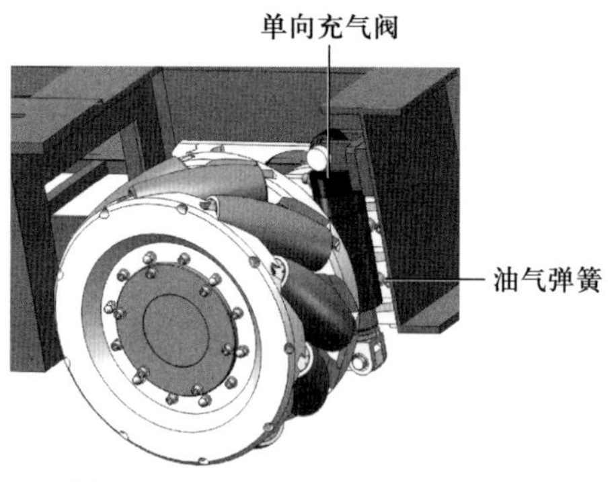

图 3-20 单气室油气混合式油气弹簧减振系统的装配示意

针对凸凹路况, 设计独立悬挂油气弹簧减振系统, 其由油气弹簧、导轨滑块等组成。导轨滑块保证轮组在适应地面不同平整情况时始终为垂直上下运动, 防止前后左右错动。油气弹簧内置一定压力, 并具有一定伸缩量, 幅度可根据实际情况进行设计, 以确保轮组始终对地面有一定压力。当地面有凸起物体时, 车身自重和地面凸起的作用使油气弹簧压缩, 轮组上升, 车身高度保持不变, 从而越过障碍物; 当地面存在凹陷时, 由于油气弹簧本身有一定压力, 轮组会下降, 自动适应凹陷地面, 从而保证车身高度及姿态不变。图 3–21 和图 3–22 展示了配备独立悬挂油气弹簧减振系统的移动式工业平台跨越不同地面凸起的实验。

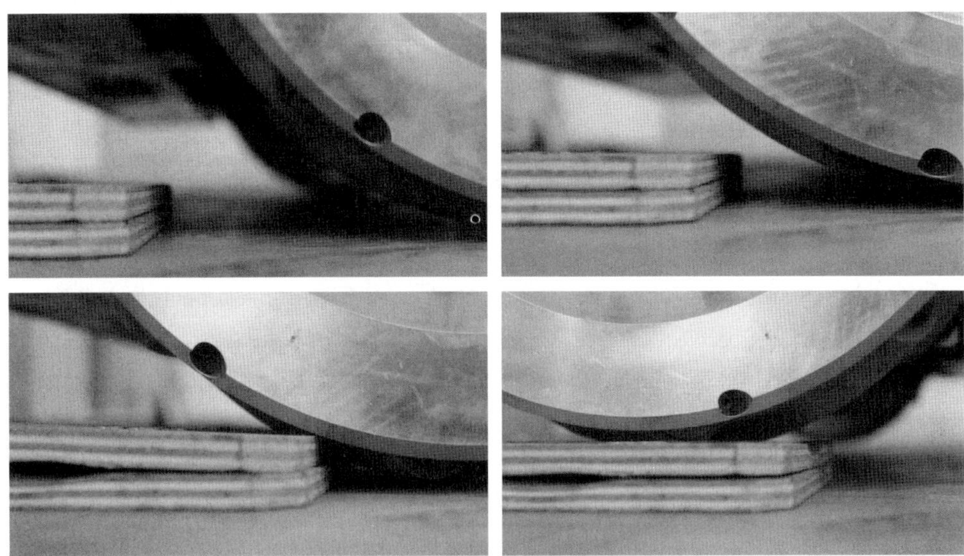

图 3–21 全向智能移动平台越障 (木板)

图 3–22 全向智能移动平台越障 (铁板)

图 3–23 为配备独立悬挂油气弹簧减振系统的全向智能移动平台在某车间厂房内以任意方向均能顺利通过 53 mm 宽的火车轨道轮缘槽的照片。

图 3–23 全向智能移动平台过坎

3.3 动力总成

移动机器人按照移动方式可以分为轮式、腿式和履带式等类型。其中轮式是应用最为广泛的移动方式。全向移动轮式结构灵活便捷，是目前机器人常用的轮式结构之一。全向移动轮组结构主要包括麦克纳姆轮和舵轮形式，不同轮组形式移动单元的运动学特性及应用场景也不同。

基于麦克纳姆轮的移动单元的移动方式是基于多个位于周边轮轴的中心轮组组合原理，轮轴呈定向角度排布，将轮组转向力转化为轮轴法向力。通过调整各轮轴的方向和速度，最终合成产生一个合力矢量，并保证移动单元在最终的合力矢量方向上能自由移动，而无须改变轮组自身的转向。在麦克纳姆轮的轮缘上斜向分布着许多小辊子，故轮组可以横向滑移。小辊子的母线很特殊，当轮组绕着固定的轮心轴转动时，每个小辊子的包络线为圆柱面，所以该轮能够连续地向前滚动[6]。麦克纳姆轮结构紧凑，运动灵活。因此，基于麦克纳姆轮的移动单元可以更灵活方便地实现全向移动功能，即前行、横移、斜行、旋转及其组合等运动，非常适合转运空间有限、作业通道狭窄的环境，在辅助装配加工等场景具备高精度、高稳定性等特殊优势。

基于舵轮的轮组形式是差动式的主要代表，其每个轮组配备有独立的驱动电动机及转向电动机，兼备方位驱动及回旋驱动能力。通过同步控制单个或多个舵轮的角度和速度，实现车体不转动情况下的方向控制。基于舵轮的移动单元具有 360° 回转能力，可以实现任意角度的移动功能。在每个舵轮上均配有驱动和转向编码器，能够随时反馈速度及角度等参数值，并通过伺服比例积分微分控制（简称 PID 控制），不断调节补偿偏差，保证在任意时刻位置精准度，振动性小，在同等车体大小的前提下能够承载更大的质量。

3.3.1 麦克纳姆全向轮组单元

麦克纳姆全向轮组由麦克纳姆轮、减速器、驱动电动机和减振系统等组成，如图 3-24 所示。麦克纳姆轮能实现全向运动；减振系统使轮组始终着地，适应不平整路面；驱动电动机和减速器为轮组提供驱动力矩。

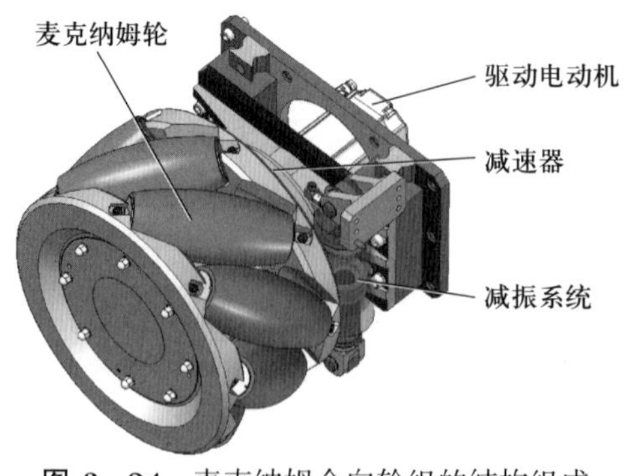

图 3-24 麦克纳姆全向轮组的结构组成

麦克纳姆全向轮组按减振形式可分为减振型麦克纳姆全向轮组 (图 3–24) 和非减振型麦克纳姆全向轮组 (图 3–25)。减振型麦克纳姆全向轮组带有减振系统, 尺寸相对较大, 成本相对较高; 非减振型麦克纳姆全向轮组不含减振系统, 尺寸相对较小, 成本相对较低, 适用于手动移动的全向移动平台。

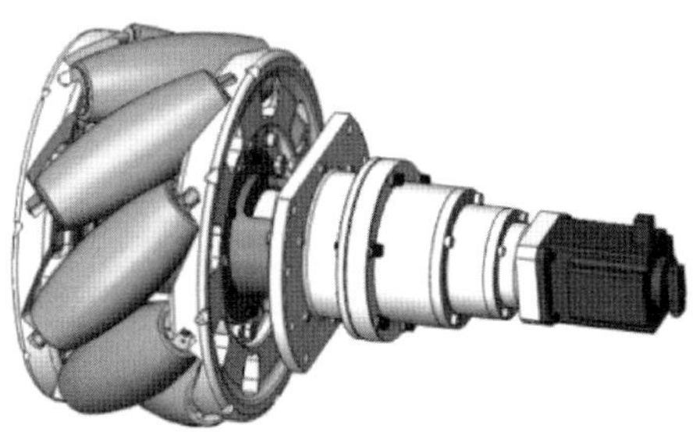

图 3–25 非减振型麦克纳姆全向轮组

麦克纳姆全向轮组按轮组直径可分为 270 麦克纳姆全向轮组、390 麦克纳姆轮全向轮组、485 麦克纳姆全向轮组、574 麦克纳姆全向轮组和 620 麦克纳姆全向轮组, 其麦克纳姆轮直径分别为 270 mm、390 mm、485 mm、574 mm 和 620 mm, 单轮承载分别为 0.5 t、1 t、2 t、3 t 和 4 t。

1. 麦克纳姆轮简介

1973 年, 瑞典工程师 Bengt Ilon 开发设计了麦克纳姆轮[7]。麦克纳姆轮是一种典型的全向轮, 其轮体周围分布了很多鼓形的辊子, 辊子的外轮廓与轮子的理论圆周重合, 确保轮子与地面接触的连续性, 同时辊子能自由旋转, 其轴线与辊子轴线通常成 45°。麦克纳姆轮主要由辊子、轮毂、轴套等组成 (图 3–26)。辊子是实现全向移动的基础部件, 均匀地分布在轮毂所在的圆周上; 轮毂是辊子的承载部件以及主体转动部件; 轴套用来连接两片轮毂, 并与轮组固定装置连接, 实现轮组与设备的连接。

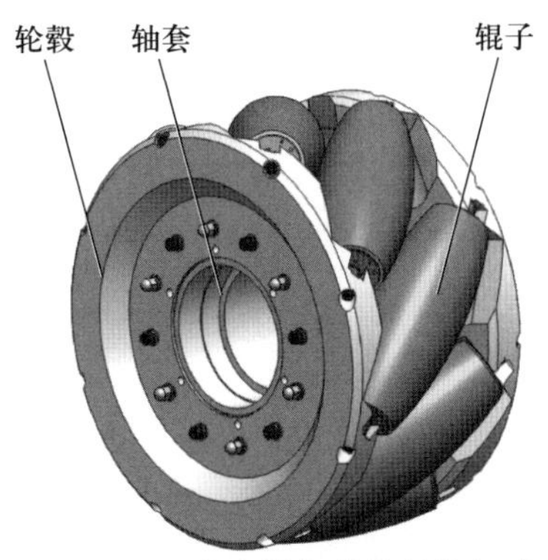

图 3–26 麦克纳姆轮的结构组成

麦克纳姆轮能够广泛应用于轮式移动机器人的研究领域, 其原因在于: 麦克纳姆轮不需要辅助转向机构, 只需通过各轮之间转速与转向的配合就可以实现全方位运动; 承载能力好, 运动灵活, 性能稳定; 运动控制易于实现。

2. 辊子的结构及材料

辊子的结构包括外层弹性体、金属内壁、辊子轴、轴承、端盖和螺钉等 (图 3-27), 金属内壁和外层弹性体可以绕着辊子轴自由地转动, 使辊子具有一个旋转自由度。外层弹性体的作用是缓冲振动, 在这里选择聚氨酯材料, 该种材料除满足一定的弹性要求外, 还具有足够的硬度和耐磨性。

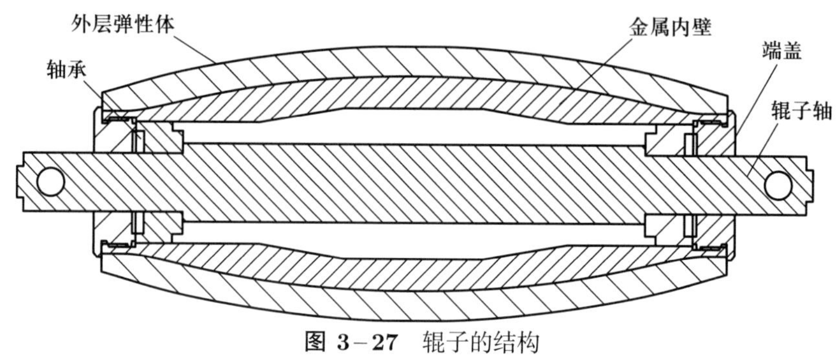

图 3-27 辊子的结构

聚氨酯弹性体是一种高分子材料, 其拉断时的伸长量大于原长度的 50%, 且撤去外力后, 恢复能力很好。在弹性体中, 橡胶在拉断时的伸长量大于原长度的 200%, 且伸长量为 100% 时的应力比较小, 弹性体在高分子材料中的应用范围要大于橡胶, 而聚氨酯弹性体既具有橡胶的高弹性, 也具有塑料的高强度, 因此它的性能超过了橡胶和塑料。

麦克纳姆轮辊子所采用的聚氨酯弹性体具有原材料丰富、制造方法简单可靠的优点。其邵氏硬度范围从 10 HA 到 85 HD 不等, 既包括弹性模量很低的橡胶, 也包括抗冲击性很高的弹性材料, 大大超出了其他橡胶 0.2 ~ 10 MPa 的弹性模量范围。大部分橡胶在邵氏硬度达到 90 ~ 95 HA 时, 性能会显著下降。而对于聚氨酯弹性体, 当硬度在 80 ~ 95 HA 时, 其性能正处于峰值, 在该硬度范围内, 聚氨酯弹性体的性能良好, 高硬度的弹性体中以聚醚型为优。

3. 驱动单元设计

麦克纳姆全向轮组的动力主要由驱动组件提供, 其主要由伺服电动机、减速器、联轴器及相应安装件等组成。各组成单元的设计选型主要依据驱动力计算、电动机功率计算及扭矩的校核。

1) 驱动力计算

基于麦克纳姆轮的全向移动平台在运行时, 麦克纳姆轮上的小辊子会与地面接触从而产生接触摩擦力, 这是平台运行的主要驱动力。而平台驱动电动机的输出转矩 T_{q} 通过减速器放大, 用以平衡产生的扭矩, 考虑到传动效率的影响, 驱动轮输出扭矩 T_{t} 为

$$T_t = i\eta T_q \tag{3-2}$$

式中, i 为减速器的减速比; η 为电动机与驱动轮之间的传动效率; T_q 为电动机的输出扭矩。

在全向移动平台运行过程中, 车轮会对地面产生一个作用力 F_0, 而地面对车轮的作用力即为驱动力 F_t, 故而可以计算出车体运动阻力, 如下式所示:

$$F_t = \frac{T_t}{R} = \frac{i\eta T_q}{R} \tag{3-3}$$

式中, R 为驱动轮的等效半径。

无负载且静止时麦克纳姆轮的等效半径称为自由半径 R_0, 无负载且运动时的半径称为空载运动半径 R_1, 有负载且无相对运动时的等效半径称为有载静止半径 R_2, 麦克纳姆轮承受一定的载荷且在地面上滚动时的等效半径称为有载滚动半径 R_3。在设计和制造麦克纳姆轮过程中, 轮组半径变化会对平台运动精度产生影响, 因此需充分考虑刚度因素, 确保辊子、芯轴以及车轮侧板材料的刚度都足够高。这样可以忽略载荷和运动对机器人运动的影响, 在设计计算过程中将车轮刚性处理, 认为平台在任何情况下其轮径都为制造尺寸 (即自由半径)。

可移动机器人平台在行驶过程中要克服阻力的影响, 阻力根据不同的来源可分为滚动阻力 F_f、加速阻力 F_j、空气阻力 F_w 和坡度阻力 F_r, 所以平台在运动时所需的总驱动力为

$$F_t = F_f + F_j + F_w + F_r \tag{3-4}$$

(1) 滚动阻力 F_f。

麦克纳姆轮在运动时存在的滚动阻力主要分为路面产生的滚动阻力和轴承连接产生的轴承滚动阻力。因此, 滚动阻力 F_f 分为轴承阻力和滚动摩擦阻力两部分, 其表达式为

$$F_f = F_{f_1} + F_{f_2} \tag{3-5}$$

式中, F_{f_1} 为轴承阻力; F_{f_2} 为滚动摩擦阻力。

可知:

$$F_{f_1} = P\frac{\mu d/2}{D/2} = P\frac{\mu d}{D} \tag{3-6}$$

式中, P 为地面对轮组的支撑力; μ 为轴承摩擦系数, 不同轴承的摩擦系数见表 3-5; d 为车轮轴径; D 为车轮直径。

表 3–5 不同轴承的摩擦系数 μ

轴承类型	载荷类型	摩擦系数 μ
单列向心球轴承	径向载荷	0.002
单列向心球轴承	轴向载荷	0.004
单列向心推力轴承	径向载荷	0.003
单列向心推力轴承	轴向载荷	0.005
单列圆锥滚子轴承	径向载荷	0.008
单列圆锥滚子轴承	轴向载荷	0.020

车轮与路面之间的滚动摩擦阻力满足:

$$F_{\mathrm{f}_2} = Qf\cos\alpha \tag{3-7}$$

式中, Q 为轮组所受载荷; f 为阻力系数, 不同路面的阻力系数见表 3–6; α 为路面最大坡度。

表 3–6 不同路面的阻力系数

路面类型	阻力系数 f	路面类型	阻力系数 f
良好的沥青或混凝土路面	0.010 ~ 0.018	碎石路面	0.020 ~ 0.025
一般的沥青或混凝土路面	0.018 ~ 0.020	干砂	0.100 ~ 0.300
泥泞土路 (雨季或解冻期)	0.100 ~ 0.250	湿砂	0.060 ~ 0.150
良好的卵石路面	0.025 ~ 0.030	雨后路面	0.050 ~ 0.150
坑洼的卵石路面	0.036 ~ 0.050	结冰路面	0.015 ~ 0.030
压紧的干燥土路	0.025 ~ 0.035	压紧的雪道	0.030 ~ 0.050

(2) 加速阻力 F_{j}。

平台在启动到达设定速度前, 由于加速度的存在会产生惯性力。在计算过程中, 需对旋转惯性力进行等效处理, 将其转化为平移惯性力来计算。因此, 加速阻力可表示为

$$F_{\mathrm{j}} = \delta m a_{\max} \tag{3-8}$$

式中, δ 为旋转惯性力转换系数; m 为平台在负载下的总质量; $a_{\max}$ 为平台速度变化最大加速度。

(3) 空气阻力 F_{w}。

空气阻力就是平台在运动过程中受到的空气作用力, 移动平台的空气阻力与平

台速度的平方和平台投影面积均成正比, 其表达式为

$$F_{\mathrm{w}} = \frac{1}{16} C_{\mathrm{d}} A v^2 \tag{3-9}$$

式中, C_{d} 为空气阻力系数 (取 1.0, 视为垂直面运动); A 为平台在行驶方向的投影面积; v 为平台与空气的相对运动速度。

(4) 坡度阻力 F_{r}。

平台的坡度阻力为其总重力沿坡面的分力, 其计算公式为

$$F_{\mathrm{r}} = Q \sin \alpha \tag{3-10}$$

式中, G 为车体和负载的总重力; α 为工作路面最大坡度角。

2) 电动机功率及扭矩计算

(1) 电动机功率计算。

根据功率与驱动力 (阻力) 之间的关系可计算得到功率 P:

$$P = \frac{F_{\mathrm{t}} v_{\max}}{\eta} \tag{3-11}$$

式中, $v_{\max}$ 为平台的最大运行速度; η 为平台减速系统效率。

(2) 麦克纳姆轮运行扭矩计算。

在平台驱动轮驱动力已计算出的情况下, 可通过下式计算麦克纳姆轮运行所需的扭矩:

$$N_{\mathrm{L}} = \frac{F_{\mathrm{t}} D}{2} \tag{3-12}$$

式中, D 为麦克纳姆轮直径。

(3) 电动机输出扭矩计算。

电动机将能源输出给减速器, 各驱动电动机的输出扭矩应满足:

$$N_{\mathrm{D}} = \frac{N_{\mathrm{L}}}{i} \tag{3-13}$$

式中, i 为减速器的减速比。

3.3.2 基于麦克纳姆轮的移动单元运动原理

基于麦克纳姆轮的全向移动单元在二维平台上具有横向、纵向和旋转 3 个自由度任意组合运动的能力。通过调整各个轮子不同的速度组合, 全向移动单元可以产生不同的作用力, 进而产生不同的运动效果, 进行任意运动轨迹的变换, 实现全向运动。相对其他方式的转运平台而言, 基于麦克纳姆轮的全向移动平台可以通过

各轮的协同控制来实现全方位任意姿态的运动, 能在相对复杂或狭窄的空间内完成自由运动, 提升转运过程的柔性化、灵活性和效率。

1. 四轮麦克纳姆轮组分析

在实际应用中, 为了提升机构的稳定性、载重能力以及控制便捷性, 麦克纳姆轮都是成对使用的。首先对四轮麦克纳姆轮组控制模型进行分析, 其布局方式为: 左前轮和右后轮的辊子朝左, 右前轮和左后轮的辊子朝右, 如图 3-28 所示。

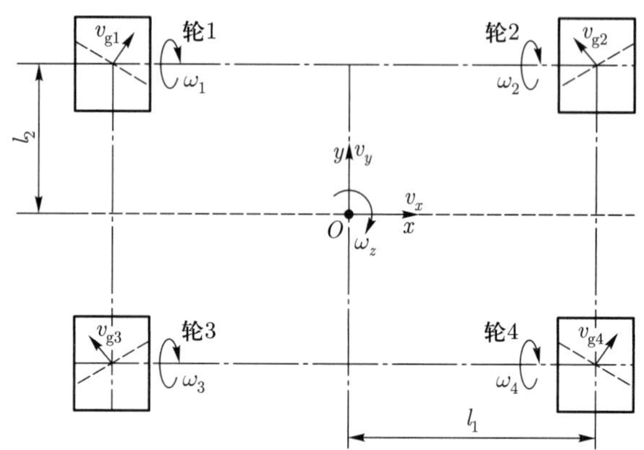

图 3-28 四轮麦克纳姆轮组示意

麦克纳姆轮构成的移动平台上每个轮子都有独立的驱动电动机, 通过摩擦力和驱动力的共同作用可以实现任意方向移动。为简化运动学建模, 做如下假设: ① 整个移动平台是刚性的; ② 运动局限于平台上; ③ 车轮与地面为纯滚动。

首先对以 4 个麦克纳姆轮组成的全向移动平台进行几何分析, 如图 3-28 所示。

以转运平台中心点 O 为原点建立全局坐标系 xOy, 其相对地面静止。在平面上, 转运平台具有 3 个自由度, 其中心点 O 的速度为 $[v_x, v_y, \omega_z]$。车轮 i 绕轮轴转动的角速度是 ω_i, 车轮中心的速度是 v_{O_i}, 辊子的速度是 v_{g_i}。

当电动机驱动车轮旋转时, 车轮具有两个运动: 一是以普通方式沿着垂直于驱动轴的方向前进; 二是与地面接触的辊子绕其自身轴线旋转。以轮 4 为例, 车轮中心在全局坐标系中的速度[8] 为

$$v_4 = \begin{bmatrix} 0 & -\sin\alpha \\ R & \cos\alpha \end{bmatrix} \begin{bmatrix} \omega_4 \\ v_{g4} \end{bmatrix} \tag{3-14}$$

另一方面, 车轮固接在转运平台上, 由转运平台的整体速度可得

$$v_4 = \begin{bmatrix} 1 & 0 & l_2 \\ 0 & 1 & l_1 \end{bmatrix} \begin{bmatrix} v_x \\ v_y \\ \omega_z \end{bmatrix} \tag{3-15}$$

综合式 (3–14) 和式 (3–15) 可得

$$\begin{bmatrix} 0 & -\sin\alpha \\ R & \cos\alpha \end{bmatrix} \begin{bmatrix} \omega_4 \\ v_{g4} \end{bmatrix} = \begin{bmatrix} 1 & 0 & l_2 \\ 0 & 1 & l_1 \end{bmatrix} \begin{bmatrix} v_x \\ v_y \\ \omega_z \end{bmatrix} \tag{3-16}$$

即可解得

$$\omega_4 = \frac{1}{R} \begin{bmatrix} 1 & 1 & l_1 + l_2 \end{bmatrix} \begin{bmatrix} v_x \\ v_y \\ \omega_z \end{bmatrix} \tag{3-17}$$

同理分析轮 $1 \sim 3$, 可得

$$\omega_1 = \frac{1}{R} \begin{bmatrix} 1 & 1 & -(l_1 + l_2) \end{bmatrix} \begin{bmatrix} v_x \\ v_y \\ \omega_z \end{bmatrix} \tag{3-18}$$

$$\omega_2 = \frac{1}{R} \begin{bmatrix} -1 & 1 & l_1 + l_2 \end{bmatrix} \begin{bmatrix} v_x \\ v_y \\ \omega_z \end{bmatrix} \tag{3-19}$$

$$\omega_3 = \frac{1}{R} \begin{bmatrix} -1 & 1 & -(l_1 + l_2) \end{bmatrix} \begin{bmatrix} v_x \\ v_y \\ \omega_z \end{bmatrix} \tag{3-20}$$

综上可得

$$\begin{bmatrix} \omega_1 \\ \omega_2 \\ \omega_3 \\ \omega_4 \end{bmatrix} = \frac{1}{R} \begin{bmatrix} 1 & 1 & -(l_1 + l_2) \\ -1 & 1 & l_1 + l_2 \\ -1 & 1 & -(l_1 + l_2) \\ 1 & 1 & l_1 + l_2 \end{bmatrix} \begin{bmatrix} v_x \\ v_y \\ \omega_z \end{bmatrix} = \boldsymbol{J} \begin{bmatrix} v_x \\ v_y \\ \omega_z \end{bmatrix} \tag{3-21}$$

式中, $\boldsymbol{J}$ 为系统逆运动学方程的雅可比矩阵。根据机器人运动学原理, 当系统逆运动学雅可比矩阵列不满秩时, 系统中存在奇异位形, 使系统的运动自由度减少。对于本系统的车轮配置构型, 辊子角度是锐角, 因此 $\boldsymbol{J}$ 矩阵中各元素均不为零, 所以总有 $\operatorname{rank}(\boldsymbol{J}) = 3$, 即该系统总是具有全方位运动的能力。

通过以上分析可知, 4 个麦克纳姆轮按照不同速度组合后可实现移动平台的全向移动。

当 $v_y = v \neq 0$, $v_x = 0$, $\omega = 0$ 时, 即移动平台沿着 y 轴进行前后移动动作, 4

个麦克纳姆轮的转速为

$$\omega_1 = \omega_2 = \omega_3 = \omega_4 = \frac{v}{R} \tag{3-22}$$

当 $v_x = v \neq 0$, $v_y = 0$, $\omega = 0$ 时, 即移动平台沿着 x 轴进行左右移动动作, 4 个麦克纳姆轮的转速为

$$\begin{aligned} \omega_1 = \omega_4 = \frac{v}{R} \\ \omega_2 = \omega_3 = -\frac{v}{R} \end{aligned} \tag{3-23}$$

当 $v_y = 0$, $v_x = 0$, $\omega \neq 0$ 时, 即移动平台绕移动平台中心轴以角速度 ω 进行自旋转动作, 4 个麦克纳姆轮的转速为

$$\begin{aligned} \omega_1 = \omega_3 = -\frac{l_0 + l_1}{R}\omega \\ \omega_2 = \omega_4 = \frac{l_0 + l_1}{R}\omega \end{aligned} \tag{3-24}$$

当 $v_y = v\sin\theta$, $v_x = v\cos\theta$, $\omega = 0$ 时, 即移动平台沿着与 x 轴成 θ 角的方向以速度 v 平移时, 4 个麦克纳姆轮的转速为

$$\begin{aligned} \omega_1 = \omega_4 = \frac{v}{R}(\sin\theta + \cos\theta) \\ \omega_2 = \omega_3 = \frac{v}{R}(\sin\theta - \cos\theta) \end{aligned} \tag{3-25}$$

基于四轮麦克纳姆轮组的全向移动装备在实际场景中的应用如图 3-29 和图 3-30 所示。

图 3-29 全向模拟墙精调移动装备

图 3–30 辅助装配高精度自动转运装备

2. 八轮麦克纳姆轮组分析

在实际应用中, 为了提升机构的载重能力, 会采用 8 个麦克纳姆轮组合使用。下面对八轮麦克纳姆轮组控制模型进行分析, 其布局方式为: 左前 1 轮、左前 3 轮、右后 6 轮、右后 8 轮的辊子朝左前方向 (俯视图), 右前 2 轮、右前 4 轮、左后 5 轮、左后 7 轮的辊子朝右前方向 (俯视图), 如图 3–31 所示。

为简化运动学建模, 同理做如下假设: 整个移动平台是刚性的; 运动局限于平台上; 车轮与地面为纯滚动。

对以 8 个麦克纳姆轮组成的全向移动平台进行几何分析, 如图 3–31 所示。以转运平台中心点 O 为原点建立全局坐标系 xOy, 其相对地面静止。在平面上, 转运平台具有 3 个自由度, 其中心点 O 的速度为 $[v_x, v_y, \omega_z]$。车轮 i 绕轮轴转动的角速度是 ω_i, 车轮中心的速度是 v_{O_i}, 辊子速度是 v_{gi}。

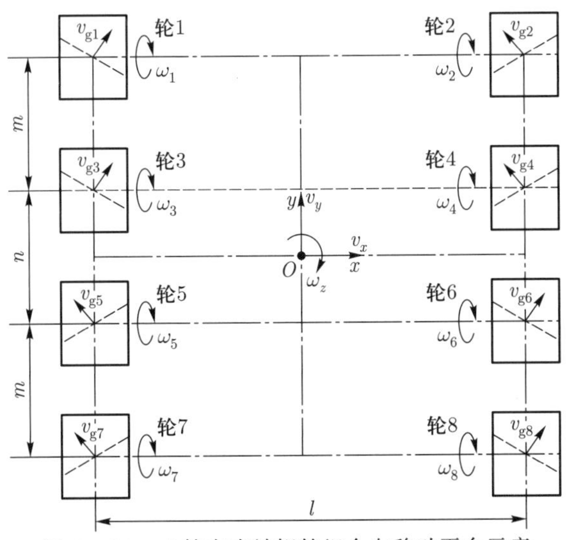

图 3–31 八轮麦克纳姆轮组全向移动平台示意

当电动机驱动车轮旋转时, 车轮具有两个运动: 一是以普通方式沿着垂直于驱

动轴的方向前进; 二是与地面接触的辊子绕其自身轴线旋转。以轮 8 为例, 车轮中心在全局坐标系中的速度为

$$v_8 = \begin{bmatrix} 0 & -\sin\alpha \\ R & \cos\alpha \end{bmatrix} \begin{bmatrix} \omega_8 \\ v_{g8} \end{bmatrix} \tag{3-26}$$

另一方面, 车轮固接在转运平台上, 由转运平台的整体速度可得

$$v_8 = \begin{bmatrix} 1 & 0 & m+\dfrac{n}{2} \\ 0 & 1 & l \end{bmatrix} \begin{bmatrix} v_x \\ v_y \\ \omega_z \end{bmatrix} \tag{3-27}$$

综合式 (3-26) 和式 (3-27) 可得

$$\begin{bmatrix} 0 & -\sin\alpha \\ R & \cos\alpha \end{bmatrix} \begin{bmatrix} \omega_8 \\ v_{g8} \end{bmatrix} = \begin{bmatrix} 1 & 0 & m+\dfrac{n}{2} \\ 0 & 1 & l \end{bmatrix} \begin{bmatrix} v_x \\ v_y \\ \omega_z \end{bmatrix} \tag{3-28}$$

即可解得

$$\omega_8 = \frac{1}{R} \begin{bmatrix} 1 & 1 & \dfrac{m+2n+l}{2} \end{bmatrix} \begin{bmatrix} v_x \\ v_y \\ \omega_z \end{bmatrix} \tag{3-29}$$

同理分析轮 $1 \sim 7$, 可得

$$\begin{aligned} \omega_1 &= \frac{1}{R} \begin{bmatrix} 1 & 1 & -\dfrac{m+2n+l}{2} \end{bmatrix} \begin{bmatrix} v_x \\ v_y \\ \omega_z \end{bmatrix} \\ \omega_2 &= \frac{1}{R} \begin{bmatrix} 1 & -1 & \dfrac{m+2n+l}{2} \end{bmatrix} \begin{bmatrix} v_x \\ v_y \\ \omega_z \end{bmatrix} \\ \omega_3 &= \frac{1}{R} \begin{bmatrix} 1 & 1 & -\dfrac{n+l}{2} \end{bmatrix} \begin{bmatrix} v_x \\ v_y \\ \omega_z \end{bmatrix} \\ \omega_4 &= \frac{1}{R} \begin{bmatrix} 1 & -1 & \dfrac{n+l}{2} \end{bmatrix} \begin{bmatrix} v_x \\ v_y \\ \omega_z \end{bmatrix} \end{aligned} \tag{3-30}$$

$$\omega_5 = \frac{1}{R}\begin{bmatrix} 1 & -1 & -\frac{n+l}{2} \end{bmatrix}\begin{bmatrix} v_x \\ v_y \\ \omega_z \end{bmatrix}$$

$$\omega_6 = \frac{1}{R}\begin{bmatrix} 1 & 1 & \frac{n+l}{2} \end{bmatrix}\begin{bmatrix} v_x \\ v_y \\ \omega_z \end{bmatrix}$$

$$\omega_7 = \frac{1}{R}\begin{bmatrix} 1 & -1 & -\frac{2m+n+l}{2} \end{bmatrix}\begin{bmatrix} v_x \\ v_y \\ \omega_z \end{bmatrix}$$

综合可得轮 $1 \sim 8$ 的转速与控制指令的运动方程如下:

$$\begin{bmatrix} \omega_1 \\ \omega_2 \\ \omega_3 \\ \omega_4 \\ \omega_5 \\ \omega_6 \\ \omega_7 \\ \omega_8 \end{bmatrix} = \frac{1}{R}\begin{bmatrix} 1 & 1 & -\frac{2m+n+l}{2} \\ 1 & -1 & \frac{2m+n+l}{2} \\ 1 & 1 & -\frac{n+l}{2} \\ 1 & -1 & \frac{n+l}{2} \\ 1 & -1 & -\frac{n+l}{2} \\ 1 & 1 & \frac{n+l}{2} \\ 1 & -1 & -\frac{2m+n+l}{2} \\ 1 & 1 & \frac{2m+n+l}{2} \end{bmatrix}\begin{bmatrix} v_x \\ v_y \\ \omega_z \end{bmatrix} = \boldsymbol{J}\begin{bmatrix} v_x \\ v_y \\ \omega_z \end{bmatrix} \tag{3-31}$$

式中, $\boldsymbol{J}$ 为系统逆运动学方程的雅可比矩阵。对于本系统的车轮配置构型, 辊子角度是锐角, 因此 $\mathrm{rank}\,(\boldsymbol{J}) = 3$, 即该系统总是具有全方位运动的能力。

根据前文所述的运动学原理可知, 当 8 个麦克纳姆轮的组合运动可以合成移动平台的合成速度和方向时, 只需调节每个轮的转速和方向, 即可实现移动的平台的全向移动。

当 $v_y = v \neq 0,\ v_x = 0,\ \omega = 0$, 即移动平台沿着 y 轴进行前后移动时, 8 个麦克纳姆轮的转速为

$$\omega_1 = \omega_2 = \omega_3 = \omega_4 = \omega_5 = \omega_6 = \omega_7 = \omega_8 = \frac{v}{R} \tag{3-32}$$

当 $v_x = v \neq 0,\ v_y = 0,\ \omega = 0$, 即移动平台沿着 x 轴进行左右移动时, 8 个麦克

纳姆轮的转速为

$$\begin{aligned}\omega_1 = \omega_3 = \omega_5 = \omega_7 = -\frac{v}{R} \\ \omega_2 = \omega_4 = \omega_6 = \omega_8 = \frac{v}{R}\end{aligned} \tag{3-33}$$

当 $v_y = 0$, $v_x = 0$, $\omega \neq 0$, 即移动平台绕移动平台中心轴以角速度 ω 进行自旋转时, 8 个麦克纳姆轮的转速为

$$\begin{aligned}\omega_1 = \omega_7 = -\frac{2m+n+l}{2}\omega \\ \omega_2 = \omega_8 = \frac{2m+n+l}{2}\omega \\ \omega_3 = \omega_5 = -\frac{n+l}{2}\omega \\ \omega_4 = \omega_6 = \frac{n+l}{2}\omega\end{aligned} \tag{3-34}$$

当 $v_y = v\sin\theta$, $v_x = v\cos\theta$, $\omega = 0$, 即移动平台沿着与 x 轴成 θ 角的方向以速度 v 平移时, 8 个麦克纳姆轮的转速为

$$\begin{aligned}\omega_1 = \omega_4 = \omega_5 = \omega_8 = \frac{v}{R}(\sin\theta + \cos\theta) \\ \omega_2 = \omega_3 = \omega_6 = \omega_7 = \frac{v}{R}(\sin\theta - \cos\theta)\end{aligned} \tag{3-35}$$

如上述公式所示, 通过八轮组合驱动控制, 由 8 个麦克纳姆轮组成的全向移动平台可以实现横向运动、纵向运动、斜向运动以及零转弯半径运动等。

基于八轮麦克纳姆轮组的全向移动装备在实际场景中的应用如图 3-32 和图 3-33 所示。

图 3-32 大型航天器产品转运

图 3-33 大型多自由度姿控装备军用挂装应用

3.3.3 舵轮全向轮组单元

1817 年, 德国车辆工程师 Lankensperger 提出 Ackerman-Jeantand 转向几何模型。基于 Ackerman-Jeantand 转向几何原理设计的车辆在沿着弯道转弯时, 利用四连杆的相等曲柄使内侧轮的转向角比外侧轮的大 2°~4°, 使 4 个轮子路径的圆心大致交会于后轴延长线上的瞬时转向中心, 使车辆可以顺畅地转弯[9]。正是基于 Ackerman-Jeantand 转向几何原理, 设计出了基于舵轮的移动单元, 如图 3-34 所示。

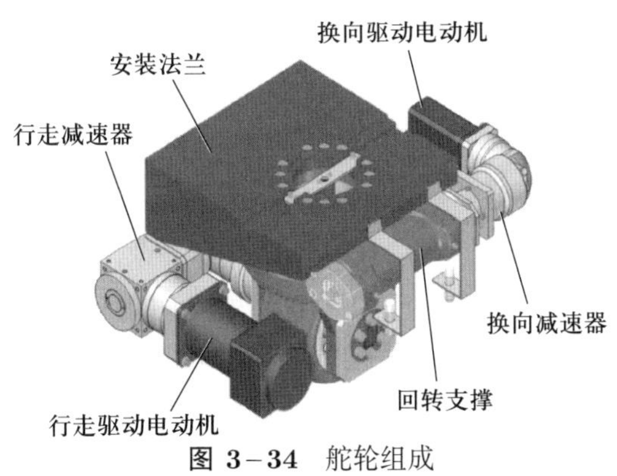

图 3-34 舵轮组成

基于舵轮的移动单元通过轮组安装架为轮组与车身之间提供接口, 将轮组和车身组成一个整体。转向电动机、回转行星减速器、回转驱动等组成转向驱动副, 为车轮转向提供动力。行走电动机、换向器和行走行星减速器等组成行走驱动副, 为车轮行走提供动力。舵轮移动平台模型如图 3-35 所示。

行走驱动方式: 直流电动机 + 行星减速器 + 驱动轮。

转向驱动方式: 直流电动机 + 行星减速器 + 蜗轮蜗杆回转支撑。

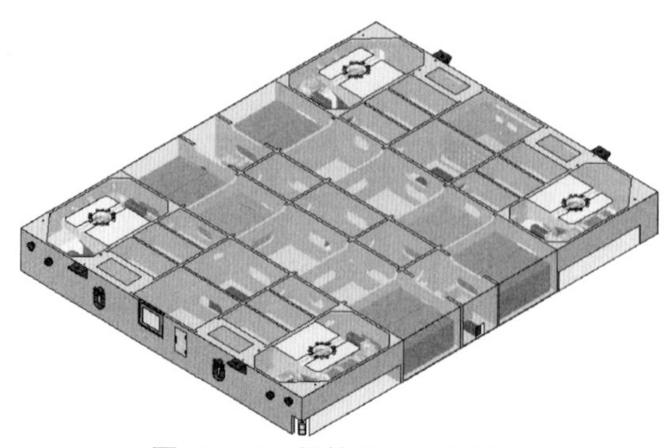

图 3–35 舵轮移动平台模型

3.3.4 基于舵轮的移动单元运动原理

基于舵轮的移动单元中, 每个驱动轮由各自转向电动机和行走电动机协同控制。通过 Ackerman-Jeantand 转向几何模型, 实时计算各轮的转向角和行驶速度, 并按照规划的速度和方向计算各电动机的控制参数, 在完成各轮组的转向电动机和行走电动机的协同控制后, 移动单元的内、外侧轮以不同的转向角和转速产生一定的速度差, 从而实现转向运动。

基于舵轮的移动单元的转向模式可以分为以下几种:

(1) 前轮差速转向, 后轮差速运动: 由前内/外侧车轮的不同转向角和转速差、后内/外侧轮的转速差共同实现移动的转向动作, 其特点是转向控制相对简单, 但转向行驶半径较大, 是目前较为常用的转向方式 [图 3–36(a)]。

(2) 前、后轮反向差速转向: 前、后轮同时偏转, 按照偏转的瞬态圆心为移动单元的横向中轴线进行几何分析, 即内侧轮的转向角一致, 外侧轮的转向角一致, 通过内、外侧轮的速度差实现整体的差速转向, 其特点是转向控制相对复杂, 但转弯行驶半径小, 更适合于狭小空间的转弯操作 [图 3–36(b)]。

(3) 前、后轮同向同速: 前、后内/外侧轮的转向角和速度均一致, 实现移动单元在平面上的平移动作, 此种控制方式适合于斜向移动 [图 3–36(c)]。

(4) 原地旋转: 前、后轮同时进行转向, 速度一致, 实现移动单元绕自身中心点自旋转动作, 此种控制方式适合于原地旋转运动 [图 3–36(d)]。

根据上述转向模型比较分析可知, “前、后轮反向差速转向” 模型相对于 “前轮差速转向, 后轮差速运动” 模型能获得更小的转向半径, 有利于提高整车控制的灵活性, “前、后轮同向同速” 模型和 “原地旋转” 模型可以对 “前、后轮反向差速转向” 模型进行补充, 以实现特定工况下的作业。

基于舵轮的移动平台在航空航天、轨道交通、船舶重工、武器装配、港口货运等领域都有广泛应用, 图 3–37 为其在航天领域的重要应用。

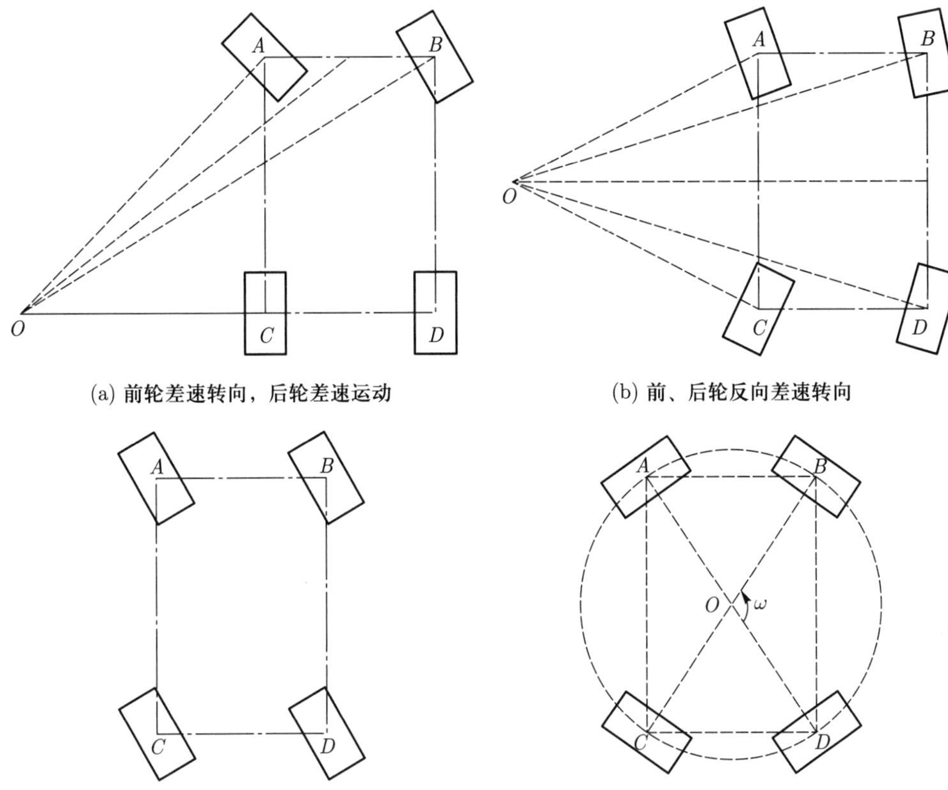

(a) 前轮差速转向，后轮差速运动

(b) 前、后轮反向差速转向

(c) 前、后轮同向同速

(d) 原地旋转

图 3-36 基于舵轮的移动单元的转向几何模型

图 3-37 舵轮平台车的应用

3.4 电气系统

全向智能移动平台电气系统的硬件主要包括电池组、电缆网、手持器、控制器组、车轮驱动器、配电箱、逆变器等。车内器件布局如图 3−38 所示。控制器组中, 主控制器主要承担各传感器数据的采集, 其他控制器的数据通信与管理, 以及遥控器指令的接收与状态反馈; 车轮驱动器可采用多种类型的电动机进行驱动, 为全向智能移动平台动力总成提供驱动力, 使得移动平台以一定的速度行驶; 电池组为平台提供所需的电力, 一般配备铅酸蓄电池, 通过充电插头进行蓄电; 逆变器将直流电逆变成交流电, 为负载提供电力; 手持器通过有线或红外遥控方式操控全向智能移动平台运动; 显示屏是采用组态软件自行开发的人机界面, 可根据任务需求, 定制化开发专用软件界面, 实现独立控制模式和联动控制模式选择, 连续调姿控制、点动调姿控制, 以及一些默认参数的初始化设置, 从而提供友好的人机交互环境。

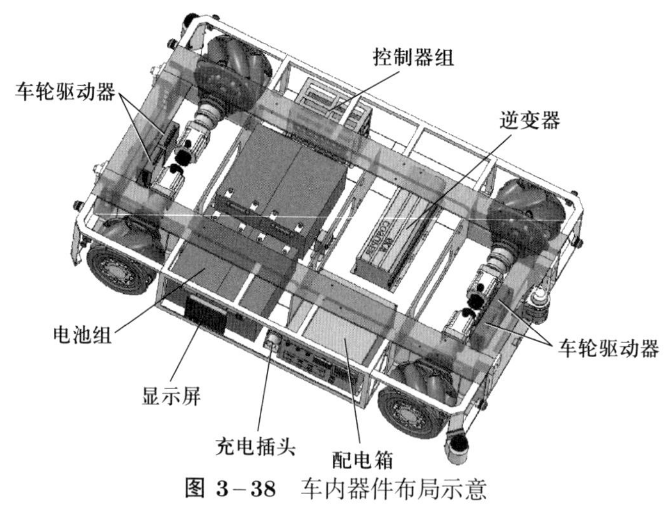

图 3−38 车内器件布局示意

全向智能移动平台的控制将在 8.1 节中进行介绍。

3.5 小结

作为移动式工业机器人的行走部分, 全向智能移动平台是一个集环境感知、规划决策和多等级辅助功能于一体的综合系统。本章主要介绍了全向智能移动平台的组成, 重点介绍了底盘总成和动力总成, 并对电气系统作了简介。鉴于对移动式工业机器人制造系统的智能化、柔性化、操作便捷化等需求, 重点介绍了基于麦克纳姆轮和基于舵轮的驱动形式。将全向智能移动平台与工业机器人有机结合, 形成具备大空间柔性作业能力的可移动机器人加工单元, 具有广阔的应用前景。

参考文献

[1] 袁翔. 基于 Mecanum 轮全向移动平台的结构设计与分析 [D]. 淮南: 安徽理工大学, 2019.

[2] 袁全桥, 谭强, 孔惟礼, 等. 并联双驱飞机轮: CN202010224593.5 [P]. 2020-06-09.

[3] 韩乐. AGV 常见减震浮动结构对比分析 [J]. 中国设备工程, 2020(10): 130–134.

[4] 郑仁辉. 麦克纳姆轮全向机器人移动平台的设计 [D]. 哈尔滨: 哈尔滨工程大学, 2017.

[5] 李永辉. 基于油气悬架和 Mecanum 轮全向移动平台车平顺性优化与研究 [D]. 长沙: 湖南大学, 2016.

[6] 周卫华. 连续切换全向轮及其移动机器人的各向异性分析及优化控制 [D]. 杭州: 浙江大学, 2013.

[7] 段运雄. Mecanum 轮式全向移动平台的开发研究 [J]. 机器人技术与应用, 2022(4): 14–18.

[8] 司文展. 智能全向移动平台的结构设计及运动控制系统研究 [D]. 连云港: 江苏海洋大学, 2022.

[9] 吴迪. 四舵轮全向 AGV 开发与控制研究 [D]. 济南: 山东大学, 2022.

第 4 章　工业机器人

在移动式工业机器人制造系统中, 工业机器人本体 (以下简称工业机器人) 相当于其手臂的部分, 当全向移动平台移动到位后, 工业机器人托举安装在其上的末端执行器进行相应的操作。工业机器人是整个移动式工业机器人制造系统中运动最为灵活的部分, 且其运动的精度、稳定性将直接影响制造对象的质量。本章主要从工业机器人的分类、主要参数、机械结构、驱动和传动装置等进行介绍。以此引出适用于移动式工业机器人制造系统的工业机器人结构, 为后续系统选型提供参考。

4.1　工业机器人的分类与主要参数

4.1.1　工业机器人的分类

工业机器人可以从机械结构、坐标形式和程序输入方式等维度进行分类[1], 如图 4–1 所示。不同类型的工业机器人在工作空间、控制方式和适用领域上存在差异, 选取类型时, 还需充分考虑制造系统的指标与工业机器人的技术参数是否匹配[2], 例如机器人的自由度、操作空间、负载和重复定位精度等。因此, 在选型时需要全面统筹考虑。

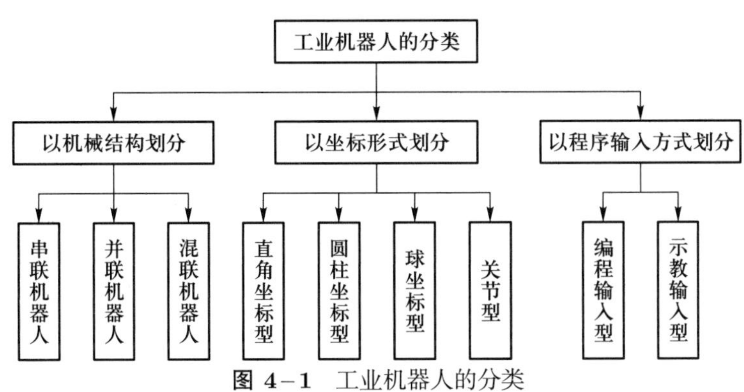

图 4–1　工业机器人的分类

1. 以机械结构划分

从机械结构来看, 工业机器人分为串联机器人、并联机器人和混联机器人, 如图 4-2 所示。

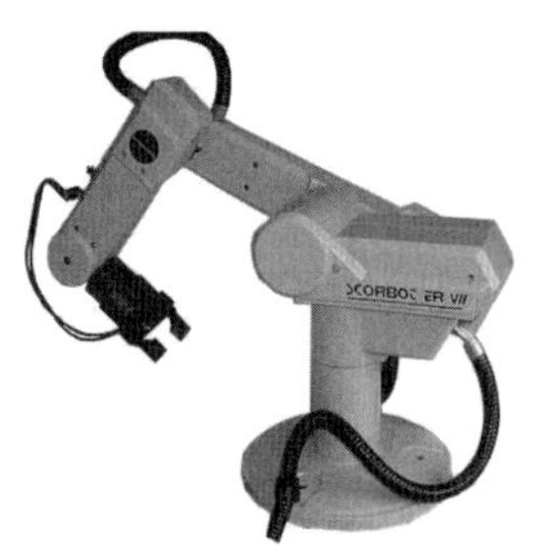

(a) 串联机器人

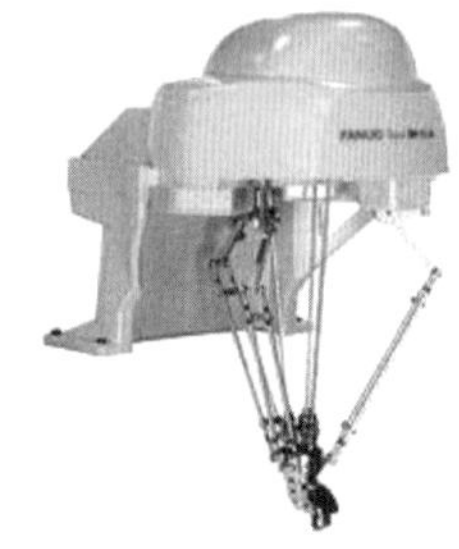

(b) 并联机器人

(c) 混联机器人

图 4-2 工业机器人按机械结构分类

(1) 串联机器人: 是各连杆组成开式机构链, 从底座开始, 到末端执行器为结束的一系列连杆和关节组成的机构。串联机器人的每个关节都需要至少由一个驱动器驱动, 其运动学正解容易, 而逆解则存在多个。由于串联的连杆存在力矩传递现象, 末端施加的一个很小的力也会通过力臂的放大作用使远离末端的关节驱动器需要输出较大的力矩, 而采用电动机直接驱动则存在力矩不足的问题, 因此对于两个连杆之间的关节, 除了以电动机驱动外, 还需有一个减速器来增加关节的输出力矩。串联机器人具有结构简单、成本低、控制简单、运动空间大等优点, 有的已经具备快速、高精度和多功能化等特点, 是目前工业机器人应用最为广泛的机械结构。

(2) 并联机器人: 末端通过至少两个独立的运动链与基座相连形成一组闭式机构链。通常工业上适用的并联机器人会采用相同的结构, 并按照对称或中心对称的运动副连接基座和末端。与串联机器人相比, 并联机器人的承载能力强、定位精度高、结构稳定、微动精度高且运动负荷小。其运动学正解困难, 逆解却非常容易。但目前的并联机器人普遍工作空间小、结构尺寸大, 部分并联机器人还存在工作空间内的奇异位形等问题。

(3) 混联机器人: 是将串联和并联有机结合起来的机器人。可以并联机构为基体, 再串联其他机构, 例如以串联机构的执行末端插入并联机构, 或者在并联机构的支链中采用不同结构。采用混联的结构模式, 可同时具有串联的灵活性与并联的稳定性。

2. 以坐标形式划分

从坐标形式来看, 工业机器人分为直角坐标型、圆柱坐标型、球坐标型和关节型, 如图 4-3 所示。

(1) 直角坐标型工业机器人: 其运动部分由 3 个相互垂直的直线移动 (即 PPP) 组成, 其工作空间图形为长方形。它在各轴向的移动距离可直接在各坐标轴上读出, 直观性强, 易于进行位置和姿态的编程计算, 定位精度高, 控制无耦合, 结构简单, 末端执行器可以获得较高的运动速度, 能够伸入工件内部。

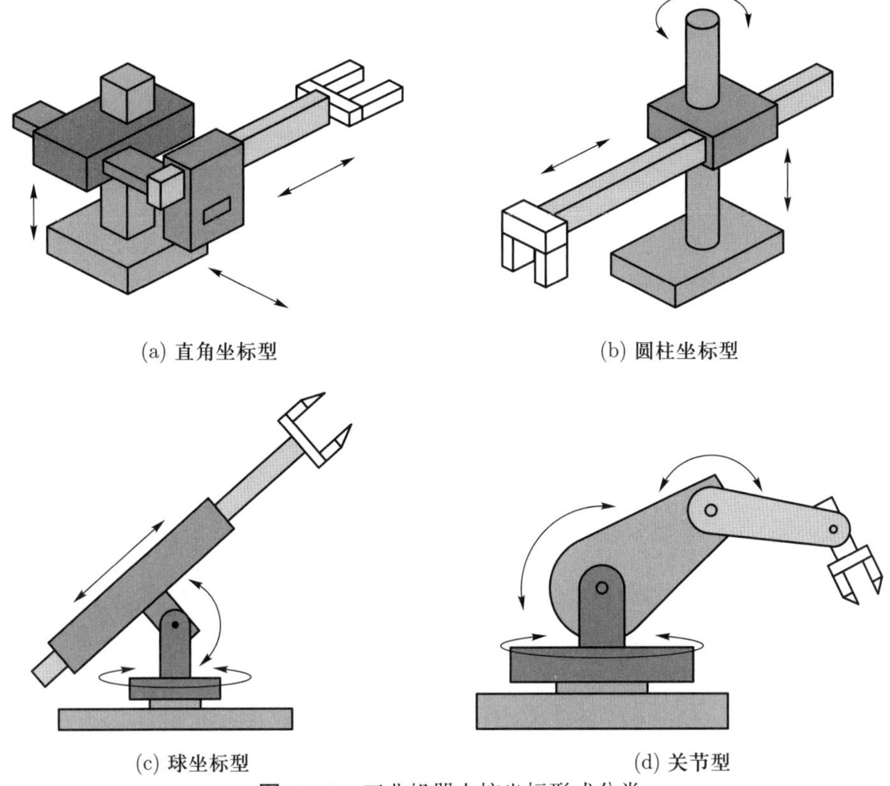

(a) 直角坐标型　(b) 圆柱坐标型　(c) 球坐标型　(d) 关节型

图 4–3　工业机器人按坐标形式分类

(2) 圆柱坐标型工业机器人: 其运动形式是通过一个转动和两个移动组成的运动系统来实现的, 其工作空间图形为圆柱。与直角坐标型工业机器人相比, 在相同的工作空间条件下, 圆柱坐标型工业机器人机体所占体积小, 而运动范围大, 其位置精度仅次于直角坐标型机器人, 但它的手臂所能达到的空间受限, 不能达到近立柱或者近地面的空间。此外, 手臂的后端也容易碰到工作范围内的其他物体。

(3) 球坐标型工业机器人: 又称极坐标型工业机器人, 其手臂的运动由两个转动和一个直线移动组成, 其工作空间为一球体。它可以作上下俯仰动作, 并能抓取地面上或较低位置的工件。其位置精度高, 位置误差与臂长成正比。该类机器人所占空间小, 结构紧凑, 但球坐标轨迹求解较为困难, 且转动关节在末端的位移精度是一个变量。

(4) 关节型工业机器人: 又称回转坐标型工业机器人, 这种工业机器人的手臂与人体上肢类似, 关节都是回转副。该类机器人一般由立柱和大小臂组成, 立柱与大臂间形成肩关节, 大臂与小臂间形成肘关节, 可使大臂做回转运动和俯仰摆动, 小臂做仰俯摆动。其结构最紧凑, 灵活性大, 占地面积最小, 能与其他工业机器人协调工作, 因此应用越来越广泛。

关节型工业机器人又可分为纯球状关节机器人、平行四边形球状关节机器人和圆柱状关节机器人, 如图 4–4 所示。

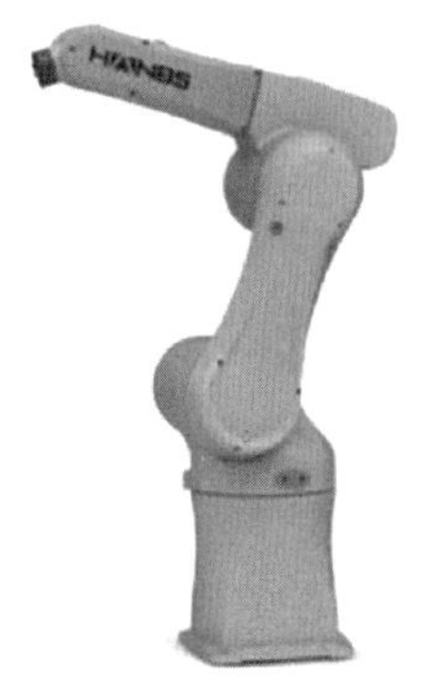

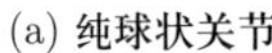

(a) 纯球状关节

(b) 平行四边形球状关节

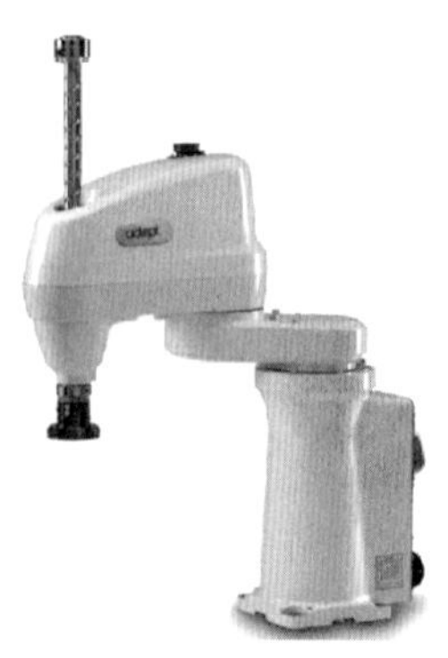

(c) 圆柱状关节

图 4-4 关节型工业机器人的细分形式

纯球状关节机器人: 纯球状关节机器人的前臂与末端执行器相连, 该轴常称为腕关节; 上臂与前臂相连, 该轴常称为肘关节; 上臂与基座相连, 与基座垂直的面内的运动可绕此肩关节转动; 基座可自由转动。具有这类结构的机器人的工作包络范围大体上是球状的。这种设计的优点主要是机械臂可以达到机器人基座附近的区域, 并越过其工作范围内的人和障碍物。

平行四边形球状关节机器人: 与纯球状关节机器人相比, 该类机器人以多重闭合的平行四边形连杆机构代替单一的臂杆。这种结构允许关节驱动器安装在靠近机器人基座的位置或装在机器人的基座上, 而不是装在前臂或上臂上, 减小的驱动器质量使臂的惯性及质量相应减小。当采用同样大小的驱动器时, 该类机器人的承载能力比纯球状关节机器人的更强, 但其装配较纯球状关节机器人更加复杂, 容易产生误差, 且占用空间大, 因此该类机器人多用于码垛等精度和空间要求不高的场合。

圆柱状关节机器人: 它有一个移动关节和两个平行的回转关节, 移动关节实现上下运动, 而两个回转关节则控制在一个固定平面内前后、左右运动。这种形式的工业机器人又称为选择顺应性装配机器手臂 (selective compliance assembly robot arm, SCARA)。它在水平方向具有柔顺性, 而在垂直方向则有较大的刚性。该类机器人结构简单, 动作灵活, 多用于装配作业, 特别适合小规格零件的插接装配, 因此在电子工业的插接装配中应用广泛。

3. 以程序输入方式划分

工业机器人还可按程序输入方式分为编程输入型和示教输入型两类。编程输入型是将计算机上已编好的作业程序文件通过 RS232 串口或者以太网等通信方式传送到机器人控制柜。示教输入型的示教方法有两种: 示教盒示教和操作者直接领动执行机构示教。示教盒示教由操作者用手动控制器 (示教盒) 将指令信号传给驱动系统, 使执行机构按要求的动作顺序和运动轨迹操演。以示教盒示教的工业机器人使用比较普遍, 一般的工业机器人均配置有示教盒示教功能, 但对于工作轨迹复杂的情况, 示教盒示教并不能达到理想的效果, 例如用于复杂曲面喷漆工作的喷漆机器人。

4.1.2 工业机器人的技术参数

技术参数是机器人制造商在产品供货时所提供的技术数据。技术参数反映了机器人可胜任的工作、具有的最高操作性能等情况，是选择、设计、应用机器人时必须考虑的数据。机器人的主要技术参数一般有自由度、操作空间、负载、位姿准确度和位姿重复性、轨迹准确度和轨迹重复性等。

1. 自由度

自由度 (degree of freedom) 是机器人所具有的独立的坐标轴运动的数目，不包括末端执行器的自由度。机器人的一个自由度对应一个关节，所以自由度与关节的概念是相等的。自由度是表示机器人动作灵活程度的参数，自由度越高，机器人就越灵活，但结构也越复杂，控制难度越大，所以机器人的自由度要根据其用途设计，一般在 3 至 6 之间。

空间内刚体在笛卡儿坐标系下最多有沿着坐标轴的 3 个平移自由度和围绕坐标轴的 3 个旋转自由度，因此大于 6 个的自由度称为冗余自由度。冗余自由度增加了机器人的灵活性，可方便机器人躲避障碍物和改善机器人的动力性能。

2. 操作空间

操作空间是指在执行任务程序指令的所有运动时，实际用到的机器人活动部件所能掠过的空间加上末端执行器和工件运动时所能掠过的空间。对于工业机器人，在其说明书中均会描述其动作范围，图 4-5 所示为 KUKA 机器人 KR210 R2700 extra 的动作范围，通过该动作范围即可估算出其最大空间是否大于任务所需的操作空间。

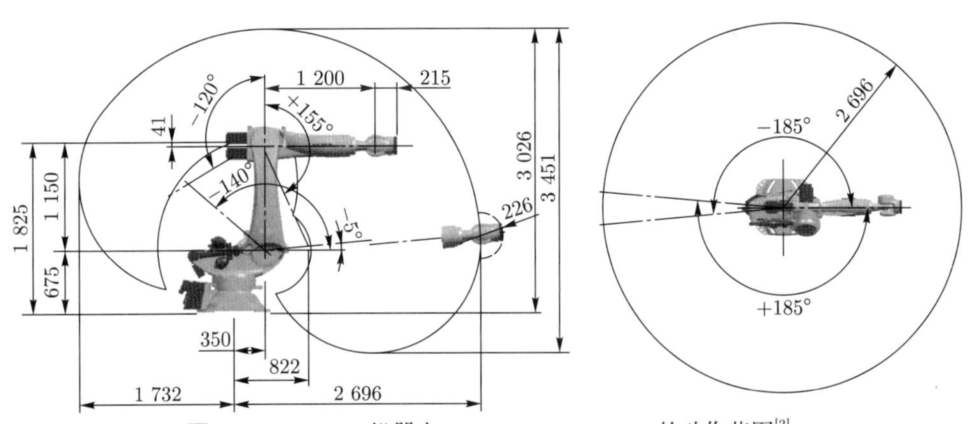

图 4-5 KUKA 机器人 KR210 R2700 extra 的动作范围[3]

在考虑系统的操作空间时，不仅需要考虑工业机器人能够达到的动作范围，还需要结合工作性质，因为机器人的静态刚度并不在其动作范围内均匀分布，如需要较高精度时，可能会进一步限制工业机器人的动作范围。

3. 负载

工业机器人的负载是指其在规定的速度和加速度条件下，沿着运动的各个方向，末端执行器的安装面处可承受的力和扭矩。通常情况下，工业机器人标称的负载是其受力 (包括末端执行器的重力和可能承受的最大负载) 在距离其安装面较近区域内的最大值。受力点远离安装面时，则小于该值。一般来说，工业机器人的说明书中也会给出如图 4-6 所示的负载范围，从图中可以看出，负载 P 距离末端安装面越远，机器人所能承受的负载越小，当在 x、y 方向的距离超过 800 mm 时，负载仅为标称值的 40% 左右。

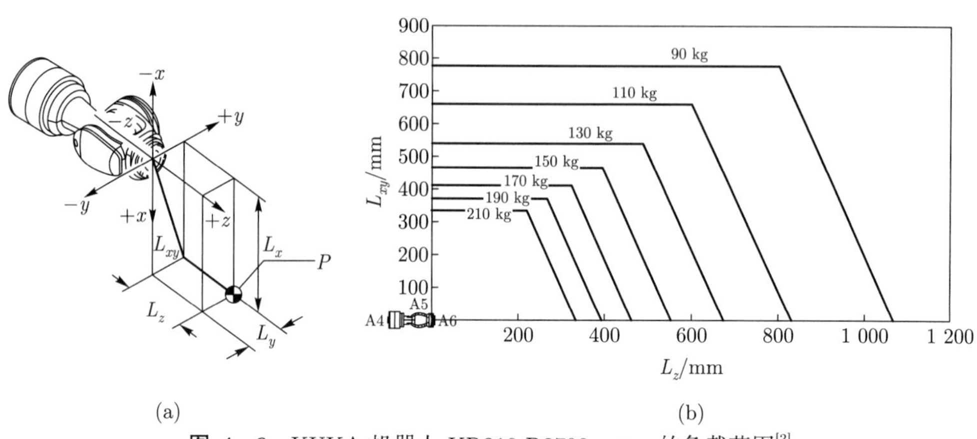

图 4-6 KUKA 机器人 KR210 R2700 extra 的负载范围[3]

4. 位姿准确度和位姿重复性

位姿准确度表示机器人从同一方向接近指令位姿时，多次实到位姿的平均值与指令位姿之间的偏差，包括位置准确度和姿态准确度两个子定义。其中位置准确度是指指令位姿的位置与实到位置集群重心之差；姿态准确度是指指令位姿的姿态与实到姿态的平均值之差。国家标准《工业机器人　性能规范及其试验方法》(GB/T 12642—2013) 中关于机器人位姿准确度的解释如图 4-7 所示。

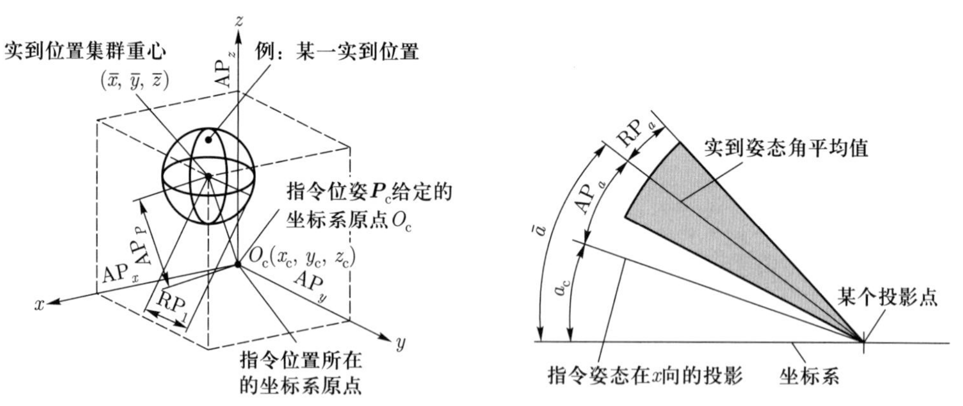

图 4-7 GB/T 12642—2013 中关于机器人位姿准确度的解释[4]

由图 4–7(a), 位置准确度的计算方式如下:

$$\mathrm{AP}_P=\sqrt{(\mathrm{AP}_x)^2+(\mathrm{AP}_y)^2+(\mathrm{AP}_z)^2} \tag{4–1}$$

式中,

$$\mathrm{AP}_x=\overline{x}-x_{\mathrm{c}},\quad \mathrm{AP}_y=\overline{y}-y_{\mathrm{c}},\quad \mathrm{AP}_z=\overline{z}-z_{\mathrm{c}} \tag{4–2}$$

$$\overline{x}=\frac{1}{n}\sum_{j=1}^{n}x_j,\quad \overline{y}=\frac{1}{n}\sum_{j=1}^{n}y_j,\quad \overline{z}=\frac{1}{n}\sum_{j=1}^{n}z_j \tag{4–3}$$

$\overline{x}$、$\overline{y}$ 和 $\overline{z}$ 是对同一位姿重复响应 n 次后所得各点集群重心的坐标; $(x_{\mathrm{c}},y_{\mathrm{c}},z_{\mathrm{c}})$ 是指令位置坐标; (x_j,y_j,z_j) 是第 j 次实到位置的坐标。

由图 4–7(b), 姿态准确度在 3 个坐标方向的计算方式如下:

$$\mathrm{AP}_a=(\overline{a}-a_{\mathrm{c}}),\quad \mathrm{AP}_b=(\overline{b}-b_{\mathrm{c}}),\quad \mathrm{AP}_c=(\overline{c}-c_{\mathrm{c}}) \tag{4–4}$$

式中,

$$\overline{a}=\frac{1}{n}\sum_{j=1}^{n}a_j,\quad \overline{b}=\frac{1}{n}\sum_{j=1}^{n}b_j,\quad \overline{c}=\frac{1}{n}\sum_{j=1}^{n}c_j \tag{4–5}$$

$\overline{a}$、$\overline{b}$ 和 $\overline{c}$ 是同一位姿重复响应 n 次后所得姿态角的平均值; a_{c}、b_{c} 和 c_{c} 是指令位姿的姿态角。

位置重复性的计算方式如下:

$$\mathrm{RP}_P=\frac{1}{n}\sum_{j=1}^{n}\sqrt{(x_j-\overline{x})^2+(y_j-\overline{y})^2+(z_j-\overline{z})^2} \tag{4–6}$$

姿态重复性在 3 个坐标方向的计算方式如下:

$$\begin{aligned}\mathrm{RP}_a&=\pm 3\sqrt{\frac{\frac{1}{n}\sum_{j=1}^{n}(a_j-\overline{a})^2}{n-1}}\\ \mathrm{RP}_b&=\pm 3\sqrt{\frac{\frac{1}{n}\sum_{j=1}^{n}(b_j-\overline{b})^2}{n-1}}\\ \mathrm{RP}_c&=\pm 3\sqrt{\frac{\frac{1}{n}\sum_{j=1}^{n}(c_j-\overline{c})^2}{n-1}}\end{aligned} \tag{4–7}$$

对比参照数控机床的定位精度和重复定位精度的定义 (详见 GB/T 17421.2—2023), 机器人位姿准确度是机器人多个运动轴合成运动的结果, 而非数控机床单个数控轴线的运动[5]。因此机器人的位姿准确度要低于数控机床的定位精度。

数控机床的结构设计通常基于笛卡儿独立轴, 而工业机器人, 尤其是纯球状关节的六轴机器人被设计为串行运动学。其数学建模和正/逆向运动学比笛卡儿机床更复杂。此外, 在确定工作区中的准确性时, 存在很强的姿势依赖性。发生在奇点附近或位于机器人工作空间边缘的极端位置通常比机器人工作空间中心的位置具有更大的偏差。数控机床的定位精度和重复定位精度没有充分考虑这些情况。

目前, 工业机器人的位置重复性已作为重要指标被列到技术指标中, 但对轨迹运动很重要的位姿准确度却很少被列出。随着越来越多的机器人程序通过 CAD/CAM 软件离线创建, 这种情况将在未来发生变化。位置准确度与位置重复性之间的关系如图 4–8 所示。

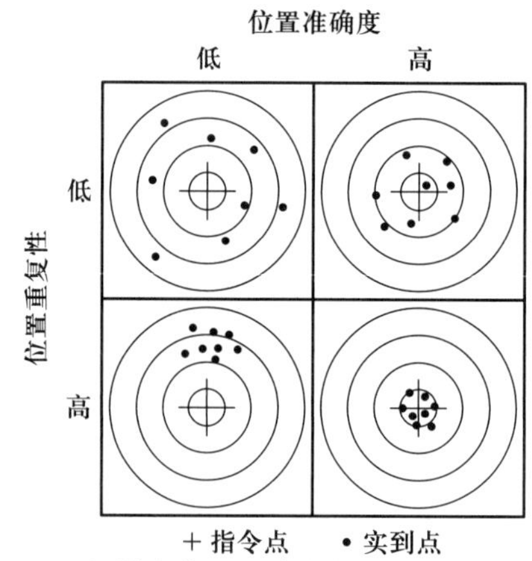

图 4–8　机器人位置准确度与位置重复性的关系

5. 轨迹准确度和轨迹重复性

如果需要工业机器人按照某个轨迹精确运动, 如通过离线编程的弧焊、增减材加工等, 光考虑某个位姿的准确度是不够的, 还需要引入轨迹准确度和轨迹重复性的概念。其中, 轨迹准确度表示机器人在同一方向上沿指令轨迹 n 次移动其末端接口的能力, 包括两个因素: 一个是指令轨迹的位置与各实到轨迹为集群的中心线之间的偏差, 即位置轨迹准确度 AT_P, 见图 4–9; 另一个是指令姿态与实到姿态平均值之间的偏差, 即姿态轨迹准确度 AT_a、AT_b 和 AT_c。与位置准确度 AP_P 相比, 位置轨迹准确度 AT_P 相当于在一条指令轨迹上取 m 个计算点, 而这 m 个计算点的位置准确度最大值可近似看作整条轨迹的位置准确度, 实际到达的点位 (x_{ci}, y_{ci}, z_{ci}) 需要通过计算点和指令轨迹正交平面获得坐标 (x_{ij}, y_{ij}, z_{ij}), 即

$$\mathrm{AT}_P = \max\sqrt{(\overline{x_i} - x_{ci})^2 + (\overline{y_i} - y_{ci})^2 + (\overline{z_i} - z_{ci})^2}, \quad i = 1, \cdots, m \tag{4-8}$$

式中, $\overline{x}_i = \frac{1}{n}\sum_{j=1}^{n} x_{ij}$, $\overline{y}_i = \frac{1}{n}\sum_{j=1}^{n} y_{ij}$, $\overline{z}_i = \frac{1}{n}\sum_{j=1}^{n} z_{ij}$。

姿态轨迹准确度 AT_a、AT_b 和 AT_c 定义为沿轨迹线上指令姿态的最大偏差, 与点位的姿态准确度 AP_a、AP_b 和 AP_c 相比, 是取该轨迹上各计算点 i $(i=1,\cdots,m)$ 的最大值, 即

$$\mathrm{AT}_a = \max\left|\overline{a}_i - a_{\mathrm{c}i}\right|, \mathrm{AT}_b = \max\left|\overline{b}_i - b_{\mathrm{c}i}\right|, \mathrm{AP}_c = \max\left|\overline{c}_i - c_{\mathrm{c}i}\right| \tag{4-9}$$

式中, $\overline{a}_i = \frac{1}{n}\sum_{j=1}^{n} a_{ij}$, $\overline{b}_i = \frac{1}{n}\sum_{j=1}^{n} b_{ij}$, $\overline{c}_i = \frac{1}{n}\sum_{j=1}^{n} c_{ij}$。其中, $a_{\mathrm{c}i}$、$b_{\mathrm{c}i}$ 和 $c_{\mathrm{c}i}$ 是点 $(x_{\mathrm{c}i}, y_{\mathrm{c}i}, z_{\mathrm{c}i})$ 处的指令姿态, a_{ij}、b_{ij} 和 c_{ij} 是点 (x_{ij}, y_{ij}, z_{ij}) 处的指令姿态。

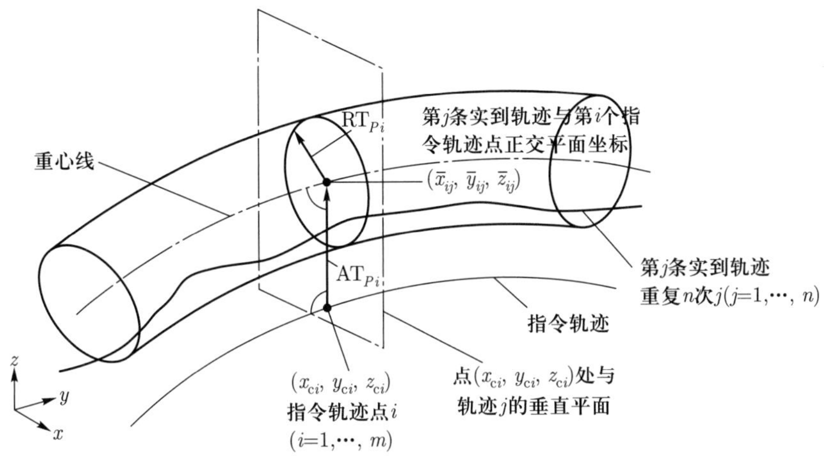

图 4-9 GB/T 12642—2013 中对某一指令轨迹的轨迹准确度与轨迹重复性的解释[4]

轨迹位置重复性 RT_P 表示机器人对同一指令轨迹重复 n 次时, 实到轨迹的一致程度。如图 4-9 所示, 对于轨迹上的 m 个计算点, 轨迹位置重复性相当于这 m 个计算点中位置重复性的最大值, 即

$$\mathrm{RT}_P = \max \mathrm{RT}_{Pi} = \max\left(\overline{l}_i + 3S_{li}\right), \quad i=1,\cdots,m \tag{4-10}$$

式中,

$$\overline{l}_i = \frac{1}{n}\sum_{j=1}^{n} l_{ij}$$

$$S_{li} = \sqrt{\frac{\sum_{j=1}^{n}\left(l_{ij}-\overline{l}_i\right)^2}{n-1}}$$

$$l_{ij}=\sqrt{(x_{ij}-\overline{x_i})^2+(y_{ij}-\overline{y_i})^2+(z_{ij}-\overline{z_i})^2}$$

而轨迹姿态重复性可以用下面公式计算:

$$\begin{aligned}
\mathrm{RT}_a&=\max 3\sqrt{\frac{\dfrac{1}{n}\displaystyle\sum_{j=1}^{n}(a_{ij}-\overline{a_i})^2}{n-1}}\\
\mathrm{RT}_b&=\max 3\sqrt{\frac{\dfrac{1}{n}\displaystyle\sum_{j=1}^{n}(b_{ij}-\overline{b_i})^2}{n-1}}\\
\mathrm{RT}_c&=\max 3\sqrt{\frac{\dfrac{1}{n}\displaystyle\sum_{j=1}^{n}(c_{ij}-\overline{c_i})^2}{n-1}}
\end{aligned}\tag{4-11}$$

式中, $i=1,2,\cdots,m$。

4.2 影响工业机器人性能的主要因素

影响工业机器人性能的主要因素有行程、负载、速度和精度等。其中, 行程和负载是可以在选型时确定的静态指标, 而速度和精度则随着使用环境的不同而存在差异。当工业机器人用于搬运、码垛、点焊等作业时, 其速度是首要的, 决定作业的效率, 精度主要是指位姿重复性。而当工业机器人用于连续轨迹作业时, 特别是需要用离线编程软件计算出非重复性的复杂轨迹时, 精度的影响就很大, 这时就需要考虑工业机器人的位姿准确度、轨迹准确度等指标, 甚至还要像机床一样去考察位姿漂移特性、拐角特性以及在不同受力条件和速度下的轨迹特性等, 以此准确描述机器人的精度特性。

移动加工工艺稳定方面主要是实现振动抑制。目前被广泛接受的颤振机理主要包括再生颤振、模态耦合颤振、力–热颤振和摩擦型颤振等[6-11]。Hahu 于 1954 年最先描述了再生颤振机理, 认为切削厚度变化导致了颤振。Gienke 等基于模态耦合颤振机理, 研究了铣削动力学的特征值问题, 以获得颤振发生的边界条件。摩擦型颤振是切削力的下降所导致的[8]。对于铣削加工, 再生颤振是导致加工系统失稳的主要因素。同时, 再生颤振与模态耦合颤振两种机理的综合考虑在机床和机器人铣削加工中都有广泛的应用及研究。

对于铣削加工, 颤振稳定性分析是合理选取加工参数的依据, 同时也是工艺过程优化、生产效率改进的基础[7]。目前常用的方法有: ① 频域分析方法。将方向系数矩阵进行傅里叶级数展开, 并只取其中的零阶项, 以此给出一定主轴转速下临界稳定的轴向切削深度计算公式。该方法对于多刀齿、大径向切削深度的加工工况具有较高的预测精度, 但是不适用于少刀齿、小径向切削深度的加工过程。② 时域分析方法。半离散法适用于任意刀齿数与径向切削深度的加工过程。系统的稳定性由过渡矩阵的模决定, 计算精度与计算量由离散步长决定; 全离散法具有较高的分析精度、计算效率和通用性, 并已推广到考虑螺旋角效应的铣削稳定性预报中。

机器人刚度低, 无法采用大径向切削深度进行加工, 因此半离散法更适合于机器人铣削过程的颤振稳定性分析[12]。Mousavi 等研究了 ABB IRB 6660 机器人加工系统的动态特性, 其主要模态分布在 0 ~ 2 000 Hz, 且各阶模态均影响稳定性。

混合工艺多机协同制造模式由于工艺流程复杂、大型构件与机器人加工单元弱刚性等特点, 对多机器人加工单元终端精度调控、多工序协同加工过程状态监测、"测量 – 加工" 一体化协同作业及质量评定等技术还有待进一步深入。

在多机并行作业控制方面, 机器人控制延迟时间为 80 ~ 100 ms, 刚度变化为 2 000 ~ 3 000 N/mm, 导致内部误差累积、指令一致性差等多源扰动。因此要考虑协作问题、自组织问题、环绕和避障问题、功能区认知问题、通过网络模型协同控制提高多系统的稳定性和同步性通信问题、自适应控制问题等。以上使得实现多机系统高精度协同控制和精度补偿充满挑战。

在移动加工过程控制方面, 引入接触动力学模型, 将作用力引入前馈控制, 建立在线补偿机制, 提高多机器人协同加工性能。然而, 对于大型复杂构件的同步加工问题, 工件的全局信息难以获得, 多机器人之间的约束关系复杂, 难以精确求解。但随着传感技术、实时控制技术的发展, 先进的轨迹规划算法和控制算法都得到了广泛的应用[2]。移动机器人刚性比机床低得多, 虽然行程上适用于加工大型构件, 但其静、动态性能很容易影响这些构件的尺寸精度和表面粗糙度。通常通过离线控制方法修正机器人运动过程中的点位误差; 而对于高精度的运动轨迹, 通常采用在线控制方法进行修正。

颤振抑制在传统机床加工领域成果丰富, 而在机器人加工振动方面, 除了要考虑刀具和工件作用产生的再生颤振外 (刀具与工件瞬时作用, 高速切削频率在 1 000 Hz 以上), 由于机器人固有频率过低 (10 ~ 30 Hz), 还要考虑机器人本身的模态耦合振动。在再生颤振方面, 高速切削下, 颤振稳定域叶瓣图能够较好地预测加工稳定区域。在模态耦合振动方面, 机器人位姿刚度和重力已经同时被考虑到颤振抑制中。近年来, 主动颤振识别和抑制方法已成为机器人加工的重要研究方向。

4.3 小结

工业机器人按照机械结构、坐标形式、程序输入方式等进行分类, 机器人构型上的不同决定了它们适合的工作场景不同。影响机器人性能的技术参数包括自由度、操作空间、负载以及位姿准确度和位姿重复性等。当需要工业机器人按照指定轨迹进行精确运动时, 还要考虑其轨迹准确度和轨迹重复性, 一般机器人出厂时不会标识这两个性能指标，因此需要根据实际应用场景，依据国家标准编写相应测试方案来确定指标的具体数值。另外，将工业机器人用于连续轨迹作业时，动力学也是必不可少的考虑因素，特别是串联型工业机器人，由于其刚度无法与机床相比，切削零件时，就需要对其动态特性开展分析，并采取本章所提及的工艺策略进行振动抑制。

参考文献

[1] 熊有伦, 李文龙, 陈文斌, 等. 机器人学: 建模、控制与视觉 [M]. 武汉: 华中科技大学出版社, 2018.

[2] MEIRING G A M, MYBURGH H C. A review of intelligent driving style analysis systems and related artificial intelligence algorithms [J]. Sensors, 2015, 15(12): 30653–30682.

[3] KUKA Roboter CmbH. KR210 R2700 extra operating instructions [EB/OL]. [2024-01-11].

[4] 中华人民共和国国家质量监督检验检疫总局, 中国国家标准化管理委员会. 工业机器人　性能规范及其试验方法: GB/T 12642—2013 [S/OL]. [2024-01-11].

[5] 国家市场监督管理总局, 国家标准化管理委员会. 机床检验通则　第 2 部分: 数控轴线的定位精度和重复定位精度的确定: GB/T 17421.2—2023 [S/OL]. [2024-01-11].

[6] MUNOA J, BEUDAERT X, DOMBOVARI Z, et al. Chatter suppression techniques in metal cutting [J]. CIRP Annals, 2016, 65(2): 785–808.

[7] YUAN L, PAN Z X, DING D H, et al. A review on chatter in robotic machining process regarding both regenerative and mode coupling mechanism [J]. IEEE/ASME Transactions on Mechatronics, 2018, 23(5): 2240–2251.

[8] HUYNH H N, ASSADI H, RIVIÈRE-LORPHÈVRE E, et al. Modelling the dynamics of industrial robots for milling operations [J]. Robotics and Computer-Integrated Manufacturing, 2020, 61(16): 101852.

[9] HAO D X, WANG W, LIU Z H, et al. Experimental study of stability prediction for high-speed robotic milling of aluminum [J]. Journal of Vibration and Control, 2019, 26(7–8): 387–398.

[10] GIENKE O, PAN Z, YUAN L, et al. Mode coupling chatter prediction and avoidance in robotic machining process [J]. International Journal of Advanced Manufacturing Technology, 2019, 104: 2103–2116.

[11] TAO J F, ZENG H W, QIN C J, et al. Chatter detection in robotic drilling operations combining multi-synchrosqueezing transform and energy entropy [J]. International Journal of Advanced Manufacturing Technology, 2019, 105: 2879–2890.

[12] CORDES M, HINTZE W, ALTINTAS Y. Chatter stability in robotic milling [J]. Robotics and Computer-Integrated Manufacturing, 2019, 55(Part A): 11–18.

第 5 章　末端执行器

末端执行器是指任何一个连接在机器人边缘 (关节) 的具有一定功能的工具。随着自动化工厂的建设, 末端执行器提供了更高的生产灵活性和生产效率。通过搭载不同类型的末端执行器, 机器人可以胜任更加广泛的加工制造任务, 从而在柔性制造中发挥更大的优势。

本章主要对现有的复杂末端执行器进行概述, 包括钻铆末端执行器、铣削末端执行器、铺丝末端执行器、焊接末端执行器和装配末端执行器; 分别介绍不同末端执行器的发展背景、发展过程和应用场景。为了对齐末端执行器坐标系和机器人基坐标, 分别对机器人末端执行器的基于激光跟踪仪和基于对刀仪的标定方法进行了系统阐述。

5.1　末端执行器分类

5.1.1　钻铆末端执行器

目前, 钻铆末端执行器在国外航空航天制造业 (如空客、波音等公司) 已经实现广泛应用, 有效提高了生产效率, 实现了大型构件自动化制造。随着经济的发展, 钻铆技术也在自动化系统、视觉实时标定系统、专用柔性工艺装备、坐标测量机组成的柔性装配系统中得到广泛应用。

如图 5–1 所示, 早在 2001 年, Electroimpact 公司就与空客公司设计开发了基于 KUKA KR360 的 ONCE 机器人自动钻铆系统, 用于 F/A-18E 后缘襟翼的制孔、锪窝和测量以及波音 737 飞机襟翼的钻孔与锪窝。该机器人系统可满足铝、钛、复合材料等叠层的制孔和锪窝工作[1]。该公司于 2008 年研制出一台用于波音 787 机翼后缘装配的自动钻铆机器人。此后又分别在 2012 年和 2014 年推出新型机器人自动钻铆系统, 用于实现飞机机翼、机身部段、襟翼等其他飞机部件的高精度制孔、检测与铆接。该机器人采用第二反馈系统、高阶动力学模型以及集成式计算机数控 (CNC) 系统, 使机器人的定位精度达到 ±0.25 mm, 满足飞机装配精度需求。此外, 优化设计的多功能末端执行器实现了工件单侧夹紧、自动法向调整、真空排屑、自动送钉、高精度制孔与铆接等先进功能, 极大地扩展了机器人钻铆系统的功能[2-5]。

图 5-1 Electroimpact 机器人自动钻铆系统及末端执行器

GEMCOR 公司采用 FANUC M900 机器人配合 G1000 末端执行器, 研制了一种适用于狭窄空间的机器人钻铆系统, 如图 5-2 所示。该系统采用了 GEMCOR 公司的全电动紧固技术实现高精度、无毛刺、视觉同步钻铆, 定位速度是人工定位的 3 ~ 4 倍, 安装舱门上 860 个紧固件的总用时为 190 min, 平均每分钟约 4.5 个[1,5]。

图 5-2 配备 G1000 末端执行器的 GEMCOR 机器人钻铆系统

图 5-3 所示为 KUKA 公司 2012 年开始同波音公司合作研发的 "机身自动直立装配系统" (fuselage automated upright build, FAUB), 该系统在 2013 年用于波音 777X 型双通道客机的装配。该系统能实现机器人在前、后机身内外部的协同作业, 可进行大面积机身壁板的高效组装, 每天可完成精确钻孔、铆接 60 000 个紧固件, 显著提高了飞机装配的安全性、装配质量及生产效率[1, 6-7]。2019 年, 空中客车公司为应对 A320 系列飞机的产能增加以及 A321 交付延迟的问题, 对 A320 系列机身结构的新型总装线进行了自动化方面的重大改进, 整条产线配备了 12 个

KUKA Titan 机器人及 Alema 末端执行器。

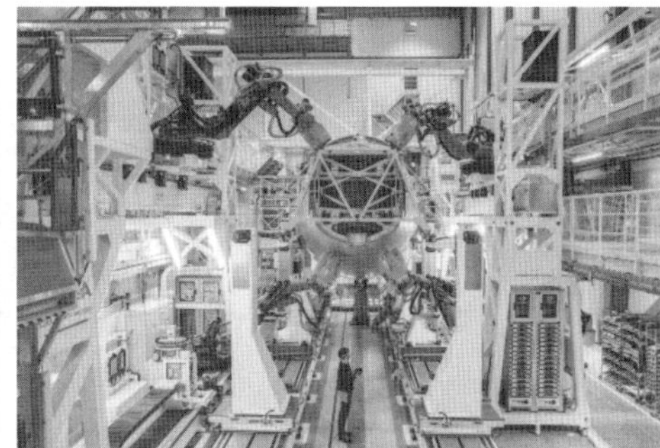

图 5–3 KUKA 机器人自动钻铆系统及末端执行器

BRÖTJE 公司研制的机器人钻铆系统 (robot assembly cell, RACe) 如图 5–4 所示, 采用 KUKA KR360 机器人, 为机器人开发了 Cell-Control 软件, 显著提高了机器人的重复性和定位精度。自 2009 年 4 月以来, 该机器人钻铆系统已经成功投入生产应用, 钻铆周期为 10.25 s。在此基础上, BRÖTJE 公司开发了高刚度、高精度的钻铆机器人 Power RACe, 如图 5–5 所示, 其绝对定位精度为 ±0.4 mm, 末端负载达到 600 kg[1, 8–10]。

图 5–4 RACe 机器人钻铆系统

图 5–5 Power RACe 机器人钻铆系统

5.1.2 铣削末端执行器

铣削末端执行器在航空航天产品加工方面已经得到了广泛应用, 并且, 随着机器人柔性制造系统性能的不断提高, 机器人铣削加工在柔性制造系统中的应用也得到关注和重视。目前, 铣削末端执行器主要分为两种: 一种是不包含运动机构的形式, 以电主轴为核心, 部分末端执行器还配有视觉设备或靶标, 目的是实现铣削过程末端精度提升; 另一种是带有运动机构的形式, 通过运动机构实现电主轴特殊的运动轨迹, 主要用于复合材料叠层结构的螺旋铣孔[11–15]。

KUKA 公司做的铣削末端执行器为机器人作为铣削加工机床提供了专用部件和工具。KUKA 设计开发了铣削应用模块, 从 HSC 高速铣削主轴、主轴控制系统到专用的铣削软件。该套设备安装在定位精确的 KUKA 机器人 KR 60 HA、KR 100 HA 和 KR 240-2 上, 为铣削主轴供气和供水, 同时集成了控制系统 (变频器) 和安全可编程逻辑控制器的技术柜, 如图 5–6 所示。此外, KUKA 还有专为额定功率 8 kW 设计的铣削末端执行器, 该末端执行器最大负载能力达 120 kg, 作用半径长达约 1 800 mm, 尤其适用于加工轻质材料如塑料、木材或泡沫塑料等, 使 KUKA 成为新一代紧凑型加工机器人的代言人。

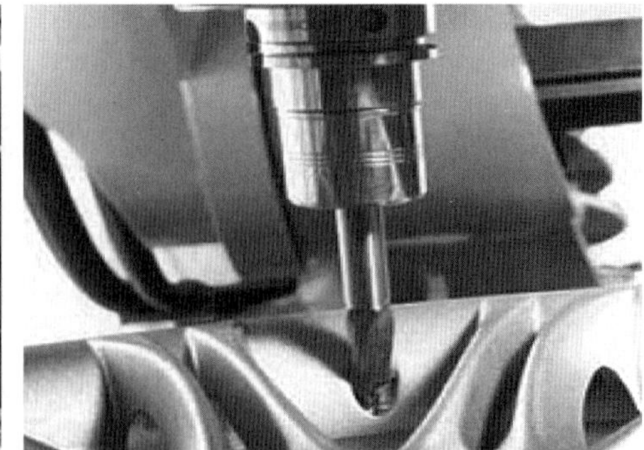

图 5–6 KUKA 铣削末端执行器

弗劳恩霍夫制造技术与先进材料研究所 (Fraunhofer IFAM) 联合西门子、ABB 等多家公司开展移动式工业机器人研究, 开发了多款高精度铣削机器人, 如图 5-7 所示。机器人末端执行器多采取直接挂载电主轴方式, 电主轴额定功率为 8.5 kW、最高转速为 40 000 r/min, 使用 HSK32 刀柄。主轴末端还设计了用于视觉检测的固定靶标, 通过视觉闭环反馈实现 0.1 mm 的动态定位精度, 部分主轴还配有 T-MAC 等自动化跟踪探测系统, 以实现激光跟踪仪的实时闭环反馈控制, 同时还配备 LEONI 对刀仪, 采用 Robotmaster 软件进行离线编程, 实现了高精度应用[11]。

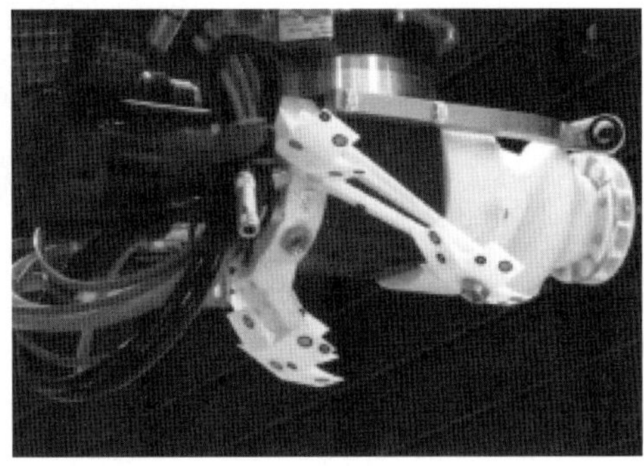

图 5-7　Fraunhofer IFAM 高精度铣削末端执行器

ABB 研制的 Flex Finishing 工作站铣削末端执行器如图 5-8 所示, 该系统除包括铣削单元外, 还有集成力控系统, 并通过控制软件进行集成控制。传统的机器人编程方式采用定义路径与速度的原理, 即不论加工过程中受力大小, 机器人的运行路径与速度始终保持预设值。但是, 如果预设路径与零件的表面或尺寸不吻合, 则将产生质量问题, 还可能损坏刀具。为解决加工中的此类问题, ABB 精心开发了 RobotWare Machining FC 软件。采用该软件的机器人能迅速而精确地适应加工材料或零件的表面轮廓。此外, ABB 研究的 FC 图形编程界面、FC Pressure 和 FC SpeedChange 这三种新功能为机器人的加工应用开辟了新空间, 有助于改善加工效果、提升产品质量、提高生产效率、加快编程进度、缩短节拍时间和降低生产成本。

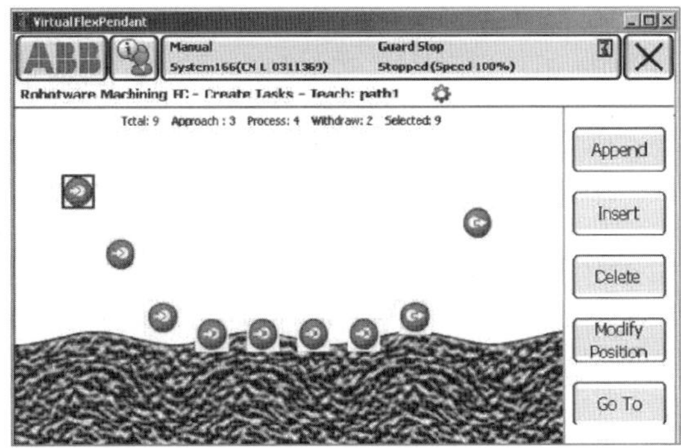

图 5-8　ABB 铣削末端执行器及 RobotWare Machining FC 软件

Electroimpact 公司研制了多款铣削末端执行器，用于航空航天领域铝合金、钛合金等材料的加工，如图 5–9 所示。此类末端执行器搭载在高精度工业机器人上，主要包括主轴系统、冷却系统、除尘系统和换刀系统等部分，对于铣孔工艺过程还适配压力脚和力传感器系统，实现铣孔过程切削力监测，能够保证 ±0.25 mm 的加工位置精度要求。

图 5–9 Electroimpact 公司各系列铣削末端执行器

Novator 公司针对飞机装配过程叠层结构的制孔工序，设计开发了一种螺旋铣削末端执行器，如图 5–10 所示。该末端执行器主要由制孔单元、动力单元、电控单元和光学识别系统构成。制孔单元包括主轴机构、偏心移动机构与偏心公转机构。其偏心调节范围为 0 ∼ 5 mm，最大制孔直径为 25 mm，适配 HSK32 刀柄。巴西航

图 5–10 Novator 公司螺旋铣削末端执行器

空理工学院 (Instituto Tecnológico de Aeronáutica, ITA) 开发了一款集成于工业机器人的螺旋铣孔多功能末端执行器, 如图 5-11 所示。该设备主要包括 Orbital 钻孔模块、压力脚、视觉相机和法向找正模块[13]。

图 5-11 ITA 螺旋铣削末端执行器

中国航空工业集团公司北京航空制造工程研究所针对钛合金、碳纤维增强聚合物基复合材料 (carbon fiber reinforced polymer composite, CFRPC) 等难加工材料, 开发了一款面向工业机器人的螺旋铣孔末端执行器, 如图 5-12 所示。该设备具备偏心自动调节、曲面法向检测、压紧力调整和真空排屑等功能, 能够满足 10.5 ~ 20 mm 的孔径、孔壁粗糙度为 Ra 1.6 μm、主轴额定功率为 2.2 kW、额定转速为 12 000 r/min 的加工要求。浙江大学针对飞机装配的高质量、高可靠和高效率要求, 设计了一款具备钻孔、螺旋铣削及锪孔能力的多功能末端执行器, 如图 5-13 所示。该末端执行器主要包括主轴单元、进给单元、螺旋铣削单元、锪孔单元、压力脚单元和传感器单元等, 可以实现钻孔位置精度控制在 ±0.5 mm 以内、法向精度优于 0.5°、锪孔深度变化控制在 0.02 mm 以内[15]。

图 5-12 北京航空制造工程研究所开发的末端执行器

图 5-13 浙江大学开发的末端执行器

5.1.3 铺丝末端执行器

自动纤维铺放 (automated fiber placement, AFP) 技术诞生于 20 世纪 80 年代, 波音等公司通过对缠绕技术和铺带技术进行改进, 发展出了 AFP 技术。此后, Cincinnati Milacron 公司、Ingersoll 公司分别于 1890 年和 1995 年研究出了自动铺丝机, 并投入使用。在整体的发展趋势上, AFP 技术朝着集成化、高速化和多元化发展, 铺放头逐渐搭载在各种铺放平台进行混合铺放[16-17]。图 5-14 所示为垂直龙门架铺丝机、水平龙门架铺丝机和机械臂型铺丝机。

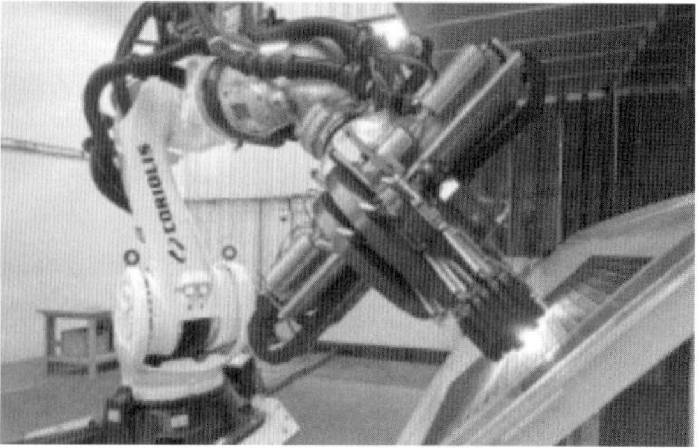

图 5-14 垂直龙门架铺丝机、水平龙门架铺丝机和机械臂型铺丝机

由于 AFP 技术具有低成本、高效的特点，目前也越来越被接受。进入 21 世纪以来，铺丝机的设计进一步创新。加热是自动铺丝工艺中的一个关键因素，因为它可以确保传入材料与基材之间的黏合。加热元件与滚压装置相结合，可确保不存在空隙，且整体零件质量合格。在热塑性塑料应用中，加热的温度和持续时间至关重要，以确保在制造过程中层与层的固结[18]。根据不同的加热机制，不同公司研制出不同的铺丝末端执行器，如图 5–15 所示。

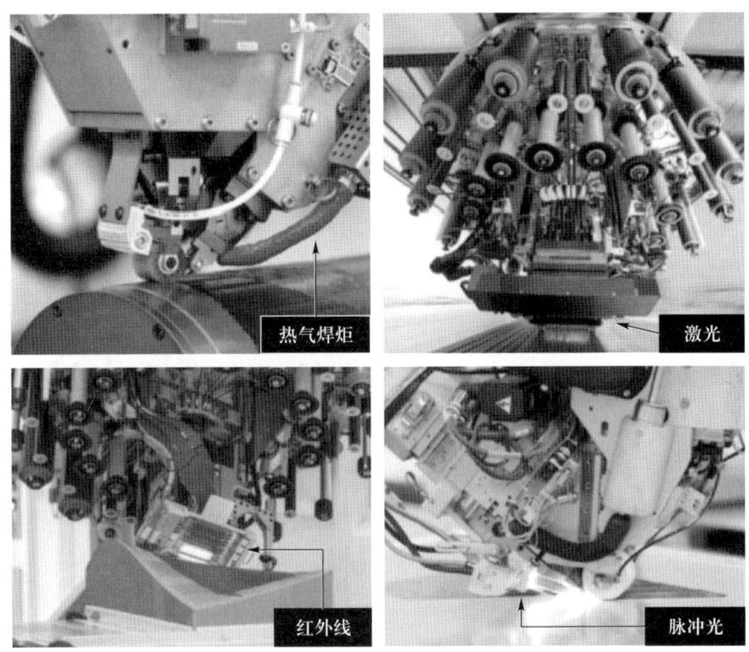

图 5–15　不同加热机制的铺丝末端执行器

目前国际上的缠绕装备已达到七自由度，并朝着更高自由度、多丝嘴缠绕、纱带同缠、连续缠绕、多维缠绕、复杂异形件缠绕以及高速高精度缠绕的方向开展研究[19]。德国 wbk 生产科学研究所推出了一款机器人缠绕设备，设计了半圆环铺丝末端执行器，具有恒定的缠绕张力和柔性的缠绕方式，可实现 T 型管的缠绕，如图 5–16 所示。

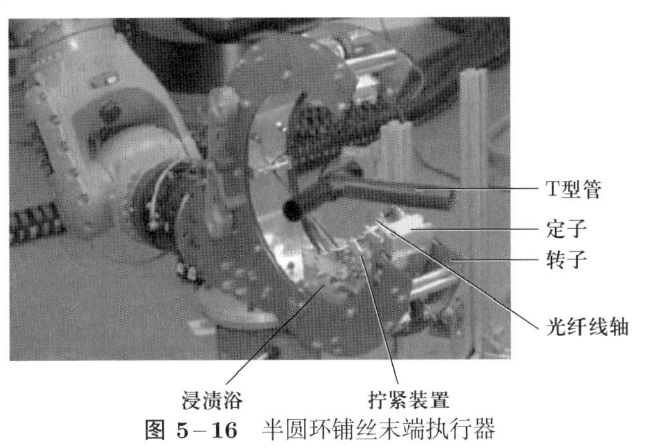

图 5–16　半圆环铺丝末端执行器

对于具有高柔性的机器人缠绕，为了提高缠绕效率，国外提出了多丝嘴缠绕方式，多丝嘴装置的缠绕设备应满足自由悬纱长度恒定和出纱装置垂直于芯模旋转轴的对称设计两个要求。英国 Cygnet Texkimp 公司研制出了世界上第一台机器人 3D 缠绕机，如图 5-17 所示，该缠绕机能够生产复杂弯曲复合材料部件，如悬臂导轨、飞机翼梁和风叶。图 5-17(a) 为缠绕机的结构，由多丝嘴装置和工业机器人组成；图 5-17(b) 为对单通道飞机翼梁采用干法缠绕方式进行的自动缠绕。马其顿 MIKROSAM 公司研制了复合压缩天然气 (compressed natural gas, CNG) 储罐自动化生产线，采用机器人提高了储罐缠绕的自动化程度，并已在奥地利格拉茨市投产，用于制作不同尺寸的液化石油气 (liquefied petroleum gas, LPG) 和 CNG 储罐 (图 5-18)。

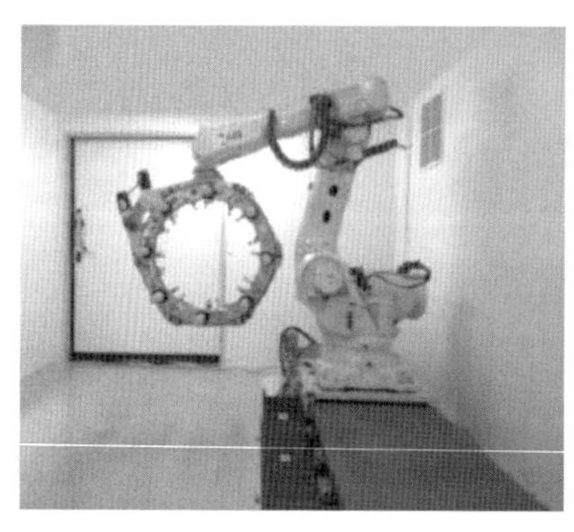

(a)

(b)

图 5-17 机器人 3D 缠绕机

(a)

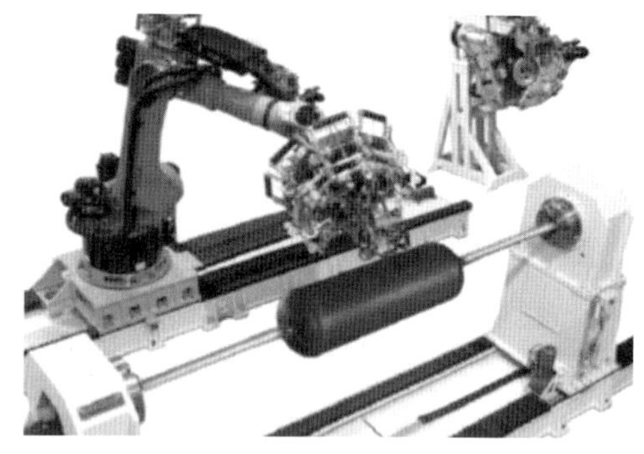

(b)

图 5-18 CNG 储罐自动化生产线

5.1.4 焊接末端执行器

焊接末端执行器目前已经广泛应用在航空航天、汽车、仪器、医学、造船等制造业领域，不断推动国际工业科技的发展，为节省劳动力、降低劳动成本、提高产品质量及加工效率发挥着重要作用[20-25]。整套焊接末端执行器系统通常包括焊接电源、送丝机、焊丝盘、焊枪等部分。

国外各大机器人公司通过集成焊接末端执行器, 用于各种作业任务中。KUKA 公司为德国 STELA 公司量身定制了 KUKA 焊接工作站, 配备焊接末端执行器, 成功用于大尺寸风机叶片的生产, 如图 5–19 所示, 将风机等大型工件的焊接能力提升到了新的维度, 兼顾了质量和速度。

图 5–19 KUKA 焊接末端执行器用于风机叶片焊接

ABB 公司为汽车零部件厂商 Katcon 设计了 27 套 ABB FlexArc 机器人弧焊工作站, 安装于 Katcon 位于波兰的工厂, 通过焊接末端执行器, 完成汽车零部件的焊接。FlexArc 弧焊工作站包括一系列标准化的弧焊功能包, 提供机器人弧焊所需的全部零部件, 让 Katcon 得以迅速调整生产规模, 以达到更高的生产效率, 如图 5–20 所示。

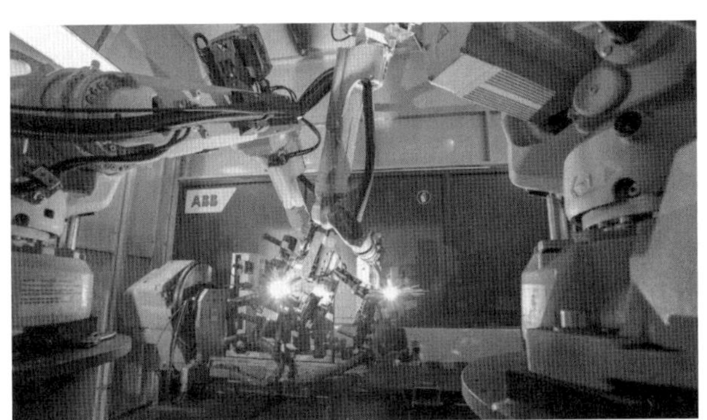

图 5–20 ABB 焊接末端执行器用于汽车零部件焊接

FANUC 公司同样通过集成焊接末端执行器, 提供全系列点焊和弧焊机器人, 适用于汽车整车及零部件的点焊作业, 如图 5–21 所示。FANUC 第二代 Smart Power 系列焊接电源具有低飞溅、短弧焊和连续点焊三大特点, 并推出铝合金焊接电源 P400iB/P、P500iB/P, 以及一体式铝合金焊接系统及伺服推拉丝焊接系统, 可实现批量产品焊接自动化, 提高产品质量, 改善工人劳动条件, 可在有害环境下长期工作。

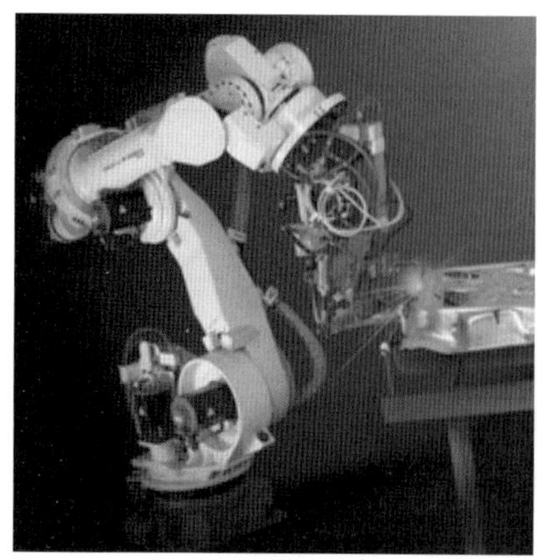

图 5–21 FANUC 焊接末端执行器用于点焊、弧焊

上海 FANUC 公司给上汽大通公司提供的 R-2000 系列点焊机器人，实现了其批量产品的焊接自动化，如图 5–22 所示。车顶采用先进的激光焊接技术，相较于之前的涂胶、点焊，更好地保证了焊接效果、车身的美观度及安全性。在车架方面，则采用了激光复合焊，提高了整个车架的强度和生产效率。

图 5–22 FANUC 焊接末端执行器用于车身焊接

丹麦 Inrotech 公司致力于打造尽可能简单易用的机器人焊接系统，将焊接末端执行器应用于多家造船厂的焊接工作中，如图 5–23 所示，以满足造船等行业的需求。焊接是造船过程中最昂贵和最耗时的工序之一，该机器人焊接系统为造船业

图 5–23 Inrotech 焊接末端执行器用于船身零部件焊接

提供了更高的生产率和工人安全性。

国内也将焊接末端执行器与机器人结合, 用于各种作业生产中。中国船舶集团有限公司第七一三研究所通过焊接机器人完成了对薄壁箱体的焊接研究[14]。中广核工程有限公司通过焊接机器人完成了核反应堆压力容器顶盖的焊接应用及分析[15]。清华大学通过爬行焊接机器人实现了球罐三维曲面的自动化全位置焊接[16]。中国石油大学通过焊接机器人完成了长输油气管道的环焊, 大幅提高了长输管道焊接质量与焊接效率, 保障了管道运营安全, 延长了管道使用寿命[17]。上汽通用金桥工厂车间通过 380 多台机器人集成末端执行器, 实现了 100% 焊接自动化, 每小时可以完成 40 台整车从焊接到装配成形的流水线作业。

5.1.5 装配末端执行器

装配末端执行器目前广泛应用于汽车、烟草、食品等领域, 可完成搬运、码垛、上下料、紧固件送料、抓取等工作。

KUKA 公司与瑞典 SCANIA 公司合作, 通过装配末端执行器, 为该企业打造出先进的短发动机装配生产线, 为新一代商用车发动机奠定了基石[26]。该高度现代化的短发动机装配生产线共有 21 个工作站, 由 15 个机器人在各个全自动和半自动化的生产过程中负责装配创新的五缸与六缸发动机, 如图 5–24 所示。13 个全自动化工作站负责多种不同的检测、螺栓连接和接合过程, 实现了汽车行业高效率、自动化生产。

图 5–24 KUKA 自动化装配生产线

ABB 推出了全新 SWIFTI 协作机器人, 兼具协作机器人的安全协作性能、易用性, 以及工业机器人的运行速度、精度和稳定性。通过集成装配末端执行器, 可轻松地完成抓取、搬运等工作, 如图 5–25 所示。凭借速度和距离监控功能, 该机器人实现了更快速的安全协作, 弥补了协作机器人与工业机器人之间的差距。

FUNAC 公司根据苏州优德通力科技有限公司水泵生产线的需求, 通过集成装配末端执行器, 设计了优德通力水泵全自动柔性生产线, 实现了全自动化无人装配, 解决了其微型水泵装配需要大量人力作业的问题, 同时能够柔性兼容多种型号的生

图 5-25　ABB 装配末端执行器用于抓取、搬运

产。该生产线装配有 40 余台 FANUC 机器人, 并配置了 60 套 FANUC 智能视觉系统, 大幅提高了生产效率, 如图 5-26 所示。

图 5-26　FUNAC 水泵生产线自动化装配

在 3C 市场领域, FUNAC 将具有超快运动速度、结构紧凑的 SCARA 机器人用于合肥经纬电子科技有限公司的北斗智能产线。该产线主力 SR-6iA 机器人负载为 6 kg、工作半径为 650 mm、行程为 210 mm, 兼具设计紧凑与轻量化的特点, 既节省空间、方便系统集成又能连续高速运行, 在高速运行状态还能保证高定位精度, 很好地满足了合肥经纬电子科技有限公司对生产速度和效率的要求, 高效、高质量地完成了 3C 产品组装工作, 提升了生产效率, 如图 5-27 所示。

ABB 公司与巴西雀巢的工程团队共同开发了一款采用 ABB 安全移动技术的机器人码垛单元, 实现了巧克力工厂盒装产品安全、高效的托盘装载, 如图 5-28 所示, 将生产率提高了 53%, 减少了损失和手动返工的需要。整套方案安全、智能, 当操作人员处于 "绿色" 安全区域时, 机器人正常移动; 当操作人员进入 "琥珀色" 区域时, 机器人减速并限制运动; 当操作人员进入红色区域时, 机器人则完全停止, 以最大限度地降低与操作人员意外接触的风险。

图 5-27 FUNAC 的 3C 产品组装生产线

图 5-28 ABB 装配末端执行器对糖果产品码垛、搬运

5.2 末端执行器标定

末端执行器在机械装配和控制系统组态完成后，已经能够执行控制指令并进行实际运动。但由于末端执行器在制造和装配过程中都存在一定的误差，为保证装备能够达到加工精度，需要对其进行标定。

5.2.1 基于激光跟踪仪的标定

基于激光跟踪仪的标定原理基本如下：使用激光跟踪仪，建立机器人基坐标系 {0}、末端法兰坐标系 {1}、刀具坐标系 {2} 以及工件坐标系 {3}；然后通过 SpatialAnalyzer 软件得出机器人末端法兰坐标系 {1} 与刀具坐标系 {2} 的转换关系矩阵 $\frac{1}{2}\boldsymbol{T}$，将其输入西门子控制系统，进而实现控制面板对刀尖点姿态的实时显示 (由法兰变为刀尖点)；在待加工工件表面，建立工件坐标系 (刀具运动到工件表面时理想的位姿坐标系)；从 SpatialAnalyzer 软件中读取基坐标系与工件坐标系的转换关系，通过 G 代码实现机器人从零位到工件表面某点的运动；再通过 TRANS 及 AROT 语句将刀具运动方向转换成与工件垂直；再进行对刀，确认末端主轴与工件坐标系的精确位姿关系。建立的各坐标系如图 5-29 所示。

图 5－29　建立各坐标系

图 5－30 所示为使用 SpatialAnalyzer 软件求出末端法兰坐标系 {1} 与刀具坐标系 {2} 的转换关系矩阵 ${}^{1}_{2}\boldsymbol{T}$。

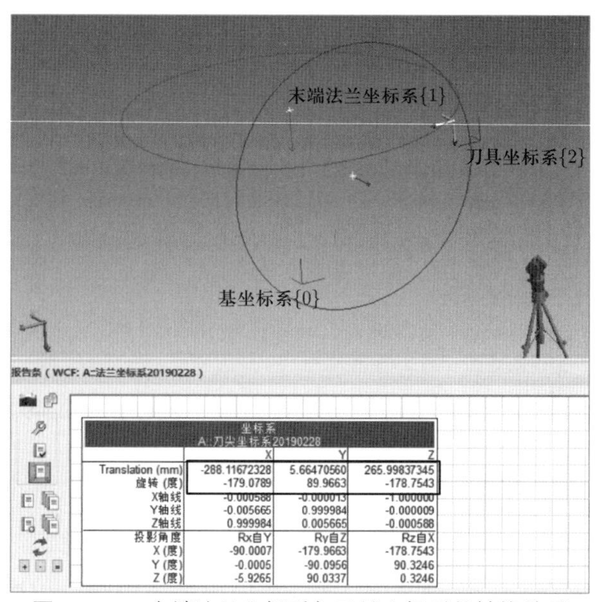

图 5－30　末端法兰坐标系与刀具坐标系的转换关系

将末端法兰坐标系 {1} 与刀具坐标系 {2} 的转换关系矩阵 ${}^{1}_{2}\boldsymbol{T}$ 输入西门子 840D sl 控制系统，控制系统默认显示的是第五关节坐标系，第五关节坐标系与末端法兰坐标系间有 $d_6 = 290$ mm 的偏移量；需将第五关节坐标系通过平移旋转变换为刀具坐标系，通过末端法兰坐标系 {1} 与刀具坐标系 {2} 的转换关系矩阵 ${}^{1}_{2}\boldsymbol{T}$ 修改“通道机床数据 62910 [0 ~ 2] 以及 62911 [0 ~ 2]”，将控制面板上显示的 $XYZABC$ 值设置为刀尖点实时位置，如图 5－31 所示。

图 5−31 修改机床数据参数

在工件上某点建立工件坐标系 (其实是刀具运动到工件表面并垂直时的刀具坐标系), 以工件前表面的某一点为坐标系原点, 前表面法线为 z 轴, 前表面与上表面的交线为 y 轴, 建立工件坐标系 {3}, 如图 5−32 所示。

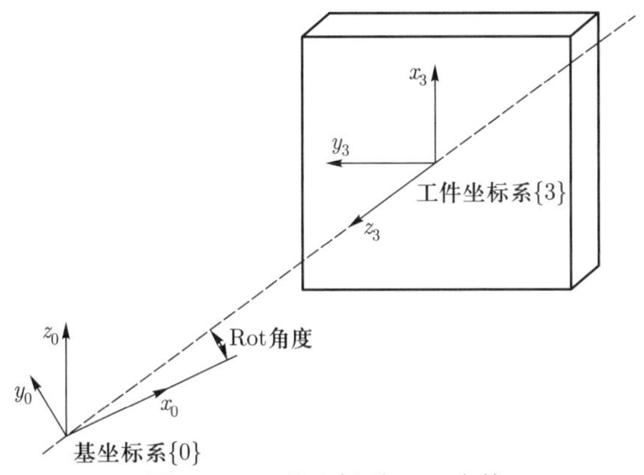

图 5−32 基坐标系 Rot 变换

使用 SpatialAnalyzer 软件得出基坐标系与工件坐标系的转换关系 (以基坐标系为参考, 看工件坐标系绕基坐标系的 RPY 角), 并通过 G 代码实现机器人运动到工件附近 (未对刀), 再使用 TRANS、AROT 命令转换机器人基坐标系的位置和姿态, 如图 5−33 所示。

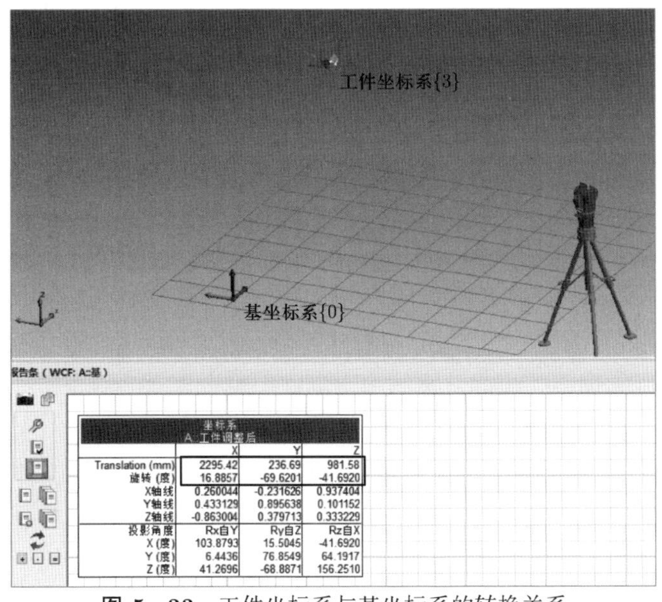

	X	Y	Z
Translation (mm)	2295.42	236.69	981.58
旋转 (度)	16.8857	-69.6201	-41.6920
X轴线	0.260044	-0.231626	0.937404
Y轴线	0.433129	0.895638	0.101152
Z轴线	-0.863004	0.379713	0.333229
投影角度	Rx自Y	Ry自Z	Rz自X
X (度)	103.8793	15.5045	-41.6920
Y (度)	6.4436	76.8549	64.1917
Z (度)	41.2696	-68.8871	156.2510

图 5−33 工件坐标系与基坐标系的转换关系

5.2.2 基于对刀仪的标定

机器人刀具坐标系是指以刀具中心点为原点建立的坐标系。此处的刀具中心点具体是指刀具刀尖点, 刀具是机器人加工作业中不可或缺的部件, 需要确定以刀具刀尖点为中心的工具坐标系。传统的人工对刀方法很难满足加工精度要求。目前, 应用最为广泛的数控加工中心采用自带的对刀装置进行对刀。常见的有接触式对刀和非接触式对刀。接触式对刀装置结构复杂, 操作起来比较烦琐。而非接触式对刀装置则需要与数控系统集成, 通过运行自动对刀程序, 数控系统控制刀具沿预定方向移动, 当刀尖点接近非接触式对刀装置的光电传感器时, 传感器信号触发数控系统及时记录当前刀尖点在基坐标系下的数值, 并通过计算得到刀具的长度、直径等信息, 记录到数控系统刀具列表中, 这种对刀装置大多应用于数控加工中心, 在机器人加工中的应用尚且较少。

本节的机器人工具坐标系测量系统主要由机械臂本体、机械臂控制模块、刀具、传感器控制模块、传感器模块和上位机组成, 如图 5–34 所示。通过传感器模块得到刀具刀尖点的运动状态, 获取刀具刀尖点的位置和姿态。传感器控制模块对传感器模块进行操作控制, 并接收其数据, 然后将获取的数据传输到机械臂控制模块进行处理分析, 得到机器人刀具刀尖点相对于机械臂本体法兰端面的位姿。

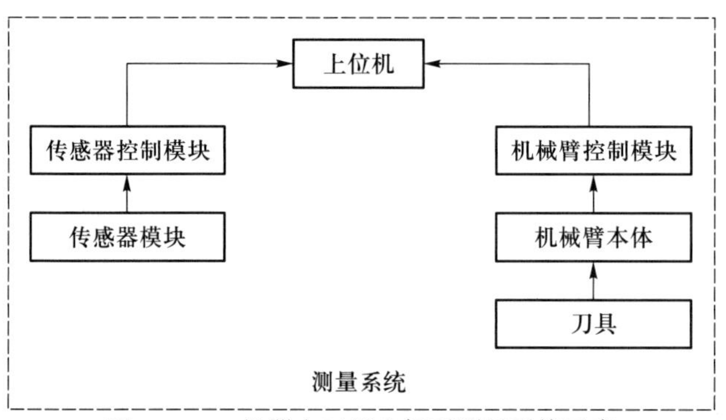

图 5–34 机器人工具坐标系测量系统示意

传感器的基坐标系确定: 传感器控制模块通过上位机执行程序实现对机器人刀具刀尖点的测量, 并获取刀具刀尖点的位姿, 确定传感器的基坐标系可以采用三点法, 依次定义原点、x 轴正方向和 y 轴正方向。

光栅形成平面的交叉点标定 (图 5–35): 通过三维测量模式进行标定, 需要测量在 z 方向上的偏移量, 若机器人在测量过程中有振动现象, 则 z 方向长度 H 的取值需逐步增大。然后, 测量过程中需要做两次钟摆运动, 测量方向是从上面指向传感器, z 方向长度 H 的取值等于钟摆运动的上下位置之间的距离。进一步地设置机器人在刀具测量过程中必须执行的最大平移偏移量和最大旋转偏移量。在钟摆运动测量时, 设置交叉点与工具测量点之间的距离, 并且在测量的平移和旋转过程中可以设定补偿极限值。机器人将刀具刀尖点定位在传感器的两组光栅交叉点,即刀具刀尖点应该与传感器的光束处于同一水平，而且刀具垂直于传感器光束形成的平面。

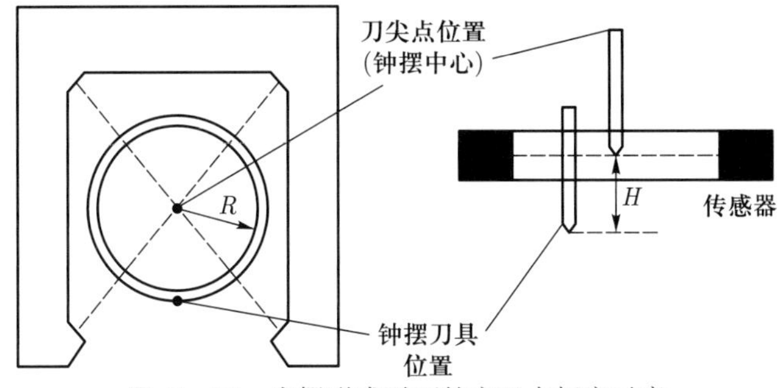

图 5–35　光栅形成平面的交叉点标定示意

光栅形成平面的传感器开口中间点标定 (图 5–36)：对此点位标定不仅需要确保刀具刀尖点位于传感器开口的中间位置，还需要保证其处在传感器两组光栅的平面上。当找到传感器开口的中间点位置后，使用基坐标移动工具至开口点位，这样可以确保刀具刀尖点依然在传感器光栅平面上。

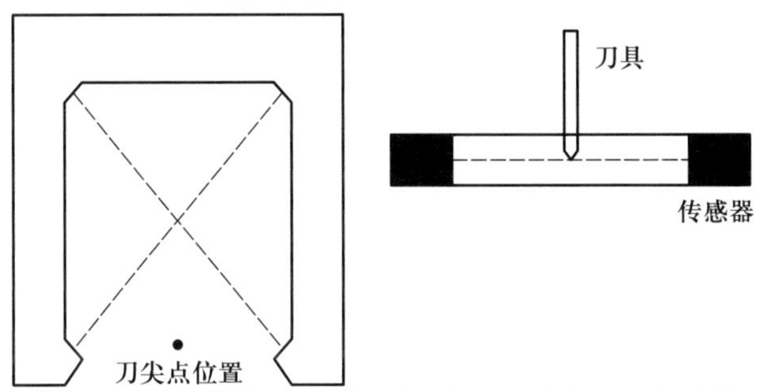

图 5–36　光栅形成平面的传感器开口中间点标定示意

刀具刀尖点相对于机械臂本体法兰端面的位姿确定：执行上位机设定的控制程序，传感器模块以及传感器控制模块不断将测量得到的运动信息传输给机械臂控制模块进行处理，得出刀具刀尖点相对于机械臂本体法兰端面坐标系的位姿。

这种方法精准确定了机器人刀具刀尖点到机械臂本体法兰端面的位姿转换矩阵，相比于手动对刀方式，该方法极大地提高了对刀的准确性和效率 (图 5–37)。

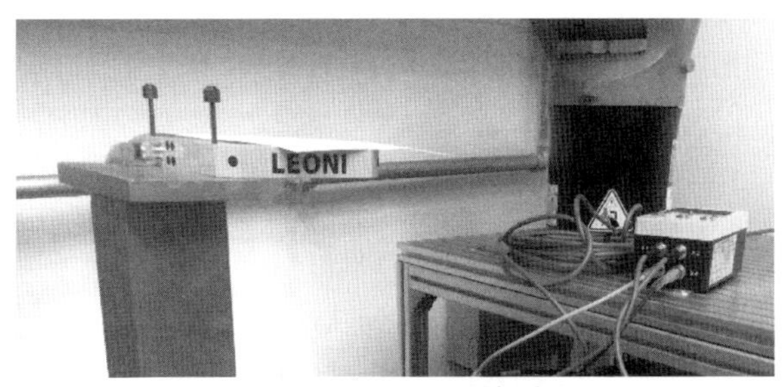

图 5–37　对刀器标定

5.3 小结

随着智能制造技术的不断发展, 末端执行器功能越来越强大, 尤其是铣削、钻铆、铺丝、焊接、装配机器人的应用越来越广泛, 通过机器人与末端执行器的集成和标定, 能够充分保证移动式工业机器人灵活、高效作业, 为智能制造技术应用落地添砖加瓦。

参考文献

[1] 战强, 陈祥臻. 机器人钻铆系统研究与应用现状 [J]. 航空制造技术, 2018, 61(4): 24–30.

[2] ADAMS G. Next generation mobile robotic drilling and fastening systems [R]. SAE Technical Paper, 2014.

[3] GRAY T, ORF D, ADAMS G. Mobile automated robotic drilling, inspection, and fastening [R]. SAE Technical Paper, 2013.

[4] JACKSON T. High-accuracy articulated mobile robots [R]. SAE Technical Paper, 2017.

[5] BARTONE E, STUHLSATZ J. Drivmatic automatic fastening system with single robot positioner [R]. SAE Technical Paper, 2017.

[6] WAURZYNIAK, P. Aerospace automation stretches beyond drilling and filling [J]. Manufacturing Engineering, 2015, 154(4): 73–86.

[7] 董一巍, 李晓琳, 赵奇. 大型飞机研制中的若干数字化智能装配技术 [J]. 航空制造技术, 2016, 59(Z1): 58–63.

[8] LOGEMANN T. Mobile robot assembly cell (RACe) for drilling and fastening [R]. SAE Technical Paper, 2016.

[9] MUELLER-HUMMEL P, MEINERS C. New concept on drills up to 5/8” (16mm) for one shot IT8 robot application [R]. SAE Technical Paper, 2012.

[10] DILLHOEFER T. Power RACe [R]. SAE Technical Paper, 2017.

[11] MÖLLER C, SCHMIDT H C, KOCH P, et al. Machining of large scaled CFRP-Parts with mobile CNC-based robotic system in aerospace industry [J]. Procedia Manufacturing, 2017, 14: 17–29.

[12] BROWNBILL R, SILK P, WHITESIDE P, et al. High-load titanium drilling using an accurate robotic machining system [M]// RATCHEV S. Smart Technologies for Precision Assembly. Cham: Springer, 2021: 140–152.

[13] 杨国林, 董志刚, 康仁科, 等. 螺旋铣孔技术研究进展 [J]. 航空学报, 2020, 41(7): 12–26.

[14] 张云志, 刘华东, 邹方, 等. 螺旋轨迹制孔技术在航空制造中的应用 [J]. 航空制造技术, 2013 (22): 34–39.

[15] LIU H, ZHU W D, DONG H Y, et al. A helical milling and oval countersinking end-effector for aircraft assembly [J]. Mechatronics, 2017, 46: 101–114.

[16] BRASINGTON A, FRANCIS B, GODBOLD M, et al. A review and framework for modeling methodologies to advance automated fiber placement [J]. Composites Part C, 2023, 10: 100347.

[17] BRASINGTON A, SACCO C, HALBRITTER J, et al. Automated fiber placement: A review of history, current technologies, and future paths forward [J]. Composites Part C, 2021, 6: 100182.

[18] ZACHERL L, SHADMEHRI F, ROTHER K. Determination of convective heat transfer coefficient for hot gas torch (HGT)-assisted automated fiber placement (AFP) for thermoplastic composites [J]. Journal of Thermoplastic Composite Materials, 2023, 36(1): 73–95.

[19] 杨海. 复合材料纤维缠绕机器人关键技术研究 [D]. 哈尔滨: 哈尔滨理工大学, 2020.

[20] 肖润泉, 许燕玲, 陈善本, 等. 焊接机器人关键技术及应用发展现状 [J]. 金属加工 (热加工), 2020(10): 24–31.

[21] 张克, 刘禹, 蒲科锦. 焊接机器人在薄壁箱体焊接中的应用研究 [J]. 新技术新工艺, 2020(4): 17–20.

[22] 孔永红, 高俊根, 吴义党, 等. 焊接机器人在核反应堆压力容器顶盖焊接中的应用及分析 [J]. 电焊机, 2021, 51(10): 56–60.

[23] 冯消冰, 潘际銮, 高力生, 等. 爬行焊接机器人在球罐自动焊接中的应用 [J]. 清华大学学报 (自然科学版), 2021, 61(10): 1132–1143.

[24] 覃江繁. 汽车车身 CO_2 智能焊接机器人研究综述与展望 [J]. 时代汽车, 2022(3): 144–145.

[25] 尹铁, 赵弘, 张倩, 等. 长输油气管道焊接机器人的技术现状与发展趋势 [J]. 石油科学通报, 2021, 6(1): 145–157.

[26] KUKA. KUKA: 工业 4.0 的先驱 [EB/OL]. (2023-07-15) [2024-01-11].

第三篇 感知与控制

第 6 章　全局定位与导航

移动式工业机器人作业过程中, 高精度姿态和位置测量是实现系统功能的重要环节。导航与定位系统既要保证在大空间范围内的连续定位能力, 实现车间范围内连续可达, 又要保证在装配工位高精度测量, 实现工位处的精密加工。在厂房作业环境中, 移动式工业机器人的导航定位可以采用多种方式, 主要包括激光导航、iGPS 导航等, 每种导航方式有其不同的应用场景。

激光测距定位是在移动单元周围环境设置具有高反光性的反射板, 同时在移动单元上安装能够旋转的激光扫描器。这种导引方式定位精度和导引精度高, 可控制范围较大, 地面无需其他定位设施; 行驶路径可灵活多变, 能够适应多种现场环境。iGPS 分布式测量系统是一种基于空间角度前方交会原理的分布式大尺寸测量系统。这种导航方式不同于多数平面内的导航定位方式, 可以实现大范围内三维空间在 x、y、z 方向的多点连续定位, 且定位精度较高, 非常适用于高精度装配及原位制造场景, 因此其与激光导航的结合应用是一种解决厂房环境移动式工业机器人加工作业导航定位的优选方案。

6.1　激光广域感知定位

随着机器人技术的日益发展, 机器人渐渐被应用到制造、物流等各行各业, 激光导引机器人已成为工业自动化的一个发展方向。目前激光感知技术已趋于成熟, 逐渐由平面感知发展至三维立体感知。传统的局部固定路径感知导航方式给机器人的轨迹设置、生产布局、功能扩展等带来了问题, 影响工业生产作业、机器人维护与改造周期长, 同时也不便于室内和室外穿插作业, 且机器人的路径扩展功能带来了分支路径识别问题, 其导引缺陷日益明显。因此, 激光感知导航方式决定了机器人能否在复杂和恶劣的工作环境中自由、自主运行。

激光雷达 (light detection and ranging, LiDAR) 是传统雷达技术与现代激光技术相结合的产物。激光雷达是激光技术应用最早的一个领域, 具有探测距离远、测量精度高、角分辨率高等特点[1–3]。与常见的导航方式相比, 激光雷达这种深度传感器能像普通相机一样返回图像信息, 但其返回的图像信息中并没有颜色信息, 不是视觉传感器需要处理的图像，而是图像中每个像素值都代表距离信息，整个图像是激光扫描的深度数据，描述的是传感器周围环境的距离及角度信息。激光雷达根据维度可分为一维激光雷达、二维激光雷达、三维激光扫描仪和三维激光雷达[4]，其功能反应用场景如表 6–1 所示。

表 6–1 不同维度激光雷达的功能及应用场景

维度名称	功能	应用场景
一维激光雷达 (激光测距仪)	距离测量，定位	河道、航道、标杆、电信、地质测量
二维激光雷达 (单线激光雷达)	二维平面轮廓测量、定位、区域监控	室内定位导航、机器人环境识别、安防
三维激光扫描仪	静态三维建模	测绘、城市建模、建筑建模
三维激光雷达 (多线激光雷达)	动态三维建模	室外定位导航、机器人室外环境识别、自动驾驶[5]

与其他铺设导引线的感知定位方式相比，激光感知定位具有许多突出的优点：感知范围大，连续定位，地面无需其他定位设施，能够适应复杂的路径条件及工作环境，能够快速变更行驶路线和修改运行参数[1,6-7]。当前已有激光导航方式主要分为两种：传统激光导航 (依靠反光板) 和现代激光导航 (无需反光板)。

传统激光导航需要依靠反光板。为了探测反光板，激光导航器一般安装在较高位置，且反光板的安装高度需与之相匹配[1]。激光导航器和反光板之间不能有遮挡物，并且需要保持一定的距离，因此不适合在狭小区域导航。激光导航器通常具有较高的角分辨率，以确保在扫描时不会漏掉反光板；同时，反光板的尺寸也必须满足测量需求[1]。此外，传统激光导航对反光板的布局要求比较高，如反射板不能对称布置，两个反光板之间的夹角不要超过 120° 等。除了使用反光板的传统激光导航方式，现在也提出了不使用反光板的现代激光导航技术，即激光同步定位与建图 (simultaneous localization and mapping, SLAM) 技术。该导航方式可在不改变环境的前提下通过构建环境地图实现机器人定位和导航[8]。

传统激光导航以工业应用为背景，倾向于高精度、可靠性和路径柔性。传统激光导航取代的是需要导引线的固定路径导航方式。现代激光导航方式还处于技术转化阶段，其精度与传统激光导航方式相比还有一定的差距，外界环境的稳定程度对现代激光导航方式的影响较大。

6.1.1 激光雷达观测与噪声建模

1. 激光雷达观测模型

激光雷达在工作时以固定的角分辨率扫描周围环境，扫描一周后可以得到一组点的距离和夹角信息，这些点用激光雷达坐标系下的极坐标来表示 (图 6–1)。

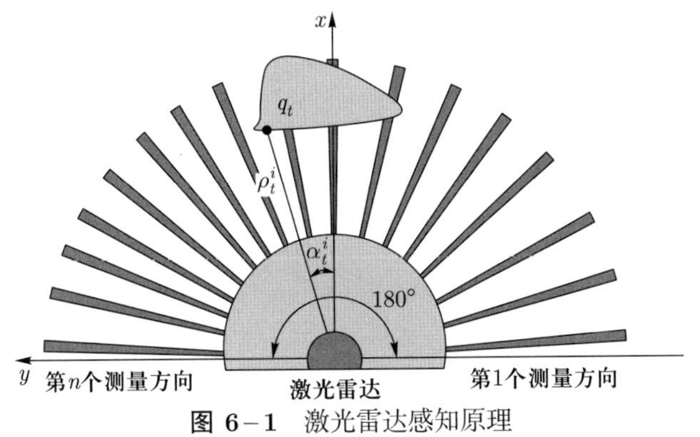

图 6−1 激光雷达感知原理

激光雷达在 t 时刻采集的一组数据点可以表示成集合 $\{q_t\}$ 的形式:

$$\{q_t\} = \{(\rho_t^i, \alpha_t^i)|i = 1, 2, \cdots, n\} \tag{6-1}$$

式中, ρ_t^i 为激光雷达在 t 时刻扫描时激光束第 i 次测量采集到的点的距离; α_t^i 为测量距离为 ρ_i^t 的点所对应的测量角度; n 为激光雷达在 t 时刻扫描时总共测量的次数。

图 6−2 为激光雷达观测模型, 其中 $x_{\rm w}Oy_{\rm w}$ 为世界坐标系, $x_{\rm L}O_{\rm L}y_{\rm L}$ 为激光雷达坐标系。假设 t 时刻激光雷达在世界坐标系中的位姿用向量 $\boldsymbol{x}_{\rm L}$ 表示:

$$\boldsymbol{x}_{\rm L}^{\rm T} = [x_{{\rm L}t} \quad y_{{\rm L}t} \quad \theta_{{\rm L}t}] \tag{6-2}$$

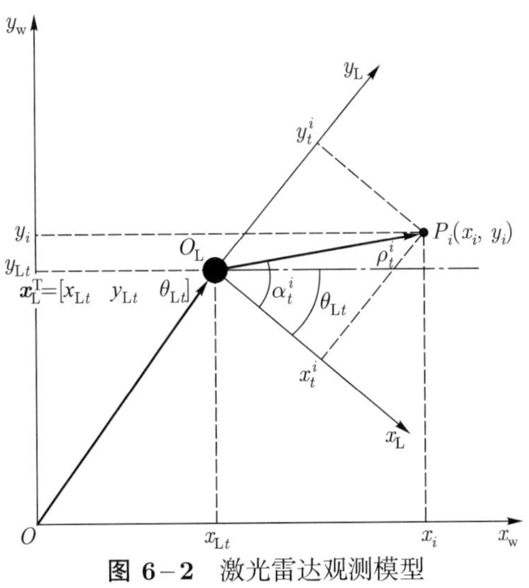

图 6−2 激光雷达观测模型

此时激光雷达第 i 次测量探测到环境中的特征点 P_i, 激光雷达解析到该特征点的测量信息为 (ρ_t^i, α_t^i), 将其转换为笛卡儿坐标的形式, 如下:

$$\boldsymbol{u}_t^i = \begin{bmatrix} x_t^i \\ y_t^i \end{bmatrix} = \rho_t^i \begin{bmatrix} \cos\alpha_t^i \\ \sin\alpha_t^i \end{bmatrix} \tag{6-3}$$

假设特征点 P_i 在世界坐标系中的实际坐标为 (x_i, y_i), 则激光雷达的观测方程可以表示为如下形式:

$$\begin{bmatrix} \rho_t^i \\ \alpha_t^i \end{bmatrix} = \begin{bmatrix} \sqrt{(x_{\mathrm{Lt}} - x_i)^2 + (y_{\mathrm{Lt}} - y_i)^2} \\ \arctan\dfrac{y_{\mathrm{Lt}} - y_i}{x_{\mathrm{Lt}} - x_i} - \theta_{\mathrm{Lt}} \end{bmatrix} \tag{6-4}$$

式 (6-4) 为激光雷达的观测方程, 通过求解该方程即可得到激光雷达在世界坐标系中的位姿[9-10]。

2. 激光雷达噪声模型

式 (6-4) 给出的激光雷达数据点集的描述没有考虑传感器噪声的影响。在实际使用时, 激光雷达会受到随机噪声和偏差的影响。如果考虑噪声的影响, 激光雷达在 t 时刻采集到的第 i 个测量点的距离可以表示为

$$\rho_t^i = D_t^i + \varepsilon_\rho \tag{6-5}$$

式中, ρ_t^i 为激光雷达的距离测量值; D_t^i 为激光雷达距离测量的真实值; ε_ρ 为激光雷达距离测量的噪声项。ε_ρ 服从零均值的高斯分布, 方差为 σ_ρ^2。

考虑噪声的影响, 激光雷达在 t 时刻采集到的第 i 个测量点的角度可以表示为

$$\alpha_t^i = \varPhi_t^i + \varepsilon_\alpha \tag{6-6}$$

式中, α_t^i 为激光雷达的角度测量值; $\varPhi_t^i$ 为激光雷达角度测量的真实值; ε_α 为激光雷达角度测量的噪声项。ε_α 服从零均值的高斯分布, 方差为 σ_α^2。

于是, 得到激光测量点在考虑噪声情况下的笛卡儿坐标形式, 如下:

$$\boldsymbol{u}_t^i = \begin{bmatrix} x_t^i \\ y_t^i \end{bmatrix} = \rho_t^i \begin{bmatrix} \cos\alpha_t^i \\ \sin\alpha_t^i \end{bmatrix} = (D_t^i + \varepsilon_\rho) \begin{bmatrix} \cos(\varPhi_t^i + \varepsilon_\alpha) \\ \sin(\varPhi_t^i + \varepsilon_\alpha) \end{bmatrix} \tag{6-7}$$

式 (6-5) 至式 (6-7) 为激光雷达测量的噪声模型[9-10]。

6.1.2 环境感知建图技术

6.1.2.1 环境地图表示方法

机器人通过外部传感器对周围环境进行感知, 并根据设定的环境地图表示方法将传感器获得的数据转化为地图信息, 传感器不断地感知环境, 环境地图也随之增量式完善。在机器人自主导航运动中, 环境地图的构建与定位相互依存, 所以环境

地图的准确性将直接影响机器人定位的准确性。最常见的地图描述方法有栅格地图 (grid-based map)、特征地图 (geometric feature map) 和拓扑地图 (topological map)[11]。

1. 栅格地图

栅格地图 (图 6–3) 最早是由 Moravec 和 Elfes 提出的。它采用单元格来表示环境地图, 而不依赖于物体形状, 将机器人所在周围环境划分成一系列正方形方格, 然后通过传感器获取周围环境信息来决定栅格的信息。每个栅格都具有相应的概率值, 代表该栅格被占有的可能性大小。由于单元格分解不依赖于障碍物形状, 便于表示环境中的障碍物, 所以栅格地图易于创建, 不需要明确的几何参数。通常利用外部测距传感器获取环境特征的距离和方向信息来完成栅格地图的构建。栅格地图的缺点是对于周围环境的栅格描述通常需要大量的节点, 这就导致了在进行地图构建时搜索空间较大, 降低了构图效率, 而且环境的分辨率与设定的单元格尺寸有关, 分辨率增加, 运算的时间和消耗的储存空间也会相应增加。栅格地图一般适用于维度较低的环境[12–13]。

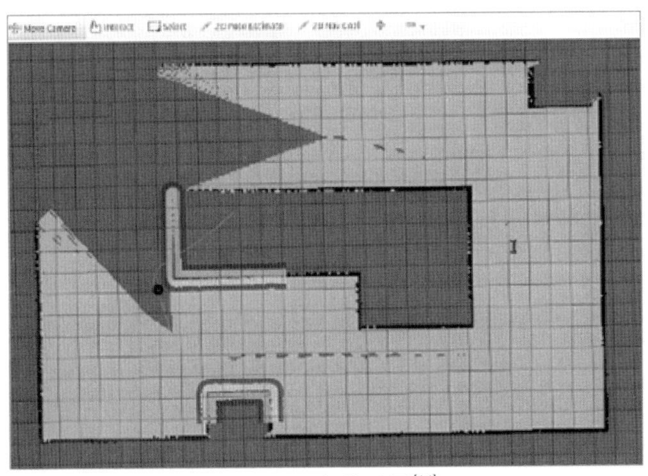

图 6–3 栅格地图[14]

2. 特征地图

特征地图 (图 6–4) 以一些离散的点或线段信息作为特征来表示周围环境, 环境特征都可以用数学中的几何原型 (如线段、圆形等) 来表示。机器人通过传感器测量距离数据, 提取环境特征的几何信息, 并将其转化为几何参数数据, 从而确定机器人与环境的关系, 构建出当前几何特征地图。提取传感器观测到的特征信息, 与环境地图中相对应的其他路标特征信息进行关联即可实现机器人的构图与定位, 机器人当前的位姿通过路标特征位置与估计得到的特征位置进行拟合确定。基于特征地图的环境描述紧凑, 定位精准, 计算方便, 便于实现位置估计与目标特征识别。但特征法需要传感器对感知环境信息进行特征提取等处理过程, 并且需要一定数量的环境感知信息。此外, 对传感器噪声比较敏感、复杂的数据关联也是其主要缺点[15]。

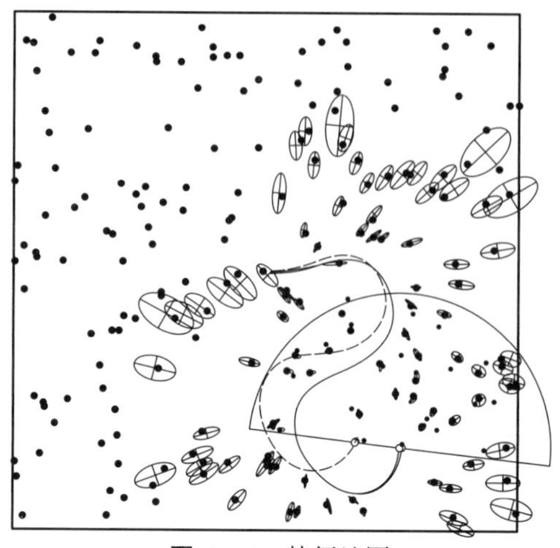

图 6-4　特征地图

3. 拓扑地图

拓扑地图是采用节点和连线表示的地图，即将环境地图中的几何特征抽象描述表示为节点，包含了特征状态和位置信息，节点之间通过连接线相连，连接线代表特征点之间的到达路径，有相对应的权值，如图 6-5 所示。拓扑地图不要求环境特征信息非常准确，但必须与环境中其他信息区分开来，使机器人容易识别出来。拓扑地图的优点是抽象度高、适用于简单的大范围环境、计算效率高、储存和搜索空间小，缺点是在非结构化的环境中对路标特征的识别、匹配困难，环境特征的准确度直接影响了构建地图与定位的准确度[15]。

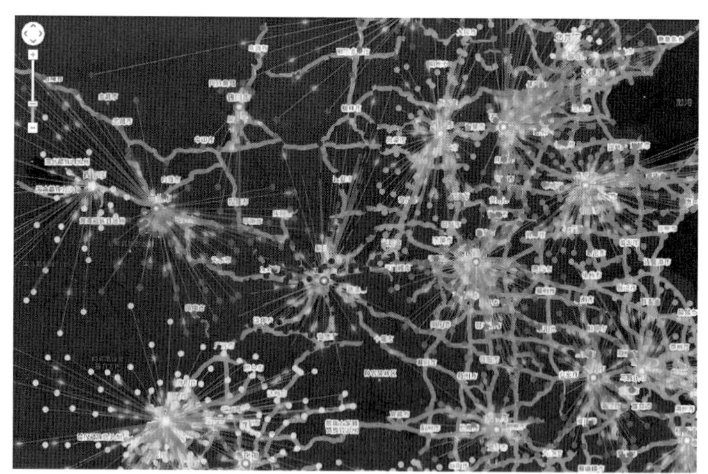

图 6-5　拓扑地图[16]

6.1.2.2　特征地图提取方法

移动机器人在创建地图和定位时利用传感器获取环境数据。特征作为环境的高级抽象，无法从传感器数据中直接获得，而是需要通过较为复杂的处理过程才能获取。因此, 从二维激光雷达扫描数据中提取特征是使用激光雷达创建特征地图的基础。特征类型的选择和特征提取方法的性能对于特征地图的创建至关重要, 甚至会影响建图的成败。

考虑到室内多为结构化环境, 通常采用线段类特征提取。线段类特征是把连续的激光雷达数据按照一定的规则分为若干组, 同一组中的数据表示它们来自激光雷达对同一物理表面的扫描, 如激光雷达扫描到两面相邻的墙壁, 相应地就把激光雷达数据从墙壁的相交处分为两组, 每组对应一面墙壁。

线段类特征提取方法有以下几种。

(1) PDBS (point-distance-based segmentation) 方法。PDBS 方法利用相邻两个扫描点 P_i 和 P_{i+1} 的欧氏距离 $d_{i,i+1}$ 提取线段。如果 $d_{i,i+1}$ 大于设定的阈值 d_{thd}, 则将这两点分别作为前一线段的终点和后一线段的起点。

(2) SEF (successive edge following) 方法。SEF 方法直接利用两个相邻扫描点的原始传感器测量数据寻找线段。如果两者的差值 $|\rho_{i+1}-\rho_i|$ 大于阈值 d_{thd}, 则分别将该两点 P_i 和 P_{i+1} 作为前一线段的终点和后一线段的起点。

PDBS 方法和 SEF 方法是两种最简单的线段类特征提取方法, 由于没有考虑激光雷达以固定角分辨率在平面上扫描的特点, 提取效果会受到较大影响[17]。

(3) LT (line tracking) 方法。LT 方法首先以点 P_1 为起始点, 将由 P_1 到 P_i 的 i 个初始数据点拟合成线段 l, 如果下一个数据点 P_{i+1} 到线段 l 的距离 d 小于阈值 d_{thd}, 则将点 P_{i+1} 添加到线段 l 并重新拟合, 然后重复执行上述过程; 否则, 判定点 P_1 到 P_i 构成一条线段, 以点 P_{i+1} 为起点, 寻找下一条线段。LT 方法是一个逐点合并的方法, 其缺点在于对阈值 d_{thd} 敏感, 很容易错误地将属于下一条线段上的部分点合并到当前线段上来[17]。

(4) IEPF (iterative end point fit) 方法。IEPF 方法将一次扫描数据的首尾两个数据点通过线段 P_1P_n 连接起来, 然后在点 P_1 与 P_n 之间寻找到 P_1P_n 距离最大的点, 假设其为 P_i, 相应的距离为 d_i, 若 d_i 大于阈值 d_{thd}, 则将线段 P_1P_n 用线段 P_1P_i 和 P_iP_n 代替。对两条新生成的线段 P_1P_i 和 P_iP_n 重复执行上述过程, 直到所有线段都不会再分割为止。IEPF 方法是一个递归分割的方法, 在分割时有效地利用了全部数据点的信息。但是该方法存在两个缺点: 一是对噪声敏感, 一旦受到噪声影响, 导致线段过分割, 错误的结果将无法避免; 二是阈值 d_{thd} 确定困难。由于激光雷达以固定的角分辨率扫描环境, 即使对环境中的同一物理结构在不同方位对其进行扫描, 利用以固定阈值 d_{thd} 的 IEPF 方法提取线段特征的结果也会产生较大差异[8]。

(5) SM (split and merge) 方法。SM 方法以分割 – 合并 – 再分割 – 再合并往复循环的形式实现线段特征的提取。首先将点 P_1 与 P_n 之间的所有点拟合为线段 $l_{1,n}$, 拟合误差为 $E_{1,n}$, 如果 $E_{1,n}$ 大于阈值 E_{thd}, 则通过某个准则确定一个中间点 P_a, 将点 P_1 与 P_a 拟合为线段 $l_{1,a}$, 点 P_a 与 P_n 拟合为线段 $l_{a,n}$, 拟合误差分别为 $E_{1,a}$ 和 $E_{a,n}$。对新拟合的两条线段重复执行以上过程, 直到所有线段都不会再分割为止。在合并阶段, 对于两条相邻线段, 如果它们的拟合误差 $E<E_{\text{thd}}$, 则将它

们合并为一条线段。该方法也对阈值 E_{thd} 敏感，探测距离、扫描点的空间密度和线段长度会对阈值的选择产生综合影响[8–9]。

6.1.2.3 地图创建方法

在未知环境中，由于环境感知传感器的探测范围和测量精度限制、环境中墙壁等物体对传感器探测的遮挡等问题，机器人无法通过一次测量创建全局环境地图。因此，机器人只有在不断的环境探索过程中获取足够的环境感知数据，才能完成全局环境地图的创建工作。对于机器人在环境中各个位置创建的局部地图而言，只有确切地知道机器人在各位置的位姿才能将该局部地图转换为全局地图，即地图的创建依赖于机器人的位姿。然而现实情况是，机器人的位姿往往是通过环境地图得到的，即机器人的位姿依赖于环境地图。位姿与地图估计之间的这种相互依赖的关系给机器人在未知环境中的导航带来同步定位与建图问题[9,11–13,18]。基于激光雷达的 SLAM 流程如图 6–6 所示。

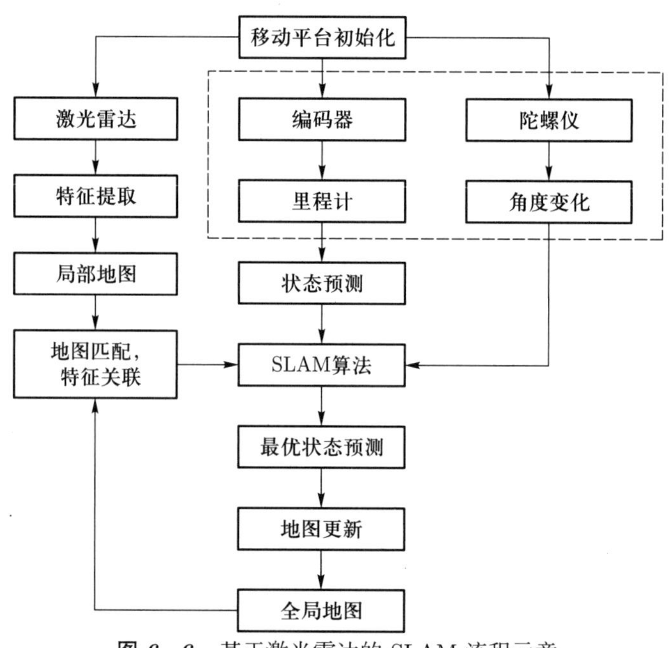

图 6–6　基于激光雷达的 SLAM 流程示意

1. SLAM 求解方法

目前，SLAM 求解方法一般可以分为 EKF-SLAM 和 RBPF-SLAM[18]。

1) EKF-SLAM

扩展卡尔曼滤波 (extended Kalman filtering, EKF) 方法是解决 SLAM 问题的一种经典方法 (图 6–7)，其应用依赖于运动模型和观测模型的高斯噪声假设。

卡尔曼滤波 (Kalman filtering, KF) 是一种最优化递归数据处理算法 (optimal recursive data processing algorithm)，而 EKF 是传统非线性估计的代表，其基本思想是围绕状态估值对非线性模型进行一阶泰勒展开，然后应用线性系统 KF 公式[19-21]。

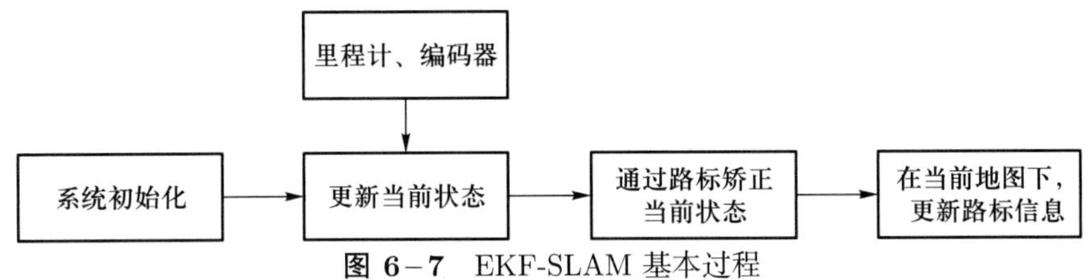

图 6-7 EKF-SLAM 基本过程

EKF-SLAM 主要可以分为两个部分[19] (图 6-8):

(1) 状态预测: 根据里程计输出的位置变化量和方向变化量来预测机器人在下一时刻的状态以及地图中地标的状态。

(2) 状态矫正: 是系统状态被更新的过程。基于根据系统动态方程推算出的下一时刻的状态变化及协方差矩阵, 利用测量的数据通过卡尔曼增益更新观测向量以进行状态估计, 持续迭代以优化状态估计的精度, 同时调整误差协方差矩阵以反映估计的不确定性变化。

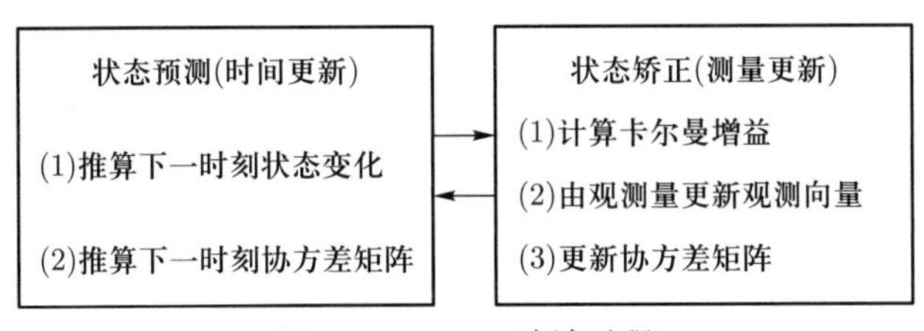

图 6-8 EKF 滤波过程

移动机器人运动模型用状态转移矩阵的概率分布表示为

$$P(X(k)|X(k-1),u(k)) \tag{6-8}$$

式中, $X(k)$ 表示 k 时刻移动机器人的位姿, $X(k)=[x \quad y \quad \theta]_k^{\mathrm{T}}$。

移动机器人运动的数学模型表示为

$$X(k)=f(X(k-1),u(k))+w(k) \tag{6-9}$$

式中, f 为理想条件下移动机器人的运动模型; $w(k)$ 为附加的高斯白噪声; 过程噪声 $u(k)$ 的协方差矩阵为 $\boldsymbol{Q}(k)$。

观测模型描述了当给定 k 时刻机器人位姿 $X(k)$ 和环境地图 $M(k)$ 时观测 $z(k)$ 的后验分布, 表示如下:

$$P(z(k)|X(k),M(k)) \tag{6-10}$$

移动机器人的观测模型可表示为

$$z(k) = h(X(k), M(k)) + v(k) \tag{6-11}$$

式中, h 为理想条件下移动机器人的观测模型; $v(k)$ 为附加的高斯白噪声; 观测噪声 $v(k)$ 的协方差矩阵为 $\boldsymbol{R}(k)$[19]。

卡尔曼滤波的基本过程是: 以 $k-1$ 时刻的估计位置为始, 依据系统运动方程, 对 k 时刻的实际位置进行预测, 并同时在 k 时刻对实际位置进行观测, 获得观测位置, 然后利用观测位置、预测位置及修正量对 $k+1$ 时刻实际位置进行预测, 此后不断循环迭代。图 6–9 给出了基于卡尔曼滤波的移动式工业机器人从 $k-1$ 时刻至 $k+2$ 时刻的位姿估计过程[19]。

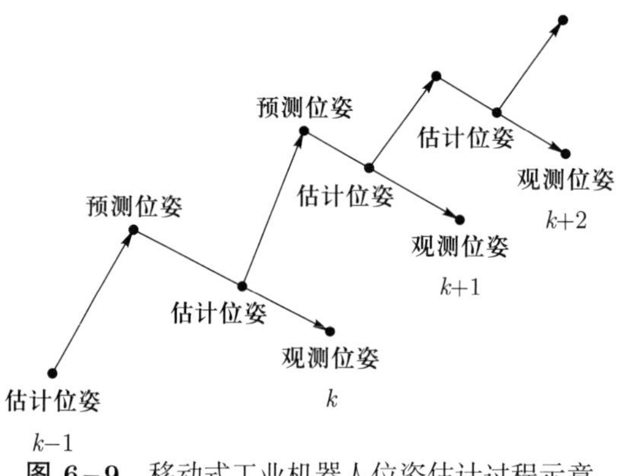

图 6–9 移动式工业机器人位姿估计过程示意

2) RBPF-SLAM

EKF 是最早被提出用于解决 SLAM 问题的方法, 通过利用环境路标和机器人位姿的估计来进行迭代计算, 但随着特征点和时间复杂度的增加, EKF 的计算复杂程度会迅速提高, 并且算法本身也存在不确定性, 在算法中假设噪声为高斯白噪声, 但实际情况中噪声很难满足这一假设, 这会造成 SLAM 的精度和可靠性降低。SLAM 问题的解决也可以使用粒子滤波算法 RBPF (Rao-Blackwellized particle filtering)。RBPF 的基本思想是: 将 SLAM 问题分解成机器人的位姿估计问题以及基于位姿估计的环境特征估计描述问题[22-23]。

RBPF-SLAM 的基本思路是首先将机器人定位估计和地图估计问题分解为两个部分, 然后再将地图估计分解为 M 个 (特征量个数) 相互独立的特征估计。这种分解把 SLAM 问题分解成两个独立的后验概率的乘积, 可以通过观测信息以及里程计信息对移动机器人的轨迹进行估计, 然后利用机器人轨迹并结合观测信息对地图进行更新[22,24-25]。RBPF-SLAM 算法流程如图 6–10 所示。

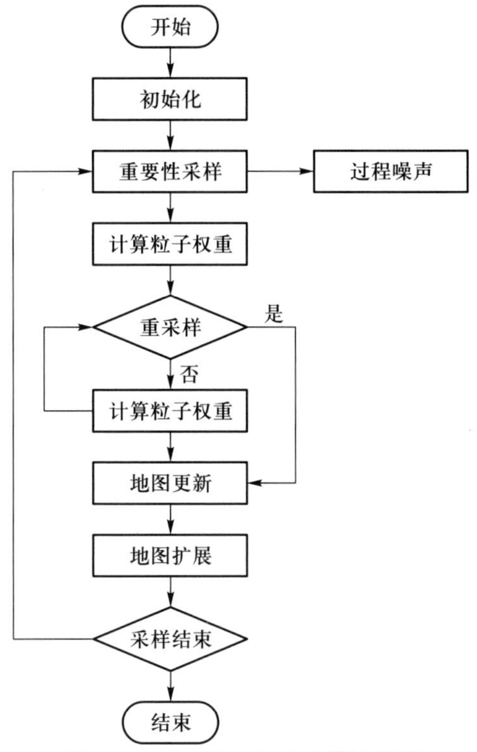

图 6–10 RBPF-SLAM 算法流程

2. SLAM 建图方式

Gmapping 是 2007 年发布在 ROS 中的一种开源实时 SLAM 软件包, 是目前应用最广泛的 2D 激光 SLAM 方法, 引入了自适应重采样技术以减少粒子退化问题, 同时在估计粒子分布时结合了当前观测值, 降低了机器人位姿估计的不确定性, 可以适当减少粒子数目。该方法中主要包括扫描匹配和 RBPF-SLAM 算法, 构建的地图为栅格地图 (图 6–11)[26]。

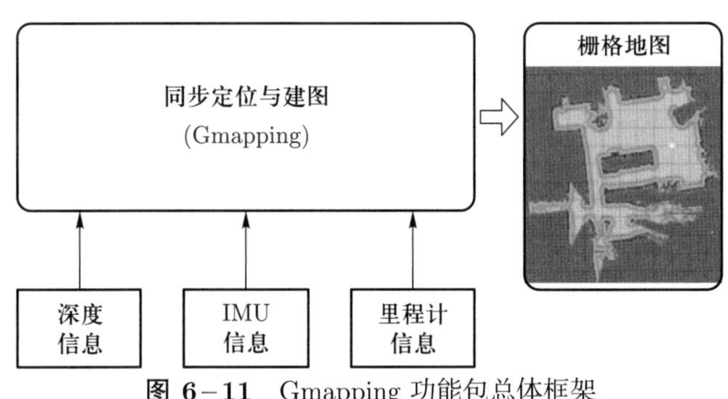

图 6–11 Gmapping 功能包总体框架

Gmapping 简要算法结构如图 6–12 所示。

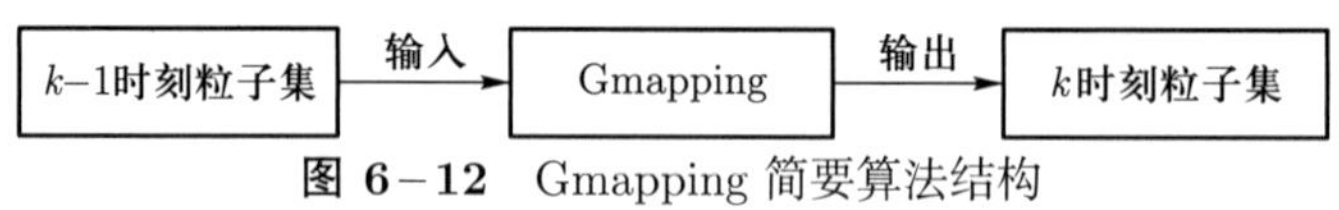

图 6−12 Gmapping 简要算法结构

Gmapping 构建地图总体过程如下:

(1) 传感器数据安装和通信: 里程计、激光雷达。

(2) TF (坐标变换): 变换关系为将里程计坐标系 (gyro_link)、激光雷达参考系 (Laser) 转换至车体中心坐标系 (base_link), 再进一步转换至全局参考系 (odom_combined), 通过 odom 发布出来并广播变换, 这样坐标系 odom_combined 和 base_link 之间就建立了联系。

(3) 在环境中选取初始位置, 将机器人放置在选取的点上, 开始运行机器人的启动节点, 运行 Gmapping 建图包。

(4) 等到 launch 运行正常后, 在 Ubuntu 主机上打开新的终端, 运行 rviz, 在数据窗口内可查看地图和机器人姿态数据, 即可看到地图、激光点、机器人的 TF 位姿数据。

(5) 开始移动机器人, 尽量走一个闭合的曲线, 当地图创建已经满足需要时, 开始利用 map_server 节点保存地图, 如图 6−13 所示[9]。

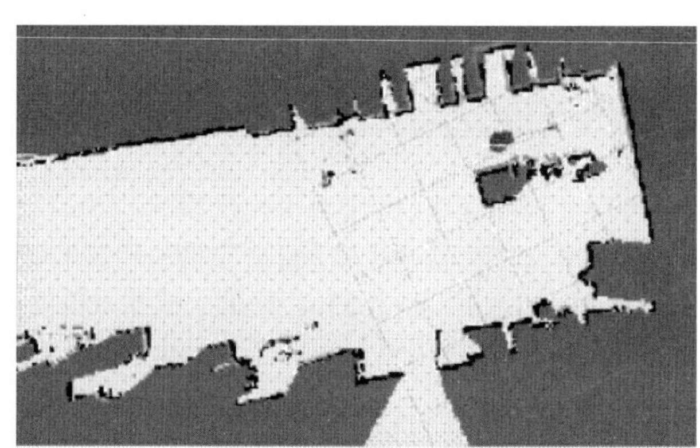

图 6−13 Gmapping 实际建图 (参见书后彩图)

6.1.2.4 基于激光雷达的位姿解算方法

基于点的扫描匹配直接使用激光雷达的原始数据进行帧间匹配, 最常用的扫描匹配算法是迭代最近点 (iterative closest point, ICP) 算法。ICP 算法的目的是将位姿求解问题转化为最小二乘问题, 通过迭代的方法求解机器人的相对位姿变化, 因此其关键是构造一个最小二乘目标函数。

在机器人学中, 机器人的平面运动都可以转换为机器人的旋转和平移的组合, 因此机器人的位姿变化可以由基本的旋转矩阵 $\boldsymbol{R}$ 和平移向量 $\boldsymbol{t}$ 表示。图 6−14 描述了机器人从 t 时刻运动到 $t+1$ 时刻的坐标变换。

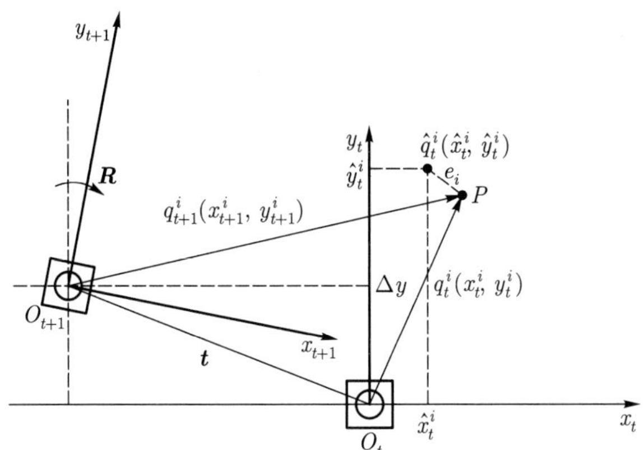

图 6-14 激光雷达坐标变换示意

假设激光雷达在 t 时刻采集到一组数据点 $\{q_t\}$, 在 $t+1$ 时刻采集到一组数据点 $\{q_{t+1}\}$, 要通过这两组数据点求出机器人的位姿变换, 首先要确定这两个点集之间的匹配关系。ICP 算法认为, 当这两个点的距离最近的时候, 这两个点就对应了空间中的同一点, 可以在这两个点之间建立匹配关系, 因此这个方法称为迭代最近点算法[9]。

具体来说, 假设点 q_t^i 为点集 $\{q_t\}$ 中的一个点, 要想在点集 $\{q_{t+1}\}$ 中找到点 q_t^i 的匹配点, 首先要对点集 $\{q_{t+1}\}$ 中的每个点进行坐标变换, 将其重投影到坐标系 $x_tO_ty_t$ 中, 记为 $\{\hat{q}_t\}$, 其变换关系如下:

$$\hat{q}_t^i = \boldsymbol{R}q_{t+1}^i + \boldsymbol{t}, \quad \forall q_{t+1}^i \in \{q_{t+1}\} \tag{6-12}$$

接着计算点集 $\{\hat{q}_t\}$ 中每个点与点 q_t^i 的误差:

$$e_i = q_t^i - \hat{q}_t^i, \quad \forall q_t^i \in \{q_t\} \tag{6-13}$$

点集 $\{\hat{q}_t\}$ 中使重投影误差 e_i 最小的那个点, 就是与 q_t^i 距离最近的点, 即 q_t^i 的匹配点 $\hat{q}_t^i$, 如下式所示:

$$\hat{q}_t^i = \arg\min_{\hat{q}_t^j} e_{i,j} = q_t^i - \hat{q}_t^i, \quad \forall \hat{q}_t^i \in \{\hat{q}_t\} \tag{6-14}$$

找到 q_t^i 的匹配点 $\hat{q}_t^i$ 后, 其重投影误差可以表示为

$$e_i = q_t^i - \hat{q}_t^i = q_t^i - (\boldsymbol{R}q_{t+1}^i + \boldsymbol{t}) \tag{6-15}$$

对点集 $\{q_t\}$ 中的每个点都执行上述过程, 找到在点集 $\{q_{t+1}\}$ 中的匹配点, 计算每对匹配点之间的重投影误差, 然后将每个重投影误差的平方累加起来, 即可构造最小二乘的目标函数, 如下式所示:

$$\min_{\boldsymbol{R},\boldsymbol{t}} J = \frac{1}{2}\sum_{i=1}^{n}|e_i|^2 = \frac{1}{2}\sum_{i=1}^{n}|q_t^i - (\boldsymbol{R}q_{t+1}^i + \boldsymbol{t})|^2 \tag{6-16}$$

求解使目标函数式 (6-16) 取得最小值的旋转矩阵 $\boldsymbol{R}$ 和平移向量 $\boldsymbol{t}$ 即为所求的机器人的相对位姿变化[9]。

6.1.3 激光定位导航技术

6.1.3.1 基于反光板的激光测量定位

基于反光板的扫描匹配流程如下所述[9]: ① 部署反光板, 存储反光板数据; ② 在机器人运动过程中, 激光雷达接收激光数据; ③ 从激光数据中提取反光板; ④ 将提取的反光板和存储的反光板进行匹配; ⑤ 根据匹配结果估计机器人当前位姿。

使用反光板定位时, 首先要在机器人的工作环境中确定一个绝对坐标系的原点, 也就是确定一个世界坐标系。在环境中规划部署好反光板后, 测量出反光板在绝对坐标系中的准确位置, 将其存储到系统中。之后机器人在运动过程中不断地接收激光雷达反射回来的信息并从中提取人工信标, 将运动过程中提取到的反光板与存储在系统中的反光板列表进行匹配, 匹配成功后就可以利用反光板来确定机器人的位置。因为反光板在布置时两两之间的相对距离是固定的, 所以在匹配时只要将运动过程中提取到的反光板间的距离与存储在系统中的反光板间的距离进行匹配即可 (图 6-15)[9,27]。

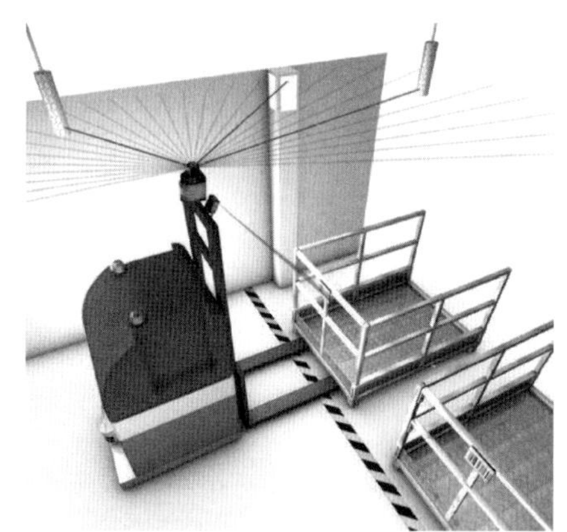

图 6-15 基于反光板的激光感知定位模拟

基于反光板的激光测量定位系统由激光导航仪和反光板构成。激光导航仪发射头按照一定的频率不断旋转, 同时发射激光脉冲, 激光脉冲经过反光板的反射后由导航仪的接收器接收到。传感器记录发射时间和接收时间, 由于光速已知, 通过时间差就可以计算出反光板的距离信息。再结合导航仪激光发射头旋转的角度, 就能得到对应反光板的极坐标信息值。只要保证激光传感器在全向机器人所有活动区域内都能扫描 3 块及以上的反光板, 就能通过定位算法计算出机器人在全局坐

标系下的位姿 (图 6–16)[27–28]。

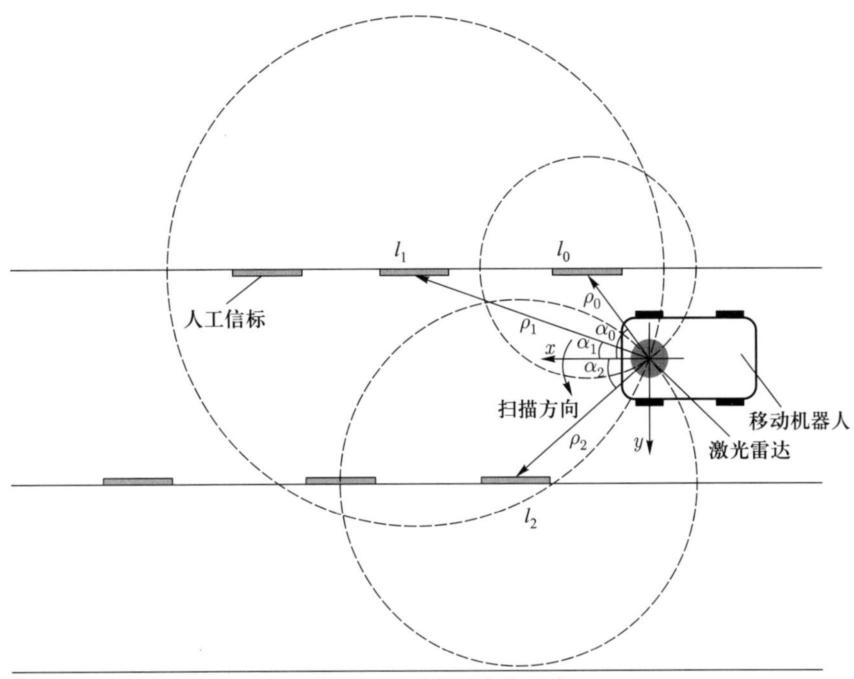

图 6–16 反光板定位示意

激光导航坐标系分为绝对坐标系和相对坐标系 (图 6–17), 所有反光板经过标定之后就构成了一个全局的绝对坐标系 xOy, 相对坐标系 $x_{\mathrm{L}}O_{\mathrm{L}}y_{\mathrm{L}}$ 固定在导航仪上, 是一个局部坐标系。点 $A(x,y)$ 为导航仪所在位置 (即局部坐标系原点), P_1、P_2、P_3 表示检测到的 3 块反光板且其在全局坐标系下的位置已知, 分别为 (x_1,y_1)、(x_2,y_2)、(x_3,y_3), l_1、l_2、l_3 为反光板与激光导航仪中心的距离。由三边定位原理可计算出传感器在全局坐标系下的位置。以 P_1、P_2、P_3 三点为圆心, 分别以 l_1、l_2、l_3 为半径画圆, 3 个圆的交点即为导航仪的位置坐标关系。与三角定位方法相比, 这种测量方法速度更快且更容易实现, 因此被广泛应用。

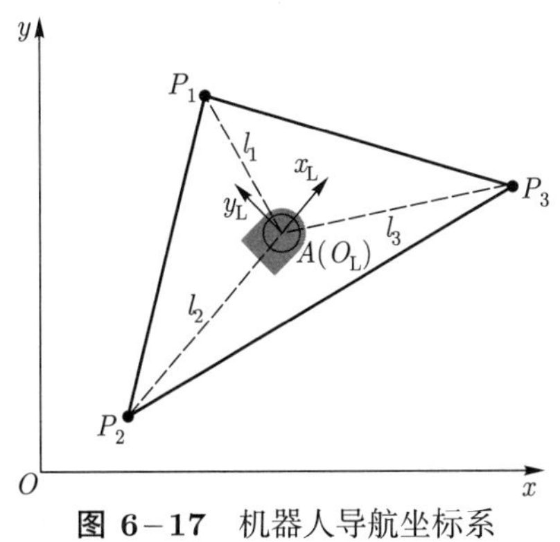

图 6–17 机器人导航坐标系

根据勾股定理可得

$$\begin{cases}(x-x_1)^2+(y-y_1)^2=l_1^2\\(x-x_2)^2+(y-y_2)^2=l_2^2\\(x-x_3)^2+(y-y_3)^2=l_3^2\end{cases}\tag{6-17}$$

整理可得

$$\begin{aligned}x&=\frac{(l_1^2+x_1^2+y_2y_3)(y_3-y_2)+(l_3^2+x_3^2+y_1y_2)(y_2-y_1)-(l_2^2+x_2^2+y_1y_3)(y_1-y_3)}{2[y_3(x_2-x_1)+y_2(x_1-x_3)+y_1(x_3-x_2)]}\\y&=\frac{(l_1^2+l_2^2+y_2^2-x_1x_3)(x_3-x_1)+(l_1^2-l_3^2-y_3^2-x_1x_2)(x_1-x_2)-(y_1^2+x_2x_3)(x_2-x_3)}{2[y_2(x_3-x_1)+y_3(x_1-x_2)+y_1(x_2-x_3)]}\end{aligned}\tag{6-18}$$

由上式可得, 只要知道 3 个以上反光板到激光导航仪的距离值, 就可以建立一个超定方程, 通过最小二乘法求解方程组即可解算出激光导航仪在全局坐标系中的位置。而方向角可根据各反光板极坐标信息值得出。由于机器人中心与激光导航仪中心的位姿关系固定, 因此对激光导航仪位姿信息进行平面内转换即可获得机器人位姿信息[28]。

6.1.3.2 AMCL 位姿定位方法

移动机器人定位是确定机器人相对于给定的环境地图的位置问题。定位是移动机器人导航的基本问题。在移动机器人应用中, 有 EKF 定位、马尔可夫定位和蒙特卡罗定位三类定位方法。

自适应蒙特卡罗定位 (adaptive Monte Carlo localization, AMCL) 是自主移动机器人在二维环境下的一种基于概率的定位系统, 它采用自适应 [或者 KL 散度 (Kullback-Leibler divergence) 采样] 蒙特卡罗方法进行定位, 并使用粒子滤波对机器人在已知地图中的位姿进行跟踪[29-32]。通俗地讲, 其使用粒子滤波方法进行定位。而粒子滤波很粗浅地说就是一开始在地图空间中很均匀地撒一把粒子, 然后通过获取机器人的动作来移动粒子, 比如机器人向前移动了一米, 所有粒子也就向前移动一米, 不管现在这个粒子的位置是否准确。使用每个粒子所处位置模拟一个传感器信息并将其与观察到的传感器信息 (一般是激光) 做对比, 从而赋给每个粒子一个权值。之后根据权值重新调整粒子的分布, 权值越高的粒子被选中的机会也越大。经过多次迭代之后, 所有粒子会慢慢地收敛到一起, 机器人的确切位置也就被推算出来了[22,33]。

AMCL 定位流程: 采样 — 权值分配 — 重采样。基于地图的 AMCL 定位类似于基坐标系 (车体坐标系) 利用 TF 转换到里程计坐标系, 并且通过 TF 转换处理里程计漂移, 如此完成地图坐标系和车体坐标系之间的转换, 对位姿进行估算 (图 6-18)。

里程计漂移
轨迹推算
地图坐标系
坐标变换
里程计坐标系
坐标变换
车体坐标系
AMCL估计

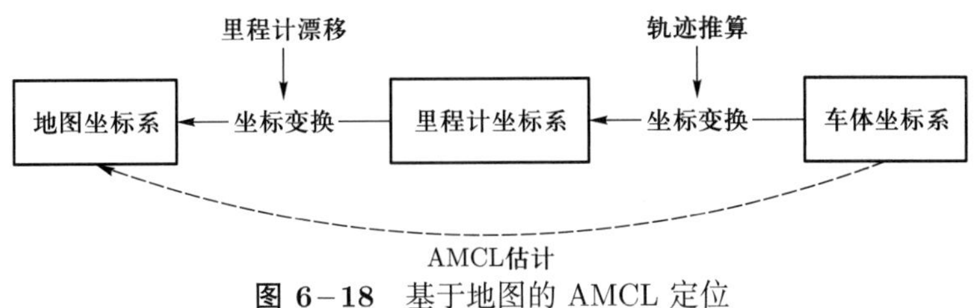

图 6-18 基于地图的 AMCL 定位

6.1.3.3 基于激光测距的自动导航技术

基于激光测距的自动导航技术流程如图 6-19 所示。

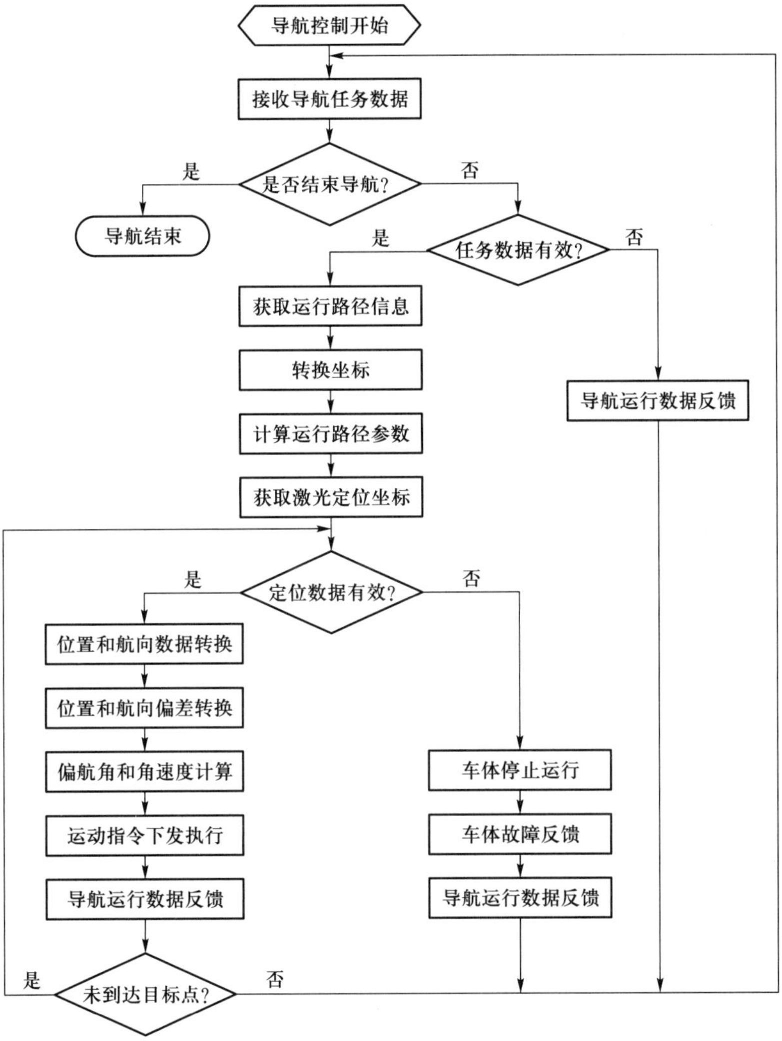

导航控制开始
接收导航任务数据
是否结束导航?
是
否
导航结束
任务数据有效?
是
否
获取运行路径信息
转换坐标
计算运行路径参数
获取激光定位坐标
导航运行数据反馈
定位数据有效?
是
否
位置和航向数据转换
位置和航向偏差转换
偏航角和角速度计算
运动指令下发执行
导航运行数据反馈
车体停止运行
车体故障反馈
导航运行数据反馈
未到达目标点?
是
否

图 6-19 基于激光测距的自动导航技术流程

(1) 在机器人前端安装一个激光导航传感器。

(2) 在 xOy 平面直角坐标系内建立激光导航坐标场。

(3) 计算机器人目标路径方程, 以 $t-1$ 条指令的目标坐标为起始坐标 $(x_{\mathrm{s}}, y_{\mathrm{s}})$, 以当前 t 条指令的目标坐标为终点坐标 $(x_{\mathrm{f}}, y_{\mathrm{f}})$, 目标路径角度为 α。

(4) 机器人控制器接收激光导航传感器的位姿 $(x_{\mathrm{d}}, y_{\mathrm{d}}, \theta_{\mathrm{d}})$, 根据激光导航传感器和车体中心的位姿关系, 得到车体中心的位姿 $(x_{\mathrm{o}}, y_{\mathrm{o}}, \theta_{\mathrm{o}})$。

(5) 计算车体运动的偏航角 φ 和旋转角 ω, 车体中心与目标路径的关系如图 6-20 所示。

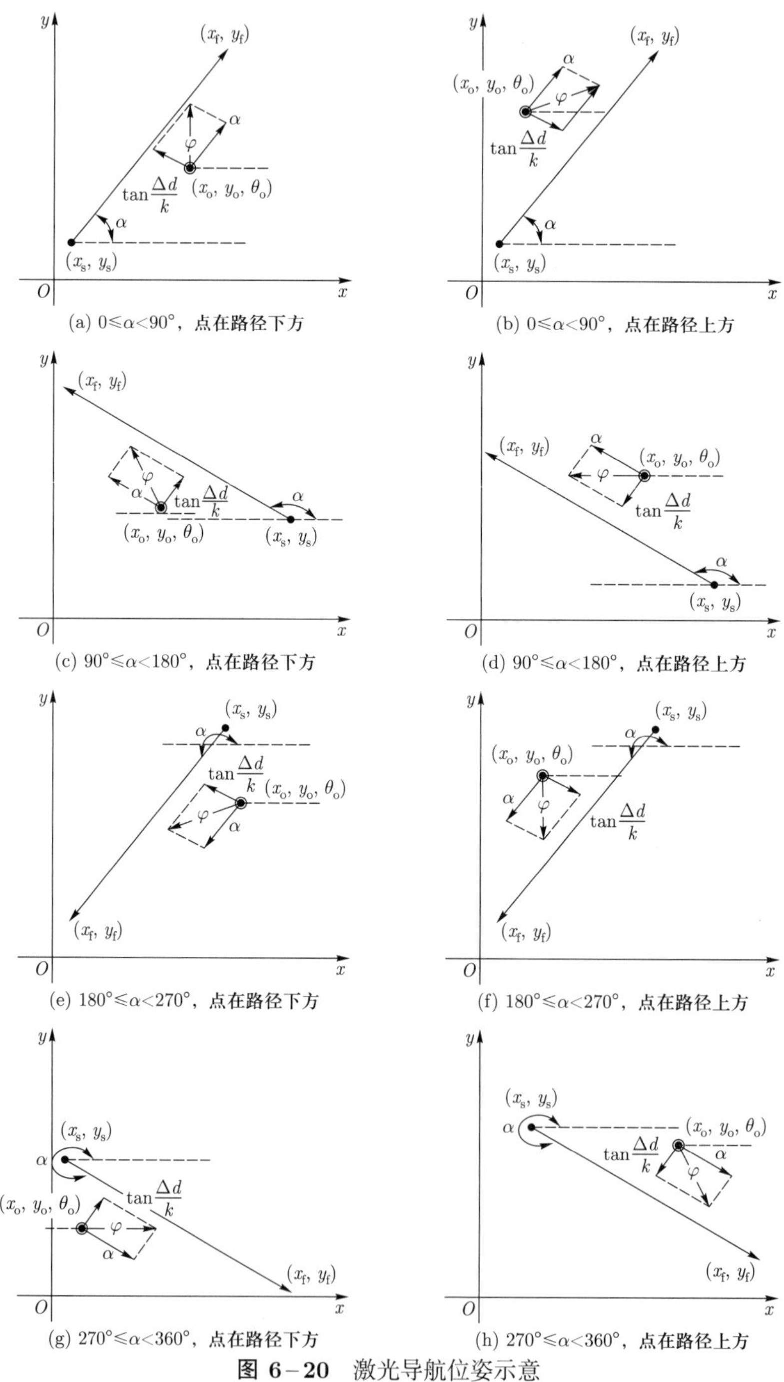

图 6-20 激光导航位姿示意

6.2 iGPS 高精度空间定位

针对大型航天器在制造过程中多点并行的高精度、高效几何测量需求，提出了 iGPS 分布式测量系统，以实现多点并行的跨尺度航天器空间几何信息高精度测量。iGPS 分布式测量系统是一种结合光电经纬仪空间角度前方交会测量与 GPS 定位原理的新型非正交坐标测量系统，已逐步应用于国外大型装备的装配过程。与 GPS 系统类似，在测量定位过程中，多个光电传感器可同时接收信号，实现了在线精密定位与坐标测量[29,34]。

基于 iGPS 分布式测量系统为全局测量场构建纳秒级系统时钟，显著提升了系统并行处理能力，极大地提高了装配环节的精测效率。根据车间现场的物理布局及被测目标的几何特征，对影响精度和稳定性的参数进行优化匹配设计，减少作业环境物理边界条件对全局不确定度的影响，从而保证全局测量场测量精度不确定度分布的一致性，保证全局测量精度优于 ±0.2 mm[29]。

6.2.1 iGPS 分布式测量系统的基本组成及原理

iGPS 分布式测量系统是一种基于空间角度前方交会原理的分布式大尺寸测量系统，由旋转激光自动经纬仪 (简称激光扫描单元) 组成空间定位网络，每台激光扫描单元发射两个扇形光平面，并绕转轴高速旋转，使两个扇形光平面对整个测量空间进行扫描，激光信号采用具有特定几何形状的光电传感器接收。传感器接收到光信号，并将光信号转化为微弱的电信号，通过信号调理电路对微弱的电信号进行放大和调理，再通过信号处理系统对电信号的脉冲时序信息进行提取，最终将电信号转化为数字信号，通过系统软件处理计算得到被测点的空间三维坐标。该系统主要由激光扫描单元、光电接收单元、同步光单元、嵌入式信号处理单元和嵌入式显示主机组成。其中，光电接收单元主要包括光电扫描测靶、手持测靶、矢量棒测靶、球面型接收器几种形式，如图 6-21 所示。

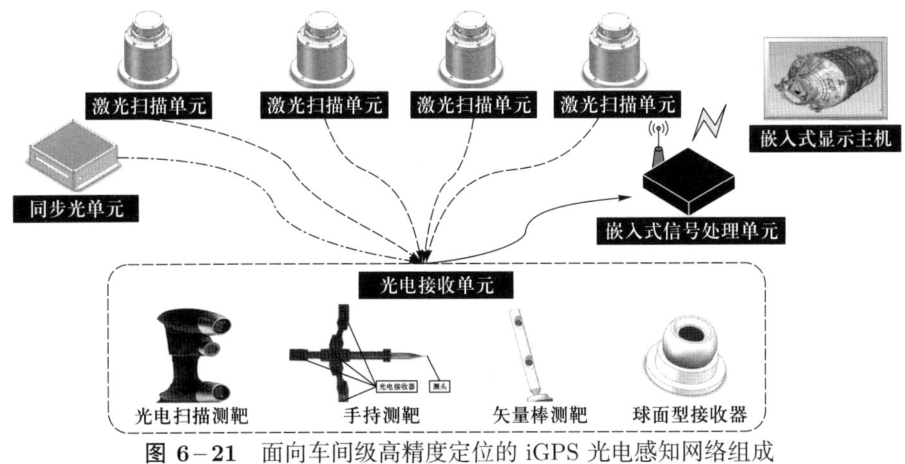

图 6-21 面向车间级高精度定位的 iGPS 光电感知网络组成

iGPS 分布式测量系统利用多站角度交会计算自身三维或六自由度位姿，具备实时多任务、动态高效率等优势，不受局部遮挡的影响。光电接收单元放置于被测目标表面，与被测目标之间建立固定约束关系，快速且精确地将激光扫描单元发射的激光信号接收、放大、调制、滤波形成电信号[29]。矢量棒测靶、手持测靶分别以 2 个和 4 个光电接收单元为基本单元，以固定的几何关系组成线型和面型的测量单元实现接触式坐标点测量。光电扫描测靶是基于线激光测量实现局部范围内的高精度轮廓扫描，与光电接收单元或手持测靶建立几何约束关系结合应用，则可实现跨尺度全局基准粗定位与局部特征精细化配准精确定位。嵌入式信号处理单元对调制滤波后的光电接收单元的电信号脉冲时序信息进行提取，并将电信号转化为数字信号，采用空间角度前方交会算法实现坐标角度及三维坐标计算输出，采用分布式的“边缘计算”处理形式，每个光电接收单元独立自主计算、传输三维坐标值，具备与数据采集处理显示主机之间的通信能力。

6.2.2 iGPS 分布式测量系统空间三维测量坐标解算算法

激光扫描单元几何模型和组网测量几何模型分别如图 6–22 和图 6–23 所示。

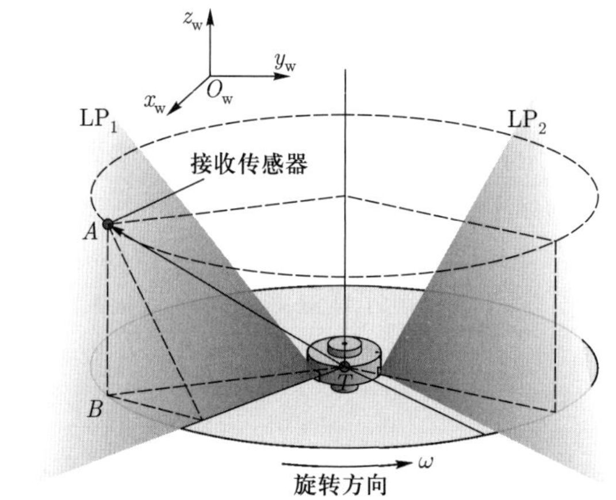

图 6–22 激光扫描单元几何模型 (参见书后彩图)

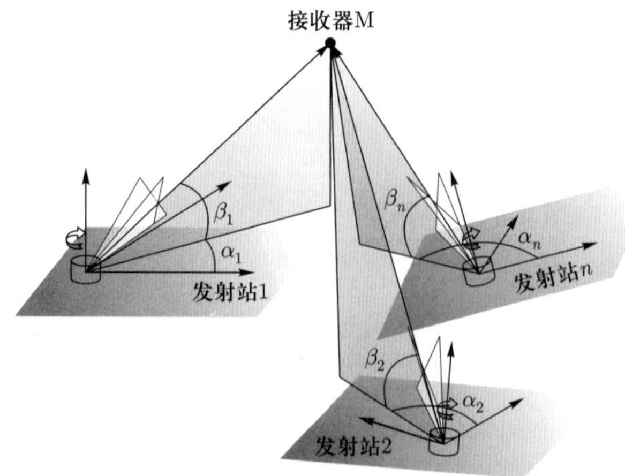

图 6–23 激光扫描单元组网测量几何模型 (参见书后彩图)

设两个激光平面在激光扫描单元坐标系下初始平面法向量为 $\boldsymbol{N}_1=[A_1 \quad B_1 \quad 1]^{\mathrm{T}}$ 和 $\boldsymbol{N}_2=[A_2 \quad B_2 \quad 1]^{\mathrm{T}}$, 当激光扫描单元绕 z 轴以 ω 速度转动时, 每转一周便会产生一个基准信号, 作为后续时间测量的时间原点, 其所对应的角度为 360°。当激光平面 $\mathrm{LP_1}$、$\mathrm{LP_2}$ 通过待测点时, 传感器产生一个脉冲信号, 如图 6-24 所示。此信号与时间原点的差值分别记为 t_1、t_2, 称为特征时间。由 t_1、t_2 以及 ω 便可求出激光平面通过待测点时在激光扫描单元坐标系下的平面方程。两个平面可确定待测点在激光扫描单元坐标系下所通过直线的直线方程。如果有多个激光扫描单元, 则可以确定待测点的位置坐标。

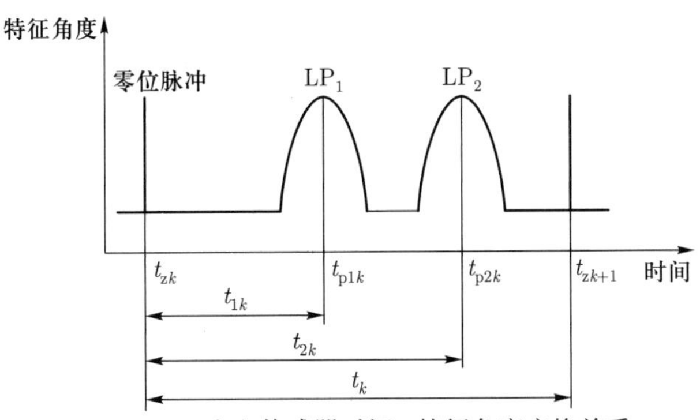

图 6-24 光电传感器时间–特征角度变换关系

图 6-24 中, k 对应于激光扫描单元的编号。$\mathrm{LP_1}$ 和 $\mathrm{LP_2}$ 表示该激光扫描单元两激光平面在接收器上产生的电流脉冲的编号。以该激光扫描单元的空间零位脉冲为时间原点, 则 $\mathrm{LP_1}$ 和 $\mathrm{LP_2}$ 所对应的峰值位置时间分别为 $t_{\mathrm{p1}k}$ 和 $t_{\mathrm{p2}k}$。$t_{\mathrm{z}k}$、$t_{\mathrm{z}k+1}$ 为零位脉冲时间。θ_{1k}、θ_{2k} 称为系统测量的特征角度, $\theta_{1k}=(t_{\mathrm{p1}k}-t_{\mathrm{z}k})/(t_{\mathrm{z}k+1}-t_{\mathrm{z}k})$, $\theta_{2k}=(t_{\mathrm{p2}k}-t_{\mathrm{z}k})/(t_{\mathrm{z}k+1}-t_{\mathrm{z}k})$, 这两个特征角度是系统所需的测量值, 由此可求出待测点坐标位置[35]。

设其中一光平面 $\mathrm{LP_1}$ 的初始平面法向量 $\boldsymbol{N}=[A \quad B \quad 1]^{\mathrm{T}}$, 平面旋转中心为 $T(T_x,T_y,T_z)$。使光平面旋转轴与坐标系 z 轴平行。光平面绕其旋转轴转过角度 θ, 则其相对 z 轴亦转过角度 θ[36]。此时的光平面法向量可表示为

$$\boldsymbol{N}_\theta=\boldsymbol{R}_\theta\boldsymbol{N} \tag{6-19}$$

式中, $\boldsymbol{R}_\theta$ 为旋转矩阵, 表示为

$$\boldsymbol{R}_\theta=\begin{bmatrix}\cos\theta & -\sin\theta & 0\\ \sin\theta & \cos\theta & 0\\ 0 & 0 & 1\end{bmatrix}$$

设激光扫描单元坐标系 $O_k\text{-}x_ky_kz_k$ 到世界坐标系 $O_{\mathrm{w}}\text{-}x_{\mathrm{w}}y_{\mathrm{w}}z_{\mathrm{w}}$ 的转换关系为

$$\boldsymbol{X}_{\mathrm{w}}=\boldsymbol{M}_k\boldsymbol{X}_k+\boldsymbol{T}_k \tag{6-20}$$

式中, $\boldsymbol{M}_k$ 为旋转矩阵; $\boldsymbol{T}_k$ 为平移矩阵。

设空间待测点为 $P(x,y,z)$, 光平面 LP_{1k}、LP_{2k} 经过 P 点时相对初始位置转过的角度分别为 θ_{1k} 和 θ_{2k}, 在该两个时刻, P 点和 T 点都处于光平面 LP_{1k}、LP_{2k} 中, 则有

$$\begin{cases}(\boldsymbol{M}_k\boldsymbol{R}_{1k}\boldsymbol{N}_{1k})\cdot(\boldsymbol{P}-\boldsymbol{T}_k)=0\\(\boldsymbol{M}_k\boldsymbol{R}_{2k}\boldsymbol{N}_{2k})\cdot(\boldsymbol{P}-\boldsymbol{T}_k)=0\end{cases}\tag{6-21}$$

最终, 根据多直线相交方法可得到在 $O_{\mathrm{w}}\text{-}x_{\mathrm{w}}y_{\mathrm{w}}z_{\mathrm{w}}$ 下的联立方程组, 即该测量定位系统的算法模型。P 点位置可由以下 $2k$ 个方程求解:

$$\begin{cases}(\boldsymbol{M}_1\boldsymbol{R}_{11}\boldsymbol{N}_{11})\cdot(\boldsymbol{P}-\boldsymbol{T}_1)=0\\(\boldsymbol{M}_1\boldsymbol{R}_{21}\boldsymbol{N}_{21})\cdot(\boldsymbol{P}-\boldsymbol{T}_1)=0\\(\boldsymbol{M}_2\boldsymbol{R}_{12}\boldsymbol{N}_{12})\cdot(\boldsymbol{P}-\boldsymbol{T}_2)=0\\(\boldsymbol{M}_2\boldsymbol{R}_{22}\boldsymbol{N}_{22})\cdot(\boldsymbol{P}-\boldsymbol{T}_2)=0\\\qquad\qquad\vdots\\(\boldsymbol{M}_k\boldsymbol{R}_{1k}\boldsymbol{N}_{1k})\cdot(\boldsymbol{P}-\boldsymbol{T}_k)=0\\(\boldsymbol{M}_k\boldsymbol{R}_{2k}\boldsymbol{N}_{2k})\cdot(\boldsymbol{P}-\boldsymbol{T}_k)=0\end{cases}\tag{6-22}$$

式中, k 是激光扫描单元编号; $\boldsymbol{N}_{1k}$、$\boldsymbol{N}_{2k}$ 是光平面的平面方程系数 $[A \quad B \quad 1]^{\mathrm{T}}$; $\boldsymbol{R}_{1k}$、$\boldsymbol{R}_{2k}$ 是光平面到初始位置的旋转矩阵, 分别是特征角度 θ_{1k}、θ_{2k} 的函数; $\boldsymbol{P}$ 是世界坐标系下待测点的位置; $\boldsymbol{M}_k$ 是激光扫描单元坐标系到世界坐标系的坐标旋转矩阵; $\boldsymbol{T}_k$ 是激光扫描单元坐标系原点在世界坐标系下的位置。一般通过最小二乘法求解该方程组得到待测点位置[36]。

$$\boldsymbol{S}_{ik}\boldsymbol{R}_{ik}\boldsymbol{M}_k\boldsymbol{X}_{\mathrm{w}}=0\Rightarrow[\boldsymbol{s}_{ik}^{\mathrm{T}}\quad 1]\begin{bmatrix}\boldsymbol{R}_{tik} & 0\\0 & 1\end{bmatrix}\begin{bmatrix}\boldsymbol{R}_k & \boldsymbol{T}_k\\0 & 1\end{bmatrix}\begin{bmatrix}\boldsymbol{x}_{\mathrm{w}}\\1\end{bmatrix}=0\tag{6-23}$$

式中, i 为激光平面编号; $\boldsymbol{s}_{ik}$ 为激光平面系数向量 $[a \quad b \quad c]^{\mathrm{T}}$; $\boldsymbol{R}_{tik}$ 为激光平面旋转矩阵

$$\boldsymbol{R}_{tik}=\begin{bmatrix}\cos\theta & \sin\theta & 0\\-\sin\theta & \cos\theta & 0\\0 & 0 & 1\end{bmatrix}$$

$\boldsymbol{R}_k$、$\boldsymbol{T}_k$ 分别为世界坐标系到激光扫描单元 k 坐标系的旋转矩阵和平移矩阵; $\boldsymbol{x}_{\mathrm{w}}$ 为待测点在世界坐标系下的位置向量 $[x_{\mathrm{w}} \quad y_{\mathrm{w}} \quad z_{\mathrm{w}}]^{\mathrm{T}}$。

于是有

$$[\boldsymbol{s}_{ik}^{\mathrm{T}}\quad 1]\begin{bmatrix}\boldsymbol{R}_{tik} & 0\\0 & 1\end{bmatrix}\begin{bmatrix}\boldsymbol{R}_k & \boldsymbol{T}_k\\0 & 1\end{bmatrix}\begin{bmatrix}\boldsymbol{x}_{\mathrm{w}}\\1\end{bmatrix}=0\Rightarrow\boldsymbol{s}_{ik}^{\mathrm{T}}\boldsymbol{R}_{tik}\boldsymbol{R}_k\boldsymbol{x}_{\mathrm{w}}=-(\boldsymbol{s}_{ik}^{\mathrm{T}}\boldsymbol{R}_{tik}\boldsymbol{T}_k+1)\tag{6-24}$$

整理得

$$\begin{bmatrix} \boldsymbol{s}_{11}^{\mathrm{T}}\boldsymbol{R}_{t11}\boldsymbol{R}_1 \\ \boldsymbol{s}_{21}^{\mathrm{T}}\boldsymbol{R}_{t21}\boldsymbol{R}_1 \\ \vdots \\ \boldsymbol{s}_{1k}^{\mathrm{T}}\boldsymbol{R}_{t1k}\boldsymbol{R}_k \\ \boldsymbol{s}_{2k}^{\mathrm{T}}\boldsymbol{R}_{t2k}\boldsymbol{R}_k \end{bmatrix} \boldsymbol{x}_{\mathrm{w}} = -\begin{bmatrix} \boldsymbol{s}_{11}^{\mathrm{T}}\boldsymbol{R}_{t11}\boldsymbol{T}_1+1 \\ \boldsymbol{s}_{21}^{\mathrm{T}}\boldsymbol{R}_{t21}\boldsymbol{T}_1+1 \\ \vdots \\ \boldsymbol{s}_{1k}^{\mathrm{T}}\boldsymbol{R}_{t1k}\boldsymbol{T}_k+1 \\ \boldsymbol{s}_{2k}^{\mathrm{T}}\boldsymbol{R}_{t2k}\boldsymbol{T}_k+1 \end{bmatrix} \tag{6-25}$$

根据最小二乘法, 形式为 $\boldsymbol{A}x=\boldsymbol{b}$ 的线性方程组的解为 $x=(\boldsymbol{A}^{\mathrm{T}}\boldsymbol{A})^{-1}\boldsymbol{A}^{\mathrm{T}}\boldsymbol{b}$。故而, 待测点位置向量可表示为

$$\boldsymbol{x}_{\mathrm{w}} = -\left(\begin{bmatrix} \boldsymbol{s}_{11}^{\mathrm{T}}\boldsymbol{R}_{t11}\boldsymbol{R}_1 \\ \boldsymbol{s}_{21}^{\mathrm{T}}\boldsymbol{R}_{t21}\boldsymbol{R}_1 \\ \vdots \\ \boldsymbol{s}_{1k}^{\mathrm{T}}\boldsymbol{R}_{t1k}\boldsymbol{R}_k \\ \boldsymbol{s}_{2k}^{\mathrm{T}}\boldsymbol{R}_{t2k}\boldsymbol{R}_k \end{bmatrix}^{\mathrm{T}} \begin{bmatrix} \boldsymbol{s}_{11}^{\mathrm{T}}\boldsymbol{R}_{t11}\boldsymbol{R}_1 \\ \boldsymbol{s}_{21}^{\mathrm{T}}\boldsymbol{R}_{t21}\boldsymbol{R}_1 \\ \vdots \\ \boldsymbol{s}_{1k}^{\mathrm{T}}\boldsymbol{R}_{t1k}\boldsymbol{R}_k \\ \boldsymbol{s}_{2k}^{\mathrm{T}}\boldsymbol{R}_{t2k}\boldsymbol{R}_k \end{bmatrix}\right)^{-1} \begin{bmatrix} \boldsymbol{s}_{11}^{\mathrm{T}}\boldsymbol{R}_{t11}\boldsymbol{R}_1 \\ \boldsymbol{s}_{21}^{\mathrm{T}}\boldsymbol{R}_{t21}\boldsymbol{R}_1 \\ \vdots \\ \boldsymbol{s}_{1k}^{\mathrm{T}}\boldsymbol{R}_{t1k}\boldsymbol{R}_k \\ \boldsymbol{s}_{2k}^{\mathrm{T}}\boldsymbol{R}_{t2k}\boldsymbol{R}_k \end{bmatrix}^{\mathrm{T}} \begin{bmatrix} \boldsymbol{s}_{11}^{\mathrm{T}}\boldsymbol{R}_{t11}T_1+1 \\ \boldsymbol{s}_{21}^{\mathrm{T}}\boldsymbol{R}_{t21}T_1+1 \\ \vdots \\ \boldsymbol{s}_{1k}^{\mathrm{T}}\boldsymbol{R}_{t1k}T_k+1 \\ \boldsymbol{s}_{2k}^{\mathrm{T}}\boldsymbol{R}_{t2k}T_k+1 \end{bmatrix} \tag{6-26}$$

6.2.3 不确定度稳定性提升的测量网络拓扑布局优化

在 iGPS 分布式测量系统应用场景中, 激光扫描网络拓扑布局是影响整个系统最终测量精度的关键因素。采用场景约束下的扫描单元网络拓扑结构非线性优化算法, 对影响精度和稳定性的参数进行优化匹配设计, 减少环境的物理边界条件和扫描单元的测量作业限制对全局测量精度不确定度的影响, 从而保证全局测量精度不确定度分布的一致性。同时, 采用可视化扫描单元最优拓扑布局技术, 解决激光信号局部遮挡和扫描单元重复性布局导致效率低下的问题, 实现高效、便捷的初始扫描单元布局[34]。

1. 布局参数建模

在测量作业空间中构建全域的笛卡儿测量坐标系, 考虑到扫描单元绕 z 轴回转工作, 每一扫描单元坐标系相对于全局坐标系的位姿矩阵 $\boldsymbol{R}$ 由分别绕 x 轴和绕 y 轴的变量 α 和 β 决定, 而扫描单元坐标系到全局坐标系的位姿向量 $\boldsymbol{T}$ 由 x、y、z 构成。如此, 如图 6–25 所示, 第 i 台扫描单元的安装位姿由 $\{\alpha_i,\beta_i,x_i,y_i,z_i\}$ 5 个变量唯一确定。

考虑到具体的作业环境状态, 扫描单元的安装位姿必然受到一定的限制, 如扫描单元的安装位姿不能干涉到机器的正常作业空间, 并限制于场地的局部可支配区域等。同时, 扫描单元应优先选择地基平稳区域, 通常在作业场地的外围通过三脚架安装, 或安装在作业环境的外围立柱与顶部桁架结构上。为确保激光扫描装置的安装位姿位于合理的可行区域, 对每一扫描单元的 5 个外参数变量设定其对应可行取

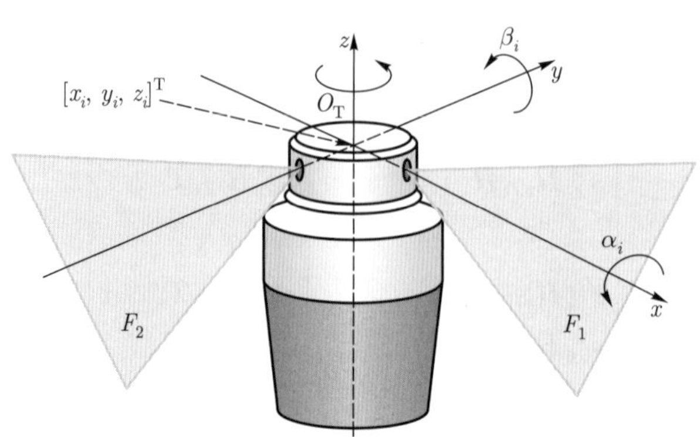

图 6 – 25 激光扫描装置布站位姿参数

值区间 $\{[\alpha_{i,\min}, \alpha_{i,\max}], [\beta_{i,\min}, \beta_{i,\max}], [x_{i,\min}, x_{i,\max}], [y_{i,\min}, y_{i,\max}], [z_{i,\min}, z_{i,\max}]\}$，其中每一区间可由多个子区间的并集组成。同时，如要求固定某一变量，则设定其可行范围为目标值即可。如此，可准确地构建每一扫描单元的布站约束条件，确保在后续的优化算法中激光扫描装置的外参数合理性。

2. 扫描单元可达性判断算法

由扫描单元的工作性能和测量原理可知，仅当接收器满足如下两个条件时才可实现测量：① 接收器位于扫描单元的光平面有效扫描空间内；② 接收器接收到两台以上扫描单元的激光信号。

针对现有的扫描单元，每台扫描单元的有效覆盖区域由光平面有效工作距离范围 $[R_{\min}, R_{\max}]$ 和光平面有效张角范围 $[E_{\min}, E_{\max}]$ 决定。单台扫描单元的有效覆盖区域如图 6 – 26 所示。

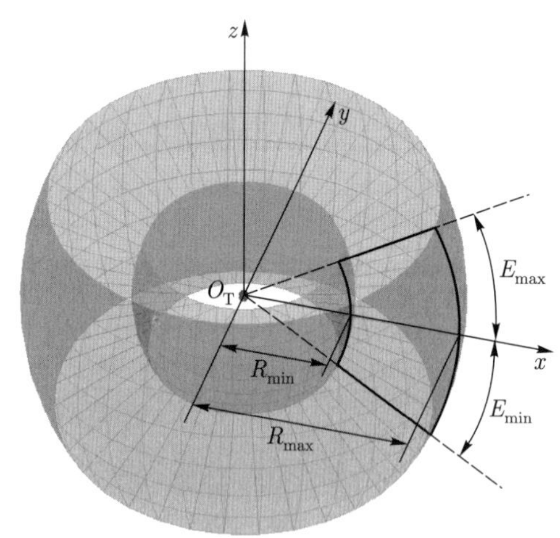

图 6 – 26 单台激光扫描单元有效覆盖区域示意 (参见书后彩图)

对于给定测量空间点 $P(x_P, y_P, z_P)$，其在扫描单元坐标系 O_i-$x_iy_iz_i$ 的坐标为 $P'(x_{P,i}, y_{P,i}, z_{P,i})$，$P'$ 点与 O_i 点构成的等效射线在激光扫描单元坐标系下的俯仰角 E_i 确定如下：

$$E_i = \arctan\left(\frac{z_{P,i}}{\sqrt{x_{P,i}^2 + y_{P,i}^2}}\right) \tag{6-27}$$

受限于扫描单元激光的张角范围、激光的强度以及固定焦距造成的近距离激光质量较差, 当 P' 点同时满足如下的俯仰角范围和距离范围时, 可确保 P' 点位于第 i 台扫描单元的有效扫描空间内:

$$\begin{cases} |E_i| \leqslant E_{\max} \\ L_{\min} \leqslant |O_iP| \leqslant L_{\max} \end{cases} \tag{6-28}$$

式中, $E_{\max}$ 为扫描单元光平面的最大俯仰角范围, $L_{\min}$ 和 $L_{\max}$ 为可工作的光平面距离。

对 P 点进行所有 N 台扫描单元的工作空间判定, 当有 2 台以上扫描单元满足, 则表明 P 点可测量, 否则扫描单元的布局参数无法形成对 P 点的测量。一般为保证测量精度, 要求 P 点可被 3 台以上扫描单元覆盖。

3. 扫描单元布局最优拓扑结构构建

首先进行全方位测量空间以及关键测量点的可达性分析, 确定实际空间测量范围; 然后依据工作场景的扫描单元可安装区域构建潜在扫描激光发射站可行布站位置集合区域; 最后采用差分进化算法对可行解空间进行概率性探索, 以获取优化解, 实现可行布站位置集合相对于全局空间的海量可视性分析, 解决扫描单元布局多变量的约束优化问题。

测量区域和优化前后的激光扫描单元布站位置如图 6-27 所示。优化算法中, 种群规模 NP = 50, 缩放因子 F 设定为 0.5, 交叉概率 CR 为 0.3。可以看到, 优化前, 3 台激光扫描单元站采用直线型排布, 扫描单元之间的距离为 6 m。优化后, 3 台激光扫描单元前后交错, 近似为圆弧排布。

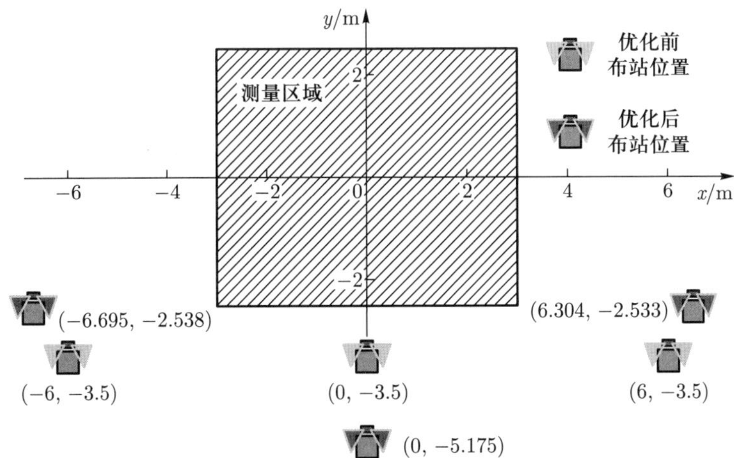

图 6-27 测量区域和优化前后的激光扫描单元布站位置

将优化前后的激光扫描单元布站方案进行对比, 忽略内外参数标定带来的误差, 选取了 $H=0\ \mathrm{m}$、$H=1\ \mathrm{m}$ 和 $H=-1\ \mathrm{m}$ 3 个平面, 将每个平面以 0.5 m 的长度进行网格划分。对所有网格点, 利用解析法计算其测量的标准不确定度, 得到布站优化前后测量区域不同高度的误差分布, 如图 6–28 所示。

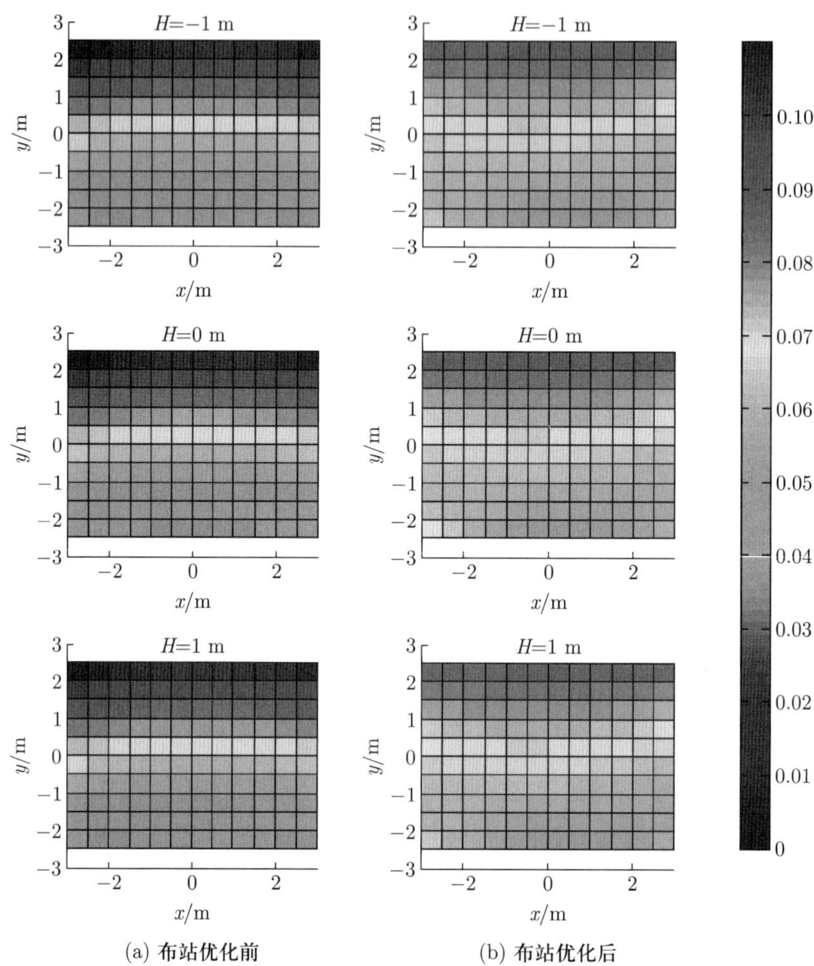

(a) **布站优化前** (b) **布站优化后**

图 6–28 布站优化前后测量区域不同高度的误差分布 (参见书后彩图)

采用双输入双输出的二维模糊控制器, 在车体控制中, 偏航角 ϕ 控制 Δd 的大小, 旋转角速度 ω_{c} 控制 $\Delta\theta'$ 的大小。因此分别采用位置控制器和旋转控制器对移动机器人车体的平移和旋转进行独立控制。位置控制器的输入量为移动机器人车体中心位姿与目标路径的距离偏差值 $d\ (=\Delta d)$ 和距离偏差率 d_t, 输出量为比例系数 Δk_{dp} 和 Δk_{di}。旋转控制器的输入量为移动机器人车体中心位姿与目标路径的角度偏差值 $\beta\ (=\Delta\theta')$ 和角度偏差率 β_t, 输出量为比例系数 $\Delta k_{\beta\mathrm{p}}$ 和 $\Delta k_{\beta\mathrm{i}}$。

首先将控制器输入量进行模糊化处理, 从理论上来讲, 距离偏差值 Δd 的取值范围为 $[-\infty,+\infty]$。但在实际情况中, 由于受到客观条件限制, 当 Δd 峰值过大时,现场环境无法满足移动机器人的运行需求。综合考虑移动机器人运行的灵敏性和延迟性, 距离偏差值 d 的取值范围为 $[-300\text{ mm}, +300\text{ mm}]$, 角度偏差值 β 的取值范围为 $[-45°, 45°]$。将模糊论域分为 7 个等级, 分别为 NB (负大)、NM (负中)、NS (负小)、ZO (零)、PS (正小)、PM (正中) 和 PB (正大)。因此得出位置论域和角度论域定义表 (表 6–2 和表 6–3)。

表 6–2 位置论域定义表

变量名	物理论域	量化论域	量化因子
d	$\{-300, -200, -100, 0, 100, 200, 300\}$	$\{-3, -2, -1, 0, 1, 2, 3\}$	0.01
d_t	$\{-300, -200, -100, 0, 100, 200, 300\}$	$\{-3, -2, -1, 0, 1, 2, 3\}$	0.01
$\Delta k_{d\text{p}}$	$\{0, 0.5, 1, 1.5, 2, 2.5, 3\}$	$\{0, 1, 2, 3, 4, 5, 6\}$	2
$\Delta k_{d\text{i}}$	$\{0, 0.2, 0.4, 0.6, 0.8, 1, 1.2\}$	$\{0, 1, 2, 3, 4, 5, 6\}$	5

表 6–3 角度论域定义表

变量名	物理论域	量化论域	量化因子
β	$\{-45, -30, -15, 0, 15, 30, 45\}$	$\{-3, -2, -1, 0, 1, 2, 3\}$	0.066
β_t	$\{-45, -30, -15, 0, 15, 30, 45\}$	$\{-3, -2, -1, 0, 1, 2, 3\}$	0.066
$\Delta k_{\beta\text{p}}$	$\{0, 0.3, 0.6, 0.9, 1.2, 1.5, 1.8\}$	$\{0, 1, 2, 3, 4, 5, 6\}$	3.33
$\Delta k_{\beta\text{i}}$	$\{0, 0.1, 0.2, 0.3, 0.4, 0.5, 0.6\}$	$\{0, 1, 2, 3, 4, 5, 6\}$	10

获得论域后, 需要选择合适的隶属函数, 从隶属函数可以得出真实值与语言的相符程度, 即一个具体数值在多大程度上可以用该语言进行描述。本书采用三角形隶属函数。与高斯型和正态分布型隶属函数相比, 三角形隶属函数结构简单, 不用占用过多内存。根据移动机器人的状况和路况信息, 得到模糊规则表[35,37] (表 6–4 和表 6–5)。

表 6–4 Δk_p 的模糊规则表

偏差率	偏差						
	NB	NM	NS	ZO	PS	PM	PB
NB	PB	PB	PM	PM	PS	ZO	ZO
NM	PB	PB	PM	PS	PS	ZO	NS
NS	PM	PM	PM	PS	ZO	NS	NS
ZO	PM	PM	PS	ZO	NS	NS	NM
PS	PS	PS	ZO	NS	NS	NM	NM
PM	PS	ZO	NS	NS	NM	NM	NB
PB	ZO	ZO	NM	NM	NM	NB	NB

表 6-5　Δk_{i} 的模糊规则表

偏差率	偏差						
	NB	NM	NS	ZO	PS	PM	PB
NB	NB	NB	NM	NM	NS	ZO	ZO
NM	NB	NB	NM	NS	NS	ZO	ZO
NS	NB	NM	NS	NS	ZO	PS	PS
ZO	NM	NM	NS	ZO	PS	PM	PM
PS	NM	NS	ZO	PS	PS	PM	PB
PM	ZO	ZO	PS	PS	PM	PB	PB
PB	ZO	ZO	PS	PM	PM	PB	PB

为了获得较为精确的输出量, 采用加权平均法 (重心法), 该方法在工业控制中效果较好。

$$x=\frac{\sum_{i=2}^{n} x_i\mu(i)}{\sum_{i=1}^{n}\mu(i)} \tag{6-29}$$

式中, x_i 为隶属度值; $\mu(i)$ 为输出模糊变量; x 为加权平均判决结果。

由加权平均法得到的判决结果, 还需要乘以一个输出比例因子, 才能适应控制要求, 从而求得最终输出量[37]:

$$\begin{cases} y=ax \\ a=\dfrac{W_u}{Q_u} \end{cases} \tag{6-30}$$

式中, y 为最终输出量; a 为比例因子, 其中 W_u 可从物理论域 $[-W_u,W_u]$ 中获得, Q_u 可从输出量化论域 $[-Q_u,Q_u]$ 中获得。

PI 控制是将设定值与实际输出值进行比较构成控制偏差, 并将比例、积分通过线性组合构成控制量。

PI 控制器采用经典 PI 增量式控制的表达式如下:

$$u(k)=u(k-1)+k_{\mathrm{p}}(k)[e(k)-e(k-1)]+k_{\mathrm{i}}e(k) \tag{6-31}$$

$$\begin{cases} k_{\mathrm{p}}=k'_{\mathrm{p}}+\Delta k_{\mathrm{p}} \\ k_{\mathrm{i}}=k'_{\mathrm{i}}+\Delta k_{\mathrm{i}} \end{cases} \tag{6-32}$$

式中, k'_{p} 和 k'_{i} 为 PI 初始参数; Δk_{p} 和 Δk_{i} 为模糊控制器输出参数。

对模糊 PI 控制和传统 PI 控制进行仿真分析对比。为了检测在最大误差下该系统的调整情况，控制初始输入为最大角度偏差 45° 和 −45°、距离偏差 300 mm 和 −300 mm。仿真结果对比如图 6−29 所示。

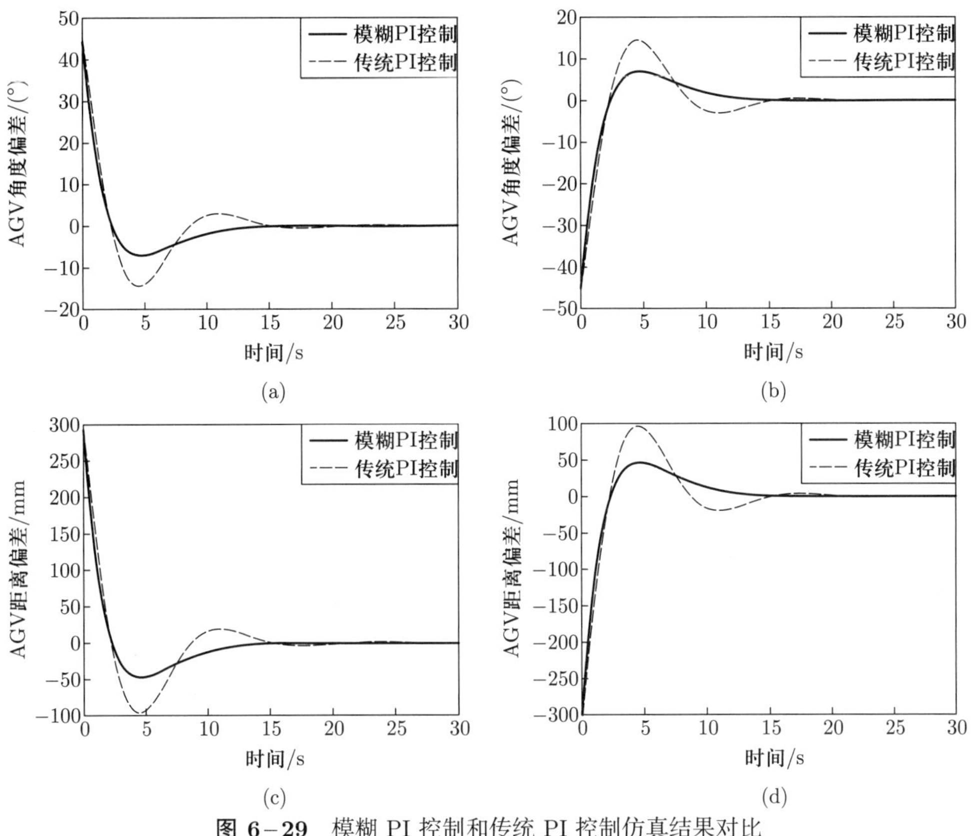

图 6−29 模糊 PI 控制和传统 PI 控制仿真结果对比

由图 6−29 可以看出，模糊 PI 控制和传统 PI 控制均可以在较大的偏差下使移动机器人调整到平衡状态，模糊 PI 控制调节的速度和幅度均优于传统 PI 控制。可见本书采用的模糊控制器可以显著提高移动机器人的纠偏能力和反应速度。

6.3 小结

本章面向移动式工业机器人作业环境，对基于激光广域感知以及 iGPS 等多种定位导航方式的原理方法以及工程应用进行了论述，并分析了各自的优缺点。运用多传感器信息融合技术解决探测、跟踪和目标识别等问题，增强系统生存能力，利用信息互补降低不确定性，以确定对系统环境相对完整一致的感知描述，从而提高智能系统决策、规划的科学性，感知反应的快速性和正确性，为高端装备在复杂环境感知及加工的可靠性与自动化水平的提升提供解决途径。

参考文献

[1] 刘之舟. AGV 激光定位导航算法研究及系统计算 [D]. 北京: 机械科学研究总院, 2018.
[2] 尤光茹. FM/cw 激光雷达关键技术研究 [D]. 哈尔滨: 哈尔滨工业大学, 2011.
[3] 马长伟. 基于 AGV 的袋装物料装车系统的研究与开发 [D]. 南京: 南京理工大学, 2019.
[4] 丁健, 甘钰桦, 黄强. 一种基于激光导航的叉车 AGV 控制系统: CN211110917U[P]. 2020-07-28.
[5] 冯遇春. 超限检测技术的创新与应用 [J]. 中国公路, 2018(9): 80-81.
[6] 刘光胜. 自动导引三向堆垛叉车在窄巷道中的应用 [J]. 物流技术与应用, 2016, 21(8): 145–148.
[7] 自动导航技术比较分析 [EB/OL]. (2012-05-27) [2024-01-11].
[8] 李昊. 激光导航 AGV 在特征地图中的全局定位方法研究 [D]. 南京: 南京航空航天大学, 2017.
[9] 胡铭超. 基于激光 SLAM 的移动机器人地图构建与优化 [D]. 哈尔滨: 哈尔滨工业大学, 2019.
[10] 李廷睿. 月面场地集成仿真环境搭建及漫游机器人路径规划 [D]. 哈尔滨: 哈尔滨工业大学, 2020.
[11] 东虎. 基于 ROS 的移动机器人同时定位与地图构建研究 [D]. 西安: 西安工程大学, 2018.
[12] 李渝. 水下机器人的地图构建及路径规划研究 [D]. 南京: 南京信息工程大学, 2018.
[13] 于士友. 移动机器人研制与基于粒子滤波的同时定位与地图创建研究 [D]. 青岛: 青岛大学, 2008.
[14] 机器人的一些应用——视觉–语音–导航 [EB/OL]. (2019-11-21).
[15] 潘枭. 基于多传感器融合的多旋翼无人机避障系统设计 [D]. 南京: 南京信息工程大学, 2020.
[16] 百度地图与 HT for Web 结合的 GIS 网络拓扑应用 [EB/OL]. (2014-12-13).
[17] 刘朋, 任工昌, 何舟. 2D 激光 SLAM 中特征角点的提取方法 [J]. 南京航空航天大学学报, 2021, 51(3): 366–372.
[18] 黄承亮. 室内移动测量技术在竣工测量中的应用研究 [J]. 城市勘测, 2017(5): 133–135.
[19] 任祥华. 激光雷达室内 SLAM 方法 [D]. 哈尔滨: 哈尔滨工程大学, 2018.
[20] 李松, 胡振涛, 李晶, 等. 基于多传感器不完全量测下的机动目标跟踪算法 [J]. 计算机科学, 2013, 40(8): 277–281.
[21] 柴霖, 袁建平, 罗建军, 等. 非线性估计理论的最新进展 [J]. 宇航学报, 2005(3): 380–384.
[22] 沈俊. 基于 ROS 的自主移动机器人系统设计与实现 [D]. 绵阳: 西南科技大学, 2015.
[23] 温鑫, 曾丹, 王宁. 基于 ROS 的室内传件机器人设计 [J]. 工业控制计算机, 2018, 31(4): 7–9.
[24] 曲丽萍, 王宏健, 边信黔. 基于自适应重采样的同步定位与地图构建 [J]. 探测与控制学报, 2012, 34(3): 76–81.
[25] 韦晓琴. 基于激光雷达的 AGV 机器人 SLAM 与定位导航研究 [D]. 广州: 华南理工大学, 2019.
[26] 常皓, 杨巍. 基于全向移动模型的 Gmapping 算法 [J]. 计量与测试技术, 2016, 43(10): 1–4.
[27] SICK. NAV3xx 激光导航系统 [Z]. 2016.
[28] 李想. 基于麦克纳姆轮的全向移动平台控制系统研制 [D]. 杭州: 中国计量大学, 2021.

[29] 方红根, 郭立杰, 杨晓慧, 等. 旋转激光经纬仪空间定位网络的组合式激光三维扫描系统 [J]. 光电工程, 2016, 43(6): 57–62.

[30] 张健. 基于车载激光的树木胸径测量 [D]. 北京: 北京林业大学, 2019.

[31] 于镭, 张国强, 王泽龙. 基于单舵轮搬运机器人的导航系统设计 [J]. 电子测量技术, 2020, 43(18): 11–16.

[32] 杨德青. 基于树莓派的智能循迹小车设计 [J]. 信息技术与信息化, 2023(6): 178–181.

[33] 张贺尧, 韦国轩, 吴沁芯. 基于 LiDAR 技术的智能寻路小车设计与实现 [J]. 集成电路应用, 2022, 39(3): 1–3.

[34] 付刚, 秦伟, 李亚军, 等. 一种面向运载火箭自动对接的三维测量场构建方法 [J]. 上海航天 (中英文), 2020, 37(3): 107-114.

[35] 王颜, 刘净瑜, 李光, 等. 基于 IGPS 和麦克纳姆轮的 AGV 导航控制系统设计 [J]. 工程设计学报, 2020, 27(5): 662–670.

[36] 刘青, 张杰, 任化帅, 等. 旋转激光经纬仪测量系统特征角误差建模和精度分析 [J]. 激光杂志, 2019, 40(5): 39–43.

[37] 高雪松, 李宇昊, 张立强. 基于磁导航的全向 AGV 定位技术研究 [J]. 轻工机械, 2019, 37(1): 71–75.

第 7 章　机器人定位精度提升

一般来讲, 关节误差和几何误差引起的位姿误差占移动机器人总误差的 80% 以上。几何误差描述了移动机器人本体机构参数的准确性及移动机器人系统与外部系统关联参数的准确性。几何误差标定必须综合考虑各连杆参数误差、基坐标系参数误差、工具坐标系参数误差等各类误差因素[1-3]。非几何误差是影响移动机器人位姿精度的另一重要因素, 且在移动机器人运动过程中变化复杂、不可预测, 其对移动机器人定位精度的影响具有不确定性, 通过建立数学模型对非几何误差因素的作用机理进行准确描述是难以实现的[4-6]。因此, 本章围绕移动机器人的几何误差与非几何误差, 提出基于几何约束与两步误差的机器人运动学参数辨识方法, 以解决坐标系对齐问题, 避免角度误差被距离误差淹没; 提出空间网格分割的移动机器人高精度定位方法, 实现非几何误差补偿; 研究机器人静刚度与动刚度特性, 实现加工工艺参数优化, 为移动机器人的广泛应用奠定基础。

7.1　几何误差建模与标定

7.1.1　机器人运动学模型构建

以 KUKA KR500-R2830 机器人作为研究对象, 建立 D-H 模型 (Denavit-Hartenberg model)[7], 用以描述机器人几何形态与其运动之间的关系。对于六自由度串联机器人, 设与连杆 i 连接的坐标系为 O_i-$x_iy_iz_i$。坐标系 O_i-$x_iy_iz_i$ 相对于 O_{i-1}-$x_{i-1}y_{i-1}z_{i-1}$ 的位姿可用 4 个参数描述 (图 7−1), 且满足如下要求:

(1) x_{i-1} 轴与 x_i 轴的夹角为关节转角 θ_i, 绕 z_{i-1} 轴正向为正;

(2) x_{i-1} 轴到 x_i 轴的距离为关节距离 d_i, 沿 z_{i-1} 轴正向为正;

(3) z_{i-1} 轴到 z_i 轴的距离为连杆长度 a_i, 沿 x_i 轴正向为正;

(4) z_{i-1} 轴与 z_i 轴的夹角为连杆扭角 α_i, 绕 x_i 轴正向为正;

(5) x_i 轴垂直于 z_{i-1} 轴, x_i 轴垂直于 z_{i-1} 轴且与之相交。

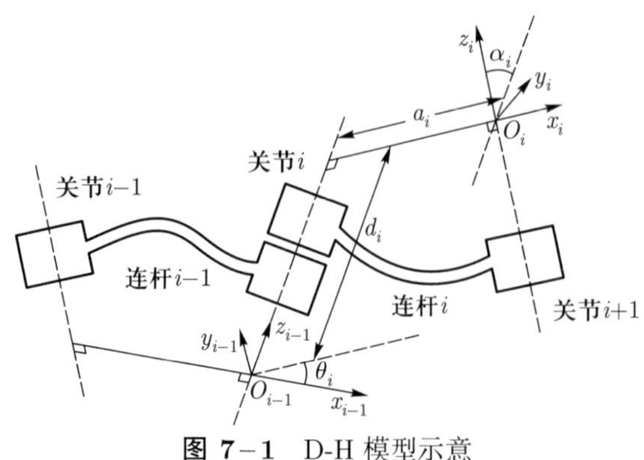

图 7–1 D-H 模型示意

坐标系 O_{i-1}-$x_{i-1}y_{i-1}z_{i-1}$ 经过以下坐标变换转换到坐标系 O_i-$x_iy_iz_i$: 绕 z_{i-1} 轴转动 θ_i; 沿 z_{i-1} 轴移动 d_i; 沿 x_i 轴移动 a_i; 绕 x_i 轴转动 α_i。因此, D-H 描述的齐次变换矩阵 $\boldsymbol{T}_i$ $(i=1,2,\cdots,6)$ 可表示为

$$\begin{aligned}\boldsymbol{T}_i &= \mathrm{Rot}(z,\theta_i)\mathrm{Trans}(0,0,d_i)\mathrm{Trans}(a_i,0,0)\mathrm{Rot}(x,\alpha_i)\\ &= \begin{bmatrix}\cos\theta_i & -\sin\theta_i\cos\theta_i & \sin\theta_i\sin\alpha_i & a_i\cos\theta_i\\ \sin\theta_i & \cos\theta_i\cos\alpha_i & -\cos\theta_i\sin\alpha_i & a_i\sin\theta_i\\ 0 & \sin\alpha_i & \cos\alpha_i & d_i\\ 0 & 0 & 0 & 1\end{bmatrix}\end{aligned} \tag{7–1}$$

依据上述 D-H 模型参数定义, 提取 KUKA KR500-R2830 机器人模型中相关参数如表 7–1 所示, 建立相应 D-H 模型, 如图 7–2 所示。根据正向运动学求解得到末端法兰坐标系到机器人基坐标系的坐标变换矩阵 ${}^0\boldsymbol{T}_6={}^0\boldsymbol{T}_1{}^1\boldsymbol{T}_2{}^2\boldsymbol{T}_3{}^3\boldsymbol{T}_4{}^4\boldsymbol{T}_5{}^5\boldsymbol{T}_6$。通过 MATLAB 工具箱中 Link 对象来描述建立的机器人, 并创建如图 7–3 所示的连杆机器人, 修改不同的位姿参数, 验证所建 D-H 模型的正确性。

表 7–1 KUKA KR500-R2830 机器人理论 D-H 参数

i	d_i/mm	a_i/mm	α_i/(°)	θ_i/(°)
1	1 045	500	−90	0
2	0	1 300	0	−90
3	0	55	90	180
4	1 025	0	−90	0
5	0	0	90	0
6	290	0	0	0

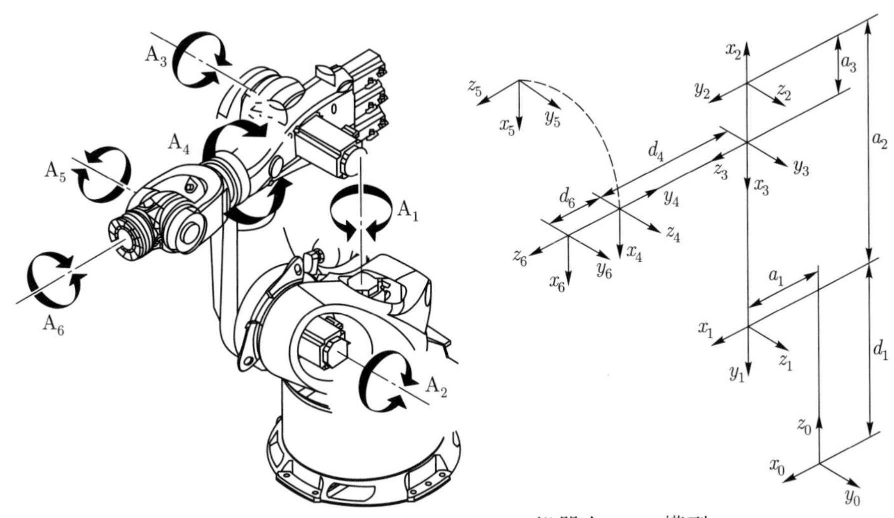

图 7-2 KUKA KR500-R2830 机器人 D-H 模型

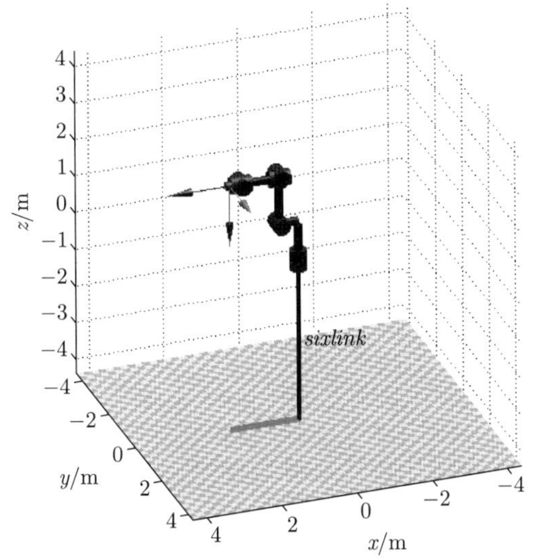

图 7-3 MATLAB 连杆机器人

7.1.2 基于几何约束的移动机器人基坐标系构建

几何误差标定必须综合考虑各连杆参数误差、基坐标系参数误差、工具坐标系参数误差等各类误差因素。而建立准确的机器人基坐标系是实现后续误差标定的前提 (面向误差的在线补偿)。本节采用激光跟踪仪进行基坐标系的构建，首先需要建立激光跟踪仪的测量坐标系与机器人基坐标系之间的转换关系，提出一种简单快速的坐标系转换方法。图 7-4 所示为标定模型及各坐标系间关系。

图 7-4 中，O_c-$x_cy_cz_c$ 为测量坐标系，O_0-$x_0y_0z_0$ 为机器人基坐标系，$O_{6'}$-$x_{6'}y_{6'}z_{6'}$ 为实际末端法兰坐标系，O_6-$x_6y_6z_6$ 为理论末端法兰坐标系。O_6-$x_6y_6z_6$ 相对于 O_0-$x_0y_0z_0$ 的位姿为 ${}^0\boldsymbol{T}_6$，$O_{6'}$-$x_{6'}y_{6'}z_{6'}$ 相对于 O_c-$x_cy_cz_c$ 的位姿为 ${}^c\boldsymbol{T}_{6'}$。${}^0\boldsymbol{T}_6$ 由建立的

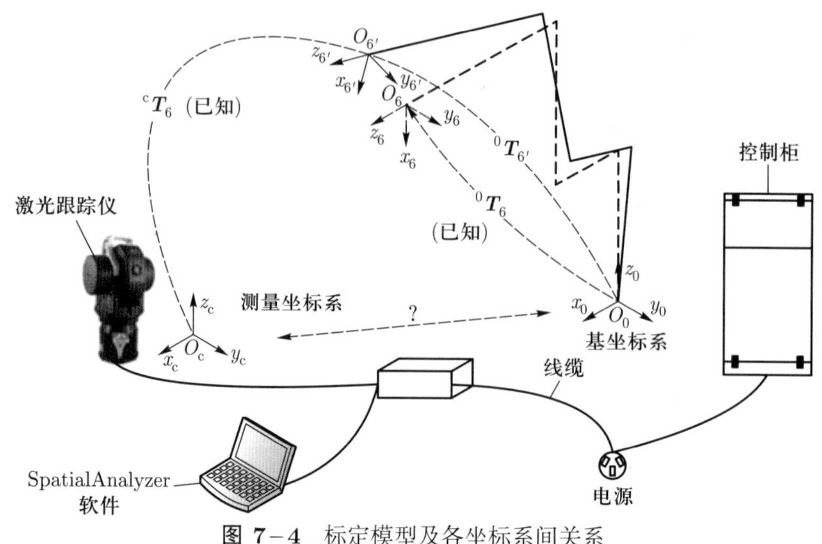

图 7-4 标定模型及各坐标系间关系

D-H 模型求得。$^{c}\boldsymbol{T}_{6'}$ 可由激光跟踪仪测量末端法兰坐标系上已知的 3 个理论坐标点求得。若求得 $O_{6'}$-$x_{6'}y_{6'}z_{6'}$ 相对于 O_0-$x_0y_0z_0$ 的位姿 $^{0}\boldsymbol{T}_{6'}$, 即可确定测量坐标系与基坐标系之间的转换关系。

位姿是指局部坐标系在参考坐标系下的位置与姿态。其第一种表达方法是 $\{x, y, z, \alpha, \beta, \gamma\}$, 其中: (x, y, z) 为位置分量, 表示局部坐标系原点在参考坐标系中的坐标; (α, β, γ) 为姿态分量, 表示局部坐标系相对于参考坐标系的旋转角度。第二种表达方法是齐次矩阵形式, 表示为

$$\boldsymbol{T}=\begin{bmatrix} n_x & o_x & a_x & x \\ n_y & o_y & a_y & y \\ n_z & o_z & a_z & z \\ 0 & 0 & 0 & 1 \end{bmatrix}=\begin{bmatrix} \boldsymbol{R}_{3\times3} & \boldsymbol{M}_{3\times1} \\ \boldsymbol{0} & 1 \end{bmatrix} \tag{7-2}$$

式中, $\boldsymbol{R}_{3\times3}$ 表示姿态矩阵; $\boldsymbol{M}_{3\times1}$ 表示平移矩阵。设空间点在机器人基坐标系下的位置向量为 $\boldsymbol{P}_0$、在测量坐标系下的位置向量为 $\boldsymbol{P}_{\mathrm{c}}$, 则有如下转换关系:

$$\boldsymbol{P}_{\mathrm{c}}=\boldsymbol{R}_{3\times3}\boldsymbol{P}_0+\boldsymbol{M}_{3\times1} \tag{7-3}$$

式中, $\boldsymbol{R}_{3\times3}$ 的 3 个列向量同时也代表了局部坐标系相对于参考坐标系的坐标轴单位向量。

由于 A_1 与 A_2 轴具有较好的刚度, 且相比于其他轴精度较高, 故通过 A_1 与 A_2 轴的旋转运动确定 O_0-$x_0y_0z_0$ 相对于 O_{c}-$x_{\mathrm{c}}y_{\mathrm{c}}z_{\mathrm{c}}$ 的姿态。确定步骤如下:

1) 旋转 A_1 轴, 其他轴角度保持不变, 每隔一定角度, 激光跟踪仪测量一次连杆 1 上固定点的坐标值, 根据这些点拟合圆 1, 则圆 1 的法线方向为 z_0 轴方向。

2) 旋转 A_2 轴, 其他轴角度保持不变, 每隔一定角度, 激光跟踪仪测量一次连

杆 2 上固定点的坐标值, 根据这些点拟合圆 2, 则圆 2 的法线方向为 y_0 轴方向。x_0 轴方向通过右手定则确定。

图 7–5 所示为测量坐标系与机器人基坐标系的转换关系解算示意。圆 1 与圆 2 分别通过上述 A_1 与 A_2 轴的旋转运动测量所得, 轴心线分别为轴 1 与轴 2。结合图 7–4 有

$$^{\mathrm{c}}(\boldsymbol{R}_{3\times3})_0 = [\boldsymbol{n}_{\mathrm{circle1}} \times \boldsymbol{n}_{\mathrm{circle2}} \quad \boldsymbol{n}_{\mathrm{circle1}} \times (\boldsymbol{n}_{\mathrm{circle1}} \times \boldsymbol{n}_{\mathrm{circle2}}) \quad \boldsymbol{n}_{\mathrm{circle1}}] \tag{7–4}$$

式中, $\boldsymbol{n}_{\mathrm{circle1}}$ 表示圆 1 的单位法向量; $\boldsymbol{n}_{\mathrm{circle2}}$ 表示圆 2 的单位法向量。

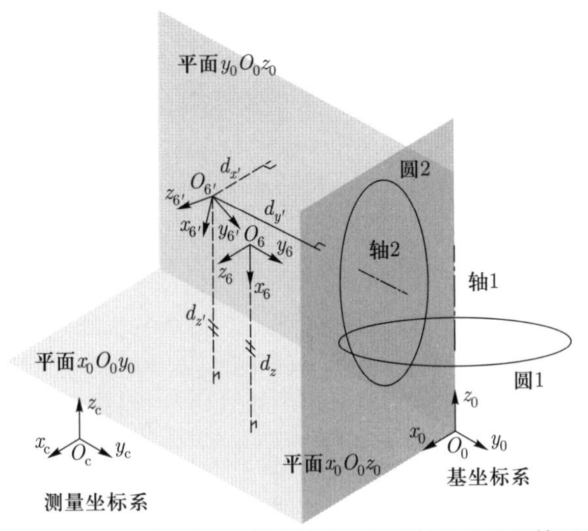

图 7–5 测量坐标系与机器人的基坐标系转换关系解算示意

通过激光跟踪仪对法兰坐标系 $O_{6'}$-$x_{6'}y_{6'}z_{6'}$ 进行拟合, 利用已建立的 D-H 模型解算 O_6-$x_6y_6z_6$ 的原点在 O_0-$x_0y_0z_0$ 中的位置, 即可得 d_z, 取 $d_{z'} = d_z$。利用 SpatialAnalyzer 软件强大的几何绘图及数学运算功能, 结合图 7–5 求解 $O_{6'}$-$x_{6'}y_{6'}z_{6'}$ 的原点在 O_0-$x_0y_0z_0$ 中的位置, 有

$$^{0}(\boldsymbol{M}_{3\times1})_{6'} = [d_{x'} \quad d_{y'} \quad d_{z'}]^{\mathrm{T}} \tag{7–5}$$

依据式 (7–3) 进行不同坐标系下转换关系求解, 可得

$$^{\mathrm{c}}(\boldsymbol{M}_{3\times1})_0 = {}^{\mathrm{c}}(\boldsymbol{M}_{3\times1})_{6'} - {}^{\mathrm{c}}(\boldsymbol{R}_{3\times3})_0{}^{0}(\boldsymbol{M}_{3\times1})_{6'} \tag{7–6}$$

结合式 (7–4) 与式 (7–6) 即可确定测量坐标系与基坐标系之间的转换关系。

7.1.3 基于两步误差的机器人运动学参数标定

由于机器人各项误差数量级相差较大, 数量级较小的角度误差经过各轴的逐级放大会产生较大的机器人末端位置误差, 对末端定位精度影响较大。且通常在刀具

加工中, 刀具姿态精度往往比末端位置精度更重要。所以利用采样数据先标定与角度相关的误差, 然后再标定与距离相关的误差。

各连杆的 D-H 参数误差为 Δa_i、$\Delta \alpha_i$、Δd_i 和 $\Delta \theta_i$, 机器人法兰中心位置误差 $\Delta P_i = P - P'$。当上述误差很小时, 可建立线性关系模型:

$$\Delta P = \sum_{i=1}^{6} \frac{\partial P}{\partial a_i} \Delta a_i + \sum_{i=1}^{6} \frac{\partial P}{\partial \alpha_i} \Delta \alpha_i + \sum_{i=1}^{6} \frac{\partial P}{\partial d_i} \Delta d_i + \sum_{i=1}^{6} \frac{\partial P}{\partial \theta_i} \Delta \theta_i \tag{7-7}$$

基于测量坐标系与机器人基坐标系之间的转换关系, 测量空间 n 个点坐标, 利用最小二乘法求得最小二乘解, 进而完成 D-H 标定参数。

1. 角度误差标定

标定角度误差时, 假设 D-H 参数中的距离不存在误差, 则式 (7-7) 可改写为矩阵形式:

$$\boldsymbol{G}_{\mathrm{ac}} \Delta \boldsymbol{\delta}_{\mathrm{ac}} = \boldsymbol{b} \tag{7-8}$$

$$\begin{bmatrix} \dfrac{\partial P_{1x}}{\partial \alpha_1} & \cdots & \dfrac{\partial P_{1x}}{\partial \alpha_6} & \dfrac{\partial P_{1x}}{\partial \theta_1} & \cdots & \dfrac{\partial P_{1x}}{\partial \theta_6} \\ \dfrac{\partial P_{1y}}{\partial \alpha_1} & \cdots & \dfrac{\partial P_{1y}}{\partial \alpha_6} & \dfrac{\partial P_{1y}}{\partial \theta_1} & \cdots & \dfrac{\partial P_{1y}}{\partial \theta_6} \\ \dfrac{\partial P_{1z}}{\partial \alpha_1} & \cdots & \dfrac{\partial P_{1z}}{\partial \alpha_6} & \dfrac{\partial P_{1z}}{\partial \theta_1} & \cdots & \dfrac{\partial P_{1z}}{\partial \theta_6} \\ \vdots & & \vdots & \vdots & & \vdots \\ \dfrac{\partial P_{nz}}{\partial \alpha_1} & \cdots & \dfrac{\partial P_{nz}}{\partial \alpha_6} & \dfrac{\partial P_{nz}}{\partial \theta_1} & \cdots & \dfrac{\partial P_{nz}}{\partial \theta_6} \end{bmatrix}_{3n \times 12} \begin{bmatrix} \Delta \alpha_1 \\ \vdots \\ \Delta \alpha_6 \\ \Delta \theta_1 \\ \vdots \\ \Delta \theta_6 \end{bmatrix}_{12 \times 1} = \begin{bmatrix} \Delta P_{1x} \\ \Delta P_{1y} \\ \Delta P_{1z} \\ \vdots \\ \Delta P_{nz} \end{bmatrix}_{3n \times 1} \tag{7-9}$$

采用最小二乘法, 取足够多个坐标点, 即可求得最小二乘解:

$$\Delta \boldsymbol{\delta}_{\mathrm{ac}} = ({\boldsymbol{G}_{\mathrm{ac}}}^{\mathrm{T}} \boldsymbol{G}_{\mathrm{ac}})^{-1} {\boldsymbol{G}_{\mathrm{ac}}}^{\mathrm{T}} \boldsymbol{b} \tag{7-10}$$

将误差 $\Delta \boldsymbol{\delta}_{\mathrm{ac}}$ 代入理论 D-H 角度参数, 即可得到第一次标定的 D-H 参数, 如果角度误差值不满足定位精度的要求, 可根据当前修正 D-H 参数, 重新求解误差 $\Delta \boldsymbol{\delta}_{\mathrm{ac}}$, 反复迭代, 直到误差 $\Delta \boldsymbol{\delta}_{\mathrm{ac}}$ 达到定位精度要求为止。

2. 距离误差标定

角度误差标定完成后, 将其代入 D-H 角度参数, 然后利用此参数进行位置误差标定。有矩阵形式:

$$\boldsymbol{G}_{\mathrm{dc}} \Delta \boldsymbol{\delta}_{\mathrm{dc}} = \boldsymbol{b} \tag{7-11}$$

$$
\begin{bmatrix}
\dfrac{\partial P_{1x}}{\partial a_1} & \cdots & \dfrac{\partial P_{1x}}{\partial a_6} & \dfrac{\partial P_{1x}}{\partial d_1} & \cdots & \dfrac{\partial P_{1x}}{\partial d_6} \\
\dfrac{\partial P_{1y}}{\partial a_1} & \cdots & \dfrac{\partial P_{1y}}{\partial a_6} & \dfrac{\partial P_{1y}}{\partial d_1} & \cdots & \dfrac{\partial P_{1y}}{\partial d_6} \\
\dfrac{\partial P_{1z}}{\partial a_1} & \cdots & \dfrac{\partial P_{1z}}{\partial a_6} & \dfrac{\partial P_{1z}}{\partial d_1} & \cdots & \dfrac{\partial P_{1z}}{\partial d_6} \\
\vdots & & \vdots & \vdots & & \vdots \\
\dfrac{\partial P_{nz}}{\partial a_1} & \cdots & \dfrac{\partial P_{nz}}{\partial a_6} & \dfrac{\partial P_{nz}}{\partial d_1} & \cdots & \dfrac{\partial P_{nz}}{\partial d_6}
\end{bmatrix}_{3n\times 12}
\begin{bmatrix}
\Delta a_1 \\ \vdots \\ \Delta a_6 \\ \Delta d_1 \\ \vdots \\ \Delta d_6
\end{bmatrix}_{12\times 1}
=
\begin{bmatrix}
\Delta P_{1x} \\ \Delta P_{1y} \\ \Delta P_{1z} \\ \vdots \\ \Delta P_{nz}
\end{bmatrix}_{3n\times 1}
\tag{7-12}
$$

同理, 可得

$$
\Delta\boldsymbol{\delta}_{\mathrm{dc}} = (\boldsymbol{G}_{\mathrm{dc}}{}^{\mathrm{T}}\boldsymbol{G}_{\mathrm{dc}})^{-1}\boldsymbol{G}_{\mathrm{dc}}{}^{\mathrm{T}}\boldsymbol{b}
\tag{7-13}
$$

将误差 $\Delta\boldsymbol{\delta}_{\mathrm{dc}}$ 代入理论 D-H 角度参数, 即可得到第一次标定的 D-H 参数, 如果位置误差值不满足定位精度的要求, 可根据当前修正 D-H 参数, 重新求解误差 $\Delta\boldsymbol{\delta}_{\mathrm{dc}}$, 反复迭代, 直到误差 $\Delta\boldsymbol{\delta}_{\mathrm{dc}}$ 达到定位精度要求为止。

7.1.4 几何误差标定实验与分析

1. 实验系统构建

测量标定实验系统如图 7-6 所示, 主要包括 KUKA KR500-R2830 机器人、API Radian 激光跟踪仪、SpatialAnalyzer 数据采集与处理软件等。激光跟踪仪与机器人间相对位置保持固定, 反射靶球座固连到机器人末端法兰上。

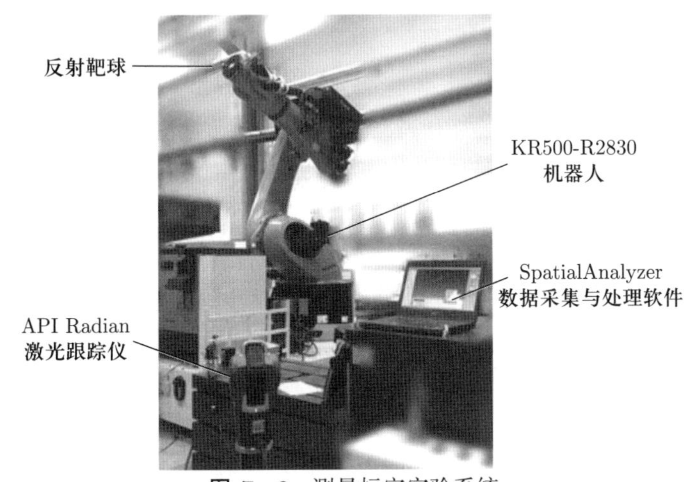

图 7-6 测量标定实验系统

2. 机器人基坐标系构建实验验证

结合前文提出的方法建立机器人基坐标系, 并求解测量坐标系与机器人基坐标系的转换关系。确定转换关系后, 通过激光跟踪仪再次测量 52 个不同机器人位姿下反射靶球的坐标值, 如图 7–7 所示。将测量点转换到机器人基坐标系下, 与面板坐标值进行对比, 求出各点的坐标转换误差, 如图 7–8 所示。

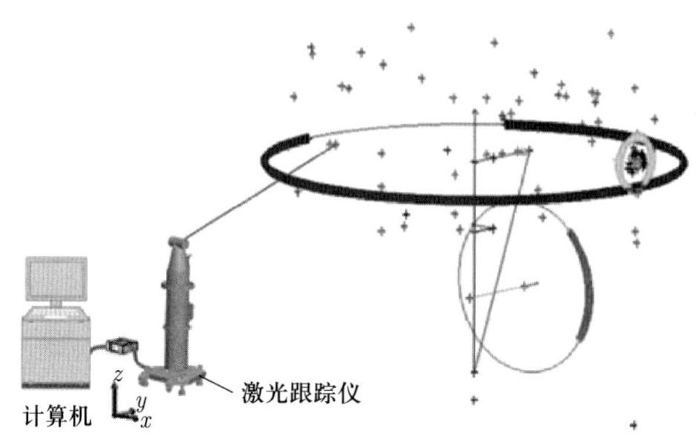

图 7–7 激光跟踪仪测量点坐标及拟合结果

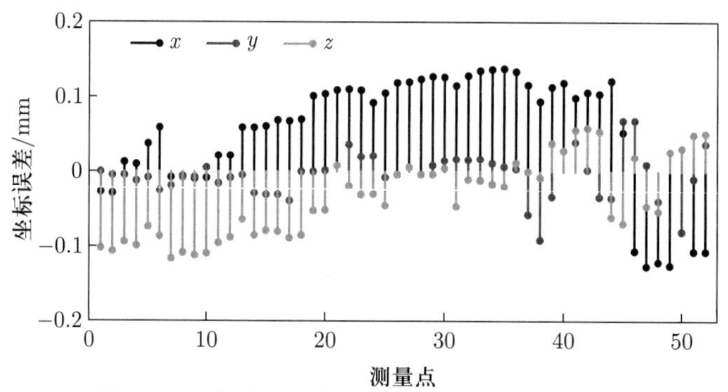

图 7–8 各点的坐标转换误差 (参见书后彩图)

转换后, x、y、z 轴坐标值的最大误差分别为 0.150 mm、−0.098 mm 和 −0.127 mm, x、y、z 方向的综合均方根误差为 0.128 mm, 精度优于通过拟合机器人安装平面建立基坐标系的方法 (x、y、z 方向的综合均方根误差为 0.163 mm), 已能够满足闭环反馈控制中的转换精度。

3. 机器人运动学参数标定精度对比实验验证

为验证提出的两步误差标定方法能否有效补偿机器人末端的位姿精度, 设计对比实验: 选择 52 个不同机器人位姿下反射靶球的坐标值进行参数标定, 分别将机器人标称运动学参数、基于全参数标定方法所得的运动学参数及两步误差标定方法所得的运动学参数作为机器人 D-H 参数, 另外随机选择 25 个机器人不同位姿下反射靶球的坐标值作为分析输入, 根据关节角度数据, 解算出机器人末端反射靶球坐标值, 与激光跟踪仪测得的反射靶球坐标值进行对比, 得到机器人末端反射靶球位置误差如图 7–9 所示。

图 7–9 中, 3 条曲线分别对应标称参数 (未作任何补偿)、全参数标定 D-H 参数及两步误差标定 D-H 参数。图 7–9(a) 为机器人定位误差, 可得出 3 种参数所

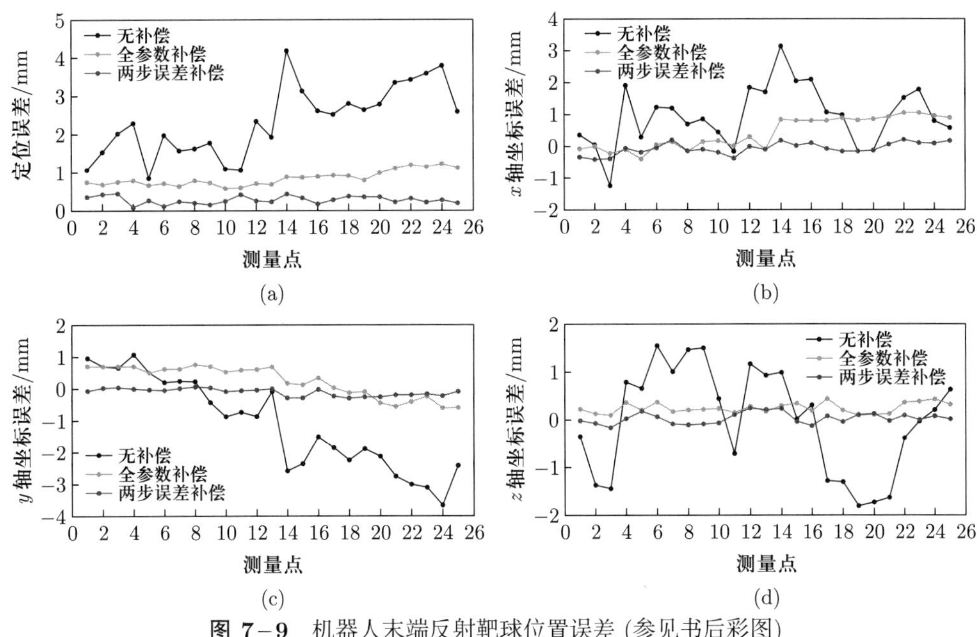

图 7-9 机器人末端反射靶球位置误差 (参见书后彩图)

得的位置均方根误差分别为 2.329 mm、0.834 mm 和 0.271 mm。图 7-9(b) 至 (d) 分别表示机器人末端 x 轴坐标、y 轴坐标、z 轴坐标误差, 由图可以直观得出两步误差标定参数所求得的坐标误差最小 (红色线条)。综合上述分析可得, 两种标定方法均能减小机器人末端位置误差, 但是两步误差标定方法在提高机器人末端定位精度上效果更为显著。

这是因为两步误差标定法相比于全参数标定方法具有两个优势: 一是对数量级较小的角度误差和数量级较大的位置误差分步标定, 避免了数量级较小但对末端定位精度影响较大的角度误差淹没在位置误差中; 二是对与角度相关的误差量进行了单独标定, 有助于提高机器人末端姿态精度。

7.2 非几何误差建模与补偿

7.2.1 空间网格分割原理

1. 空间相似性定量分析

机器人的位置准确度可以视为机器人关节空间中的一个随机变量。可以看出, 机器人的位置准确度在关节空间中具有空间随机分布的特点。这种特点与地质统计学中的区域化变量所反映出的特点类似, 因此, 可以将地质统计学中分析空间数据相似性的方法推广到机器人的定位误差相似性分析中, 分析在机器人关节空间中两组关节输入对应的定位误差之间的关系, 定量研究机器人定位误差的空间相似性[8]。

在六自由度机器人的关节运动范围内, 机器人定位误差之间的相似程度可以通过如下公式进行表征:

$$\begin{aligned}\gamma(\theta,h) &= \frac{1}{2}\mathrm{var}[\Delta P(\theta)-\Delta P(\theta+h)] \\ &= \frac{1}{2}E[\Delta P(\theta)-\Delta P(\theta+h)]^2-\frac{1}{2}\{E[\Delta P(\theta)-\Delta P(\theta+h)]\}^2 \end{aligned} \tag{7-14}$$

式中, $\gamma(\theta,h)$ 称为变差函数 (亦称为半方差函数或半变异函数), 其中 h 代表关节空间中两组关节输入的分割量, 可以理解为两组关节输入之间的一种广义 "距离"。值得注意的是, 这里的 $\theta+h$ 并不表示加法, 而是表示与 θ 的分割量为 h 的关节输入。变差函数的值是机器人定位误差在关节空间中增量的方差的一半, 能够定量地反映机器人定位误差的空间相似程度。

在机器人的关节空间中, 对于任意关节输入, 其对应的定位误差的变化量有正有负, 但总是在有限的范围内变化。因此, 为方便计算与分析, 可以对机器人的定位误差进行如下假设:

(1) 在整个研究区域内, 定位误差增量的数学期望为 0, 即

$$E[\Delta P(\theta)-\Delta P(\theta+h)]=0,\quad \forall\theta,\forall h \tag{7-15}$$

(2) 在整个研究区域内, 定位误差增量的方差存在且平稳, 即

$$\begin{aligned}\mathrm{var}[\Delta P(\theta)-\Delta P(\theta+h)] &= E[\Delta P(\theta)-\Delta P(\theta+h)]^2-\{E[\Delta P(\theta)-\Delta P(\theta+h)]\}^2 \\ &= E[\Delta P(\theta)-\Delta P(\theta+h)]^2,\quad \forall\theta,\forall h\end{aligned} \tag{7-16}$$

基于上述两个基本假设, 机器人定位误差的变差函数可以写成如下形式:

$$\gamma(h)=\frac{1}{2}E[\Delta P(\theta)-\Delta P(\theta+h)]^2 \tag{7-17}$$

此时, 定位误差的变差函数也是存在且平稳的, $\gamma(h)$ 与关节输入 θ 无关, 仅依赖于关节输入的增量 h。变差函数 $\gamma(h)$ 的值越小, 表明定位误差增量的期望与方差越小, 也就能够说明定位误差的空间相似程度越大。

式 (7–17) 反映了机器人定位误差在整个关节空间中的空间相似程度, 但是在实际研究工作中, 无法对机器人所有的定位误差进行采样与统计分析, 因此需要讨论如何使用有限的已知采样点数据进行定位误差空间相似性分析。在满足上述假设的前提下, 可以通过对实际采样数据求算术平均的方式来对定位误差的变差函数进行计算, 则式 (7–17) 可以变为

$$\gamma^*(h)=\frac{1}{2N(h)}\sum_{i=1}^{N(h)}[\Delta P(\theta^{(i)})-\Delta P(\theta^{(i)}+h)]^2 \tag{7-18}$$

式中, $\Delta P(\theta^{(i)})$ 和 $\Delta P(\theta^{(i)}+h)$ 是由 h 分割的两组关节输入所对应的定位误差, $N(h)$ 代表满足分割量为 h 的关节输入的成对数量。由于式 (7–18) 是根据实测数据进行计算的, 因此 $\gamma^*(h)$ 称为实验变差函数。

实际的数据一般都是非均匀分布的, 因此会导致在实测样本集合中, 满足分割

量为 h 的样本点对数量过少, 从而影响计算的结果。为解决这个问题, 可以设定一个合理的容差 Δh, 将样本数据按照区间 $[h-\Delta h, h+\Delta h]$ 进行分组后配对, 凡是满足分割量为 $h\pm\Delta h$ 的样本点对均可计入 $N(h)$。实践中, 可以仅对分割量小于或等于最大分割量一半的采样点对进行分组操作, 当分割量大于最大分割量一半时, 可以认为其定位误差相似性不显著。

基于建立的机器人运动学误差模型, 可以对机器人的定位误差进行仿真模拟, 计算定位误差的变差函数, 对机器人定位误差的空间相似性进行验证与分析。定位误差相似性仿真验证流程如图 7–10 所示, 具体步骤如下:

(1) 先根据工业机器人的理论运动学参数, 建立机器人理论运动学模型; 再随机生成各运动学参数的参数误差, 建立含有误差的机器人运动学模型, 以模拟真实的机器人运动学模型。

(2) 确定机器人各轴的运动范围, 并在此范围内随机生成各轴的关节转角, 组成 N 组机器人的关节输入; 使用步骤 (1) 中建立的理论运动学模型和含误差的运动学模型, 分别计算各组关节输入所对应的机器人末端理论位置和实际位置, 以及理论位置与实际位置的偏差, 以模拟真实的机器人定位误差。

(3) 在关节空间中, 根据关节输入对所有定位误差进行两两配对, 根据前文提供的公式计算定位误差在关节空间中的变差函数。这里以任意两组关节转角 $\theta^{(i)}$ 和 $\theta^{(j)}$ 在关节空间 $\mathbf{R}^n$ 中的欧氏距离作为分割量:

$$h=\sqrt{\sum_{k=1}^{n}[\theta_k^{(i)}-\theta_k^{(j)}]^2},\quad \theta_k^{(i)},\theta_k^{(j)}\in\mathbf{R}^n$$

根据计算结果, 绘制出定位误差变差函数的散点图, 分析定位误差相似性的个体趋势。

(4) 为更直观地展示出定位误差的变化趋势, 设定一个合适的容差 Δh, 根据 $h\pm\Delta h$ 对样本点对进行分组, 使每组步长与组数的乘积等于最大分割量的 1/2, 保证各分组均满足具有足够数量的样本点对, 计算各分组的变差函数, 绘制出变差函数的均值和标准差的点线图, 分析定位误差相似性的整体趋势。

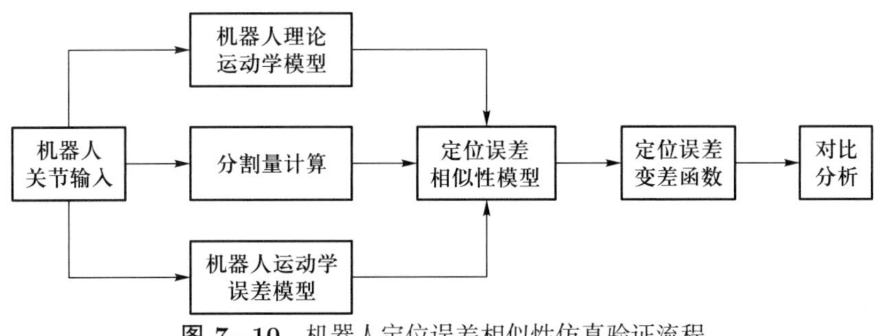

图 7–10 机器人定位误差相似性仿真验证流程

以 KUKA KR500 型工业机器人为研究对象, 通过仿真验证其在关节空间中所存在的定位误差相似性。根据上述仿真验证步骤, 设定机器人各关节轴的运动范围如表 7–2 所示。

表 7–2　各关节轴的运动范围设定

	关节转角 θ_i					
	θ_1	θ_2	θ_3	θ_4	θ_5	θ_6
转角范围/(°)	$[-45,45]$	$[-90,30]$	$[80,120]$	$[-15,15]$	$[-15,15]$	$[-15,15]$

在设定的运动范围内, 随机生成 2 000 组关节转角, 同时计算得到各组关节转角所对应的定位误差。以关节空间中的欧氏距离为分割量, 分别对定位误差在机器人基坐标系中 x、y、z 方向上的变差函数值进行计算, 根据计算结果所作的散点图如图 7–11 至图 7–13 所示。图中的每一个点代表一个采样点对, 每个点的横坐标表示该点对的分割量大小、纵坐标表示该点对所对应的变差函数大小。

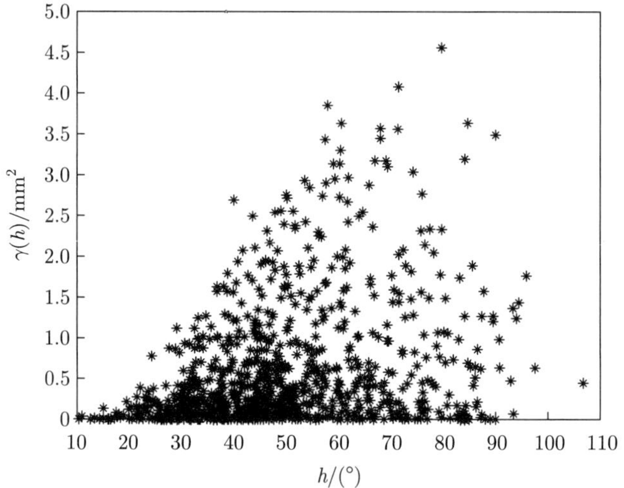

图 7–11　定位误差的变差函数散点图 (x 方向)

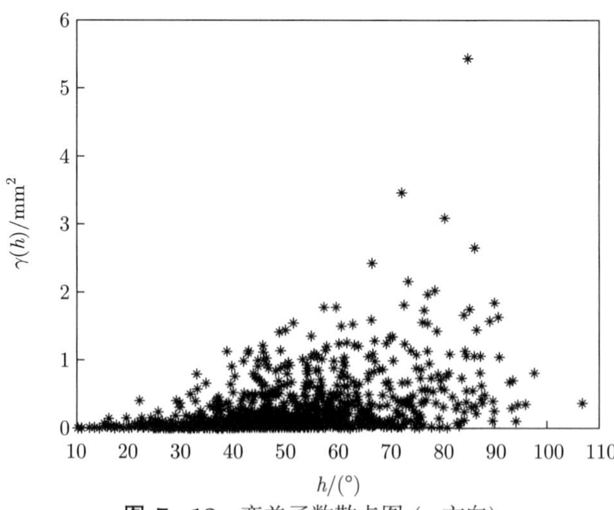

图 7–12　变差函数散点图 (y 方向)

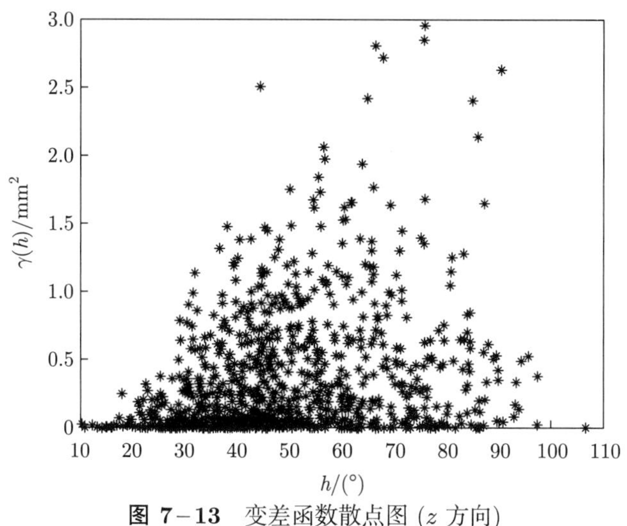

图 7-13 变差函数散点图 (z 方向)

由图 7-11 至图 7-13 可以看出, 当两组关节转角之间的欧氏距离较小时, 这两组关节转角对应的转角误差较为相似, 对应的机器人末端定位误差也相似; 随着关节转角之间的欧氏距离的增加, 定位误差之间的差异也逐渐增大, 表明定位误差之间相似的概率减小了。可以看出, 机器人的定位误差在关节空间中具有比较明显的相似性。值得注意的是, 定位误差差异的极值大约出现在最大分割量的 1/2 处, 而当分割量进一步增大时, 定位误差的相似性变化并不明显, 可以认为分割量过大时, 样本点的定位误差不具有空间相似性。从统计的角度看, 研究分割量小于或等于最大分割量的 1/2 的样本数据的空间相似性更有意义。

根据步骤 (4), 将分割量小于或等于最大分割量的 1/2 的样本点数据按照欧氏距离平均分为 10 组, 分别计算各组数据对应的变差函数值, 绘制变差函数的均值和标准差的点线图分别如图 7-14 和图 7-15 所示。

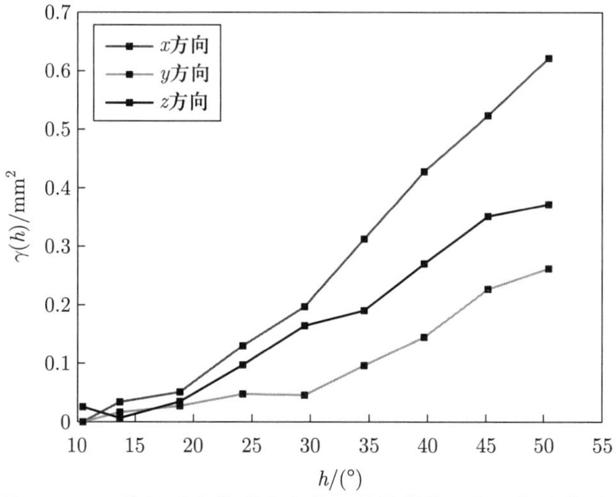

图 7-14 分组后定位误差变差函数的均值 (参见书后彩图)

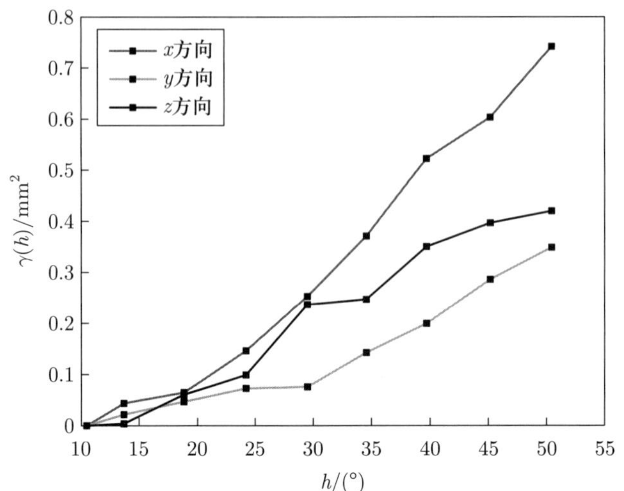

图 7–15 分组后定位误差变差函数的标准差 (参见书后彩图)

由图 7–14 和图 7–15 可以看出, 经过分组操作, 机器人定位误差在关节空间中的整体变化趋势得到了直观的体现, 定位误差变差函数的均值与标准差均随着分割量的增加而增加, 说明定位误差相似的概率随着分割量的增加而降低。同时, 定位误差在 x、y、z 方向上存在各向异性, 其原因在于机器人的关节转角输入对机器人各方向上的误差的影响是不同的。另外, 由接近原点的数据可以看出, 变差函数的变化趋势接近线性或抛物线, 证明定位误差具有空间连续性, 该结果与前文对定位误差的定性分析是吻合的。通过上述分析与仿真验证, 能够证明机器人的定位误差之间在机器人的关节空间中存在空间相似性。

2. 关节空间网格划分

关节空间网格划分的核心思想是将机器人工作空间按照同一步长划分为多个立体网格单元, 再利用激光跟踪仪测量机器人运动至各网格节点处的定位误差, 以此建立机器人正交空间中的定位误差库, 最后通过差值补偿方法得到机器人工作空间中任意位置处的定位误差。以同一步长对机器人工作空间进行网格分割, 网格分割的最小网格单元为立方体结构, 如图 7–16 所示。

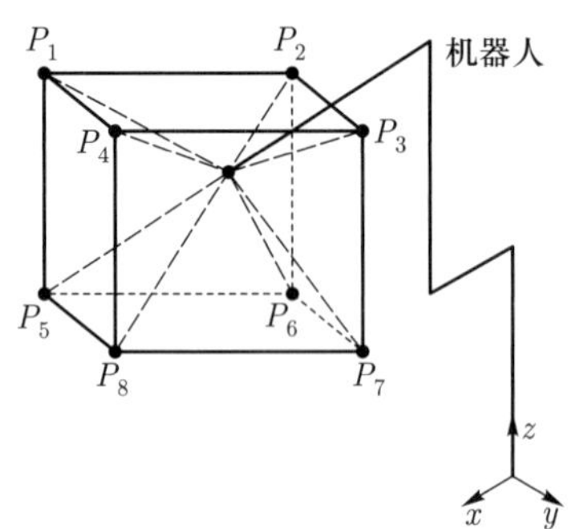

图 7–16 机器人立方体结构网格单元

网格的每个节点将对应一组机器人关节构型，由于机器人重复定位精度高，若以该组关节角驱动机器人运动，其末端实到位置与理论位置之间的误差将基本固定，即图 7-16 所示网格的每个节点 $[P_i(x_i, y_i, z_i), i = 1, \cdots, 8]$ 将对应一组机器人定位误差。各网格节点相对于机器人基坐标系的位置可以通过机器人运动学模型得到，控制机器人依次运动至各网格节点处，利用激光跟踪仪测量各网格节点处机器人末端实到位置，可以计算得各网格节点处的机器人各方向上的定位误差：

$$\begin{aligned} e_{xi} &= x_i - x_i' \\ e_{yi} &= y_i - y_i' \\ e_{zi} &= z_i - z_i' \end{aligned} \tag{7-19}$$

式中，(x_i, y_i, z_i) 为根据理论运动学计算的机器人末端位置；(x_i', y_i', z_i') 为实测末端位置；(e_{xi}, e_{yi}, e_{zi}) 为网格节点处末端位置误差。控制机器人依次运动至各网格节点处，获得机器人末端实际位置与理论位置的误差，由此可以建立机器人关节空间中的定位误差库。

7.2.2 网格差值补偿方法

实际作业中的机器人，其末端坐标系中心必定落在关节空间中某个网格单元内，其末端定位误差与网格单元各节点处的位置误差之间存在相关性，因此可以采用空间插值算法对末端定位误差进行估计。根据末端定位误差的空间相关性，可采用如下两种空间插值方法：线性组合插值法和反距离权重插值法[9-10]。

1. 线性组合插值法

线性组合插值法认为目标位姿处的定位误差为其所在网格各节点处误差的线性组合，同时要求线性组合系数的平方和最小。误差线性组合公式如下：

$$\begin{bmatrix} e_{x1} & e_{x2} & \cdots & e_{x7} & e_{x8} \\ e_{y1} & e_{y2} & \cdots & e_{y7} & e_{y8} \\ e_{z1} & e_{z2} & \cdots & e_{z7} & e_{z8} \end{bmatrix} \begin{bmatrix} a_1 \\ a_2 \\ \vdots \\ a_8 \end{bmatrix} = \begin{bmatrix} e_x \\ e_y \\ e_z \end{bmatrix} \tag{7-20}$$

同时，上式中的线性组合参数需满足以下条件

$$\begin{aligned} &\sum_{i=1}^{8} a_i = 1 \\ &\sum_{i=1}^{8} a_i^2 = \min \end{aligned} \tag{7-21}$$

式中，(e_x, e_y, e_z) 为目标点处的定位误差；(e_{xi}, e_{yi}, e_{zi}) 为目标点所在最小网格的各

网格节点的定位误差。综上, 可以得到完整的线性组合插值模型:

$$\begin{cases} \boldsymbol{a} = \boldsymbol{B}^{\mathrm{T}}(\boldsymbol{B}\boldsymbol{B}^{\mathrm{T}})^{-1}\boldsymbol{W} \\ \sum\limits_{i=1}^{8} a_i^2 = \min \end{cases} \tag{7-22}$$

式中,

$$\boldsymbol{a} = \begin{bmatrix} a_1 \\ a_2 \\ \vdots \\ a_8 \end{bmatrix}, \quad \boldsymbol{B} = \begin{bmatrix} 1 & 1 & \cdots & 1 & 1 \\ e_{x1} & e_{x2} & \cdots & e_{x7} & e_{x8} \\ e_{y1} & e_{y2} & \cdots & e_{y7} & e_{y8} \\ e_{z1} & e_{z2} & \cdots & e_{z7} & e_{z8} \end{bmatrix}, \quad \boldsymbol{W} = \begin{bmatrix} 1 \\ e_x \\ e_y \\ e_z \end{bmatrix}$$

2. 反距离权重插值法

反距离权重插值法是基于机器人目标位姿与其所在网格的各节点间的距离对定位误差进行建模, 认为目标点与网格节点的距离越小, 它们之间的误差相关性越大, 反之则越小。目标点处的定位误差即各网格点测得误差的距离加权平均值。其计算公式如下:

$$\begin{aligned} e_x &= \sum_{i=1}^{8} e_{xi} q_i \\ e_y &= \sum_{i=1}^{8} e_{yi} q_i \\ e_z &= \sum_{i=1}^{8} e_{zi} q_i \end{aligned} \tag{7-23}$$

式中, q_i 为反距离权值。由于关节网格划分是按照步长距离进行划分的, 因此有

$$d_i = \sqrt{(x - x_i)^2 + (y - y_i)^2 + (z - z_i)^2} \tag{7-24}$$

$$q_i = \frac{\dfrac{1}{d_i}}{\sum\limits_{i=1}^{8} \dfrac{1}{d_i}} \tag{7-25}$$

因此, 目标点修正后的坐标为

$$\begin{aligned} x &= x_0 + e_x \\ y &= y_0 + e_y \\ z &= z_0 + e_z \end{aligned} \tag{7-26}$$

7.2.3 非几何误差标定实验与分析

1. 实验系统构建

精度补偿实验系统如图 7–17 所示, 主要包括 KUKA KR500 机器人、API Radian 激光跟踪仪及 SpatialAnalyzer 数据采集与处理软件。激光跟踪仪与机器人间相对位置保持固定, 反射靶球座固连到机器人末端法兰上。将激光跟踪仪坐标系与机器人基坐标系进行对齐, 确定二者间精确矩阵转换关系。

图 7–17 精度补偿实验系统

2. 实验系统构建

在 300 mm × 300 mm × 300 mm 的工作空间内, 选择不同的步长对其进行分割。选用 70 mm 步长时, 将产生 125 个网格节点; 选用 50 mm 步长时, 将产生 343 个网格节点。采用激光跟踪仪分别对每个节点进行实际测量, 图 7–18 所示为理论节点值与实测节点值分布图。进而建立 300 mm × 300 mm × 300 mm 的工作空间内的误差库。

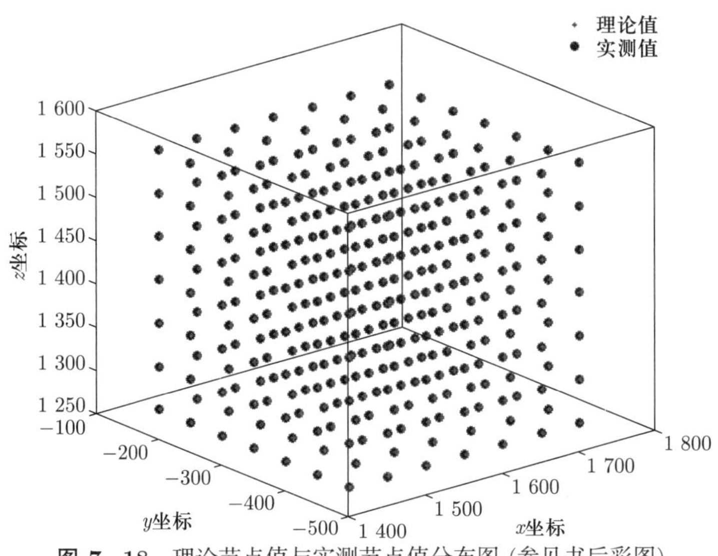

图 7–18 理论节点值与实测节点值分布图 (参见书后彩图)

然后在 300 mm × 300 mm × 300 mm 的工作空间内, 另取 10 个不同机器人位姿参数, 将产生 10 个不同的目标点, 采用反距离权重插值法, 实现对目标点的误差补偿后, 采用激光跟踪仪进行实际测量, 可以得到如图 7–19 所示的误差结果。

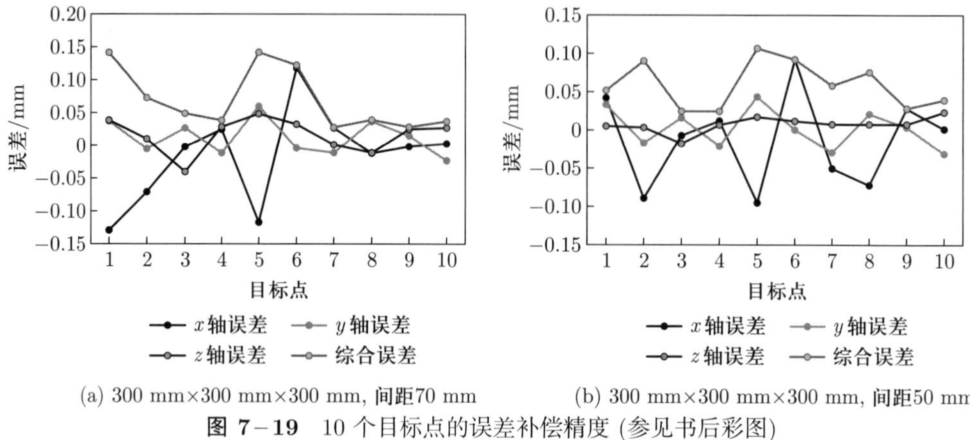

(a) 300 mm×300 mm×300 mm, 间距70 mm　(b) 300 mm×300 mm×300 mm, 间距50 mm

图 7–19　10 个目标点的误差补偿精度 (参见书后彩图)

机器人本身的定位精度相比于其重复定位精度较差, 一般在毫米级别。由图 7–19 可以得出, 通过本书的误差补偿方法, 可以将机器人定位精度提升一个数量级, 并且步长间距越小, 其定位精度越高, 最终在 50 mm 步长间距下, 机器人定位精度可以达到 0.11 mm。

7.3　机器人刚度特性分析与精度补偿

7.3.1　机器人静刚度模型

刚度为描述物体抵抗受力变形强弱的物理量。当物体受外力 f 的作用时, 将发生相应的变形 x。当外力 f 和变形 x 足够小时, 可近似认为两者满足线性关系:

$$f = kx \tag{7-27}$$

式中, k 称为刚度, 为机械结构的固有特性, 与结构的材料、尺寸及形状等因素有关。式 (7–27) 也可以写为

$$x = cf \tag{7-28}$$

式中, $c = 1/k$, 为柔度。

对于机器人而言, 机械臂在外力的作用下会产生变形, 变形的大小与机械臂的刚度以及作用力的大小有关[11–12]。变形的部位主要有连杆本身、连杆支承和关节驱动装置。对于具有细长连杆特征的机器人, 其末端执行器处的变形量绝大多数是

由连杆弱刚性发生的挠曲引起的。而一般工业机器人连杆刚度性能较优, 关节内部的减速器等传动系统的柔性是引起机器人关节变形的主要原因。因此, 刚度是在自重及其他外载荷作用时影响机器人定位精度的主要因素, 有必要对机器人的关节刚度进行研究。

1. 机器人关节刚度模型

通常机器人动力源来自各关节处的伺服电动机, 电动机输出的扭矩经减速器放大后带动与关节连接的连杆做旋转运动。当关节做旋转运动时, 关节内部齿轮副等机构在受力时将产生弹性形变, 导致整体关节转角产生一定偏差。为方便描述, 将转动关节的弹性系数用 k_i 来表示, 则有

$$\tau_i = k_i \Delta\theta_i, \quad i = 1, 2, \cdots, 6 \tag{7-29}$$

式中, τ_i 为关节力矩; $\Delta\theta_i$ 为由 τ_i 产生的关节转角变形。

将上式写成矩阵形式:

$$\boldsymbol{\tau} = \boldsymbol{K}_\theta \Delta\boldsymbol{\theta} \tag{7-30}$$

式中, $\boldsymbol{\tau}$ 为六维关节力矩向量; $\Delta\boldsymbol{\theta} = [\Delta\theta_1 \quad \Delta\theta_2 \quad \Delta\theta_3 \quad \Delta\theta_4 \quad \Delta\theta_5 \quad \Delta\theta_6]^{\mathrm{T}}$ 为关节变形向量; $\boldsymbol{K}_\theta = \mathrm{diag}(k_{\theta_1}, k_{\theta_2}, \cdots, k_{\theta_6})$ 称为关节刚度矩阵。

2. 机器人笛卡儿刚度矩阵

机器人由于末端受力 $\boldsymbol{F} = [f_1 \quad f_2 \quad f_3 \quad f_4 \quad f_5 \quad f_6]^{\mathrm{T}}$ (其中 f_4、f_5 和 f_6 为力矩), 将产生变形, 包括各关节轴处的变形 $\Delta\boldsymbol{\theta}_i = [\Delta\theta_1 \quad \Delta\theta_2 \quad \Delta\theta_3 \quad \Delta\theta_4 \quad \Delta\theta_5 \quad \Delta\theta_6]^{\mathrm{T}}$ 以及末端执行器处的变形 $\Delta\boldsymbol{X} = [\Delta x \quad \Delta y \quad \Delta z \quad \Delta a \quad \Delta b \quad \Delta c]^{\mathrm{T}}$。当末端受力 $\boldsymbol{F}$ 以及变形量 $\Delta\boldsymbol{X}$ 很小时, 两者存在线性关系, 即线性胡克定律:

$$\boldsymbol{F} = \boldsymbol{K} \Delta\boldsymbol{X} \tag{7-31}$$

式中, $\boldsymbol{K}$ 为机器人笛卡儿刚度矩阵。

因此, 式 (7-31) 可写为

$$\begin{bmatrix} f_1 \\ f_2 \\ f_3 \\ f_4 \\ f_5 \\ f_6 \end{bmatrix} = \begin{bmatrix} k_{11} & k_{12} & k_{13} & k_{14} & k_{15} & k_{16} \\ k_{21} & k_{22} & k_{23} & k_{24} & k_{25} & k_{26} \\ k_{31} & k_{32} & k_{33} & k_{34} & k_{35} & k_{36} \\ k_{41} & k_{42} & k_{43} & k_{44} & k_{45} & k_{46} \\ k_{51} & k_{52} & k_{53} & k_{54} & k_{55} & k_{56} \\ k_{61} & k_{62} & k_{63} & k_{64} & k_{65} & k_{66} \end{bmatrix} \begin{bmatrix} \Delta x \\ \Delta y \\ \Delta z \\ \Delta a \\ \Delta b \\ \Delta c \end{bmatrix} \tag{7-32}$$

3. 机器人补偿刚度矩阵

根据机器人准静态假设, 认为机器人在进行加工受到外载时发生的微小变形足够小, 以至于机器人在该姿态时的雅可比矩阵保持不变, 且机器人在进行加工时其

末端所受外力为静载荷。因此, 式 (7–31) 可写成微分形式:

$$\mathrm{d}\boldsymbol{F}=\boldsymbol{K}\mathrm{d}\boldsymbol{X} \tag{7–33}$$

再由机器人雅可比矩阵定义可得, 机器人末端变形量 $\mathrm{d}\boldsymbol{X}$ 与关节转角变量 $\mathrm{d}\boldsymbol{\theta}$ 的关系为

$$\mathrm{d}\boldsymbol{X}=\boldsymbol{J}\mathrm{d}\boldsymbol{\theta} \tag{7–34}$$

根据复合函数微分法则, 对 $\boldsymbol{\tau}=\boldsymbol{J}_{\theta}^{\mathrm{T}}\boldsymbol{F}$ 两边同时求导:

$$\mathrm{d}\boldsymbol{\tau}=(\mathrm{d}\boldsymbol{J}^{\mathrm{T}})\boldsymbol{F}+\boldsymbol{J}^{\mathrm{T}}\mathrm{d}\boldsymbol{F} \tag{7–35}$$

由上述几个公式可得

$$\boldsymbol{K}_{\theta}\mathrm{d}\boldsymbol{\theta}=\left(\frac{\partial\boldsymbol{J}^{\mathrm{T}}}{\partial\boldsymbol{\theta}}\mathrm{d}\boldsymbol{\theta}\right)\boldsymbol{F}+\boldsymbol{J}^{\mathrm{T}}\boldsymbol{K}\boldsymbol{J}\mathrm{d}\boldsymbol{\theta} \tag{7–36}$$

其中,

$$\begin{aligned}\frac{\partial\boldsymbol{J}^{\mathrm{T}}}{\partial\boldsymbol{\theta}}\mathrm{d}\boldsymbol{\theta}\boldsymbol{F}&=\left(\sum_{i=1}^{6}\frac{\partial\boldsymbol{J}^{\mathrm{T}}}{\partial\theta_i}\mathrm{d}\theta_i\right)\boldsymbol{F}\\&=\left(\sum_{i=1}^{6}\frac{\partial\boldsymbol{J}^{\mathrm{T}}}{\partial\theta_i}\boldsymbol{F}\right)\mathrm{d}\theta_i\\&=\begin{bmatrix}\dfrac{\partial\boldsymbol{J}^{\mathrm{T}}}{\partial\theta_1}&\dfrac{\partial\boldsymbol{J}^{\mathrm{T}}}{\partial\theta_2}&\dfrac{\partial\boldsymbol{J}^{\mathrm{T}}}{\partial\theta_3}&\dfrac{\partial\boldsymbol{J}^{\mathrm{T}}}{\partial\theta_4}&\dfrac{\partial\boldsymbol{J}^{\mathrm{T}}}{\partial\theta_5}&\dfrac{\partial\boldsymbol{J}^{\mathrm{T}}}{\partial\theta_6}\end{bmatrix}\boldsymbol{F}\mathrm{d}\boldsymbol{\theta}\end{aligned} \tag{7–37}$$

所以式 (7–36) 可化简为

$$\boldsymbol{K}=\boldsymbol{J}^{-\mathrm{T}}\left[\boldsymbol{K}_{\theta}-\left(\sum_{i=1}^{6}\frac{\partial\boldsymbol{J}^{\mathrm{T}}}{\partial\theta_i}\boldsymbol{F}\right)\right]\boldsymbol{J}^{-1} \tag{7–38}$$

式 (7–38) 即为机器人关节坐标系下关节刚度矩阵 $\boldsymbol{K}_{\theta}$ 到机器人基坐标系下刚度矩阵 $\boldsymbol{K}$ 的转换, 并令 $\boldsymbol{K}_{\mathrm{C}}=\displaystyle\sum_{i=1}^{6}\frac{\partial\boldsymbol{J}^{\mathrm{T}}}{\partial\theta_i}\boldsymbol{F}$, $\boldsymbol{K}_{\mathrm{C}}$ 为机器人补充刚度矩阵。补充刚度矩阵对笛卡儿空间刚度矩阵 $\boldsymbol{K}$ 的影响可忽略, 因此 $\boldsymbol{K}=\boldsymbol{J}^{-\mathrm{T}}\boldsymbol{K}_{\theta}\boldsymbol{J}^{-1}$。

7.3.2 机器人关节刚度辨识

机器人的某些参数 (关节刚度) 其制造厂商并未提供, 需经后期辨识试验获取。关节刚度作为机器人的重要参数, 可通过末端加载并测量机器人末端变形受载量来

辨识，这对机器人位姿优化以及仿真分析具有重要作用。

1. 辨识试验系统搭建

关节刚度辨识试验的硬件设备如图 7-20 所示。整个辨识试验系统由 KUKA KR210 机器人、机器人全向移动平台、载荷加载装置、API 激光跟踪仪测量系统以及 ATI 六维力测量系统组成。

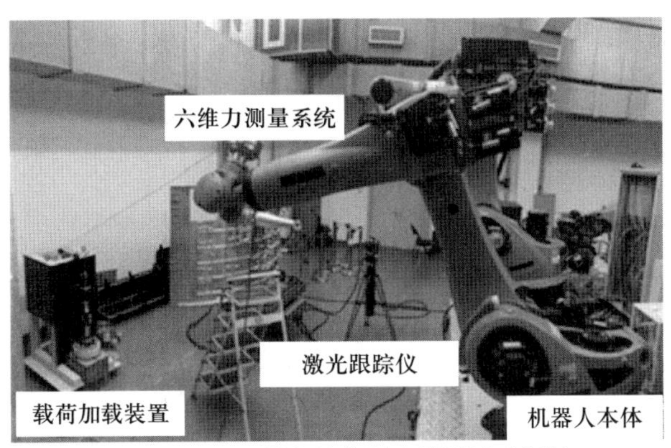

图 7-20　机器人关节刚度辨识试验硬件

2. 辨识试验原理

关节刚度辨识试验主要包括机器人位姿的选择，建立机器人各坐标系，机器人末端加载，使用力传感器对加载力进行测量以及使用激光跟踪仪对加载后的变形量进行测量。

具体试验流程如图 7-21 所示。

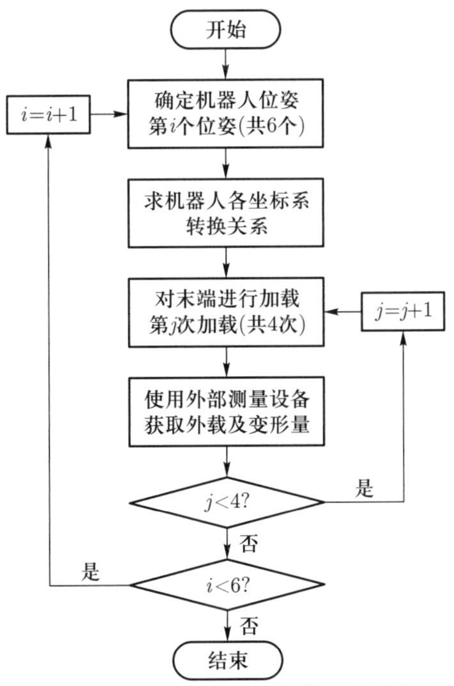

图 7-21　机器人关节刚度辨识试验流程

1) 机器人位姿确立

预计选取机器人 6 组不同的位姿进行关节刚度辨识试验。对于机器人位姿的选取需要考虑以下因素:

(1) 所选择的机器人位姿应为非奇异位姿, 使机器人有良好的可操作性和灵巧性。

(2) 所选择的机器人位姿应考虑是否与测量设备发生干涉, 不可挡到激光跟踪仪的光线。

综合以上两条因素, 给出机器人关节刚度辨识试验 6 组辨识姿态 (转角 θ 为 KUKA 机器人控制面板数值, 并非 D-H 参数中的关节转角) 如表 7–3 所示。

表 7–3 关节刚度辨识试验的机器人 6 组位姿

序号	$\theta_1/(°)$	$\theta_2/(°)$	$\theta_3/(°)$	$\theta_4/(°)$	$\theta_5/(°)$	$\theta_6/(°)$
1	0	−68.844	85.789	−34.262	−106.945	61.237
2	−12.242	−69.876	90.090	−34.696	103.227	66.995
3	−15.601	−74.773	86.168	−82.851	−96.728	82.051
4	8.250	−110.623	121.625	46.524	44.622	99.971
5	29.126	−98.598	135.896	−17.061	−61.474	29.061
6	−8.860	−83.924	73.785	−81.996	−115.880	98.603

2) 末端载荷的加载

本辨识试验是通过机器人末端六维力传感器受砝码重物的拉力进行加载的。分别设计连接法兰 (机器人端) 和连接法兰 (载荷端), 几何尺寸由机器人末端法兰及传感器尺寸决定。使用螺栓将传感器、法兰与机器人紧固连接 (图 7–22)。连接法兰 (载荷端) 端面上通过螺栓连接吊环, 用于连接滑轮组, 滑轮组上挂有砝码, 进而实现对机器人末端的加载。所施加载荷通过六维力传感器测出。

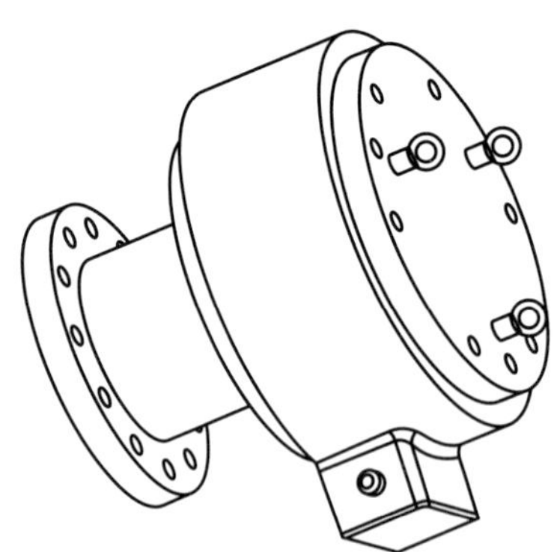

图 7–22 力传感器连接示意

本试验施加的载荷力共 5 个等级, 如表 7–4 所示, 分别通过钢丝缆绳施加在六维力传感器上。

表 7-4 施加载荷力大小

序号	负载大小
负载 1	无负载
负载 2	砝码托盘 39.2 N+ 砝码盘 99.8 N $\times$ 1 = 139 N
负载 3	砝码托盘 39.2 N+ 砝码盘 99.8 N $\times$ 3 = 338.6 N
负载 4	砝码托盘 39.2 N+ 砝码盘 99.8 N $\times$ 5 = 538.2 N
负载 5	砝码托盘 39.2 N+ 砝码盘 99.8 N $\times$ 7 = 737.8 N

3) 变形量的测量

将靶标球贴在末端连接法兰处, 在末端连接法兰施加载荷前后, 通过激光跟踪仪测量分别记录靶标位置并通过位姿变换算法计算出变形量。将机器人变形量写成 $\Delta\boldsymbol{X} = [\Delta x \quad \Delta y \quad \Delta z \quad \Delta a \quad \Delta b \quad \Delta c]^{\mathrm{T}}$ 的形式。

4) 关节刚度的计算

机器人刚度从关节坐标系下的关节刚度 $\boldsymbol{K}_\theta$ 到基坐标系下的刚度矩阵 $\boldsymbol{K}$ 的转化为

$$\boldsymbol{K} = \boldsymbol{J}^{-\mathrm{T}}\boldsymbol{K}_\theta\boldsymbol{J}^{-1} \tag{7-39}$$

再次根据胡克定律, 机器人末端受力 $\boldsymbol{F}$ 与末端变形 $\Delta\boldsymbol{X}$ 的关系为

$$\boldsymbol{F} = \boldsymbol{K}\Delta\boldsymbol{X} = \boldsymbol{J}^{-\mathrm{T}}\boldsymbol{K}_\theta\boldsymbol{J}^{-1}\Delta\boldsymbol{X} \tag{7-40}$$

为简化计算, 避免求解雅可比矩阵的逆 $\boldsymbol{J}^{-1}$, 将上式变形为

$$\Delta\boldsymbol{X} = \boldsymbol{J}\boldsymbol{K}_\theta^{-1}\boldsymbol{J}^{\mathrm{T}}\boldsymbol{F} \tag{7-41}$$

并令 $\boldsymbol{C}_\theta = \boldsymbol{K}_\theta^{-1}$, 为机器人关节柔度矩阵, 上式写成矩阵形式:

$$\begin{aligned}\Delta\boldsymbol{X} &= \begin{bmatrix} J_{11} & \cdots & J_{16} \\ \vdots & & \vdots \\ J_{61} & \cdots & J_{66} \end{bmatrix} \begin{bmatrix} C_{\theta 1} & & \\ & \ddots & \\ & & C_{\theta 6} \end{bmatrix} \begin{bmatrix} J_{11} & \cdots & J_{61} \\ \vdots & & \vdots \\ J_{16} & \cdots & J_{66} \end{bmatrix} \begin{bmatrix} f_1 \\ \vdots \\ f_6 \end{bmatrix} \\ &= \begin{bmatrix} \sum\limits_{i=1}^{6}\left(C_{\theta i}J_{1i}\sum\limits_{j=1}^{6}J_{ji}f_j\right) \\ \vdots \\ \sum\limits_{i=1}^{6}\left(C_{\theta i}J_{6i}\sum\limits_{j=1}^{6}J_{ji}f_j\right) \end{bmatrix}\end{aligned} \tag{7-42}$$

式中的 $C_{\theta i}$ 作为需辨识的变量, 将其分离:

$$\Delta \boldsymbol{X}=\begin{bmatrix} x \\ y \\ z \\ \Delta a \\ \Delta b \\ \Delta c \end{bmatrix}=\begin{bmatrix} J_{11}\sum_{j=1}^{6}J_{j1}f_j & J_{12}\sum_{j=1}^{6}J_{j2}f_j & \cdots & J_{16}\sum_{j=1}^{6}J_{j6}f_j \\ J_{21}\sum_{j=1}^{6}J_{j1}f_j & J_{22}\sum_{j=1}^{6}J_{j2}f_j & \cdots & J_{26}\sum_{j=1}^{6}J_{j6}f_j \\ \vdots & \vdots & & \vdots \\ J_{61}\sum_{j=1}^{6}J_{j1}f_j & J_{62}\sum_{j=1}^{6}J_{j2}f_j & \cdots & J_{66}\sum_{j=1}^{6}J_{j6}f_j \end{bmatrix}\begin{bmatrix} c_{\theta 1} \\ c_{\theta 2} \\ c_{\theta 3} \\ c_{\theta 4} \\ c_{\theta 5} \\ c_{\theta 6} \end{bmatrix} \tag{7-43}$$

为方便描述, 将式写成 $\Delta\boldsymbol{X}=\boldsymbol{L}\boldsymbol{C}_\theta$, 其中系数矩阵 $\boldsymbol{L}$ 与机器人位姿以及末端所受载荷有关, 将某种位姿下的雅可比矩阵各元素 J_{ij} 以及机器人末端所受载荷力向量各元素 f_i 代入, 即可求得系数矩阵 $\boldsymbol{L}$。在关节刚度辨识试验中, 为减小误差, 提升辨识精度及准确性, 需在不同位姿及末端外载荷的条件下进行多次试验。设共进行 n 次试验, 第 m 次试验时末端变形向量、系数矩阵分别为 $\Delta\boldsymbol{X}_m$ 和 $\boldsymbol{L}_m$。因此机器人关节刚度辨识模型方程为

$$\begin{bmatrix} \Delta\boldsymbol{X}_1 \\ \vdots \\ \Delta\boldsymbol{X}_m \\ \vdots \\ \Delta\boldsymbol{X}_n \end{bmatrix}=\begin{bmatrix} \boldsymbol{L}_1 \\ \vdots \\ \boldsymbol{L}_m \\ \vdots \\ \boldsymbol{L}_n \end{bmatrix}\begin{bmatrix} c_{\theta 1} \\ c_{\theta 2} \\ c_{\theta 3} \\ c_{\theta 4} \\ c_{\theta 5} \\ c_{\theta 6} \end{bmatrix} \tag{7-44}$$

观察式 (7–44) 可知, 机器人末端变形向量 $\Delta\boldsymbol{X}=[\Delta\boldsymbol{X}_1\cdots\Delta\boldsymbol{X}_m\cdots\Delta\boldsymbol{X}_n]^{\mathrm{T}}$ 为 $6n\times 1$ 的, 系数矩阵 $\boldsymbol{L}=[\boldsymbol{L}_1\cdots\boldsymbol{L}_m\cdots\boldsymbol{L}_n]^{\mathrm{T}}$ 为 $6n\times 6$ 的, 关节柔度向量 $\boldsymbol{C}_\theta$ 为 6×1 的。因此机器人关节刚度辨识方程为超定方程组, 没有精确解, 比较常用的方法为最小二乘法, 即在不能求解出精确解前提下, 尽可能求得最接近精确解的解 $\widetilde{\boldsymbol{C}_\theta}$ 使 $\boldsymbol{L}\boldsymbol{C}_\theta$ 最大程度地接近 $\Delta\boldsymbol{X}$, 即

$$\min e(\widetilde{\boldsymbol{C}_\theta})=\frac{1}{2}\|L\boldsymbol{C}_\theta-\Delta\boldsymbol{X}\|^2 \tag{7-45}$$

式中, $\widetilde{\boldsymbol{C}_\theta}$ 为机器人关节刚度辨识方程的最小二乘解:

$$\widetilde{\boldsymbol{C}_\theta}=(\boldsymbol{L}^{\mathrm{T}}\boldsymbol{L})^{-1}\boldsymbol{L}^{\mathrm{T}}\Delta\boldsymbol{X} \tag{7-46}$$

式中, $(\boldsymbol{L}^{\mathrm{T}}\boldsymbol{L})^{-1}\boldsymbol{L}^{\mathrm{T}}$ 称为系数矩阵 $\boldsymbol{L}$ 的广义逆, 在 MATLAB 软件中可以通过 pinv($\boldsymbol{L}$) 指令实现。

5) 试验过程

(1) 操控机器人全向移动平台至合适位置, 保证线缆在安全长度范围内;

(2) 布置激光跟踪仪于合适位置, 保证测量过程中光路畅通;

(3) 连接辨识试验载荷加载装置;

(4) 使用胶枪在连接法兰 (载荷端) 端面上粘贴 3 个靶标座, 用来安装激光靶球, 使用激光跟踪仪对未施加砝码时测量 3 点位置;

(5) 在滑轮组末端的砝码托盘上挂上相应质量的砝码;

(6) 使用六维力传感器测量所施加外载, 并使用外部计算机读出外载大小;

(7) 再次使用激光跟踪仪对未施加砝码时测量 3 点位置;

(8) 逐渐添加砝码个数, 并进行多次测量;

(9) 调整机器人其他位姿, 重复上述 (4)~(8) 步。

3. 刚度辨识数据处理

1) 载荷力的数据处理

预计在机器人末端施加 4 组不同载荷。使用砝码滑轮组对机器人末端进行加载, 通过增减砝码以及移动整个滑轮组来改变对机器人末端施加外载的大小及方向。通过连接法兰将六维力传感器装配在机器人末端, 用于测量试验所施加的外载。六维力传感器通过安装法兰与末端相连, 如图 7–23 所示。

图 7–23 力传感器安装示意

六维力传感器可直接获取施加在末端的外载, 所测得的力矩向量 $\boldsymbol{F}$ 是在六维力传感器自身坐标系下的描述, 而机器人其他运动学参数以及速度雅可比矩阵都是在机器人基坐标系下表示的。因此, 在分析和求解不同坐标系下的受力问题时, 需要进行力的坐标转换。不同坐标系下的力转换即已知在结构固定物体上不同的坐标系和在其中一坐标系下的受力 (力矩), 求解该力在另一坐标系下的等效力 (力矩), 力转换的原则是等效力对于物体具有和原力相同的作用效果且不影响机器人连杆的平衡状态。

机器人末端受力 $\boldsymbol{F}=[f_1 \quad f_2 \quad f_3 \quad f_4 \quad f_5 \quad f_6]^{\mathrm{T}}$ 为 6×1 维力向量, 可写成:

$$\boldsymbol{F}=\begin{bmatrix}\widetilde{\boldsymbol{F}}\\ \widetilde{\boldsymbol{N}}\end{bmatrix} \tag{7-47}$$

式中, $\widetilde{\boldsymbol{F}}$、$\widetilde{\boldsymbol{N}}$ 分别为 3×1 维的力向量和力矩向量。可以通过 6×6 阶变换矩阵 $\boldsymbol{D}$ 将力向量和力矩向量从一个坐标系映射到另一个坐标系, 实现力的坐标转换:

$$\begin{bmatrix} {}^{A}\boldsymbol{F}_A \\ {}^{A}\boldsymbol{N}_A \end{bmatrix} = \boldsymbol{D} \begin{bmatrix} {}^{B}\boldsymbol{F}_B \\ {}^{B}\boldsymbol{N}_B \end{bmatrix} = \begin{bmatrix} {}_{B}^{A}\boldsymbol{R} & \boldsymbol{0} \\ {}^{A}\boldsymbol{P}_{\mathrm{BORG}}\times {}_{B}^{A}\boldsymbol{R} & {}_{B}^{A}\boldsymbol{R} \end{bmatrix} \begin{bmatrix} {}^{B}\boldsymbol{F}_B \\ {}^{B}\boldsymbol{N}_B \end{bmatrix} \tag{7-48}$$

式中, ${}^{A}\boldsymbol{P}_{\mathrm{BORG}}\times$ 可以看作矩阵算子:

$$ {}^{A}\boldsymbol{P}_{\mathrm{BORG}}\times = \begin{bmatrix} 0 & -p_z & p_y \\ p_z & 0 & -p_x \\ -p_y & p_x & 0 \end{bmatrix} \tag{7-49}$$

${}^{A}\boldsymbol{P}_{\mathrm{BORG}}$ 为坐标系 $\{B\}$ 的原点相对于坐标系 $\{A\}$ 的位置:

$$ {}^{A}\boldsymbol{P}_{\mathrm{BORG}} = \begin{bmatrix} p_x \\ p_y \\ p_z \end{bmatrix} \tag{7-50}$$

2) 变形量的数据处理

本辨识试验对末端法兰变形量的测量是在机器人基坐标系 {BASE} 下进行的, 与力矩向量相同, 需将末端变形向量转换到机器人第六轴末端坐标系下表示, 类似的有:

$$\begin{bmatrix} {}^{\mathrm{TOOL}}\Delta\boldsymbol{x} \\ {}^{\mathrm{TOOL}}\Delta\boldsymbol{\omega} \end{bmatrix} = \boldsymbol{D} \begin{bmatrix} {}^{\mathrm{BASE}}\Delta\boldsymbol{x} \\ {}^{\mathrm{BASE}}\Delta\boldsymbol{\omega} \end{bmatrix} = \begin{bmatrix} {}_{\mathrm{BASE}}^{\mathrm{TOOL}}\boldsymbol{R} & {}^{\mathrm{TOOL}}\boldsymbol{P}_{\mathrm{BASE}}\times {}_{\mathrm{BASE}}^{\mathrm{TOOL}}\boldsymbol{R} \\ \boldsymbol{0}_{3\times 3} & {}_{\mathrm{BASE}}^{\mathrm{TOOL}}\boldsymbol{R} \end{bmatrix} \begin{bmatrix} {}^{\mathrm{BASE}}\Delta\boldsymbol{x} \\ {}^{\mathrm{BASE}}\Delta\boldsymbol{\omega} \end{bmatrix} \tag{7-51}$$

在激光跟踪仪配套的 SpatialAnalyzer 软件中对靶标点 A_1、A_2、A_3 进行测量, 软件测量界面如图 7−24 所示。SpatialAnalyzer 可显示所测靶标点位置以及不同坐标系间的转换关系。

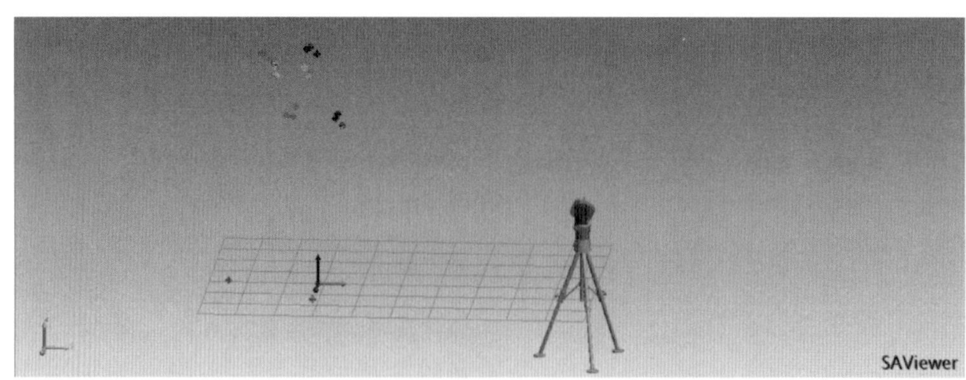

图 7−24 SpatialAnalyzer 测量界面

4. 机器人关节刚度求解

在机器人关节刚度辨识模型中，雅可比矩阵各元素在确定机器人位姿条件下是已知的，且机器人末端受力以及末端变形量可通过外部测量设备获取，式中只有机器人关节柔度唯一未知量，便可通过最小二乘法求得。此试验共选取 6 种不同位姿，每种位姿分别施加 4 种大小方向不同的外载荷，共 1 824 次辨识试验。因此矩阵 $[\boldsymbol{L}_1 \quad \cdots \quad \boldsymbol{L}_{12}]^{\mathrm{T}}$ 为 108×6 矩阵，在众多实验数据中，需观察辨识结果的分布趋势，取其中数值稳定的辨识结果 (图 7-25)。

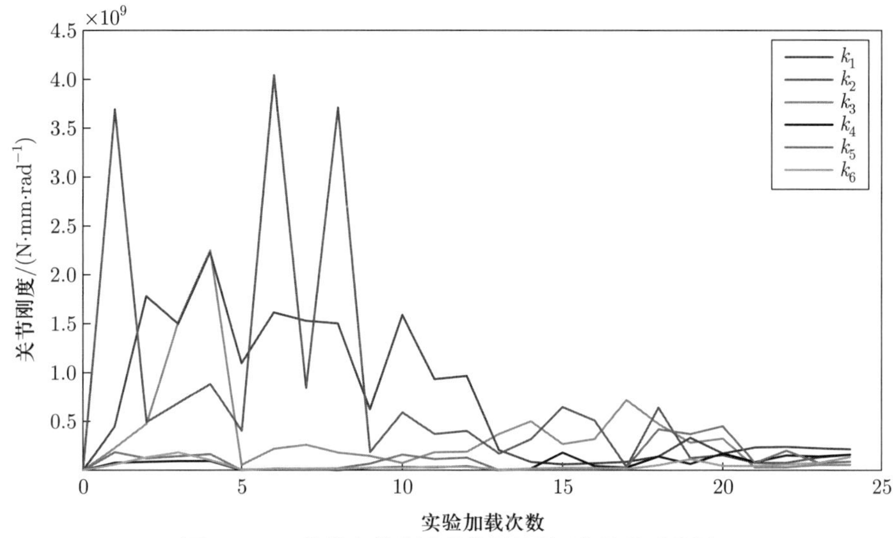

图 7-25 机器人关节刚度辨识结果 (参见书后彩图)

最后求得关节刚度向量 $\boldsymbol{K}_\theta$ (单位为 $\mathrm{N \cdot mm/rad}$) 为

$$\boldsymbol{K}_\theta = [1.75 \times 10^8 \quad 1.87 \times 10^8 \quad 2.34 \times 10^8 \quad 0.82 \times 10^8 \quad 1.31 \times 10^8 \quad 0.63 \times 10^8] \tag{7-52}$$

7.3.3 基于刚度的机器人位姿优化

对于一般空间运动轨迹，5 个自由度即可满足机器人加工位姿要求。而本书采用的 KUKA KR500 机器人拥有 6 个旋转关节，冗余自由度的出现使得机器人在面向同一加工对象时允许存在多种不同位姿，如图 7-26 所示。

在连杆刚性假设前提下，机器人在笛卡儿空间内的整体刚度与关节刚度以及各关节转角有关。因此，在上述多种不同位姿中存在一组位姿，使得机器人刚度性能最优。基于刚度的机器人位姿优化流程如图 7-27 所示。

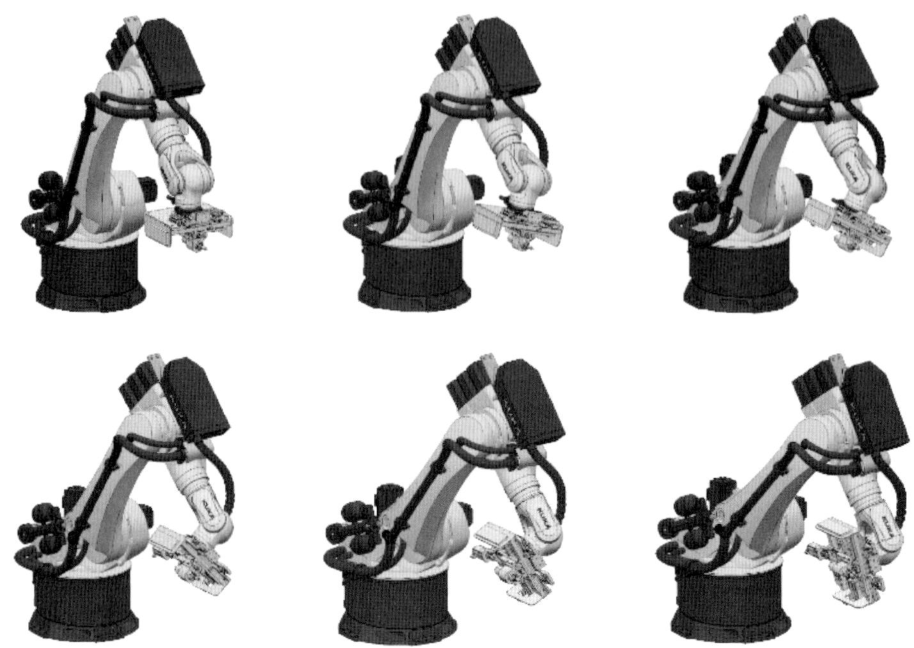

图 7-26 面向同一加工对象的不同位姿

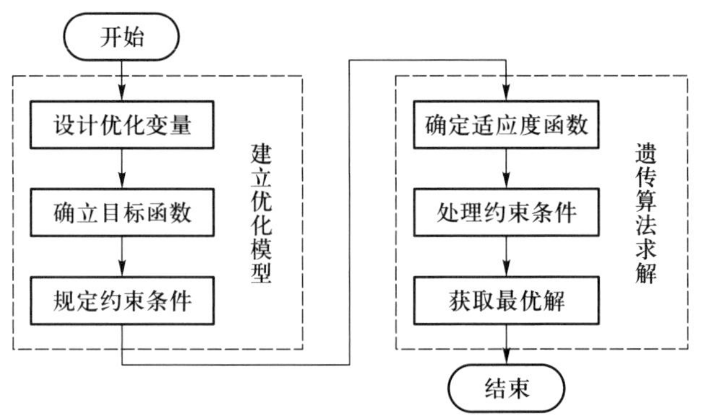

图 7-27 基于刚度的机器人位姿优化流程

1. 建立优化模型

1) 设计优化变量

设优化问题的目标为获取一组面向某一待铣削加工位置的关节转角, 该组转角需满足所有约束条件, 且使机器人在该位姿下刚度性能最优。机器人自身 6 个关节转角为待确定的优化变量, 写成向量形式为

$$\boldsymbol{\theta}=[\theta_1 \quad \theta_2 \quad \theta_3 \quad \theta_4 \quad \theta_5 \quad \theta_6] \tag{7-53}$$

式中, $\theta_1 \sim \theta_6$ 为机器人关节转角。

2) 确立目标函数

笛卡儿刚度矩阵 $\boldsymbol{K}$ 是描述机器人整体刚度性能的最直接表征。然而 $\boldsymbol{K}$ 为张量表述, 不能直观地描述刚度性能的优劣, 因此需要引入标量判据。

面向铣削加工任务, 需考虑机器人位姿构型在铣削平面内的刚度性能优劣。如图 7–28 所示, 在待加工工件切向沿刀具轨迹作一系列铣削平面, 平面过柔度椭球球心, 并与柔度椭球相交呈一椭圆。结合机器人柔度椭球表达式, 可得出切平面椭圆解析式:

$$\begin{cases}\dfrac{x^2}{\lambda_1^2}+\dfrac{y^2}{\lambda_2^2}+\dfrac{z^2}{\lambda_3^2}=1\\ x\cos\alpha_\tau+y\cos\beta_\tau+z\cos\gamma_\tau=0\end{cases} \tag{7–54}$$

式中, $\cos\alpha_\tau$、$\cos\beta_\tau$、$\cos\gamma_\tau$ 为切平面单位法向量的方向余弦。由切平面椭圆解析式可求得其半长轴为 $\lambda_{\tau1}$、半短轴为 $\lambda_{\tau2}$。

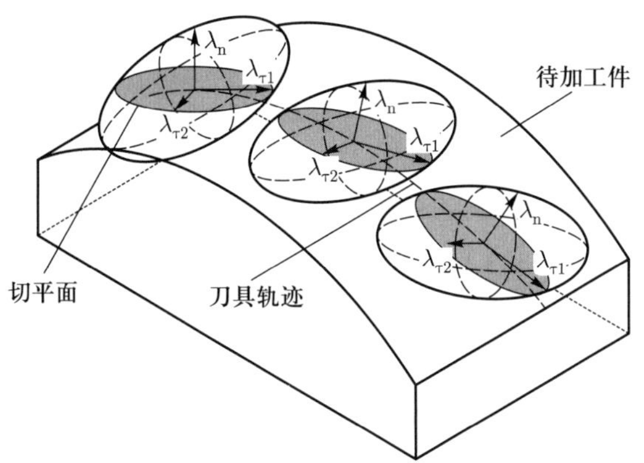

图 7–28 面向铣削任务的柔度椭球

过机器人柔度椭球球心的切平面法线可表示为

$$\frac{x}{\cos\alpha_\tau}=\frac{y}{\cos\beta_\tau}=\frac{z}{\cos\gamma_\tau} \tag{7–55}$$

可求得沿铣削平面法向的椭球半长轴为 λ_n 为

$$\lambda_n=\frac{\lambda_1\lambda_2\lambda_3}{\sqrt{\lambda_2^2\lambda_3^2\cos^2\alpha_\tau+\lambda_1^2\lambda_3^2\cos^2\beta_\tau+\lambda_1^2\lambda_2^2\cos^2\gamma_\tau}} \tag{7–56}$$

为评价铣削平面内的刚度性能, 提出了各向同性度 $\mu=\lambda_{\tau2}/\lambda_{\tau1}$ 以及相交椭圆短半轴长度 $\lambda_{\tau2}$。各向同性度越大或短半轴越短, 表明铣削平面内刚度性能越优, 可适度提升铣削进给速度。铣削平面法向评价指标 λ_n 的值越小, 说明机器人在铣削平面法向刚度越优, 可减小加工误差。

为简化计算, 选取加工面椭圆短半轴函数 $\lambda_{\tau2}$ 以及法向评价指标函数 λ_n (二者均为以 $\boldsymbol{\theta}$ 为优化变量的多元函数), 因此该优化问题为多变量、多目标优化问题, 运用权重系数变换法给出优化目标函数:

$$f(\boldsymbol{\theta}) = w_1\lambda_{\tau 2}(\boldsymbol{\theta}) + w_2\lambda_{\mathrm{n}}(\boldsymbol{\theta}) \tag{7-57}$$

式中, w_1、w_2 为各优化目标的权重。

3) 规定约束条件

优化问题的约束条件可分为界限约束和性态约束。界限约束一般是对优化变量阈值的限值, 性态约束是对系统功能及在外界因素作用下系统产生响应的限值。

(1) 界限约束。

基于刚度性能位姿优化的界限约束为各轴转角的范围, 需考虑机器人自身关节转角及末端执行器导轨的行程限制; 此外还需保证机器人运动过程中避免连杆干涉。因此, 规定优化变量 $\boldsymbol{\theta}$ 的范围如表 7-5 所示。

表 7-5　机器人各关节转角的范围

$\theta_1/(°)$	$\theta_2/(°)$	$\theta_3/(°)$	$\theta_4/(°)$	$\theta_5/(°)$	$\theta_6/(°)$
$-45 \sim 45$	$-140 \sim -30$	$38 \sim 120$	$-350 \sim 350$	$-118 \sim 106$	$-350 \sim 350$

则可确定优化变量的界限约束:

$$\theta_i \in [\theta_{i\min}, \theta_{i\max}] \tag{7-58}$$

(2) 性态约束。

基于刚度性能位姿优化的性态约束为机器人需满足相应加工位姿要求。面向铣削加工任务, 全向移动平台将铣削机器人加工系统移至适当位置, 通过机器人各关节以及末端执行器的两自由度的进给运动使机器人末端刀尖点与待加工点的位置满足极小误差要求, 且铣削刀轴方向与待加工面法向的方向偏差角也在极小误差内。

定义机器人刀尖点的位姿偏差为

$$\Delta\boldsymbol{T} = [\Delta x \quad \Delta y \quad \Delta z \quad \Delta\alpha \quad \Delta\beta \quad \Delta\gamma] \tag{7-59}$$

式中, Δx、Δy、Δz 为末端刀尖点的位置偏差; $\Delta\alpha$、$\Delta\beta$、$\Delta\gamma$ 为末端刀尖点的姿态角度偏差。位置偏差及姿态角偏差须满足一定精度, 即

$$\sqrt{\Delta x^2 + \Delta y^2 + \Delta z^2} \leqslant \delta, \quad \max\{\Delta\alpha, \Delta\beta, \Delta\gamma\} \leqslant \varepsilon \tag{7-60}$$

式中, δ、ε 为正极小数。为满足实际铣削作业需求, $\delta = 0.1\ \mathrm{mm}$, $\varepsilon = 0.1°$。

机器人位姿偏差均为优化变量 $\boldsymbol{\theta}$ 的函数, 因此优化变量的性态约束可写为

$$E(\boldsymbol{\theta}) = \{\delta(\boldsymbol{\theta}), \varepsilon(\boldsymbol{\theta})\} \tag{7-61}$$

4) 确定优化模型

根据上述提出的优化变量、目标函数以及界限/性态约束条件, 可得出基于刚度性能的位姿优化模型:

求得一组铣削机器人系统关节变量 $\boldsymbol{\theta}$

$$\begin{cases} \min f(\boldsymbol{\theta}) \\ s.t.\ \ \theta_i \in [\theta_{i\,\min}, \theta_{i\,\max}] \\ \qquad E(\boldsymbol{\theta}) = 0 \end{cases} \tag{7-62}$$

该模型为多优化变量、多优化目标, 同时拥有等式与不等式约束条件的优化问题。

2. 遗传算法求解

1) 遗传算法简介

最优化问题目前可运用梯度下降法、消元法、拉格朗日法和 KKT 法。这些经典优化算法的求解结果精度受初值影响较大, 且仅适合求解局部最优解。

遗传算法是一种模拟生物进化自然选择过程的非确定性搜索方法, 源于达尔文的进化论和孟德尔的遗传定律。该方法具有求解效率高、多目标并行等优点, 适合求解优化问题的全局解。该方法首先根据待求解问题分析评估问题中个体特性, 设计指定适应度函数; 其次挑选出适应度函数值较高的个体; 再将这些个体进行多代迭代; 最后选取适应度函数值最高的个体作为最优解。

遗传算法流程如图 7－29 所示。

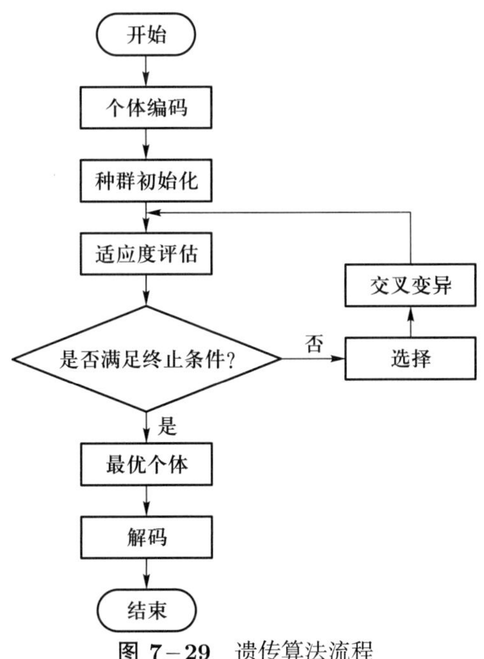

图 7－29 遗传算法流程

2) 适应度函数的确立

在遗传算法中，每一代生成的个体与问题最终最优解的相似度定义为适应度，同时也用来衡量自然选择的优劣。在每一代个体中，拥有较大概率遗传到下一代的均为适应度高的个体，适应度低的个体其概率会小一些。描述遗传个体适应度大小的函数称为适应度函数。

遗传算法的收敛性和效率在绝大多数情况下取决于适应度函数的选取。适应度函数描述个体延续到下一代的概率，一般具有单值、非负等性质。适应度函数与目标函数之间存在相应的映射关系，因此可通过对目标函数进行相应转换来获得适应度函数。由于本次位姿优化为目标函数最小值问题，故构造适应度函数 $g(\boldsymbol{\theta})$ 如下：

$$g(\boldsymbol{\theta})=\begin{cases}c_{\max}-f(\boldsymbol{\theta}), & f(\boldsymbol{\theta})\leqslant c_{\max}\\ 0, & \text{其他}\end{cases} \tag{7-63}$$

式中，$c_{\max}$ 为目标函数 $f(\boldsymbol{\theta})$ 的最大估计值。

3) 适应度函数的验证

为验证适应度函数的正确性，选取机器人刀尖点位置与优化位姿相同的 4 组不同的机器人冗余位姿 (表 7-6)，使用砝码盘对末端进行加载，所加载的砝码均为 737.8 N，并测量各组位姿下的末端变形量 (表 7-7)。

表 7-6　机器人冗余位姿

位姿	关节转角/(°)					
	θ_1	θ_2	θ_3	θ_4	θ_5	θ_6
1	−4.512	−63.932	103.263	18.839	53.130	16.206
2	−8.468	−61.606	103.741	35.867	57.796	30.678
3	−11.750	−57.984	104.228	49.943	65.186	42.549
4	−14.154	−53.296	104.597	61.066	74.504	51.833
5	−15.536	−47.718	104.628	69.806	85.137	59.040

表 7-7　不同冗余位姿下的变形量

位姿	变形量/mm	适应度
1	0.836	3.08×10^6
2	1.609	4.25×10^6
3	1.831	4.84×10^6
4	2.257	6.35×10^6
5	2.796	7.18×10^6

由表 7–7 可以看出, 优化后的位姿 1 其刚度性能指标最大, 受载后末端变形量最小, 表明该优化能提升机器人的刚度性能, 可增强机器人抗变形能力。

4) 处理约束条件

对于遗传算法约束条件, 现阶段并没有固定的处理方法, 需针对具体约束条件进行具体分析。一般地, 对于优化变量的界限约束, 采用将有约束转化为无约束优化问题; 对于性态约束, 可采用可行域限定法、可行解变换法以及罚函数法等。

(1) 界限约束条件的处理。

界限约束条件的处理方法是将优化问题无约束化, 即将优化变量的可行域拓展转化到区间 $(-\infty,+\infty)$。

对于优化变量 $\boldsymbol{\theta}$ 上下限约束: $\theta_i \in [\theta_{i\min},\theta_{i\max}]$, 可通过变量代换的方法将变量 $\boldsymbol{\theta}$ 无约束化, 引入反正切函数 $\boldsymbol{\theta}=\arctan(\boldsymbol{\psi})$, 当 $\boldsymbol{\theta}$ 在 $\left[-\dfrac{\pi}{2},\dfrac{\pi}{2}\right]$ 内变化时, $\boldsymbol{\psi}$ 在 $(-\infty,+\infty)$ 内分布。因此对 $\boldsymbol{\theta}$ 进行代换计算:

$$\begin{cases}\psi_1=\tan 2\theta_1\\ \psi_2=\tan\left(\dfrac{18\theta_2}{11}+\dfrac{17\pi}{22}\right)\\ \psi_3=\tan\left(\dfrac{90\theta_3}{41}+\dfrac{79\pi}{82}\right)\\ \psi_4=\tan\dfrac{9\theta_4}{35}\\ \psi_5=\tan\left(\dfrac{45\theta_5}{56}+\dfrac{3\pi}{112}\right)\\ \psi_6=\tan\dfrac{9\theta_6}{35}\end{cases} \tag{7-64}$$

由此反求出 $\boldsymbol{\theta}$ 为

$$\begin{cases}\theta_1=\dfrac{1}{2}\arctan\psi_1\\ \theta_2=\dfrac{11}{18}\arctan\psi_2-\dfrac{17}{36}\pi\\ \theta_3=\dfrac{41}{90}\arctan\psi_3-\dfrac{79}{180}\pi\\ \theta_4=\dfrac{35}{9}\arctan\psi_4\\ \theta_5=\dfrac{56}{45}\arctan\psi_5-\dfrac{1}{30}\pi\\ \theta_6=\dfrac{35}{9}\arctan\psi_6\end{cases} \tag{7-65}$$

(2) 性态约束条件的处理。

基于刚度的位姿优化采用罚函数法处理此类约束。该方法是在某一代个体存在不满足约束条件时，在适应度函数中添加一项惩罚函数，达到使该个体适应度降低的目的，使算法更快剔除劣势个体，并求出最优解。修改后的适应度函数 $G(\boldsymbol{\theta})$ 为

$$G(\boldsymbol{\theta})=\begin{cases}g(\boldsymbol{\theta}), & \text{满足性态约束}\\ g(\boldsymbol{\theta})-P(\boldsymbol{\theta}), & \text{不满足性态约束}\end{cases} \tag{7-66}$$

式中，$P(\boldsymbol{\theta})$ 为罚函数；$G(\boldsymbol{\theta})$ 为修改后的适应度函数。

为实现机器人铣削加工，需通过各关节角转动使末端刀尖点到达待加工位置且刀具姿态与待加工工件表面法向重合，即满足约束：$E(\boldsymbol{\theta})=0$。因此，构建罚函数如下：

$$P(\boldsymbol{\theta})=\mu p(\boldsymbol{\theta})=\mu\varphi[E(\boldsymbol{\theta})] \tag{7-67}$$

式中，μ 为惩罚因子；函数 $\varphi(x)$ 满足：

$$\varphi(x)\begin{cases}>0, & x\neq 0\\ =0, & x=0\end{cases} \tag{7-68}$$

相关研究表明，惩罚因子与问题特性及任务分配特点有关。函数 $\varphi(x)$ 的经典取法为 $\varphi(x)=|x|^p$，其中 p 为正整数，通常取 $p=2$，相应的罚函数称为二次罚函数。

因此，基于刚度的位姿优化模型可写为

$$\begin{cases}\max g(\boldsymbol{\theta})-\mu p(\boldsymbol{\theta})\\ s.t.\quad \boldsymbol{\theta}\in \mathbf{R}^6\end{cases} \tag{7-69}$$

3. 优化结果

在 MATLAB 中可调用优化工具包中的遗传算法工具，该工具包具有定义优化问题、设置优化条件等功能。

在 Optimization Tool 中设置各选项参数，该工具箱是以适应度最小化为优化目标。如图 7-30 所示，随着算法不断迭代，优化种群的最佳适应度和平均适应度逐渐减小并趋于稳定。最优位姿所对应的关节转角为

$$\boldsymbol{\theta}=[-4.512^\circ \quad -63.932^\circ \quad 103.263^\circ \quad 18.839^\circ \quad 53.130^\circ \quad 16.206^\circ]$$

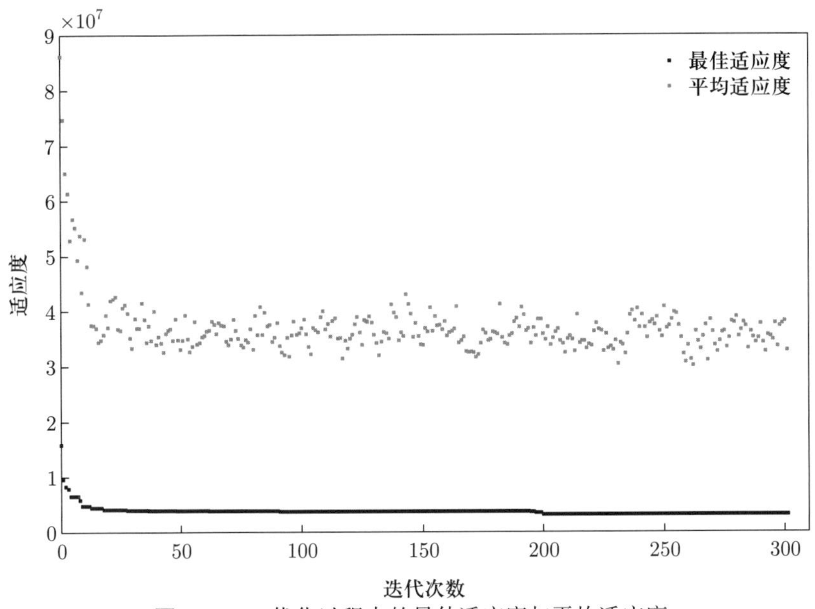

图 7−30 优化过程中的最佳适应度与平均适应度

7.3.4 铣削精度实验与分析

1. 铣削实验环境搭建

机器人铣削实验硬件设备包括 KUKA KR500 机器人、铣削末端执行器、铣削工作台。待加工件选取镁铝 5A06 合金, 具有较高的强度, 其条件屈服强度 $\sigma_{0.2} \geqslant$ 160 MPa, 每次铣削尺寸为 80 mm × 80 mm。图 7−31 为机器人铣削正交实验环境。

图 7−31 机器人铣削正交实验环境

2. 机器人铣削实验

为进一步验证优化结果的正确性, 选取机器人刀尖点位置与优化位姿相同的机器人不同冗余位姿进行机器人铣削实验，加工位姿如表 7–8 所示。

表 7–8　铣削实验机器人位姿

位姿	关节转角/(°)					
	θ_1	θ_2	θ_3	θ_4	θ_5	θ_6
1	−4.512	−63.932	103.263	18.839	53.130	16.206
2	−8.468	−61.606	103.741	35.867	57.796	30.678
3	−11.750	−57.984	104.228	49.943	65.186	42.549
4	−14.154	−53.296	104.597	61.066	74.504	51.833

对 5A06 铝合金进行平面铣削，选取表中机器人不同冗余位姿作为铣削加工进刀点初始位姿 (位姿 1 为优化后机器人位姿，其余位姿为末端刀尖点处于相同位置下的冗余位姿)。机器人铣削加工是以工件坐标系为工作坐标系，由于铣削平面较小，机器人过程中位姿是基于进刀点的初始位姿并保持刀具与加工平面法向一致的条件下变化的。铣削工艺参数：电主轴转速为 7 000 r/min，进给速度为 80 mm/min。铣削加工结果如图 7–32 所示。

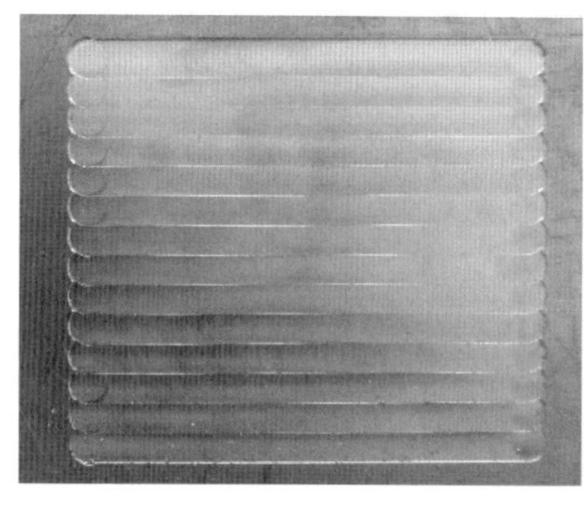

(a) 位姿1

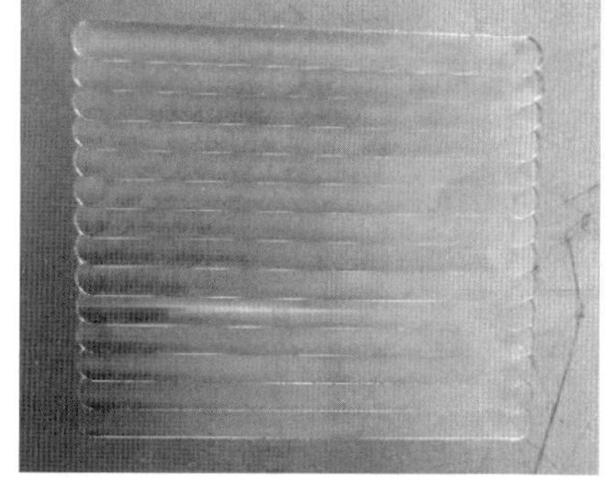

(b) 位姿2

(c) 位姿3

(d) 位姿4

图 7–32　铣削加工结果

3. 实验结果分析

使用激光跟踪仪在两铣削面上分别采集样点, 在 SpatialAnalyzer 软件中采用最小二乘拟合法求出评定基准面, 即实际平面上各点到该平面距离平方和最小的理想平面; 并以平行于该基准面且具有最小距离的两包容平面间距离为原则计算铣削面的平面度 f_{flatness} (图 7−33):

$$f_{\text{flatness}} = d_{\max} - d_{\min} \tag{7-70}$$

式中, $d_{\max}$、$d_{\min}$ 分别为各测点相对理想基准面的最大偏差值和最小偏差值。

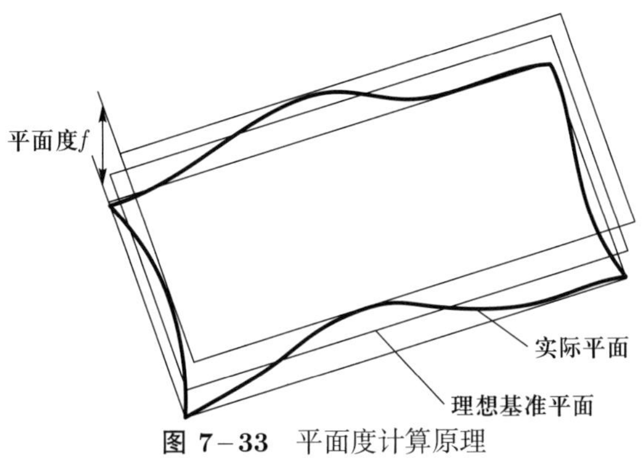

图 7−33 平面度计算原理

在铣削加工后, 通过使用外部测量设备激光跟踪仪及配套激光靶球在加工凸台平面扫描取点的方式, 运用 SpatialAnalyzer 软件计算出其中 4 个凸台的铣削平面度, 如图 7−34 所示。

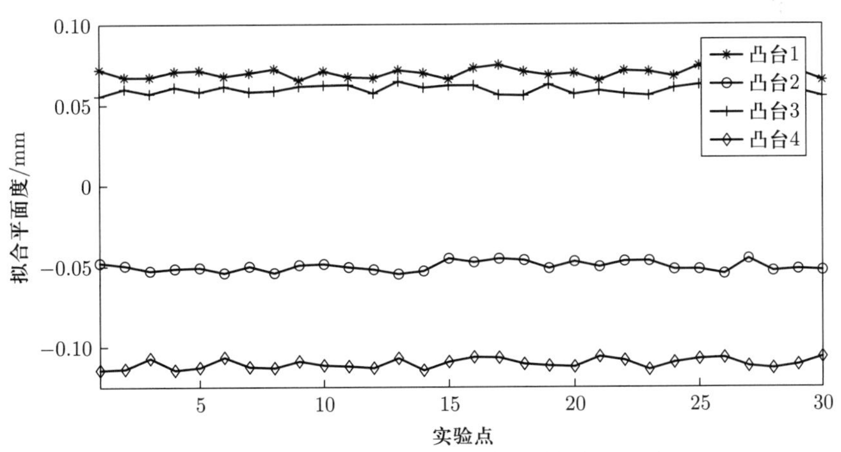

图 7−34 SpatialAnalyzer 拟合出的铣削平面度

7.4 小结

(1) 针对现有机器人控制器开放性不足、集成性差导致的测量实时闭环困难、多数据通信受限、NC 代码功能缺失等问题, 研究了数控驱动的移动式工业机器人系统, 解决了电网扰动、硬件组态及参数辨识等方面的问题, 构建了总线通信架构, 实现了 840D sl 数控驱动的机器人控制。与 KUKA 控制系统对比, 定位精度由 3.87 mm 提升至 2.33 mm。针对机器人自重与外加负载所导致的关节角输出与实际值不相等的问题, 提出了机器人关节光栅闭环控制原理与光栅螺距补偿方法, 提升了机器人轨迹准确度, 误差减少了 0.10 mm。

(2) 针对机器人连杆参数误差、坐标系参数误差所导致的定位精度低问题, 提出了基于几何约束与两步误差的机器人运动学参数辨识方法, 解决了坐标系对齐问题, 避免角度误差被距离误差淹没, 补偿后机器人定位精度由 1 mm 提高至 0.27 mm。为进一步提高定位精度, 针对机器人非几何误差影响, 提出了空间网格分割的机器人高精度定位方法, 揭示了相邻点位误差一致性机理, 通过误差加权估计实现了目标点高精度定位。对于 300 mm × 300 mm × 300 mm 立方工作空间, 50 mm 网格间距, 机器人定位精度提升至 0.11 mm。

(3) 面向大型复杂构件制造, 移动式工业机器人系统将被广泛应用, 且随着其定位精度的不断提高, 其市场竞争力也将不断增强, 这将带来广泛的应用价值和社会效应。工业机器人刚度性能是影响加工性能的重要因素。未来需对机器人因末端受力而产生的变形进行补偿, 进一步提升机器人加工精度及稳定性, 这对于机器人加工技术的应用及航空航天领域大型构件的加工具有重要意义。

参考文献

[1] 廖文和, 田威, 李波, 等. 机器人精度补偿技术与应用进展 [J]. 航空学报, 2022, 43(5): 9–30.

[2] LI B, ZHANG W, LI Y, et al. Positional accuracy improvement of an industrial robot using feedforward compensation and feedback control[J]. Journal of Dynamic Systems, Measurement, and Control, 2022, 144(7): 071003.

[3] 杨继之, 乐毅, 张加波, 等. 移动机器人定位精度实时补偿策略研究 [J]. 机械工程学报, 2022, 58(14): 44–53.

[4] WANG W, TIAN W, LIAO W, et al. Error compensation of industrial robot based on deep belief network and error similarity[J]. Robotics and Computer-Integrated Manufacturing, 2022, 73(8): 102220.

[5] 田威, 程思渺, 李波, 等. 考虑关节回差的工业机器人精度补偿方法 [J]. 航空学报, 2022, 43(5): 85–99.

[6] 李宇飞, 田威, 李波, 等. 机器人铣削系统精度控制方法及试验 [J]. 航空学报, 2022, 43(5): 109–119.

[7] QI J, CHEN B, ZHANG D. A calibration method for enhancing robot accuracy through integration of kinematic model and spatial interpolation algorithm[J]. Journal of Mechanisms and Robotics, 2021, 13: 1–27.

[8] 焦嘉琛, 田威, 张霖, 等. 工业机器人作业误差分级补偿技术 [J]. 计算机集成制造系统, 2022, 28(6): 1627–1637.

[9] 文科, 张加波, 乐毅, 等. 数控驱动的移动铣削机器人精度提升方法 [J]. 机械工程学报, 2021, 57(5): 72–80.

[10] 陈钦韬, 殷参, 张加波, 等. 面向铣削任务的工业机器人刚度位姿优化 [J]. 机器人, 2021, 43(1): 90–100.

[11] 朱永国, 王鑫, 刘林辉, 等. 基于多因素模型和多尺度遗传算法的复杂曲面喷涂轨迹综合优化 [J]. 计算机集成制造系统, 2023, 29(1): 264–273.

[12] 朱大虎, 王宇迪, 钱琛, 等. 考虑传动间隙的工业机器人关节刚度辨识方法 [J]. 华中科技大学学报 (自然科学版), 2023, 51(6): 23–28.

第 8 章　移动机器人系统高精度控制

随着机器人技术的发展, 机器人的应用领域也相应地扩大了许多。在这些新的应用领域中, 许多任务本身是很复杂的, 如加工装配大型物体, 单个机器人难以完成; 移动式工业机器人具备显著的优势, 由于其具有分布特性, 通过共享资源 (信息、知识、物理装置等) 可弥补单个机器人能力的不足, 扩大能力范围, 获得满意的效果, 主要表现为同时具有机械臂的操作灵活性与移动平台的工作空间广阔性, 有着广泛的应用领域和应用前景。在工业场合, 移动式工业机器人可以在生产车间包括流水线和库房中灵活移动, 对工件进行抓取、搬运、加工等操作。目前移动式工业机器人协作研究已引起普遍重视。

在移动式工业机器人系统中, 协同能力被认为是多智能体系统的一个至关重要的特性, 协同任务的规划是多个智能体为了完成一系列任务, 基于合作和交互而生成的一个协调一致的全局执行规划。因此, 移动式工业机器人协同控制是指使移动式工业机器人在同一时刻互相协作以执行某一动作或工序的智能控制方法。移动式工业机器人协作不是简单地把两个智能体组合在一起, 作为一个独立的系统, 它们之间存在着很深的协调关系, 一个智能体的任何运动都会影响到另一个智能体, 所以在做移动式工业机器人的工作空间分析、轨迹规划、运动控制等时, 必须统筹考虑[1–4]。

8.1　全向智能移动平台控制

8.1.1　单全向智能移动平台控制

全向智能移动平台的控制模块主要分为主控制器模块、运行控制模块和稳定支撑控制模块三大部分: 主控制器模块主要作为全向智能移动平台控制系统的管理核心, 接收解析运动控制指令, 实现全向智能移动平台运行的协同控制; 运行控制模块主要实现设备的全向移动功能; 稳定支撑控制模块可实现 4 个支腿的高度调节, 以保证车体整体调平及稳定支撑 (无 “虚腿”)[5–10], 其结构如图 8–1 所示。

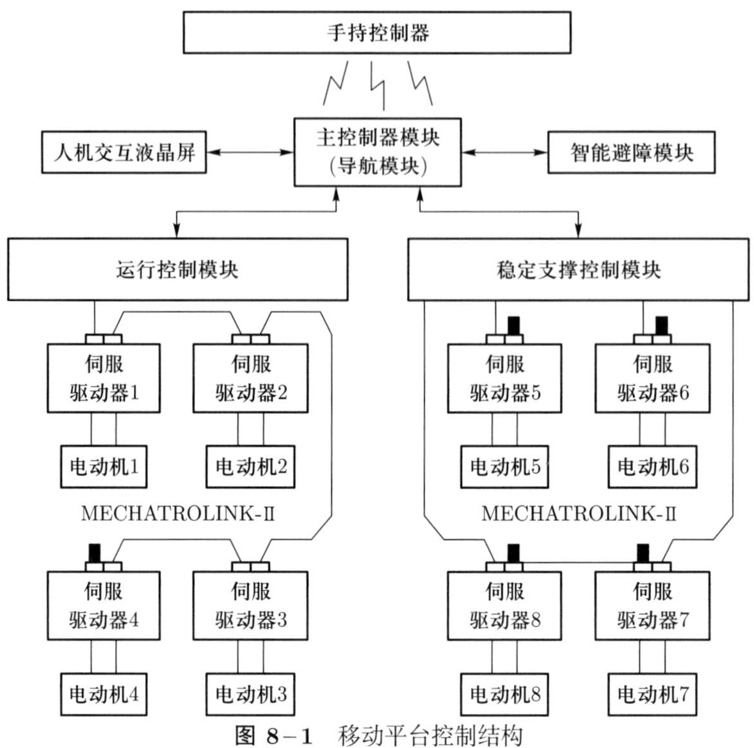

图 8-1　移动平台控制结构

全向智能移动平台的控制模块均安装在车架上，其主要零部件包括伺服驱动器、伺服电动机、电控箱、逆变器、天线、急停开关和电池等。

全向智能移动平台的操作均集中布置在车架内部右侧，右侧车身侧蒙皮开门，以方便操作。控制箱面板如图 8-2 所示。

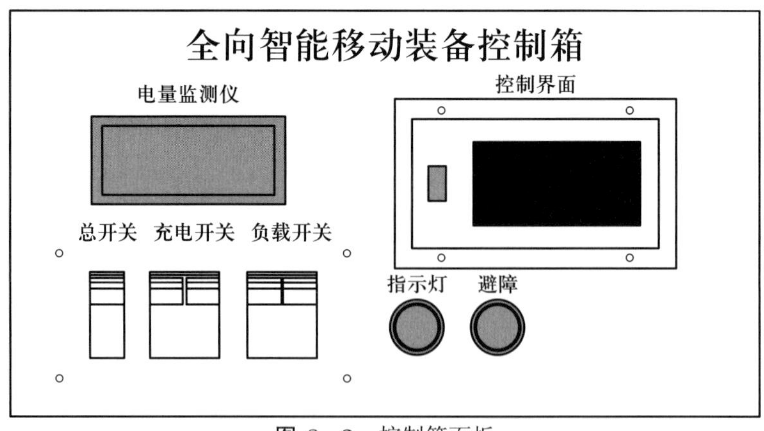

图 8-2　控制箱面板

1. 主控制器模块

全向智能移动平台的主控制器模块安装在车架上，为全向智能移动平台控制系统的管理核心，接收手持控制器/调度系统的运动控制指令，并完成指令的解析和逻辑判断; 实现车体运行的协同控制, 并保证各运动指令的动作互锁; 同时, 根据障碍物出现在安全区设置区域的等级进行运行速度减速、平台停车 (控制器断电) 等操作 (图 8–3)。

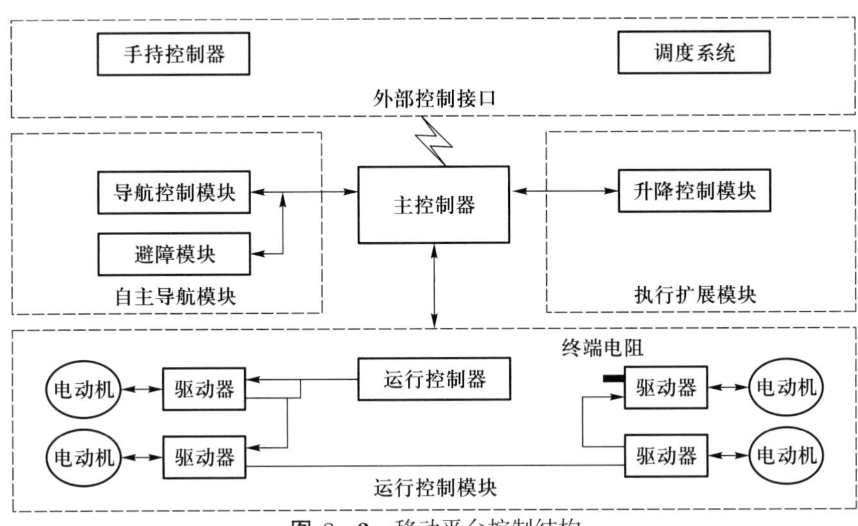

图 8–3 移动平台控制结构

2. 运行控制模块

运行控制模块采用总线方式, 布线简单可靠, 信号传输电缆抗干扰能力强。基于总线式网络控制器通过双绞线将所有的驱动器串接, 采用 ARM 嵌入式与专用总线芯片相结合实现多轴的同步控制能力, 根据动作指令结合全向移动算法实时解算出各轮系的转速和方向, 并发送给各轮系电动机驱动器, 由驱动器控制轮系电动机旋转, 通过各轮系的组合运动实现平台的全向移动 (图 8–4)。

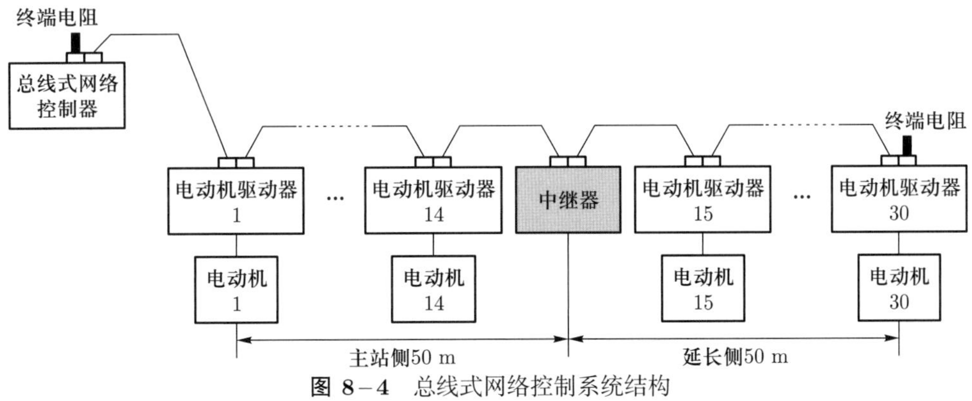

图 8–4 总线式网络控制系统结构

如图 8–5 所示, 轮系伺服控制及驱动模块采用进口交流伺服电动机为各个轮系提供机械驱动力。全向智能移动平台通过稳定输出的电池组和逆变器提供驱动供电, 驱动器根据控制指令中包含的速度和转向信息为伺服电动机提供特定电流,以驱动电动机旋转。当某电动机或其驱动模块发生故障时，则该电动机停转，并向控制器返回错误信息。

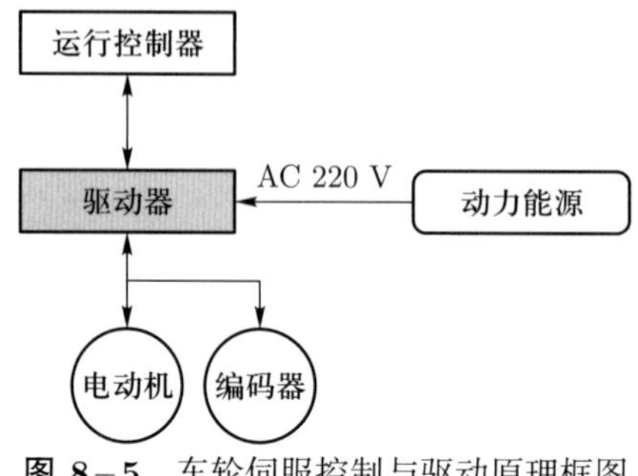

图 8-5 车轮伺服控制与驱动原理框图

3. 稳定支撑控制模块

1) 支腿调节系统

支腿调节系统通过调节支腿的高度实现车体的调平，以保证车体 4 个支腿无"虚腿"，如图 8-6 所示。

图 8-6 支腿调节

支腿调节控制器为基于脉冲式的控制方式的具有 12 轴输出能力的步进电动机驱动控制器，当接收到支腿调节命令时，依据当前双轴倾角传感器信息，调节 4 个支腿高度，使系统调平，同时实时监测 4 个支腿压力传感器的读数，确保无"虚腿"。

2) 稳定支撑单元

与以往"测量—拆卸—作业—试装—测量—修配"的加工方法相比，移动式工业机器人柔性作业模式显著缩短了作业流程、提高了加工效率，但同时也对全向智能移动平台的定位精度和柔性作业时的平稳性提出了更高的要求。全向智能移动平台定位精度的提升有助于测量装置获得更大、更清晰的检测视场，有助于机器人在有限的工作空间中覆盖更多的加工对象，提高加工效率；作业时全向智能移动平台保持稳定支撑有助于机器人以最优精度和刚度位姿进行加工，提高加工质量。

稳定支撑方式主要有自适应被动支撑、力反馈主动支撑和被动 + 主动复合支撑等方式。

自适应被动支撑: 即在全向智能移动平台底部安装 3 组球头被动支撑单元, 当全向智能移动平台抵达作业位置后, 通过主动控制减振悬挂单元使得平台相对全向轮组下沉, 当下沉到一定高度时, 3 组球头被动支撑单元依赖球头的自适应调整性形成平面支撑, 此时轮组脱离地面, 全向智能移动平台完全由球头支撑单元支撑。该方式具有结构简单、调整效率高等优点, 但也对地面平面度和机器人作业范围提出一定限制要求。

力反馈主动支撑: 如图 8-7 所示, 在全向智能移动平台四周安装 4 个支腿调节控制系统, 通过调节支腿的高度, 以实现车体的调平, 并同时实时监测 4 个支腿压力传感器的读数, 确保系统无 "虚腿", 保证作业时平台稳定支撑。目前该种支撑方式已成熟应用于航天领域舱板装配移动式工业机器人, 如图 8-8 所示。

图 8-7 力反馈主动支撑

图 8-8 舱板装配

被动 + 主动复合支撑: 全向智能移动平台分为待机模式、移动模式和工作模式。在待机模式下, 由被动支撑单元单独实现对平台的支撑。当平台进入移动模式并向指定工位移动前, 由被动支撑单元单独支撑底盘单元切换为由全向移动单元对平台单独支撑。全向智能移动平台将机器人移动到指定工位后，进入工作模式，由全向移动单元对底盘单元单独支撑切换为被动支撑单元和力感知支撑单元共同支撑，力感知支撑单元能够实时监测地面支撑力，出现“虚腿”状态时，调整地面支撑力，实现机器人加工过程的稳定支撑。

4. 能源系统

1) 外部供电

全向智能移动平台采用电池供电方式，使用铅酸蓄电池提供电力。逆变器将直流电转换为交流电，输出 AC 220 V, 50 Hz，为负载提供电力。

2) 急停制动系统

车架急停制动是在车架四角各布置 1 个急停开关按钮，在紧急情况下可手动控制急停开关按钮紧急刹车，避免撞击。4 个急停开关按钮为自锁式按钮，以串联的方式接入控制系统，任意 1 个急停开关按钮按下时，系统断电，车辆停止，旋转开关则解除自锁，系统恢复供电，可控制车体继续运行。

8.1.2 多轮组移动单元运动控制

随着工业技术的发展，高端装备不断更新，高端装备的应用场合越来越广泛，对于高端装备柔性化、智能化转运对接装备与系统的需求也越来越迫切。由于高端装备往往具有尺寸大、质量大、运输困难等特点，超出了现有常规转运设备的转运能力，导致转运效率较低；另外，高端装备转运对接过程缺乏集成化的系统解决方案，自动化程度低，无法满足高质量、高效率、柔性化的自动转运对接要求。

可通过多麦克纳姆轮组移动单元协同作业实现高端装备高效转运对接，以适应高端装备转运对接过程中产品的多样性和异构性需求，提升装备柔性化和适应程度，减少以往产品转运对接过程中的人力劳动，缩短产品转运时间，实现多麦克纳姆轮组移动单元协同作业在精准转运对接与装配制造环节高效应用。目前已成功应用在轨道交通、航天等领域，如图 8-9 和图 8-10 所示。

图 8-9 轨道交通应用

图 8-10 航天领域应用

多智能体组合拼接的路径规划及协同控制是指当使用多个智能体协同转运异构高端装备产品时，通过对异构高端装备产品的运行路径和多智能体的空间布局进行综合分析，完成基于多智能体系统自主任务的架构构建，通过领航-跟随控制结构实现集中式路径规划和分布式控制，实现多智能体的协同控制。

如图 8-11 所示，这种集中式路径规划、分布式控制计算方法是将多智能体的整体路径进行集中规划，并将多个智能体当作独立感知和行动的个体来实现各自的路径规划，这样可以大幅降低系统的计算复杂度，同时保证响应的实时性，对环境的适应能力较强。

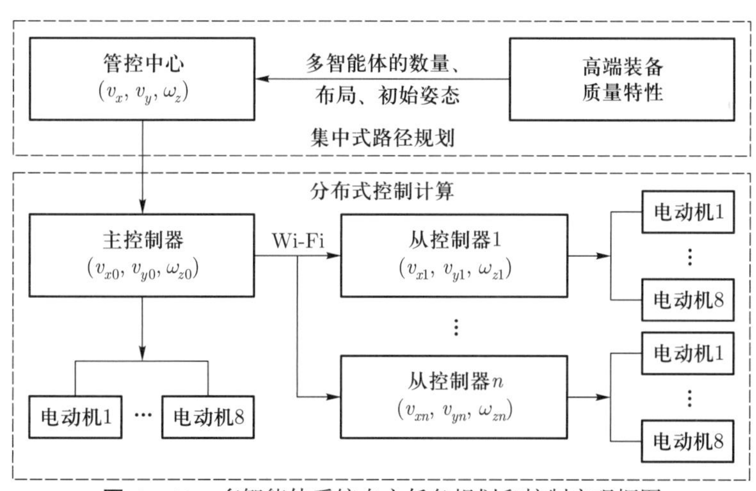

图 8-11 多智能体系统自主任务规划和控制实现框图

多智能体组合拼接运动过程的集中式路径规划采用基于多全向智能移动平台组合拼接的路径运动学建模及仿真的方法，通过数学建模及仿真，实现对产品整体转运路径到单智能体路径的换算以及单智能体路径到多轴运动控制的解算。采用运动仿真的方法，通过对运动数据进行运动学仿真可以验证异构航天器产品路径和多智能体组合拼接的路径规划的重合度，同时可以实现对子智能体的运动轨迹拟合验证，保证路径规划的可靠性。

下面以三车组合协同作业的运动学分析为例。三车组合拼接布局如图 8−12 所示。

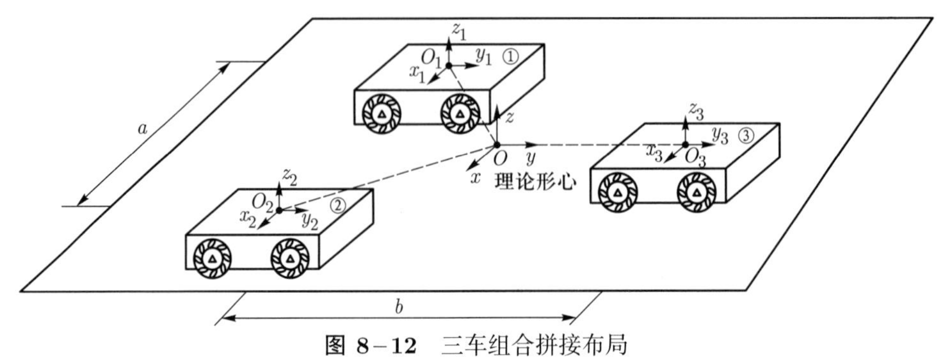

图 8−12　三车组合拼接布局

以三车组合拼接的理论形心为整体坐标原点，建立全局坐标系 xOy，其相对地面静止；O_i 是单车 i $(i=1,2,3)$ 的平台中心。在平面上，三车组合拼接转运平台具有 3 个自由度，其中心点 O 的速度为 (v_x,v_y,ω_z)，各车中心点 O_i 的速度为 $(v_{xi},v_{yi},\omega_{zi})$。三组四麦克纳姆轮拼接组合如图 8−13 所示，其中 $x_iO_iy_i$ 是各转运平台的坐标系，L 为转运平台轴距的一半值，l 是转运平台轮距的一半值，b 为 ③ 号车和 ①、② 号车中心在全局坐标系 y 轴上的距离，a 为 ③ 号车和 ①、② 号车中心在全局坐标系 x 轴上的距离，ω_{zj} $(j=1,2,\cdots,12)$ 是各麦克纳姆轮的转速。三车组合拼接转运平台以 ③ 号车为主车，①、② 号车为从车。

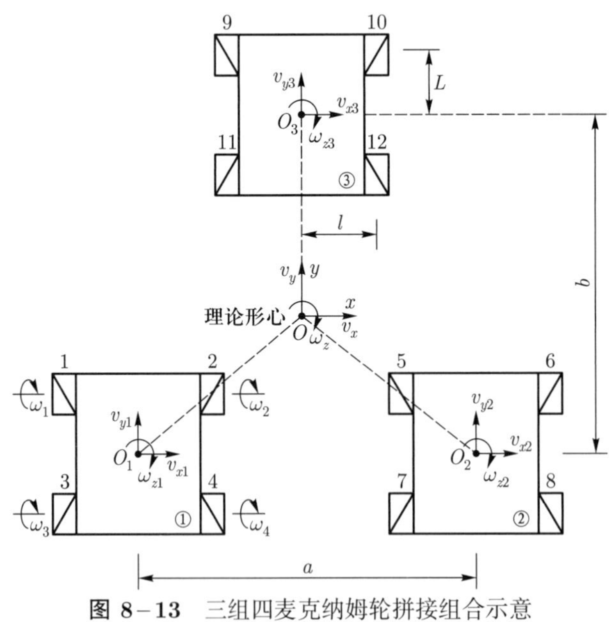

图 8−13　三组四麦克纳姆轮拼接组合示意

③ 号转运平台坐标系在全局坐标系中的坐标转换矩阵为

$$\begin{bmatrix} x_3 \\ y_3 \end{bmatrix} = \begin{bmatrix} x_0 \\ y_0 + b/2 \end{bmatrix} \tag{8-1}$$

① 号转运平台坐标系在全局坐标系中的坐标转换矩阵为

$$\begin{bmatrix} x_1 \\ y_1 \end{bmatrix} = \begin{bmatrix} x_0 - 0.5a \\ y_0 - b/2 \end{bmatrix} \tag{8-2}$$

② 号转运平台坐标系在全局坐标系中的坐标转换矩阵为

$$\begin{bmatrix} x_2 \\ y_2 \end{bmatrix} = \begin{bmatrix} x_0 + 0.5a \\ y_0 - b/2 \end{bmatrix} \tag{8-3}$$

当三车组合拼接转运平台以速度 (v_x, v_y, ω_z) 运动时, 各转运平台的速度转换矩阵如下:

③ 号转运平台速度转换矩阵为

$$\begin{bmatrix} v_{x3} \\ v_{y3} \\ \omega_{z3} \end{bmatrix} = \begin{bmatrix} v_x + \dfrac{b}{2}\omega_z \sin\left(\operatorname{arccot}\dfrac{x_3 - x_0}{y_3 - y_0}\right) \\ v_y + \dfrac{b}{2}\omega_z \cos\left(\operatorname{arccot}\dfrac{x_3 - x_0}{y_3 - y_0}\right) \\ \omega_z \end{bmatrix} \tag{8-4}$$

① 号转运平台速度转换矩阵为

$$\begin{bmatrix} v_{x1} \\ v_{y1} \\ \omega_{z1} \end{bmatrix} = \begin{bmatrix} v_x + \dfrac{\sqrt{a^2 + b^2}}{2}\omega_z \sin\left(\operatorname{arccot}\dfrac{x_1 - x_0}{y_1 - y_0}\right) \\ v_y + \dfrac{\sqrt{a^2 + b^2}}{2}\omega_z \cos\left(\operatorname{arccot}\dfrac{x_1 - x_0}{y_1 - y_0}\right) \\ \omega_z \end{bmatrix} \tag{8-5}$$

② 号转运平台速度转换矩阵为

$$\begin{bmatrix} v_{x2} \\ v_{y2} \\ \omega_{z2} \end{bmatrix} = \begin{bmatrix} v_x + \dfrac{\sqrt{a^2 + b^2}}{2}\omega_z \sin\left(\operatorname{arccot}\dfrac{x_2 - x_0}{y_2 - y_0}\right) \\ v_y + \dfrac{\sqrt{a^2 + b^2}}{2}\omega_z \cos\left(\operatorname{arccot}\dfrac{x_2 - x_0}{y_2 - y_0}\right) \\ \omega_z \end{bmatrix} \tag{8-6}$$

综上可得:

① 号转运平台的运动学方程为

$$\begin{bmatrix}\omega_1\\\omega_2\\\omega_3\\\omega_4\end{bmatrix}=\frac{1}{R}\begin{bmatrix}1 & 1 & -(L+l)\\-1 & 1 & L+l\\-1 & 1 & -(L+l)\\1 & 1 & L+l\end{bmatrix}\begin{bmatrix}v_x+\dfrac{\sqrt{a^2+b^2}}{2}\omega_z\sin\left(\operatorname{arccot}\dfrac{x_1-x_0}{y_1-y_0}\right)\\v_y+\dfrac{\sqrt{a^2+b^2}}{2}\omega_z\cos\left(\operatorname{arccot}\dfrac{x_1-x_0}{y_1-y_0}\right)\\\omega_z\end{bmatrix}\tag{8-7}$$

② 号转运平台的运动学方程为

$$\begin{bmatrix}\omega_5\\\omega_6\\\omega_7\\\omega_8\end{bmatrix}=\frac{1}{R}\begin{bmatrix}1 & 1 & -(L+l)\\-1 & 1 & L+l\\-1 & 1 & -(L+l)\\1 & 1 & L+l\end{bmatrix}\begin{bmatrix}v_x+\dfrac{\sqrt{a^2+b^2}}{2}\omega_z\sin\left(\operatorname{arccot}\dfrac{x_2-x_0}{y_2-y_0}\right)\\v_y+\dfrac{\sqrt{a^2+b^2}}{2}\omega_z\cos\left(\operatorname{arccot}\dfrac{x_2-x_0}{y_2-y_0}\right)\\\omega_z\end{bmatrix}\tag{8-8}$$

③ 号转运平台的运动学方程为

$$\begin{bmatrix}\omega_9\\\omega_{10}\\\omega_{11}\\\omega_{12}\end{bmatrix}=\frac{1}{R}\begin{bmatrix}1 & 1 & -(L+l)\\-1 & 1 & L+l\\-1 & 1 & -(L+l)\\1 & 1 & L+l\end{bmatrix}\begin{bmatrix}v_x+\dfrac{b}{2}\omega_z\sin\left(\operatorname{arccot}\dfrac{x_3-x_0}{y_3-y_0}\right)\\v_y+\dfrac{b}{2}\omega_z\cos\left(\operatorname{arccot}\dfrac{x_3-x_0}{y_3-y_0}\right)\\\omega_z\end{bmatrix}\tag{8-9}$$

完成三车组合拼接的运动学仿真后，建立物理仿真模型如图 8-14 所示，以三车组合拼接转运平台的原地旋转动作为例进行物理仿真。

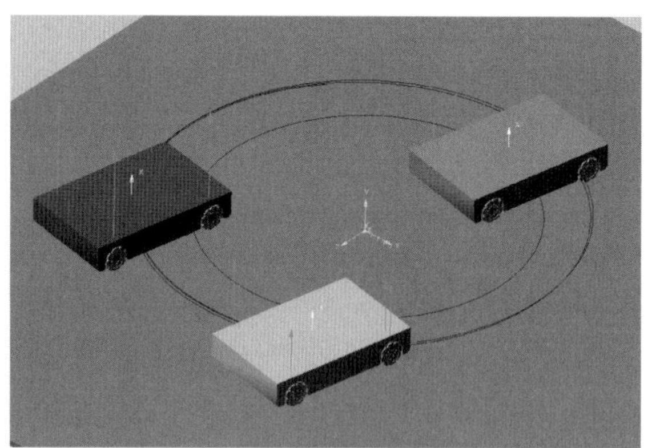

图 8-14 三车品字形拼接协同物理仿真模型

按照图 8-15 设定三车共 12 个驱动轮的转速。

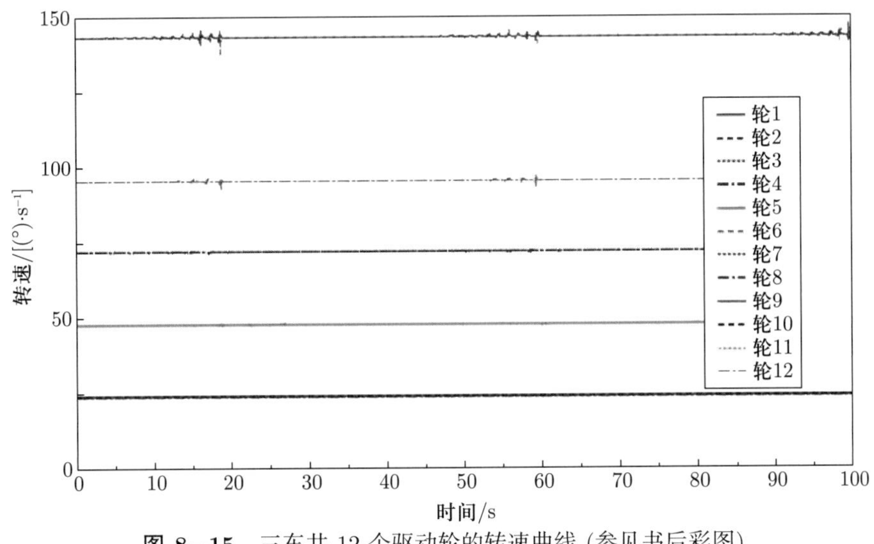

图 8–15 三车共 12 个驱动轮的转速曲线 (参见书后彩图)

监测仿真过程中轮 2 和轮 5 的转速曲线, 如图 8–16 所示, 由图可知, 在仿真过程中, 两轮的转速波动 $< 0.4(°)/\mathrm{s}$。

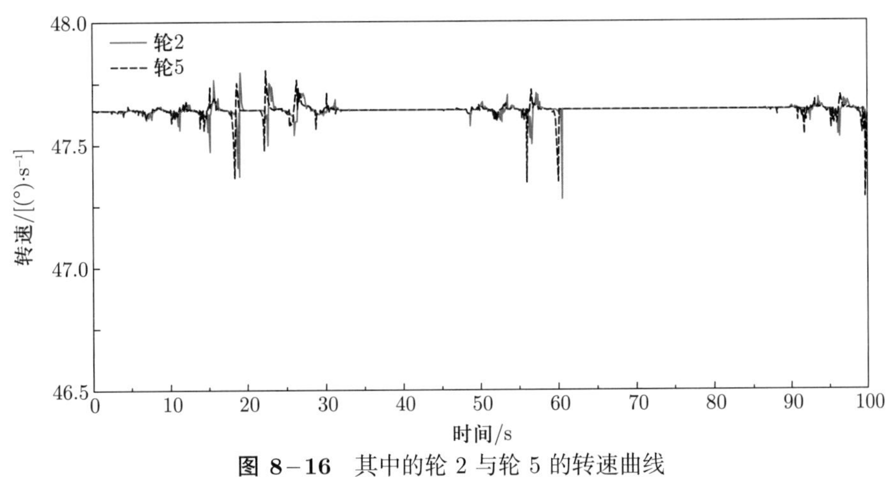

图 8–16 其中的轮 2 与轮 5 的转速曲线

监测仿真过程中后车 ①、② 车体标记点在 xOz 平面内的位移曲线仿真结果, 分别如图 8–17 和图 8–18 所示。

监测仿真过程中前车与后车 ① 之间的角度变化曲线, 仿真结果如图 8–19 所示。由图可知在整个仿真过程中, 两者之间的角度差呈正弦波动, 波动幅值为 $\pm 0.75°$, 波动频率为半个旋转的周期时间。

监测仿真过程中三车绕空间固定标记点做圆周运动情况下的回转半径变换曲线, 仿真结果如图 8–20 所示。由图可知, 在整个绕空间固定标记点旋转过程中, 各车的回转半径都存在一定的波动, 波动幅值为 ± 100 mm。

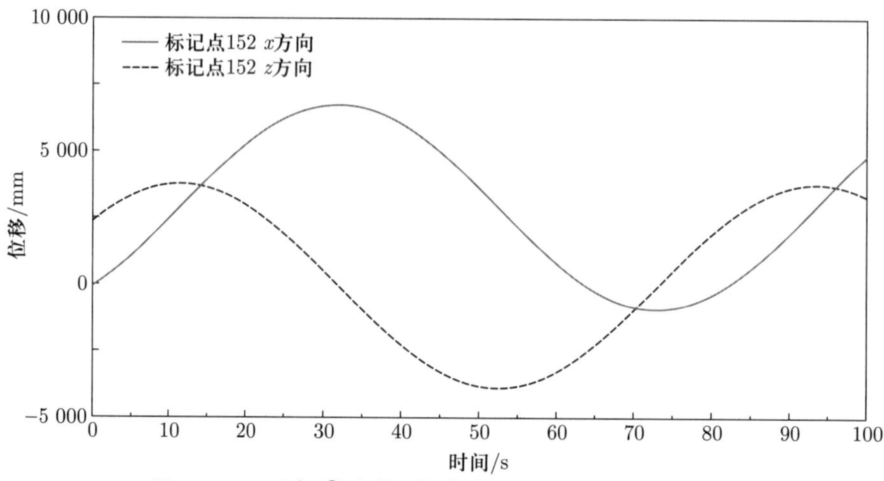

图 8−17 后车 ① 车体标记点在 xOz 平面内的位移曲线

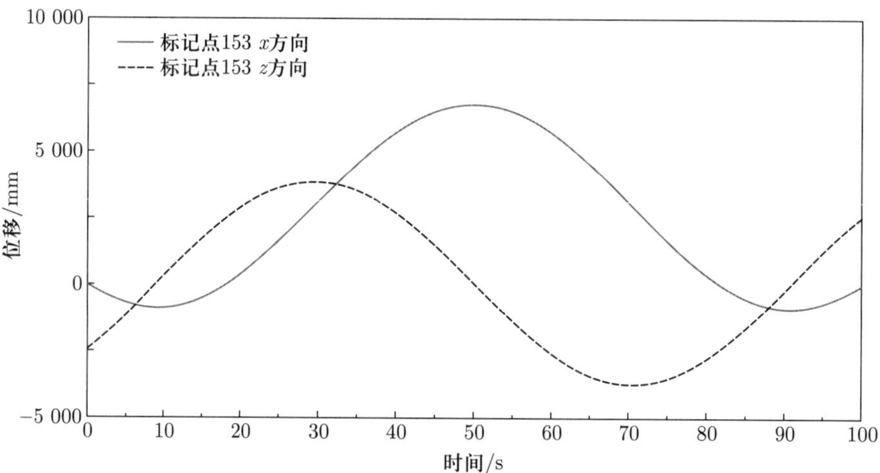

图 8−18 后车 ② 车体标记点在 xOz 平面内的位移曲线

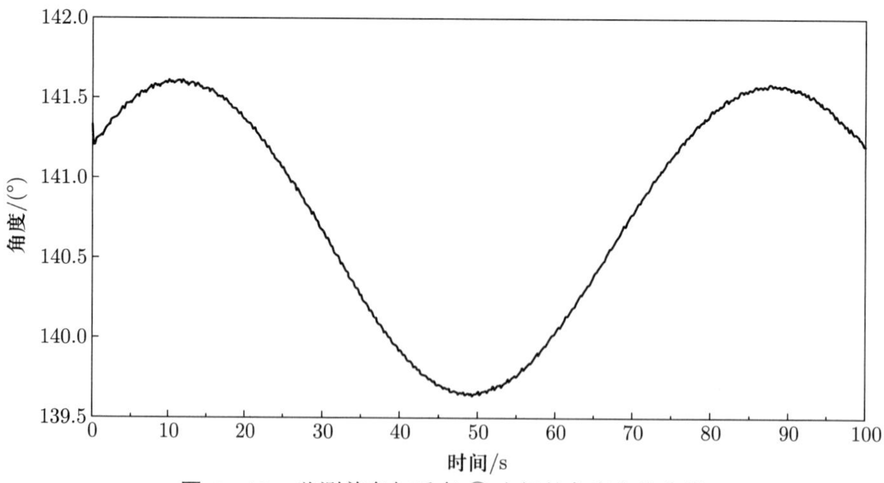

图 8−19 监测前车与后车 ① 之间的角度变化曲线

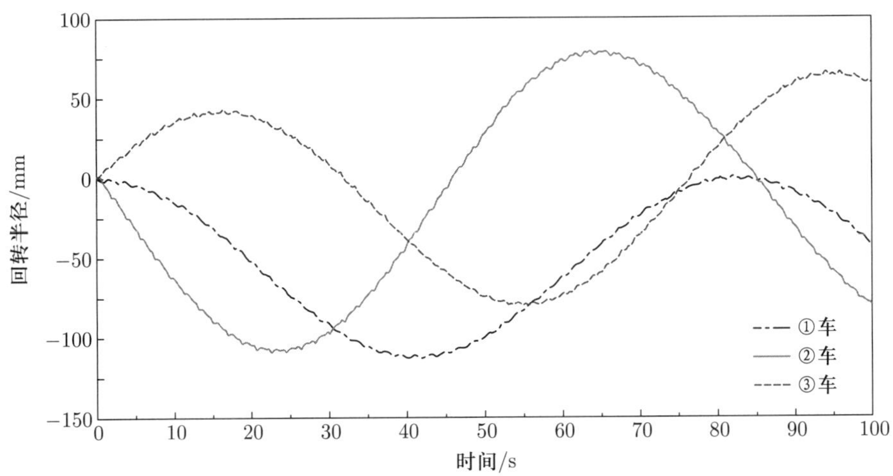

图 8−20　三车绕空间固定标记点做圆周运动情况下的回转半径变化曲线

通过对以上仿真结果进行分析和判断得出，三组四麦克纳姆轮拼接组合的运动学方程正确，可以作为实际应用中的依据。

多麦克纳姆轮拼接组合已完成在航天、轨道交通等领域的实际应用 (图 8−21)。

图 8−21　多麦克纳姆轮组合拼接应用

8.2 移动式工业机器人控制集成

8.2.1 基于 PLC 的移动式工业机器人控制

面向尺寸大、精度指标要求高、加工难度大的大型构件, 移动式工业机器人技术成为加工的有效途径。例如 KUKA 提出的移动式机器人风电叶片打磨系统及飞机蒙皮制孔装配机械臂运动基座, 弗劳恩霍夫协会研究的大型飞机部件移动式机器人加工系统。现有的移动式工业机器人主要由工业机器人本体、全向智能移动平台、末端执行设备等组成, 如图 8–22 所示。在实际工作中, 移动式工业机器人各子系统分别采用不同的现场总线进行控制。相对于工业机器人本体, 全向智能移动平台一般具有质量大、动力学响应慢的特点, 这导致该系统面临非完整约束、非线性强耦合。因此, 在为移动式工业机器人进行控制器设计时必须考虑这些因素, 否则将直接影响整个系统的控制性能, 造成系统运行的不可控。

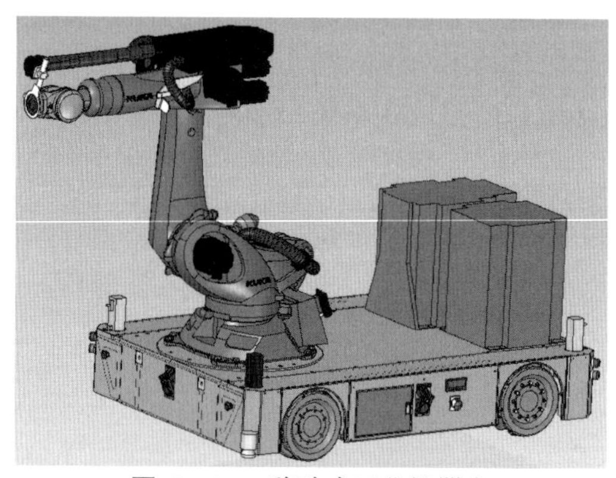

图 8–22 移动式工业机器人

移动式工业机器人的控制器主要集成末端执行设备的控制、全向智能移动平台的控制和工业机器人本体的控制, 如图 8–23 所示, 区别主要在于:

(1) 面向复杂作业任务, 移动式工业机器人控制器上层可扩展调度系统进行更复杂的任务规划。

(2) 全向智能移动平台的不同, 如轮组、载荷等不同。

(3) 末端执行设备的不同, 如不同的焊接机头、不同的制孔机头、适用于不同漆料的喷涂机头等。

(4) 通用机器人的不同, 如厂家、规格、结构形式等不同。

(5) 其他不同, 移动式工业机器人控制器可扩展集成测量设备, 如相机、激光跟踪仪、力传感器等。

在实际工业现场, 以多设备 (或多机) 协同规划作业为主要任务的应用中, 小巧、易扩展、集成性高、工业环境适应性强的移动式工业机器人控制器往往更青睐于成熟的可编程逻辑控制器 (programmable logic controller, PLC), 它不仅有丰富

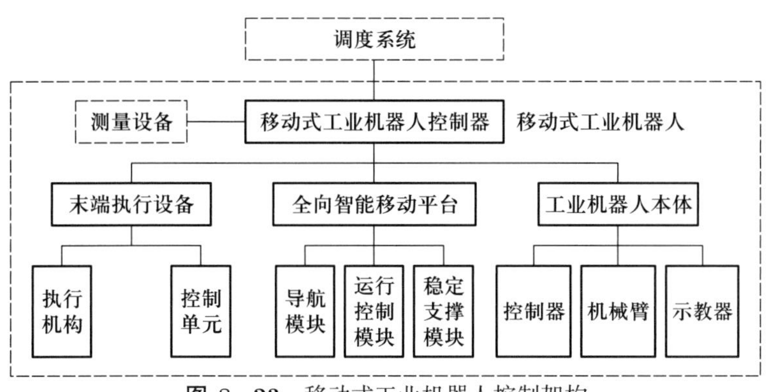

图 8–23 移动式工业机器人控制架构

的现场总线接口, 更有各类灵活的即插即用可扩展模块, 满足不同设备的集成控制需求。而在成熟的基于 PLC 的移动式工业机器人控制器设计中, 控制器基本集成控制功能主要包括:

(1) 接收来自调度系统 (若有) 的任务信息, 完成对任务的解读和翻译后向末端执行装备、工业机器人本体、全向智能移动平台等下发相应的动作指令, 并将各设备状态及时反馈至调度系统。

(2) 采集测量设备 (若有) 等感知器件的数据, 进行数据处理解算后应用于系统设备控制, 如实现对机器人姿态的修正。

(3) 末端执行设备的运动控制 (如伺服轴、电主轴)。

(4) 完成末端执行设备和机器人本体的协同控制。

(5) 完成全向智能移动平台与机器人本体的协同控制。全向智能移动平台控制系统实现基于不同导航方式的运行以及加工状态下的稳定支撑。机器人本体控制系统则根据机器人运动学模型及 PLC 姿态控制要求实现机器人各轴驱动和姿态调整。

本书以较为完整的移动式工业机器人加工系统 (含调度系统、测量设备) 为例搭建硬件控制系统, 主要用到的通信方式包括工业以太网 (Ethernet), CAN 总线、EtherCAT 以及 MECHATROLINK-Ⅱ现场总线方式等, 集成控制系统架构如图 8–24 所示。

下面对各主要部分进行具体介绍。

1) 调度系统

调度系统在实际加工过程中, 依据各种系统内采集的信息完成对加工任务的实时处理, 控制全向智能移动平台、机器人本体、末端执行设备与其他辅助设备协同完成整个加工过程。当机器人于待命工位时, 调度系统向作业单元控制器 (PLC 控制模块) 传递作业程序。程序传输完毕后, 调度系统向 PLC 控制模块发送全向智能移动平台路径运行指令, PLC 控制模块统一将指令解析, 并发送给全向智能移动平台导航控制系统, 全向智能移动平台按照轨迹规划结果运行。通信模式为应答式, 由调度系统发起询问, PLC 模块接收到指令后进行应答。调度系统与各作业单元之间的实时通信保证了对各作业单元的统一路径规划和路径动态调整, 避免了设备

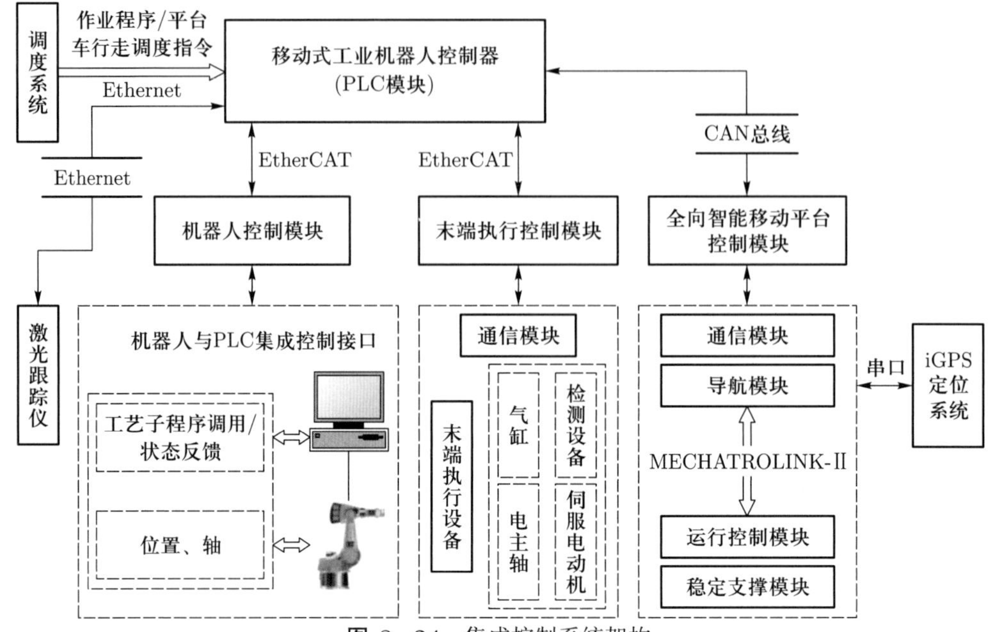

图 8–24 集成控制系统架构

冲突。

2) 移动式工业机器人控制器 (PLC 模块)

PLC 模块的主要作用是接收来自调度系统的动作指令和加工程序两部分信息, 且为分时传输, 解析后向全向智能移动平台控制器和机器人等设备控制器进行传递, 同时将设备状态实时反馈给调度系统。模块与调度系统之间通过基于 TCP/IP 无线通信的方式进行数据传输; 采用倍福 EtherCAT 进行机器人运动指令的下达, 通过 Ethernet 实现机器人运动信息传输与参数设置; 与全向智能移动平台之间采用 CAN 总线通信方式, 完成行走动作和位置要求信息指令的下达; 与激光跟踪仪之间采用 Ethernet 进行通信, 上位机软件通过套接字编程即可指挥激光跟踪仪完成测量任务, 并获取其测量数据, 实现机器人末端的精确定位; 与末端执行设备之间通过 PLC 扩展连接。

3) 机器人控制模块

机器人系统工作时, 上位机系统夺取机器人的控制权并且向机器人控制模块发送控制指令和获取反馈信息, 这就需要机器人子系统与上位机系统建立通信并且可以解析、执行收到的控制指令。

本书采用通用机器人通信方式, 主要包括[11–16]:

(1) I/O 的硬件连接, 实现数字信号传输。

(2) 工业机器人特有通信模式, 如 KUKA RSI (robot sensor interface), 实现机器人控制器与外部系统每 4 ms/12 ms 的数据交换。

(3) 采用 socket 发送可扩展标记语言 (extensible markup language, XML) 格式字符串至机器人中的 XML 文档, 机器人中用编程语言指令初始化并读写 XML

文档, 实现数据的传输。

(4) 基于 Profinet 协议实现机器人的外部自动运行, 进而建立数据通信等。

以 KUKA 机器人为例, PLC 与机器人控制系统通过 RSI 完成数据交换。通过 RSI 完成对机器人的实时运行速度、位置, 以及关节臂的力矩、关节电动机电流的监测。对机器人通信接口的开发涉及 KRL (KUKA Robot Language) 编程、XML 编程、RSI 对象接口程序设计等, 内容繁多、复杂，是整个单元系统接口开发工作的重点与难点。图 8-25 显示 KRL 与 RSI 的结合关系以及 RSI 结构。

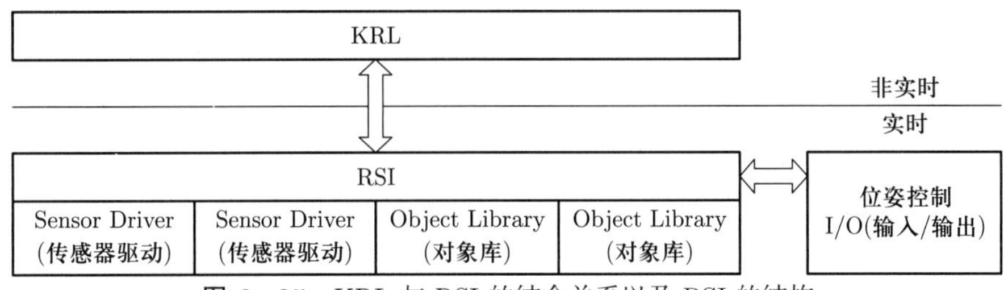

图 8-25 KRL 与 RSI 的结合关系以及 RSI 的结构

4) 末端执行控制模块

PLC 控制模块通过专用开发软件和平台实现与末端执行设备的硬件扫描及变量链接配置, 主要完成末端控制, 同时负责与机器人的协同运动以及安全逻辑规划的角色。PLC 控制模块包括加工模块、安全逻辑互锁等。特定加工模块主要实现末端三轴的进给及电主轴铣削操作动作; 安全逻辑互锁代码则是充分利用 PLC 程序循环运行的特性, 对某些需要安全互锁的控制功能进行逻辑规划, 增强整个加工系统的安全系数。

PLC 控制模块对末端执行设备的控制功能主要划分如下:

(1) 位置控制模块: 该模块的主要任务是在插补周期内, 将插补运算模块计算的各轴位置增量值与伺服反馈的位置值进行比较处理来控制相应电动机运动, 它主要控制与轴位置有关的参数, 包括位置、速度、加速度等。

(2) 逻辑控制模块: 主要是完成逻辑量和辅助功能的控制, 包括限位控制和安全保护等。

(3) 故障诊断模块: 系统在运行中出现故障时, 该模块能够及时查出故障的类型及发生故障的部位, 分析产生故障的原因并及时排除, 保证系统正常运行。

(4) 全向智能移动平台控制模块: 作为 PLC 的一个外部轴, 以 CAN 为接口, 实时接收 PLC 运动控制指令, 并以 iGPS 作为位置闭环手段, 以保证装备运行轨迹与调度系统轨迹要求相一致, 并通过 MECHATROLINK-Ⅱ现场总线的方式控制各电动机, 实现全向智能移动平台的全向移动。

(5) 激光跟踪仪与 PLC 之间通过 Ethernet 相连, PLC 控制模块指挥激光跟踪仪完成测量任务, 并获取其测量数据。

8.2.2 基于数控的移动式工业机器人控制

8.2.2.1 移动式工业机器人数控的必要性

随着移动式工业机器人装备的不断发展, 其多种传感器、多种装备的实时通信需求, 一体化需求, 特别是铣削加工等高精度要求的适用性需求越来越高, 基于 KUKA 的通信方式已无法满足应用, 因此, 需要通过全新的解决途径来突破上述瓶颈。弗劳恩霍夫协会利用西门子 840D sl 数控系统代替 KUKA 机器人控制系统, 不仅扩展了通信方式, 满足了实时性要求, 且易于数控编程, 适用于加工过程。但是由于存在技术壁垒, 上述技术在国内的应用鲜有报道[17]。

面对越来越复杂的制造工况, 现有的移动式工业机器人控制系统构建方式已经无法满足需求, 因此, 亟须开展面向大型构件加工的移动式工业机器人装备控制系统研究。本书采用西门子 840D sl 数控系统代替 KUKA 本身控制系统, 两者差别主要体现在以下方面。

(1) 数控加工功能: 机器人控制系统主要面向搬运、码垛、焊接等重复性动作, 系统在电气接口方面有很强的扩展功能, 也支持各种工业总线和以太网通信。但数控技术是一项专业性较强的技术, 其特点主要体现在大量的数字控制 (numerical control, NC) 代码功能支持。通用的机器人控制系统仅支持很少的功能或根本不具备这些功能, 这导致在数控工艺编程时, 很多功能无法实现。

(2) 精度与动态特性: 机器人控制系统是以面向高负载下的高速运动为目标进行设计的, 运动速度是该系统主要的设计指标, 而数控加工面临的主要问题是决定加工质量的系统精度和系统动态特性。在结构上, 数控系统可扩展的第二编码器解决了传动机构误差导致的精度损失, 使得直接测量系统可以接入系统实现位置环闭环控制。在控制策略上, 对于串联机器人这种阻尼变化较大且严重耦合的系统, 前馈控制策略和加加速度的引入, 提高了抗干扰性。数控系统中的 PLC 还提供了更加强大的功能, 使得控制参数随操作空间实时调整、引入力矩传感器提高系统抗干扰性成为可能。

(3) 一体化控制要求: 移动式工业机器人的末端执行器多种多样, 需要控制多个自由度的运动, 如果末端执行器和机器人分属不同的运动控制系统, 则存在数据通信不及时、同步控制实时性差等问题。

8.2.2.2 移动式工业机器人数控系统实现架构

本书的移动式工业机器人装备数控系统是以西门子 840D sl 为基础所构建, 直接控制机器人各运动轴的电动机, 以实现机械加工工艺为主要目的的专用型数控系统。控制系统直接与机器人的电动机连接, 对电动机进行三环 (位置环、速度环、电流环) 伺服控制。通过该数控系统编制编译循环实现机器人所能实现的直线、圆弧、样条曲线插补功能, 并满足机器人的定位精度要求。图 8-26 展示了移动式工业机器人装备数控系统组成。其硬件系统主要包括机器人、840D sl 控制柜、全向智能移动平台、末端执行器、主轴、加工刀具等。

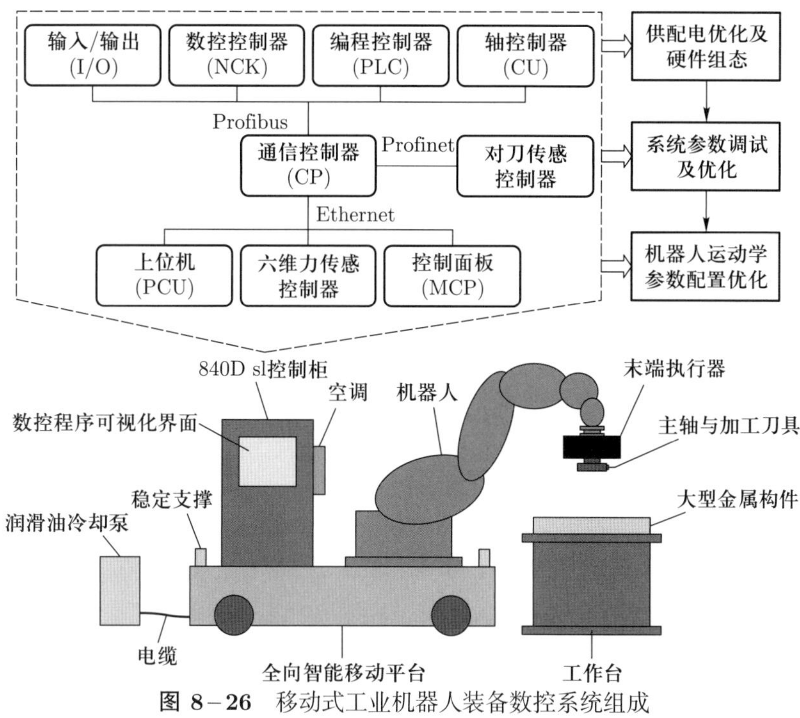

图 8-26 移动式工业机器人装备数控系统组成

移动式工业机器人装备数控系统依托通信控制器, 以太网 (Ethernet)、Profibus 和 Profinet 总线按照不同的优先次序完成数据通信。基于图 8-27 所示架构, 通过 Ethernet 可实现上位机、六维力/力矩控制器、控制面板的通信, 其中上位机是数

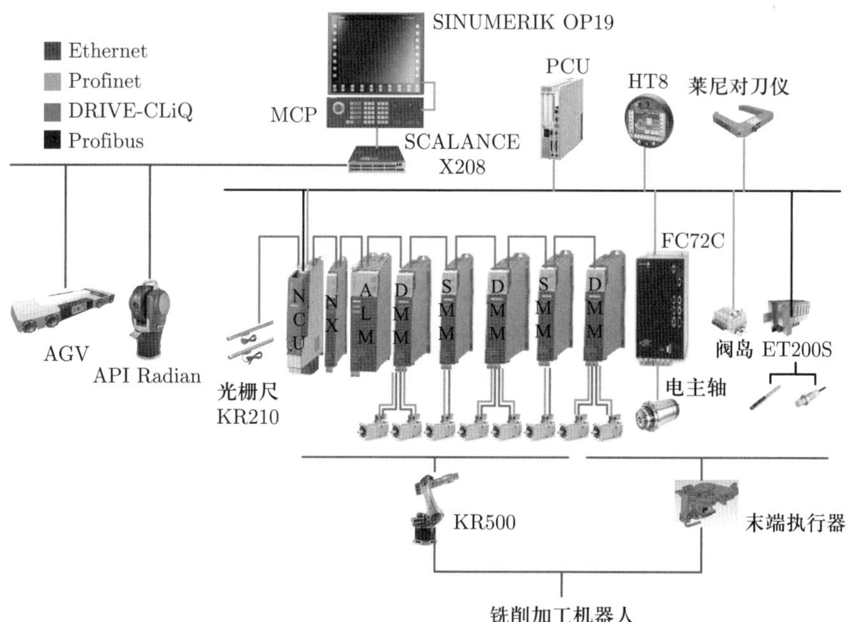

图 8-27 移动式工业机器人装备数控系统实现架构 (参见书后彩图)

控程序编写、参数配置、选件增选等的入口，六维力/力矩控制器实现机器人所受六维力/力矩的模拟量信号输入，控制面板是人机交互的另一种方式。通过 Profibus 可实现输入/输出 (I/O)、数控控制器、编程控制器 (PLC) 及轴控制器 (CU) 的通信，其中 I/O 接口是作为数字量信号的输入/输出，数控控制器是数控程序编写的核心，编程控制器负责信号使能、机器人运动、刀库等逻辑控制，轴控制器实现对机器人 6 个电动机轴、主轴、末端执行器运动轴的控制。通过 Profinet 可实现与对刀传感控制器的通信，是实现另一种信号输入的方式。通过采用上述通信方式，不仅能使系统具备充分的扩展性，同时也不会因为耗费过多的计算资源而导致插补运算、紧急安全等问题处理不及时。

基于上述通信方式，提炼供配电优化及硬件组态、系统参数调试和优化以及机器人运动学参数配置优化关键技术，进而实现移动式工业机器人装备的精确控制。

8.2.2.3　关键技术

1. 数控系统供配电优化及硬件组态

1) 数控系统供配电优化

由于移动式工业机器人装备数控系统的供配电系统至关重要，考虑电网扰动等因素，设计数控系统供配电方式，进而得到最优结果。图 8-28 所示为供配电系统电路连接图，采用三相五线制，分别给机器人电动机、末端伺服电动机、主轴电动机、控制电源、冷却泵和空调系统供电。

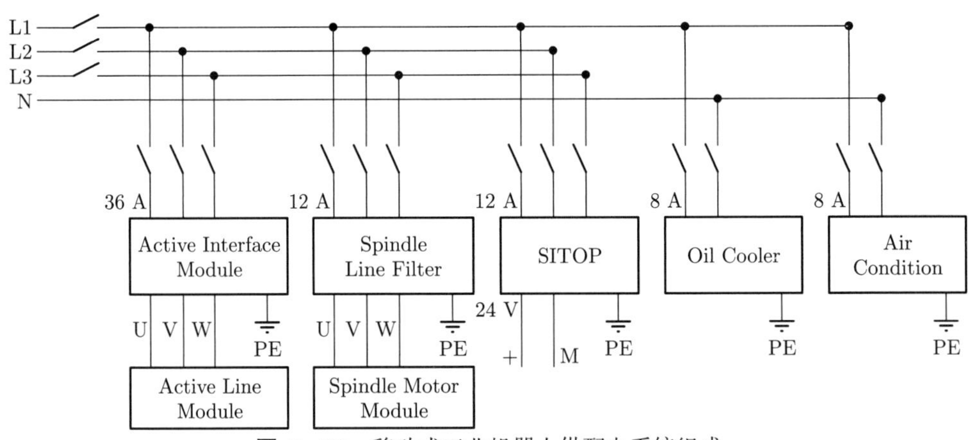

图 8-28　移动式工业机器人供配电系统组成

图 8-28 中，Active Interface Module 是机器人电动机和末端 y、z 轴伺服电动机的供电模块，采用 IGBT 晶闸管，能够将伺服电动机加减速和急停产生的电网扰动进行隔离，并消除电源谐波的影响，起到稳定电网电压的作用，其后所接的 Active Line Module 则将三相交流电进行 1.35 倍升压后为伺服电动机驱动器提供约 600 V 的直流电，进而给机器人各运动轴和末端线性轴的电动机驱动器供电；Spindle Line Filter 是主轴电抗器，能够将主轴电动机启停产生的电网扰动进行隔

离, 保护电网; SITOP 电源为整个控制系统提供 24 V 控制电源; Oil Cooler 和 Air Condition 分别为主轴电动机提供润滑油冷却泵供电和电控柜的空调系统供电。

2) 数控系统硬件组态

由于机器人和末端执行器需要进行插补运动, 因此其划分到不同的通道内, 实现通道内轴的插补运动, 两个通道之间采用 DRIVE-CLiQ 总线进行通信。当前的 840D sl 数控系统采用的是西门子 S300 PLC 实现对电动机控制, 因此对机器人、末端执行器、对刀器、I/O 端口、主轴、安全回路等进行硬件组态。具体设计如下:

(1) Profibus1 (DP1): 通过设置 DP1 站点, 将机器人控制面板、总线端子和主轴电机控制都接到该端口上。

(2) Profibus3 (DP3): 是数控系统与 SINAMICS 驱动通信的总线, 末端执行器的两个电动机通过 NCU 的扩展模块 NX15 实现与总线的连接, 进而完成末端执行器 y、z 轴电动机的组态配置。

(3) Profinet: 对刀器和六维力传感器都采用使用 Profinet 总线连接, 通过 SCALANCE 总线交换机实现设备的硬件组态。

2. 系统参数调试及优化

由于 KUKA、ABB 等机器人电动机参数不完全对外开放, 数控系统无法自动识别电动机参数; 而电动机参数给定不恰当, 将导致运动精度及可靠性较差。因此, 需要经过一系列设置辨识过程, 来确保电动机运动的平稳性。图 8-29 所示为系统参数调试及优化流程。

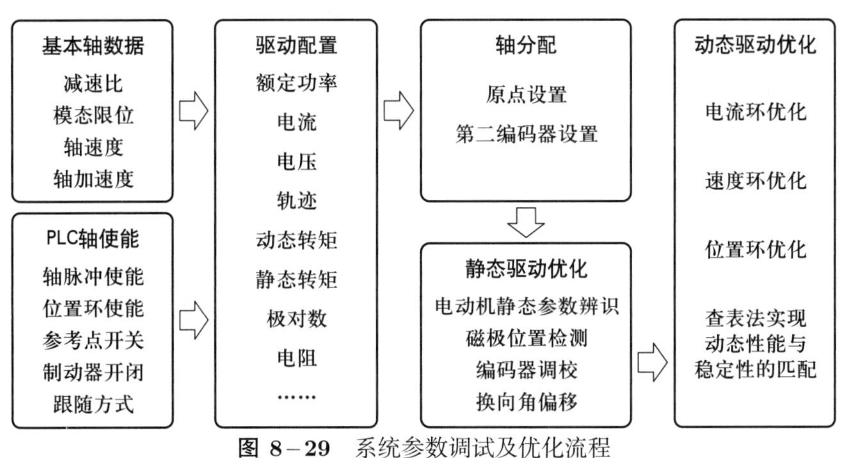

图 8-29 系统参数调试及优化流程

目前机器人的控制策略均是基于独立关节 PID 伺服算法, 即将每个关节视为独立的二阶线性系统, 每个驱动器的 "惯性" 被认为是恒定的, 控制增益是常数。但真正的机械臂在不同状态 (位姿、速度) 下其惯性、摩擦、重力、负载矩均是变化量, 这就导致系统轨迹跟踪性能降低。因此, 机器人在不同的运动区间内, 需采用不同的控制参数, 以确保机器人在各运动区间内的轨迹跟踪精度达到最佳状态。

3. 机器人运动学参数配置优化

运动学参数的配置决定了机器人运动的正确与否，尤其是通过数控系统直接驱动机器人和末端执行器的电动机。只有正确的运动学模型才能保证数控系统控制的正确性，而 840D sl 数控系统对机器人运动学参数配置留有接口，基于此，构建数控系统坐标系传递模型。图 8-30 所示为数控系统机器人运动学参数配置。

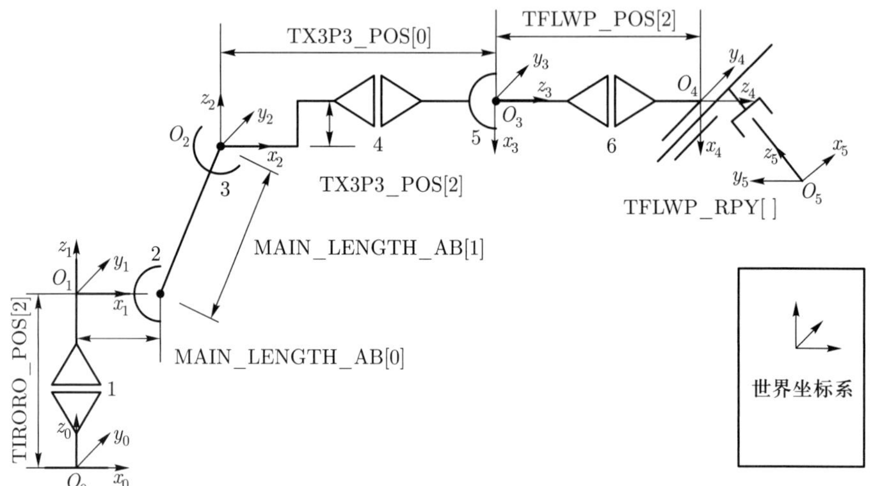

图 8-30 数控系统机器人运动学参数配置

坐标系 O_{i-1}-$x_{i-1}y_{i-1}z_{i-1}$ 经过以下坐标变换到坐标系 O_i-$x_iy_iz_i$: 绕 z_{i-1} 轴转动 θ_i, 沿 z_{i-1} 轴移动 d_i, 沿 x_i 轴移动 a_i, 绕 x_i 轴转动 α_i, 描述齐次变换矩阵为 $\boldsymbol{T}_i$, $i=0,1,\cdots,5$。提取机器人模型中相关参数，根据坐标系传递过程得出工具坐标系到机器人基坐标系的坐标变换矩阵 ${}^0\boldsymbol{T}_5={}^0\boldsymbol{T}_1{}^1\boldsymbol{T}_2{}^2\boldsymbol{T}_3{}^3\boldsymbol{T}_4{}^4\boldsymbol{T}_5$。

$$\begin{aligned}\boldsymbol{T}_i &= \mathrm{Rot}(z,\theta_i)\mathrm{Trans}(0,0,d_i)\mathrm{Trans}(a_i,0,0)\mathrm{Rot}(x,\alpha_i)\\ &= \begin{bmatrix}\cos\theta_i & -\sin\theta_i\cos\theta_i & \sin\theta_i\sin\alpha_i & a_i\cos\theta_i\\ \sin\theta_i & \cos\theta_i\cos\alpha_i & -\cos\theta_i\sin\alpha_i & a_i\sin\theta_i\\ 0 & \sin\alpha_i & \cos\alpha_i & d_i\\ 0 & 0 & 0 & 1\end{bmatrix}\end{aligned} \tag{8-10}$$

8.2.2.4 系统定位精度实验研究

以 KUKA KR500 机器人本体为基础，西门子 840D sl 为控制系统，构建面向非结构化加工的移动式工业机器人装备。以激光跟踪仪为测量手段，固定在机器人末端的靶标点为测量对象，对所构建装备的定位精度进行评价，实验系统如图 8-31 所示。通过编写数控程序控制机器人运动多个目标位姿，激光跟踪仪在机器人不同位姿测量靶球坐标，进而获得理论与实际控制误差，并与原 KUKA 机器人控制系统控制误差进行对比。采样点为 21 个，x、y、z 坐标及综合误差 (均方差) 对比如

图 8–32 所示。

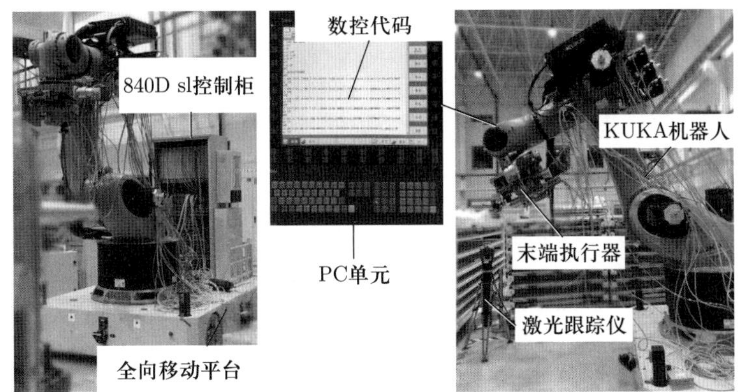

图 8–31 移动式工业机器人装备数控系统实验验证

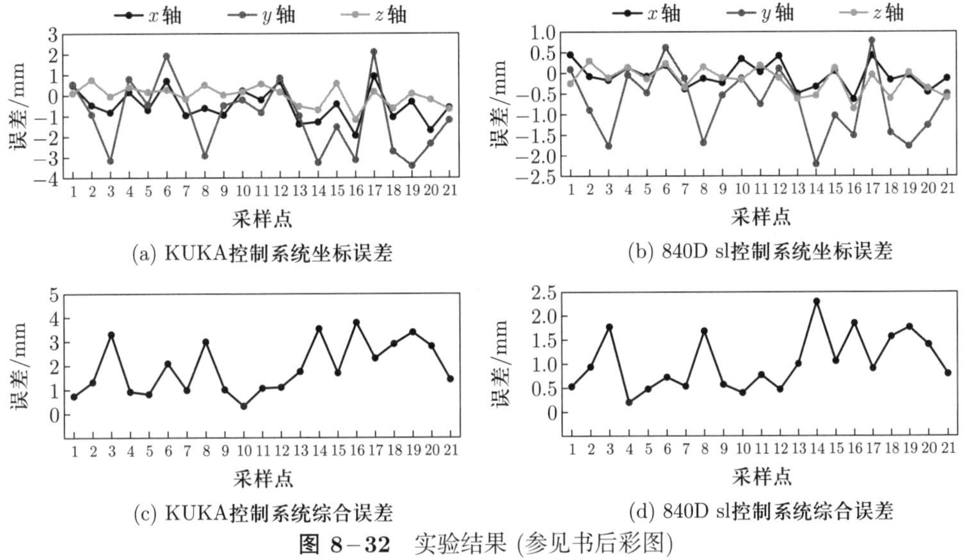

图 8–32 实验结果 (参见书后彩图)

从图 8–32 中可以发现, KUKA 控制系统的控制误差体现在 x、y、z 坐标最大为 −1.94 mm、−3.41 mm 和 −1.15 mm, 体现在综合误差最大为 3.87 mm。840D sl 控制系统的控制误差体现在 x、y、z 坐标最大为 −0.62 mm、−2.24 mm 和 −0.64 mm, 体现在综合误差最大为 2.33 mm。显然, 采用 840D sl 控制的移动式工业机器人装备定位精度更高, 验证了移动式工业机器人装备数控系统的有效性和正确性。

8.2.3 多机器人协同控制

随着军事遥感、通信等对卫星数量的需求不断增大, 传统加工方法因速度慢、工序多等问题已无法适应周期不断缩短的发展趋势, 因此开发一种柔性化的高精度集群式机器人加工系统就显得尤为重要。而多机器人的协同加工必然会带来任务分配与协作运动的问题, 同时多机器人之间的协作需要视觉、力觉等外部信息的介入, 信息的实时性及机器人协同作业的一致性将直接影响协同工作的效果, 因此需要设计一种反馈信息优化及多机器人通信、执行链路。多机器人通信链路结构设计如图 8–33 所示, ① 为网络交换机, ② 为控制计算机, ③ 为多台机器人控制器。

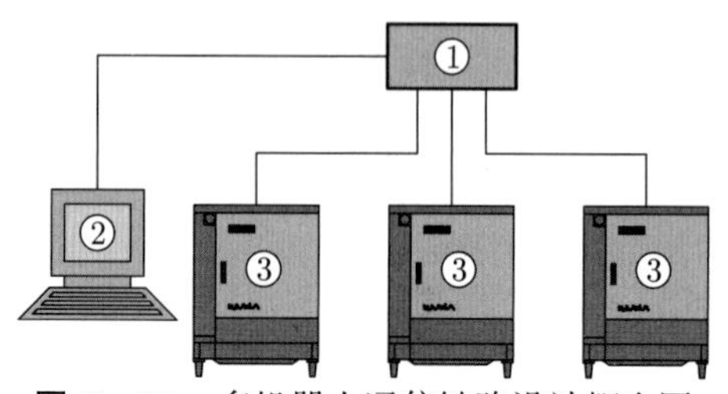

图 8–33 多机器人通信链路设计概念图

在卫星的多机器人协同原位加工过程中, 存在视觉识别、跟踪、抓取、装调、铣削等多种加工工序, 而根据不同的加工需求, 会出现时间、空间、几何等不同的协作关键点, 因此需要设计多机器人通信链路, 并且不同的加工工序需要设计不同的协同控制算法。本书提出的多机器人通信链路设计及其优化算法的主要研究内容如下。

1. 基于时间耦合的多机器人通信及协同控制算法

针对在协同过程中需要实现机器人在时间上相互耦合的情况, 提出程序同步和运动同步两种方式。

1) 程序同步

对于所有参与协同工作的机器人, 无论之前已运行的轨迹如何, 在同步时间点均会强制其同步执行程序, 然后控制器再相互独立地继续其程序执行至耦合结束, 其控制原理如图 8–34 所示。

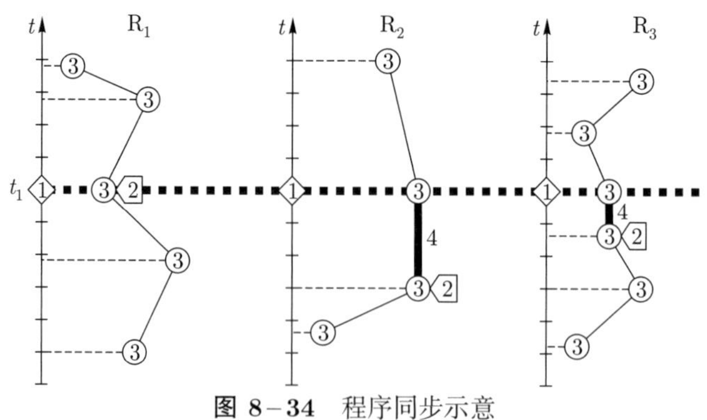

图 8–34 程序同步示意

图中 R_1、R_2、R_3 三台机器人在时间节点 t_1 前各自独立运动, 在接收到同步指令后, 根据当前运动状态进行等待或运行, 直到时间节点 t_1 时开始同步执行接下来的程序, 通过该方法可以确保机器人控制器同时继续进一步的处理, 但是无法保证同步时间节点后共同运动流程的同步性, 在不断有同步要求的指令中多次调用程序同步方法。

2) 运动同步

与程序同步相似, 在同步时间节点 t_1 之前, 所有机器人按照原始轨迹进行运动, 直到所有机器人到达同步时间节点后开始执行运动同步, 并在同步时间 Δt_1 内完成直线、圆弧、自由曲线等运动指令, 同步位置和同步时间的数目都是任意的, 其运动原理如图 8–35 所示。

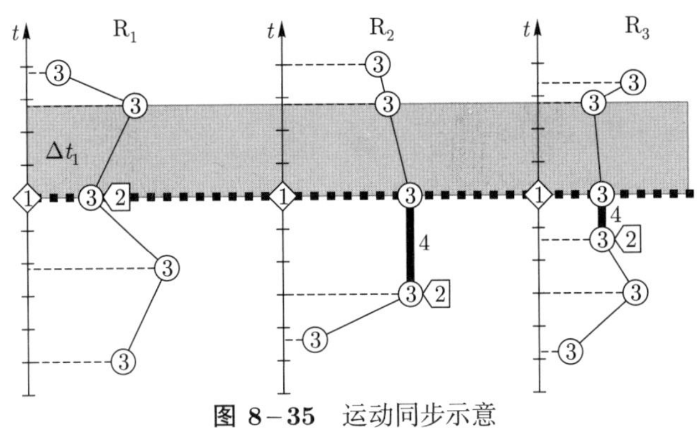

图 8–35 运动同步示意

在机器人进入运动同步前, 各机器人控制器之间已经交换后面的同步计划时间。在速度控制方面, 每个机器人将根据具有最低轨迹速度的机器人进行自行调整, 从而保证协同机器人能够在同步时间 Δt_1 内完成同步运动。

2. 基于几何耦合的多机器人通信及协作控制算法

针对在卫星原位加工中的支架装调及铣削任务, 采用保持双机器人空间几何关系的几何耦合控制方式。在基于几何耦合的机器人协同控制方式中, 机器人之间的空间关系必须进行标定, 为双机器人法兰盘及末端之间保持空间关系提供转换关系, 而双机器人之间的基坐标系是一个重要参数, 如图 8–36 所示。

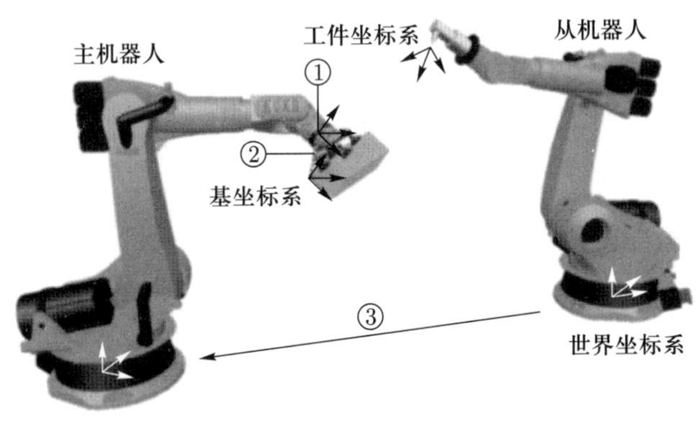

图 8–36 双机器人空间位置关系

图 8-36 中, ① 为机器人法兰盘, ② 为法兰盘与末端之间的转换关系, ③ 为机器人基座之间的转换关系, 且转换关系是固定不变的。

同时在双机器人发生几何耦合的协同操作时, 会有多个机器人的编程运动发生重叠, 如图 8-37 所示。如果在双机器人进入共同工作区域前检测到其没有协同运动, 则不能同时进入。因此, 双机器人的协同运动时间节点需要设定在共同工作区域外, 保证预计几何耦合的双机器人协同可以正常运行。

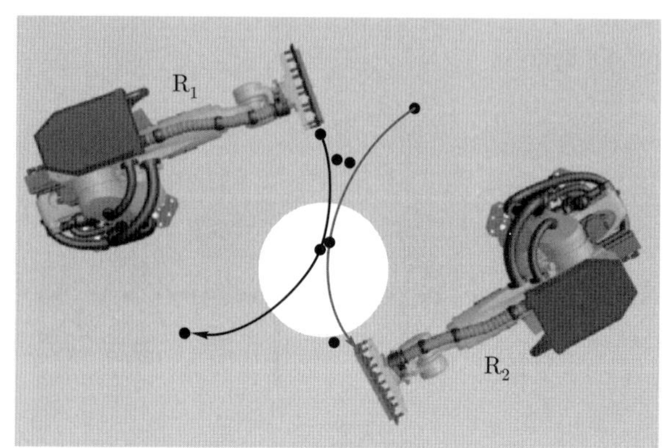

图 8-37 共同工作区域示意

在卫星支架的装调与铣削加工过程中, 其关键是要根据铣削加工力与铣削余量调整双机器人之间的空间几何关系, 保证支架的铣削余量, 因此采用依赖加工过程的间接几何耦合的作业方式, 如图 8-38 所示。在辅助铣削机器人加工过程中, 结合主机器人的力位混合控制原理, 不断调整夹持姿态, 保证支架位置始终保持在最佳加工位置, 实现卫星支架的多机器人协同原位加工。

图 8-38 间接几何耦合作业方式

3. 多机器人通信链路设计

要实现多机器人的协同控制, 需要将多个机器人进行通信, 保证其在同一个通信网络中, 可以随时进行数据交换和任务发送, 使用同一系统总线进行串联, 如图

8-39 所示, 其中 ①② 为控制柜体, ③ 为示教器接口, ④ 为通信线缆。

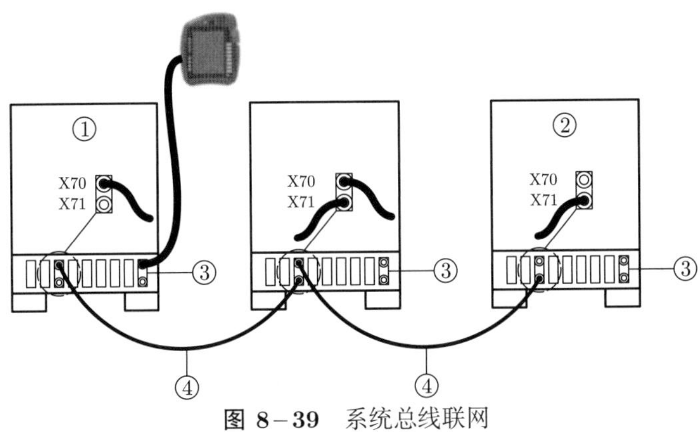

图 8-39 系统总线联网

8.3 小结

本章首先对全向智能移动平台的主控制器模块、运行控制模块和稳定支撑控制模块等进行了全方位的设计介绍; 并在此基础上对多智能体协同控制进行了运动学和动力学分析, 确定智能体本体结构的运动学和动力学模型。其次, 对移动式工业机器人集成控制进行了介绍, 搭建了基于 PLC 的集成控制架构, 采用 Ethernet、EtherCAT 等多种通信链路机制, 以实现系统的高效、高可靠通信, 从而保证控制模型的有效性和定位精度。再次, 介绍了以高精度机械加工为主要目的专用型数控系统, 全面介绍了以数控系统 (西门子 840D sl) 为基础的机器人装备控制系统构建, 以及精度优化技术方案。最后, 在此基础上研究协作过程中的位置几何约束条件、速度约束条件, 搭建了协同工作模式下的控制系统模型。

参考文献

[1] BASKARAN S, NIAKI F A, TOMASZEWSKI M, et al. Digital human and robot simulation in automotive assembly using SIEMENS process simulate: A feasibility study[J]. Procedia Manufacturing, 2019, 34: 986–994.

[2] PERMINOV S, MIKHAILOVSKIY N, SEDUNIN A, et al. UltraBot: Autonomous mobile robot for indoor UV-C disinfection[C]//2021 IEEE 17th International Conference on Automation Science and Engineering. Lyon, 2021: 2147–2152.

[3] 邓依婷, 徐曦, 李亚宁, 等. 基于麦克纳姆轮的 AGV 小车 [J]. 物联网技术, 2021, 11(1): 65–66, 71.

[4] 杨建强. 重载 AGV 运输平台的设计与开发 [D]. 淄博: 山东理工大学, 2021.

[5] 王亚伟. 基于激光 SLAM 的 AGV 路径规划研究与实现 [D]. 青岛: 青岛理工大学, 2021.

[6] 宋正辉, 张风生, 丁彦强. 基于激光 SLAM 的 AGV 路径规划仿真分析 [J]. 青岛大学学报 (自然科学版), 2020, 33(1): 33–38.

[7] 黄祥雄, 廖超明, 覃胜凤, 等. 基于 Dijkstra 算法的复杂水准路线自动组网严密平差程序设计与实现 [J]. 南宁师范大学学报 (自然科学版), 2020, 37(2): 64–68.

[8] 刘铜泽, 刘净瑜, 盛君, 等. 基于 RFID 和视觉的 AGV 控制系统设计 [J]. 计算机技术与发展, 2019, 29(4): 187–190.

[9] 漆嘉林, 董礼港, 杨庆君, 等. 全向舰载机转运平台路径跟踪控制系统设计 [J]. 控制工程, 2020, 27(Z1): 56-62.

[10] 吴飞, 黄威. 基于激光雷达数据的仓储物流 AGV 障碍物识别方法 [J]. 江苏大学学报 (自然科学版), 2020, 41(2): 160–165.

[11] SUWARNO I, OKTAVIANI W A, APRIANI Y, et al. Potential force algorithm with kinematic control as path planning for disinfection robot[J]. Journal of Robotics and Control, 2022, 3(1): 107–114.

[12] MARQUES J M C, RAMALINGAM R, PAN Z, et al. Optimized coverage planning for UV surface disinfection[C]//2021 IEEE International Conference on Robotics and Automation. Xi'an, 2021: 9731–9737.

[13] GUETTARI M, GHARBI I, HAMZA S. UVC disinfection robot[J]. Environmental Science and Pollution Research, 2021, 28(30): 40394–40399.

[14] Peanut Robotics[EB/OL]. (2022-03-16)[2024-01-11].

[15] THAKAR S, MALHAN R K, BHATT P M, et al. Area-coverage planning for spray-based surface disinfection with a mobile manipulator[J]. Robotics and Autonomous Systems, 2022, 147: 103920.

[16] 曹培. 面向复杂曲面的喷涂轨迹规划与涂层质量研究 [D]. 天津: 天津工业大学, 2021.

[17] 文科, 张加波, 乐毅, 等. 数控驱动的移动铣削机器人精度提升方法 [J]. 机械工程学报, 2021, 57(5): 72–80.

第四篇　决　　策

第 9 章　系统工艺规划与仿真

大型航天器舱体在研制过程中, 由于需要保证舱外有效载荷支架等待加工特征在整舱基准坐标系下的精度要求, 往往需要整体加工。传统的制造流程复杂, 需要在多个车间、多种设备间转运, 而采用移动式工业机器人技术能够大大优化工艺流程。为了能够更好地将移动式工业机器人应用到大型航天器舱体的制造环节中, 首先需要梳理出其工艺架构, 并且针对移动式工业机器人特点规划出合理的工艺路线和配套资源; 同时, 针对这种特有的制造模式和产品研制需求, 需要提前进行相关工艺规划, 确保实际加工过程中各环节的有序执行。此外, 针对移动式工业机器人的加工过程, 还需要提前进行相关仿真工作, 对加工前规划的各项内容和加工过程的作业流程进行充分验证并反馈优化, 确保移动式工业机器人任务分配的合理性、加工周期的可控性以及加工过程的安全性。

9.1　移动式工业机器人系统工艺规划

9.1.1　工艺架构

机器人加工工艺是移动式工业机器人完成航天器大型舱体各舱外支架加工的具体内容, 为了实现主工艺的智能驱动、检测结果的接收以及加工内容和执行程序的智能推送, 需要在三维工艺设计基础上, 通过对机器人加工工艺编制工作业务流程的梳理与优化, 结合生产现场刀具配送等要求对机器人加工工艺要素进行全面的总结与优化, 梳理出能够直观、全面反映数控工艺信息的工艺要素, 并按照三维工艺的结构化组织方式进行组织。

如图 9-1 所示, 机器人加工作为航天器大型舱体制造过程中的一个环节, 其加工路线、精度要求等工艺规划内容往往包含在机器人加工工艺文件中, 同时由于舱外支架数量和种类都比较多, 其加工过程往往包含多个工序, 涉及的程序达数百条, 因此为使机器人加工要素的组织更加便捷, 需将其作为独立的工艺文件进行组织管理。

具体来说, 一个机器人加工工序关联主工艺中一个支架的加工, 关联该支架的三维模型, 主要完成该支架的表面余量去除和其上各安装孔的加工, 由此可规划该

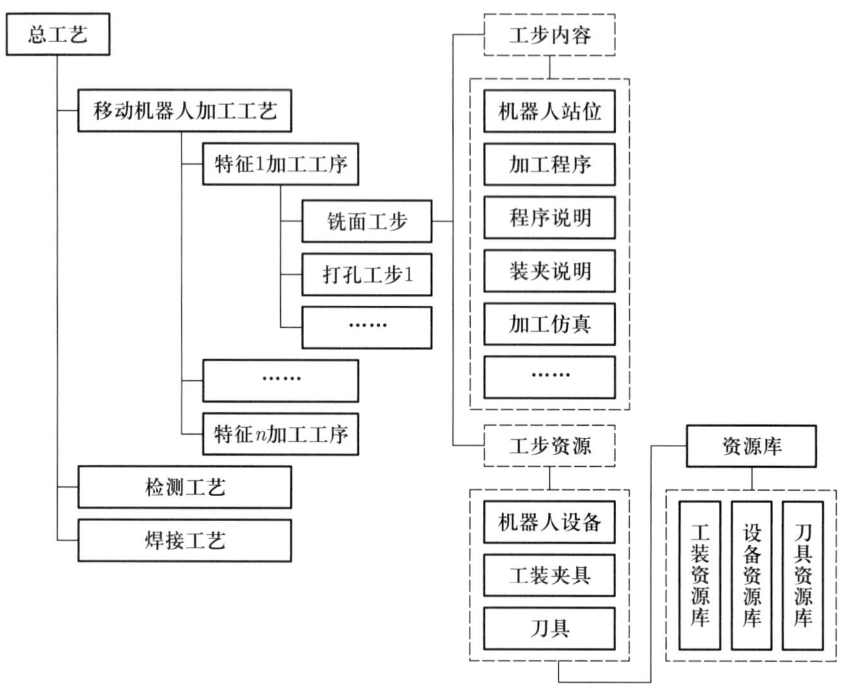

图 9–1 机器人加工工艺架构与关联关系

工序包含加工支架表面工步和加工安装孔工步, 为每个工步配置加工资源, 规划机器人站位, 编制机器人加工程序并仿真, 并编写程序说明和装夹程序; 同时, 结合机器人站位规划, 按路径最优原则优化机器人加工工序的顺序, 最后生成机器人加工工艺规程。

9.1.2 工艺路线

如图 9–2 所示, 依据梳理出的机器人加工工艺架构与关联关系, 制定大型航天器舱体移动式工业机器人加工工艺总流程:

(1) 承担任务分析: 针对不同的加工对象, 需要明确具体的待加工特征、加工余量及加工精度等工艺要求, 明确加工过程所涉及的机器人的不同任务。

(2) 工艺总方案编制: 主要由编制依据、产品特点及工艺特点、承担任务及内部分工、风险分析、工艺方案、工艺实施保障条件等内容组成。

(3) 编制加工工艺规程: 用于指导操作人员使用移动式工业机器人按一定的操作规范进行加工。

(4) 生成前准备: 主要是针对移动式工业机器人加工过程中所涉及的配套人员、配套工装, 以及加工过程中冷却液、酒精、防护膜等耗材, 待加工产品安装状态确认。

(5) 定位与测量评价: 针对大型构件的特点和移动式工业机器人作业模式, 需要制定系统加工基准测量方案和加工结果精度验证方案。

(6) 选择加工装备: 针对不同加工精度, 选择不同构型和不同精度以及配备不同末端执行器的移动式工业机器人加工装备。

(7) 编制加工轨迹: 主要是指加工过程中所涉及的铣削轨迹、打磨轨迹、检测轨迹等, 包括刀轨形式、切削和非切削参数设置等内容。

(8) 多机任务时序规划: 主要作用是对多台移动式工业机器人共同作业时的作业顺序进行规划, 从而达到加工时间最优的目的。

(9) 多机任务路径规划: 在空间维度, 对多台移动式工业机器人共同作业时的加工路径进行规划, 确保加工过程中不发生碰撞干涉。

(10) 多机任务参数优化: 主要是根据不同移动式工业机器人的不同作业任务, 分配其相应的加工参数, 参数类型主要有主轴转速、进给速度和切削深度。

(11) 后处理: 根据不同移动式工业机器人的控制器, 通过后处理的方式将加工轨迹点位信息转化为机器人控制系统能够执行的运动程序。

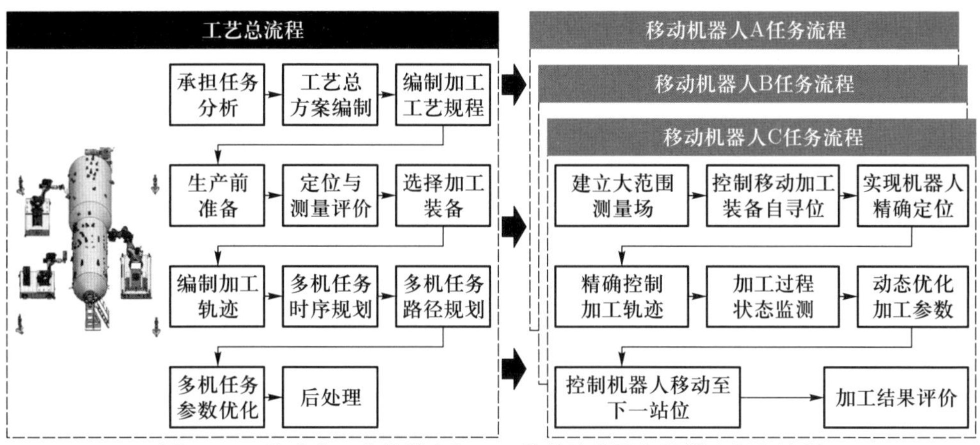

图 9-2 移动式工业机器人加工工艺总流程及各机器人任务流程

基于上述工艺总流程, 能够将加工任务分配给不同的移动式工业机器人, 从而形成针对每台移动式工业机器人的任务流程, 该流程是移动式工业机器人面向大型构件加工的一般流程:

(1) 建立大范围测量场: 移动式工业机器人在进行大型构件制造过程中, 与机床封闭空间不同, 需要建立工件-机器人相对位姿关系, 此过程往往需要在数米空间范围内建立起高精度测量场。

(2) 控制移动加工装备自寻位: 单一站位往往无法满足大型构件的加工需求, 因此需要移动式工业机器人具备自主寻位功能, 使得移动式工业机器人能够自主运动至各个站位, 从而完成所有加工任务。

(3) 实现机器人精确定位: 这是工艺路线中非常关键的环节。在自寻位过程中, 移动平台的定位精度在毫米级甚至是厘米级, 无法满足 $0\sim2$ mm 甚至更高的精度要求, 无法实现工件与机器人相位姿关系的精确确定, 因此, 需要通过视觉辅助或者激光跟踪仪等外部测量系统实现机器人的精确定位。

(4) 精确控制加工轨迹: 对于机器人轨迹精度要求高的作业场景 (铣削、磨削), 加工轨迹的精确控制需要在机器人运动控制插补周期内完成, 因此需要将控制算法写入机器人控制器中。而对于机器人定位精度要求高的作业场景 (制孔、装配), 仅关注某些点位的位姿精度, 一般可以通过视觉测量设备、激光跟踪仪等外部测量设备实现机器人误差修正。

(5) 加工过程状态监测: 主要是在移动式工业机器人加工过程中, 通过收集工件–机器人系统的振动信息、声音信息和切削信息, 判断实际加工过程工件装夹、加工工艺参数是否达到最优状态。

(6) 动态优化加工参数: 对加工过程状态监测中的相关信息进行处理后, 自动进行加工参数的在线调整, 该调整一般涉及主轴转速和进给速度。

(7) 控制机器人移动至下一站位: 在完成当前站位下移动式工业机器人所能加工的所有特征后, 再进行移动。需要注意的是, 由于机器人发生移动, 需要重新进行加工装备自寻位和机器人的精确定位。

(8) 加工结果评价: 对加工后的特征精度进行检测, 一般而言, 这里的精度指标主要包括位置度、平面度、平行度和表面粗糙度。

9.1.3 工艺要素配置

大型航天器舱体舱外支架机器人加工工艺要素包含工艺属性、工艺装备、机器人加工程序、工艺参数等直接用于指导生产的工艺信息。在机器人加工工艺设计中, 将各类工艺要素转化为结构化对象, 定义其数据类型、数据大小、提取方式、组织方式等内容, 如图 9–3 所示。

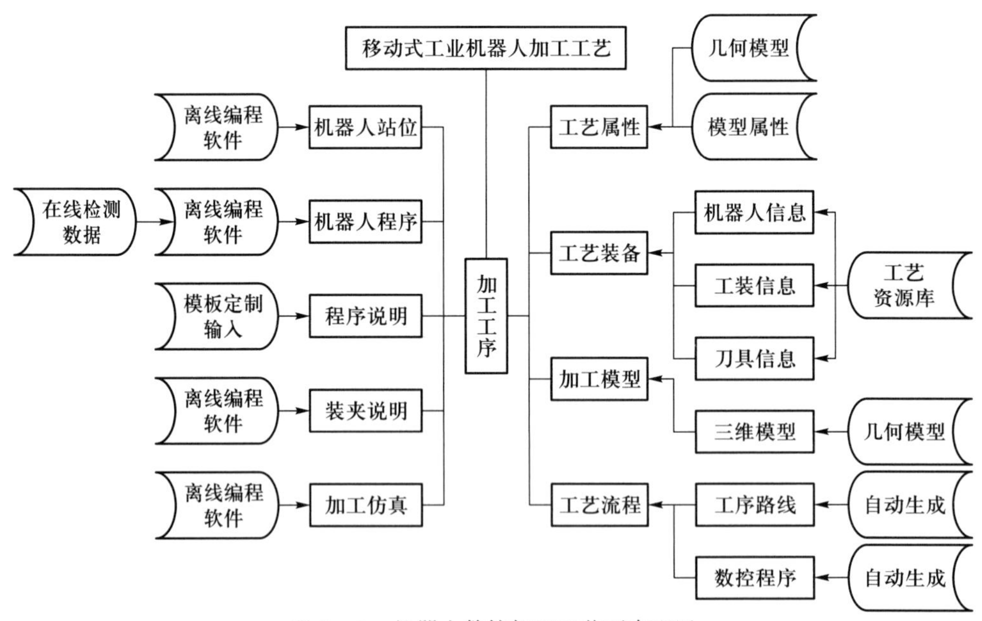

图 9–3 机器人数控加工工艺要素配置

(1) 工艺属性: 包括机器人加工工艺文件的类型、执行部门、服务对象产品的名称、加工数量等产品信息。

(2) 工艺装备: 包含机器人信息、工装信息和刀具信息。

(3) 加工模型: 三维实体模型, 基于三维设计模型创建。

(4) 机器人站位: 从编程软件中直接获取。

(5) 机器人程序: 结合在线检测数据编制程序。

(6) 程序说明: 明确各机器人加工程序的加工部位、刀具选用、加工余量、补偿状态等工艺内容。

(7) 装夹说明: 明确机器人加工时对工件安装方式、加工坐标系基准的说明。

(8) 加工仿真: 以多媒体形式应用于机器人加工工艺文件。

(9) 工艺流程: 包含工序路线和程序使用路线, 前者基于机器人加工工序创建, 后者基于机器人加工程序创建。

9.1.4 工艺规划——分级精度控制

在加工之前, 需要快速、精确地确定移动式工业机器人和加工对象的相对位姿关系, 由于机器人本体、移动平台以及测量设备能够达到的精度等级不同, 为了能够满足最终加工精度指标要求, 需进行分级精度控制, 其基本步骤分为: 工件坐标系找正、移动平台粗定位以及机器人末端精定位[1]。

1. 工件坐标系找正

首先, 以全局坐标系 S^{R} 为媒介, 确定工件局部坐标系 $S^{\mathrm{L}i}$ 与工件整体坐标系 S^{W} 的坐标系转换关系矩阵 $\boldsymbol{T}_{\mathrm{W}}^{\mathrm{L}i}$。其中, 全局坐标系 S^{R} 是由激光跟踪仪定义的坐标系。工件整体坐标系 S^{W} 是工件所有加工型面的基准, 所有型面的加工尺寸与形位公差都与工件整体坐标系 S^{W} 有关, 检测结果也都基于工件整体坐标系 S^{W}, 如图 9-4 所示。

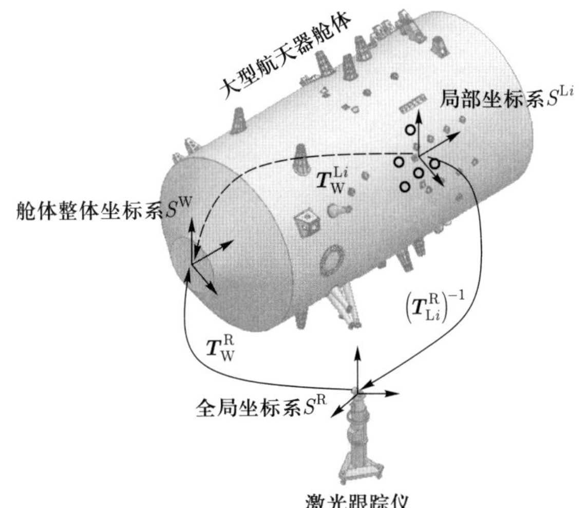

图 9-4 建立整星的工件整体坐标系

工件局部坐标系 $S^{\mathrm{L1}},S^{\mathrm{L2}},\cdots,S^{\mathrm{L}i},\cdots,S^{\mathrm{L}n}$ 是工件所有加工型面的局部基准，是每一个加工型面或邻近的几个加工型面附近，激光跟踪仪和移动式混联机器人视觉相机都能够拍摄识别的靶标点组 i 构成。若共有 n 个靶标点组，则移动式混联机器人需要移动 n 次才能完成所有型面的加工。靶标点组通常由 $3\sim5$ 个相邻的靶标点组成，这些靶标点呈接近三角形的布置方式稳定地粘贴或吸附在加工型面附近的非加工区域上。

坐标系转换关系矩阵 $\boldsymbol{T}_{\mathrm{W}}^{\mathrm{L}i}$ 通过以下方式所得：激光跟踪仪在全局坐标系 S^{R} 下可以得到工件整体坐标系 S^{W}，则工件整体坐标系 S^{W} 相对于全局坐标系 S^{R} 的坐标系转换关系矩阵为 $\boldsymbol{T}_{\mathrm{W}}^{\mathrm{R}}$。激光跟踪仪在全局坐标系 S^{R} 下通过特定的精测方法测得局部坐标系 $S^{\mathrm{L}i}$，则局部坐标系 $S^{\mathrm{L}i}$ 相对于全局坐标系 S^{R} 的坐标系转换关系矩阵为 $\boldsymbol{T}_{\mathrm{L}i}^{\mathrm{R}}$。由矩阵的性质得知，$\boldsymbol{T}_{\mathrm{L}i}^{\mathrm{R}}$ 是可逆的，记 $(\boldsymbol{T}_{\mathrm{L}i}^{\mathrm{R}})^{-1}$ 为 $\boldsymbol{T}_{\mathrm{L}i}^{\mathrm{R}}$ 的逆矩阵，则：

$$\boldsymbol{T}_{\mathrm{W}}^{\mathrm{L}i}=(\boldsymbol{T}_{\mathrm{L}i}^{\mathrm{R}})^{-1}\cdot\boldsymbol{T}_{\mathrm{W}}^{\mathrm{R}} \tag{9-1}$$

精测方法的具体操作步骤如下：通过激光跟踪仪可以确定 3 个相邻靶标点分别为 ${}^{\mathrm{R}}P_1$、${}^{\mathrm{R}}P_2$ 和 ${}^{\mathrm{R}}P_3$。其中 ${}^{\mathrm{R}}P_1$ 是坐标系原点。确定工件整体坐标系 S^{W} 的 x 轴方向为 ${}^{\mathrm{R}}P_1$ 指向 ${}^{\mathrm{R}}P_2$。设 ${}^{\mathrm{R}}P_1$ 在全局坐标系 S^{R} 下的坐标为 $({}^{\mathrm{R}}p_{1x},{}^{\mathrm{R}}p_{1y},{}^{\mathrm{R}}p_{1z})$，同理得 ${}^{\mathrm{R}}P_2$ 和 ${}^{\mathrm{R}}P_3$ 在全局坐标系 S^{R} 下的坐标，则工件整体坐标系 S^{W} 相对于全局坐标系 S^{R} 的坐标系转换关系矩阵 $\boldsymbol{T}_{\mathrm{W}}^{\mathrm{R}}$ 可由下式计算得出：

$$\boldsymbol{T}_{\mathrm{W}}^{\mathrm{R}}=\begin{bmatrix}{}^{\mathrm{R}}\boldsymbol{e}_{1x} & {}^{\mathrm{R}}\boldsymbol{e}_{1y} & {}^{\mathrm{R}}\boldsymbol{e}_{1z} & {}^{\mathrm{R}}\boldsymbol{p}_1\\ 0 & 0 & 0 & 1\end{bmatrix} \tag{9-2}$$

其中，

$$\begin{aligned}{}^{\mathrm{R}}\boldsymbol{p}_1&=[{}^{\mathrm{R}}p_{1x},{}^{\mathrm{R}}p_{1y},{}^{\mathrm{R}}p_{1z}]^{\mathrm{T}}\\ {}^{\mathrm{R}}\boldsymbol{e}_{1x}&=\frac{{}^{\mathrm{R}}\boldsymbol{p}_2-{}^{\mathrm{R}}\boldsymbol{p}_1}{\|{}^{\mathrm{R}}\boldsymbol{p}_2-{}^{\mathrm{R}}\boldsymbol{p}_1\|}\\ {}^{\mathrm{R}}\boldsymbol{e}_{1y}&={}^{\mathrm{R}}\boldsymbol{e}_{1x}\times\frac{{}^{\mathrm{R}}\boldsymbol{p}_3-{}^{\mathrm{R}}\boldsymbol{p}_1}{\|{}^{\mathrm{R}}\boldsymbol{p}_3-{}^{\mathrm{R}}\boldsymbol{p}_1\|}\\ {}^{\mathrm{R}}\boldsymbol{e}_{1z}&={}^{\mathrm{R}}\boldsymbol{e}_{1y}\times{}^{\mathrm{R}}\boldsymbol{e}_{1x}\end{aligned} \tag{9-3}$$

同理，$\boldsymbol{T}_{\mathrm{L}i}^{\mathrm{R}}$ 也可通过上述方式计算得到。

2. 移动平台粗定位

通过激光跟踪仪确定了工件整体坐标系 S^{W} 相对于局部坐标系 $S^{\mathrm{L}i}$ 的坐标系转换关系矩阵 $\boldsymbol{T}_{\mathrm{W}}^{\mathrm{L}i}$ 后，进一步引入移动式工业机器人。由于受到移动平台精度的影响，机器人移动至加工对象处的定位精度通常在 $5\sim10$ mm，很难满足加工精度 $0\sim2$ mm 的公差要求。因此在设计移动式工业机器人的定位策略时，分成粗定位和精定位两个步骤，前一步主要实现移动式工业机器人的大范围移动，使得其上安装的机器人行程能够覆盖局部坐标系下全部加工内容, 然后再通过测定局部坐标系相对移动平台的精确位置, 并修正加工程序, 完成舱上结构的精确加工, 具体的过程如下: 以全局坐标系 S^{R} 为媒介, 确定移动平台基坐标系 $S^{\mathrm{A}i}$ 与工件整体坐标系 S^{W} 的坐标系转换关系矩阵 $\boldsymbol{T}_{\mathrm{W}}^{\mathrm{A}i}$, 以此完成移动式工业机器人的粗定位, 如图 9–5 所示。

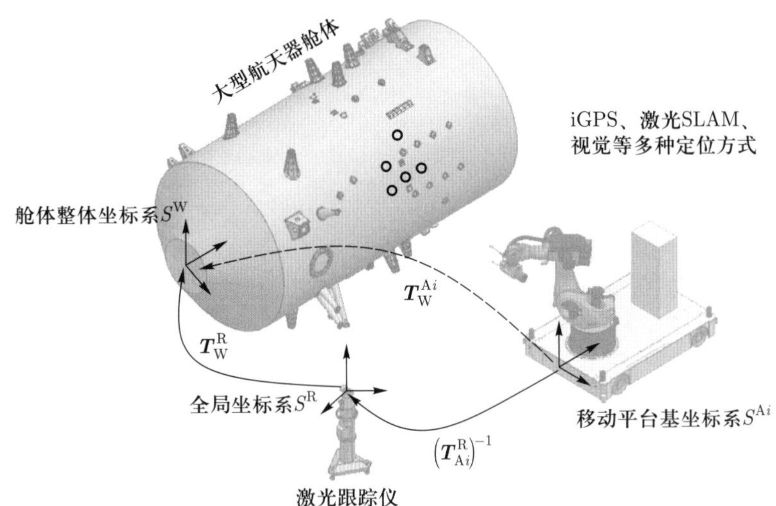

图 9–5 移动式工业机器人粗定位后与整星坐标系的关系

其中, 移动平台基坐标系 $S^{\mathrm{A}i}$ 是移动式工业机器人的基础坐标系, 每一个 $S^{\mathrm{A}i}$ 与工件局部坐标系 $S^{\mathrm{L}i}$ 对应。激光跟踪仪通过测量移动式工业机器人上的靶标点确定移动平台基坐标系 $S^{\mathrm{A}i}$。则移动平台基坐标系 $S^{\mathrm{A}i}$ 相对于全局坐标系 S^{R} 的坐标系转换关系矩阵为 $\boldsymbol{T}_{\mathrm{A}i}^{\mathrm{R}}$。若 $(\boldsymbol{T}_{\mathrm{A}i}^{\mathrm{R}})^{-1}$ 为 $\boldsymbol{T}_{\mathrm{A}i}^{\mathrm{R}}$ 的逆矩阵, 则由图 9–5 中关系可得

$$\boldsymbol{T}_{\mathrm{W}}^{\mathrm{A}i} = (\boldsymbol{T}_{\mathrm{A}i}^{\mathrm{R}})^{-1} \cdot \boldsymbol{T}_{\mathrm{W}}^{\mathrm{R}} \tag{9-4}$$

受限于平台车站位精度无法达到加工公差要求, 式 (9–4) 计算的移动平台基坐标系 $S^{\mathrm{A}i}$ 尽管可以通过激光跟踪仪获得精确的测量结果, 但其测量的数值不参与后续数控程序。工件整体坐标系 S^{W} 相对于移动平台基坐标系 $S^{\mathrm{A}i}$ 的转换关系矩阵 $\boldsymbol{T}_{\mathrm{W}}^{\mathrm{A}i}$ 将由后文的精确定位策略得到。

粗定位过程不需要使用精度达到 0.1 mm 的定位装备, 可以使用室内 GPS (indoor GPS, iGPS), 基于激光或视觉的同步定位与建图 (SLAM) 或者基于二维码导航的方式实现, 因为粗定位误差并不会影响最终的加工精度, 这也提高了移动式加工的自适应能力。

3. 机器人末端精定位

精确定位过程将通过建立移动式工业机器人装备与工件局部坐标系的精确位姿关系, 实现对加工面的精确定位。通过固定在移动式工业机器人末端的视觉定位系统, 完成对局部坐标系的定位, 也可在主轴末端安装接触式测针, 完成对工件局

部坐标系的找正。通过上述方式，可以建立基于末端视觉或接触式测针的末端坐标系，同样在站位 i，建立末端坐标系 $S^{\mathrm{T}i}$。可以通过视觉检测或接触式测量的方式，得到由末端坐标系 $S^{\mathrm{T}i}$ 到局部坐标系 $S^{\mathrm{L}i}$ 的坐标系转换矩阵 $\boldsymbol{T}_{\mathrm{L}i}^{\mathrm{T}i}$，其原理与工件坐标系找正过程精测方法相同，具体过程如图 9-6 所示。

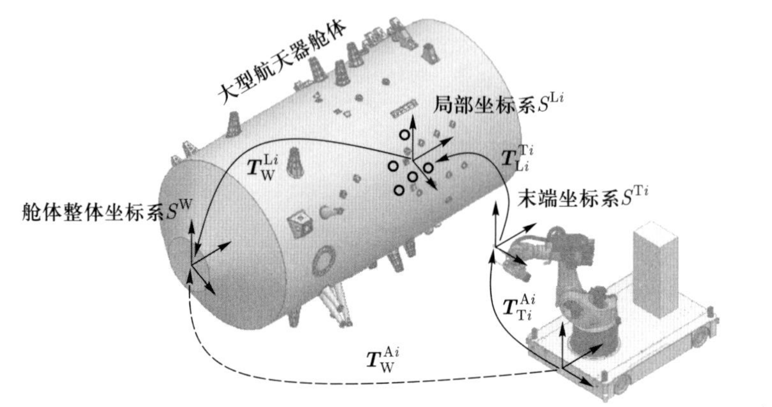

图 9-6 移动式工业机器人精确定位后与整星坐标系的关系

由此，移动平台基坐标系 $S^{\mathrm{A}i}$ 与工件整体坐标系 S^{W} 的坐标系转换关系矩阵 $\boldsymbol{T}_{\mathrm{W}}^{\mathrm{A}i}$ 可以由下式获得:

$$\boldsymbol{T}_{\mathrm{W}}^{\mathrm{A}i}=\boldsymbol{T}_{\mathrm{T}i}^{\mathrm{A}i}\cdot\boldsymbol{T}_{\mathrm{L}i}^{\mathrm{T}i}\cdot\boldsymbol{T}_{\mathrm{W}}^{\mathrm{L}i} \tag{9-5}$$

其中 $\boldsymbol{T}_{\mathrm{W}}^{\mathrm{L}i}$ 已经在前文中得到，末端坐标系与移动平台基坐标系的转换矩阵 $\boldsymbol{T}_{\mathrm{T}i}^{\mathrm{A}i}$ 可以通过手眼标定和机器人运动学解算获得。

转换矩阵 $\boldsymbol{T}_{\mathrm{T}i}^{\mathrm{A}i}$ 包括两部分: 一部分是刀尖点工具坐标系相对于末端视觉定位系统的位姿转换关系；另一部分是工具坐标系相对于移动平台基坐标系 $S^{\mathrm{A}i}$ 的位姿转换关系。前者可以通过手眼标定方式获得，并且视觉定位系统固定在末端后，该位姿转换关系将是一个常量[2]。

9.1.5 工艺规划——站位规划

在实际加工过程中，移动式工业机器人的供电电缆、车间现场作业环境等因素限制了移动平台的移动范围。此外，由于加工特征呈现空间分散的特点，往往需要移动式工业机器人运动至不同的站位进行加工。如图 9-7 所示，针对舱上待加工特征，需要根据实际约束条件 (运动幅度、刚度、奇异性等) 选出最优的移动式工业机器人站位[3]。

以一个支架加工站位为例，为了简化计算，采用离散化的策略对工作区域进行栅格化处理，将各栅格的中心定义为机器人可能的站位，这样将机器人站位离散成有限个。遍历所有离散站位，基于给定刀具姿态及基座位姿，可以根据机器人逆向

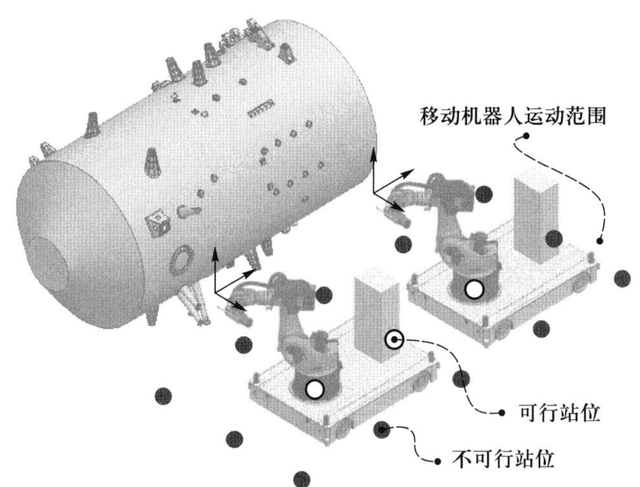

图 9-7 大型舱体移动式工业机器人站位规划

运动学计算此站位下的可达性、奇异性指标、碰撞指标及刚度性能指标, 删除难以到达、易发生奇异及刚度较差的位姿, 最终获得该支架加工的可行站位集。

在获得所有支架的可行站位集后, 需要根据实际应用场景优选站位。一般来说, 在机器人的使用过程中, 为了保证安全性和效率, 需尽量保证机器人运动幅度尽可能小, 即机器人各个关节角度变化值的方差尽可能小。假设视点的个数为 k, θ_i 表示第 i 轴转动的角度, σ_j 表示第 j 轴角度变化的方差, 则机器人各轴角度变化方差计算公式如下:

$$\begin{cases} \overline{\theta_n} = \sum_{i=1}^{k} \dfrac{\theta_n^i}{k} \\ \sigma_j^2 = \dfrac{1}{k}\sum_{i=1}^{k}(\theta_j^i - \overline{\theta_j})^2, \quad j = 1, 2, \cdots, 6 \end{cases} \tag{9-6}$$

由于机器人各个关节在运动过程中会产生关节转角误差, 低序列的关节转角误差由于机器人运动学关系会累积到机器人末端, 对机器人的绝对定位精度影响较大, 高序列的关节转角误差由于运动学传递过程较少, 对末端绝对定位精度影响较小。因此, 在机器人运动过程中, 尽可能选择高序列几个关节。因此, 对计算完成的关节方差进行加权处理, 加权系数 k_i 随着机器人关节序号的增大而降低。构造优化函数:

$$\begin{cases} D = k_1\sigma_1^2 + k_2\sigma_2^2 + k_3\sigma_3^2 + k_4\sigma_4^2 + k_5\sigma_5^2 + k_6\sigma_6^2 \\ k_1 \geqslant k_2 \geqslant k_3 \geqslant k_4 \geqslant k_5 \geqslant k_6 \\ k_1 + k_2 + k_3 + k_4 + k_5 + k_6 = 1 \end{cases} \tag{9-7}$$

最终, 选择优化函数值最小时对应的机器人站位为最优站位。

此外，也可以刚度指标和奇异性指标进行合并站位及优选站位。考虑到每个支架安装面上选用了若干点，将所有点指标的平方的加权和作为路径准则。通过一维搜索算法优选站位（舱体整体坐标系下），以刚度值作为优化指标，奇异性、可达性等作为约束指标[4-9]。

9.1.6 工艺规划——加工空间分区拼接

对于大型航天器舱体而言，加工对象呈现出空间整体尺寸大、加工特征空间离散的特点。如图 9–8 所示，在直径为 2 600 mm、长度为 5 600 mm 的航天器舱段表面分布了上百个待加工特征，这些特征除了在整舱坐标系下有一定精度指标要求（一般为孔的位置度和面的平行度）外，特征与特征之间往往还存在关联尺寸关系（保证安装同一个有效载荷的安装精度），因此，需要将所有待加工特征的尺寸公差转换到各自相对整舱坐标系的位姿关系。此外，随着舱体尺寸的不断增大，移动式工业机器人在固定区域很难完成舱体上所有待加工特征的加工，需要变换不同站位，将多个区域下所能覆盖的舱段表面加工特征拼接起来，实现整舱坐标系下的基准统一。

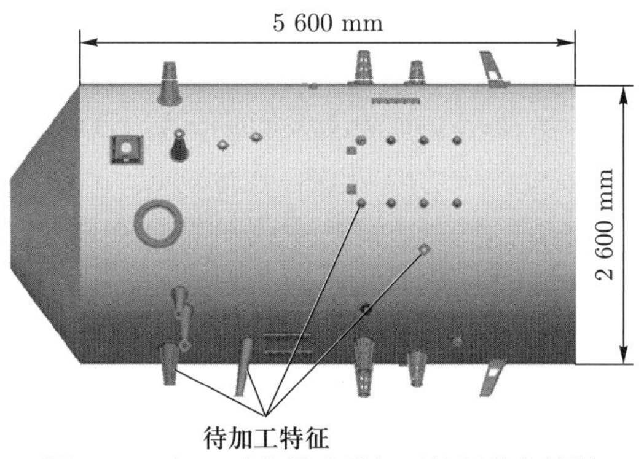

图 9–8 加工对象尺寸及加工特征分布情况

大型舱体构件加工空间分区拼接主要涉及大场景下的移动式工业机器人多站位基准统一和局部加工轨迹精确修正两大部分。虽然，通过机器人本体高精度控制能够实现机器人本体绝对定位精度的有效提升，但此方法对应的机器人工作空间往往受限，主要体现在：① 补偿精度与机器人姿态相关联，即仅能补偿某一特定姿态下的机器人绝对定位精度；② 即使采用能够同时补偿机器人位置误差和姿态误差的方法，也会存在补偿过程采样点数量庞大、误差映射模型预测精度不够等问题，即补偿方法很难在机器人全工作空间范围内实现任意一点的精度提升[10]。

此外，虽然通过分级精度控制策略能够实现移动平台的精准入位，同时确定移动式工业机器人与大型舱体构件的相对位姿关系，但该方法在建立局部基准与机器人末端相对位姿关系时，一般采用视觉检测手段，视觉检测原理决定其很容易受到检测距离、检测角度、环境光线等外部环境影响，从而造成检测精度的下降，这就要求移动式工业机器人在分级定位过程中以某一特定或者尽可能相近的姿态进行检测，这往往会造成机器人本体与加工对象发生碰撞干涉，在工程上很难大规模应用。

如图 9–9 所示，大场景下移动式工业机器人多站位基准统一是通过激光跟踪仪来实现的，相较于分级精度控制策略中引入的视觉测量环节，该方法整个测量过程完全依赖激光跟踪仪，能够有效控制基准统一的精度[11]。以激光跟踪仪的全局坐标系 S^{R} 为基准，建立舱体整体坐标系 S^{W} 以及移动式工业机器人站位 1 处的移动平台基坐标系 S^{A1}，机器人末端坐标系 S^{T1} 和移动平台基坐标系 S^{A1} 的相对位姿关系可以通过机器人运动学获得，由此，能够获得机器人末端在整舱坐标系下的位姿关系。当移动式工业机器人完成站位 1 处的加工任务后，将运动至站位 2 处完成对应加工特征的加工任务，此时，保证激光跟踪仪和舱体不发生移动，即可保证仍在全局坐标系下建立移动式工业机器人站位 2 处的移动平台基坐标系 S^{A2}，当然，这是理想的情况，但在实际加工过程中可能存在以下几种情况：① 激光跟踪仪光线被遮挡，无法获取站位 2 处的移动平台基坐标系 S^{A2}，此时，可以将激光跟踪仪重新放置在光线无遮挡处，通过基准转换的方式实现激光跟踪仪转站，从而建立移动平台基坐标系 S^{A2} 和舱体整体坐标系 S^{W} 的相对位姿关系；② 舱体旋转导致舱体整体坐标系 S^{W} 变化，此时需要重新建立舱体整体坐标系 S^{W}。

$$\begin{cases}\boldsymbol{T}_{\mathrm{T1}}^{\mathrm{W}}=\boldsymbol{T}_{\mathrm{R}}^{\mathrm{W}}\cdot\boldsymbol{T}_{\mathrm{A1}}^{\mathrm{R}}\cdot\boldsymbol{T}_{\mathrm{T1}}^{\mathrm{A1}}\\\boldsymbol{T}_{\mathrm{T2}}^{\mathrm{W}}=\boldsymbol{T}_{\mathrm{R}}^{\mathrm{W}}\cdot\boldsymbol{T}_{\mathrm{A2}}^{\mathrm{R}}\cdot\boldsymbol{T}_{\mathrm{T2}}^{\mathrm{A2}}\end{cases}\tag{9-8}$$

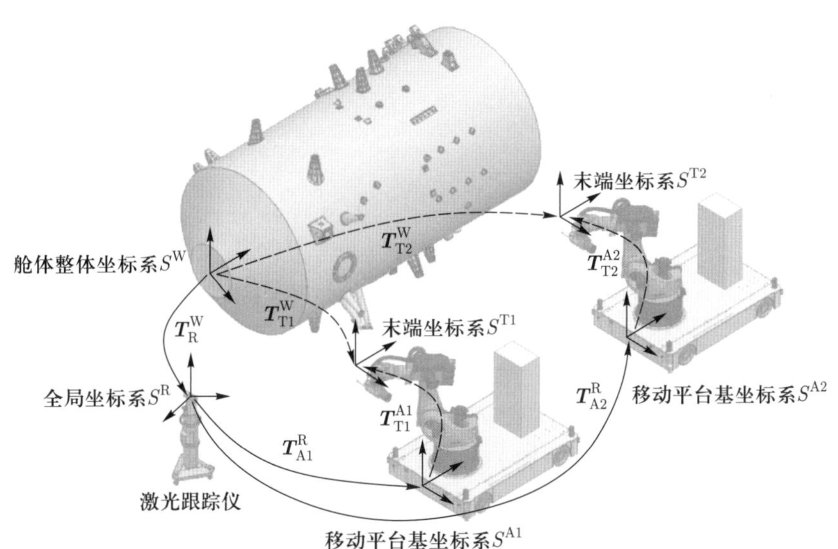

图 9–9 基于激光跟踪仪的多站位基准统一

而对于局部加工轨迹的精确修正，其核心是通过激光跟踪仪修正每个加工特征处局部坐标系的位姿偏差，通过测量获取偏差值后，再补偿至机器人加工的程序中，从而精确修正实现局部加工轨迹 (图 9–10)。

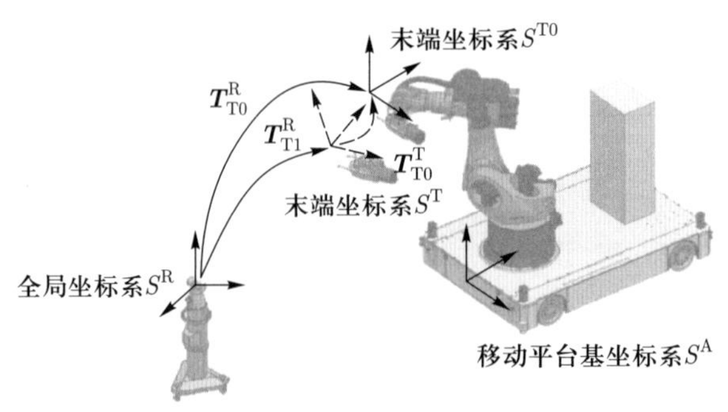

图 9-10 基于激光跟踪仪的局部轨迹精确修正

在补偿过程中, 如何保证测量过程中的机器人运动轨迹能够真实地反映加工过程的状态, 实现机器人加工精度最大化提升, 是我们所关注的问题。为此, 需要保证测量轨迹与加工轨迹尽可能一致。以加工 58 mm × 60 mm 的平面为例, 铣面加工过程采用 ϕ64 mm 自制刮刀进行加工, 刀具直径能够覆盖每个凸台, 因此每个凸台的加工轨迹为一条直线; 此外, 考虑凸台的长与宽, 加工轨迹分为自左向右和自上而下两种。为保证轨迹一致性, 测量程序轨迹需与加工轨迹方向一致, 因此测量轨迹也相应分为两种, 如图 9-11 和图 9-12 所示。

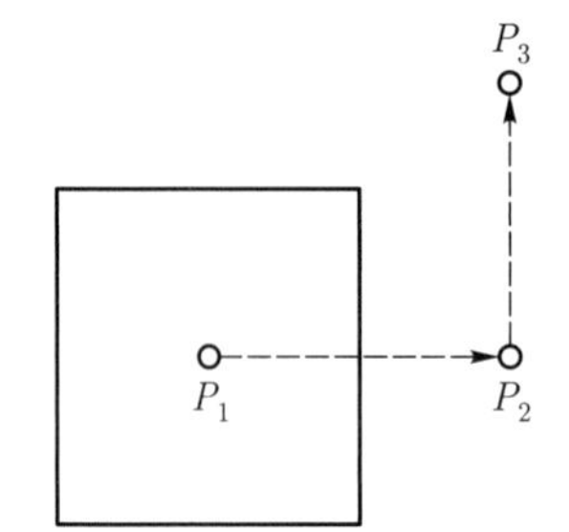

图 9-11 自左向右的加工测量轨迹

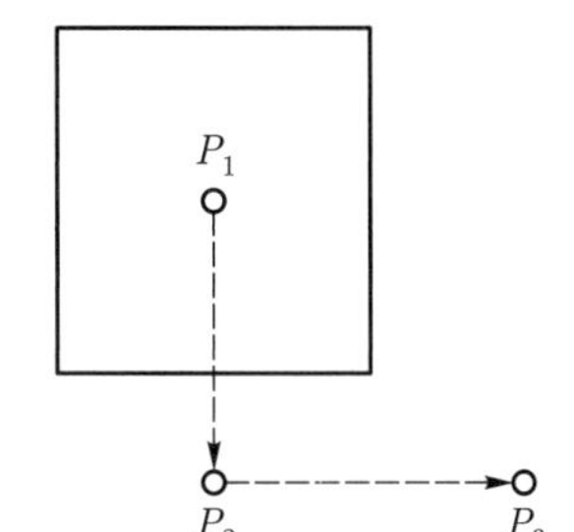

图 9-12 自上而下的加工测量轨迹

精度补偿主要分为位置误差补偿和姿态误差补偿。位置误差补偿是每个凸台补偿一次, 补偿值选用面心 P_1 点的误差 δx、δy 和 δz。姿态误差补偿需首先根据运动轨迹建立每个凸台的局部坐标系: 对于自左向右的加工测量轨迹, 建系方法是 P_1 指向 P_2 点为 x 轴正向, P_2 指向 P_3 点为 y 轴正向, 坐标系原点为 P_1 点, 如图 9-13(a) 所示; 对于自上而下的加工测量轨迹, 建系方法是 P_1 指向 P_2 点为 y 轴负向, P_2 指向 P_3 点为 x 轴正向, 坐标系原点为 P_1 点, 如图 9-13(b) 所示。建系完成后, 以新建的局部坐标系为基准, 查看舱体整体坐标系相对于局部坐标系的偏差, 即得到机器人姿态误差。

同样, 钻孔精度补偿方案是针对每个孔位进行位置误差补偿, 一个凸台面上的钻孔姿态误差仅补偿一次。程序中的点位为每个孔的进刀点, 其中一个凸台上典型程序轨迹如图 9-14 所示。位置误差补偿值选用程序中进刀点的 δx、δy 和 δz。姿态误差补偿也需根据运动轨迹建立每个凸台的局部坐标系, 如图 9-15 所示: P_1 指

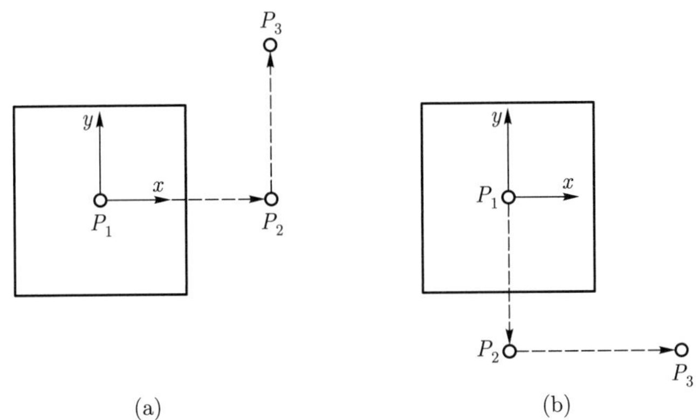

图 9-13 图 9-11 和图 9-12 对应的局部坐标系建立示意

向 P_4 点为 x 轴正向, P_2 指向 P_1 点为 y 轴正向, 坐标系原点为 P_1 点。坐标系建立完成后, 以新建的局部坐标系为基准, 查看舱体整体坐标系相对于局部坐标系的偏差, 即得到机器人姿态误差。

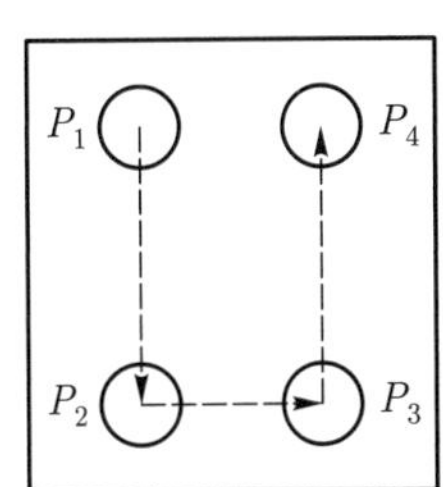

图 9-14 钻孔精度补偿典型轨迹

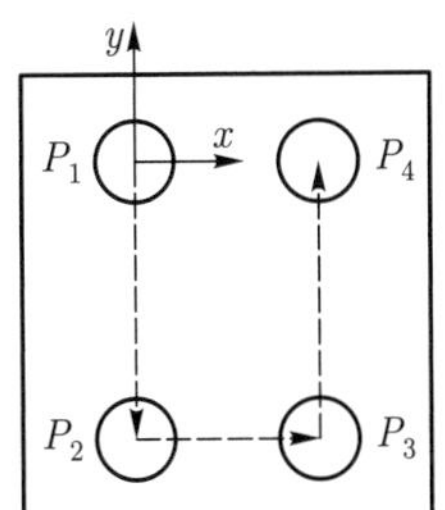

图 9-15 图 9-14 对应的局部坐标系建立示意

9.2 移动式工业机器人作业时间仿真

9.2.1 仿真任务分析

本节针对多台移动式工业机器人加工大型舱体的制造需求, 提供了一种多机多工序的时空协同规划方法, 该方法能够基于各加工机器人的工作时序和工作空间计算出一种总体加工时间最短且保证加工安全可靠的作业顺序。通过西门子 eM-Plant 软件对加工过程进行建模与仿真, 最终输出可执行的舱外支架加工顺序和机器人调度时间表。

如图 9-16 所示, 由 4 台移动式工业机器人完成大型舱体舱外支架安装面的加工, 将大型舱体的两侧划分出互不干涉的共 6 个站位供机器人停靠加工, 每个舱外支架由固定的机器人完成作业, 需要合理安排支架加工顺序和机器人转运, 以保证舱体总体加工时间相对最短。具体问题描述如下:

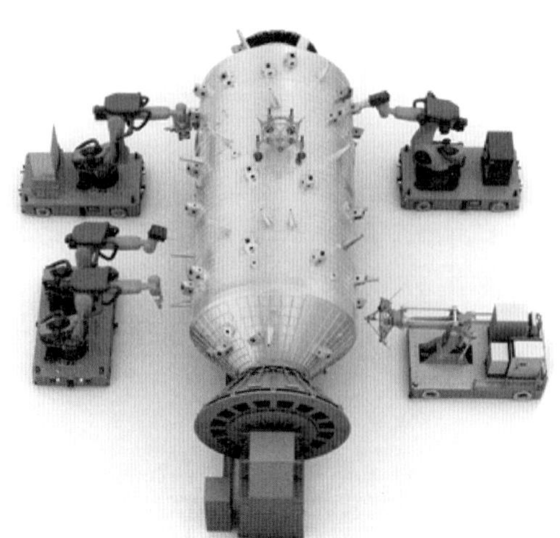

图 9–16 多机多工序加工场景

零件所属站位由其加工面所在舱体的位置决定。根据舱体的直径和长度以及移动式工业机器人加工行程, 沿着舱体轴向, 分别从对称的两侧规划出移动式工业机器人的 6 个站位, 并进行编号。该站位上机器人加工行程能够完全覆盖加工面, 并完成相应的加工工步。

零件加工特征与公差决定其加工工步、加工装备。零件加工特征包括平面铣削和螺纹底孔钻孔两类, 加工公差主要包括 ±1 mm、±0.5 mm、±0.2 mm 和 ±0.1 mm。如表 9–1 所示, 由于不同移动式工业机器人的加工精度不同, ±0.1 mm 公差的平面由移动混联机器人 robot3 加工, ±0.2 mm 公差的平面由移动串联铣削机器人 (末端为一套高精度加工执行器) robot1 加工, ±0.5 mm 公差的平面由移动串联磨削机器人 (末端为力控浮动打磨头) robot4 加工, ±1 mm 公差的平面由移动双臂机器人 robot2 加工。

表 9–1 移动式工业机器人加工任务分配表

序号	机器人编号	机器人名称	加工精度
1	robot2	移动双臂机器人	±1 mm 公差的平面
2	robot4	移动串联磨削机器人	±0.5 mm 公差的平面
3	robot1	移动串联铣削机器人	±0.2 mm 公差的平面
4	robot3	移动混联机器人	±0.1 mm 公差的平面

零件的加工时间由零件的加工工步、加工装备决定。通过机器人路径规划软件, 生成加工面铣削、制孔路径, 根据路径长度和进给速度, 计算出零件的加工时间。设加工面 part(n) (其中 $n = 1, 2, \cdots, N$ 代表加工支架的编号) 隶属加工矩阵 $\boldsymbol{S}(i, j)$, 其中 $i = 1, 2, \cdots, 6$ 代表加工站位, $j = 1, 2, \cdots, 4$ 代表所使用的移动式工业机器人编号。图 9–17 所示为移动式工业机器人加工部位属性与隶属加工矩阵。

工件编号	加工面	所属站位	加工特征与公差	加工工步	加工装备	加工时间
part(1)	加工面1	1 2 3 6 5 4	±0.2	铣、钻		30 min
part(2)	加工面2	1 2 3 6 5 4	±1	铣、钻		20 min
part(3)	加工面3	1 2 3 6 5 4	±0.1	铣、钻		30 min
⋮	⋮	⋮	⋮	⋮	⋮	⋮
part(20)	加工面 n-2	1 2 3 6 5 4	±0.5	铣、磨		30 min
part(21)	加工面 n-1	1 2 3 6 5 4	±0.2	铣、钻		25 min
part(22)	加工面 n	1 2 3 6 5 4	±0.1	铣、钻		50 min

图 9–17 加工部位属性与隶属加工矩阵

9.2.2 仿真过程规划

按照总体设计, 逻辑层的规划与流程设计如图 9–18 所示。

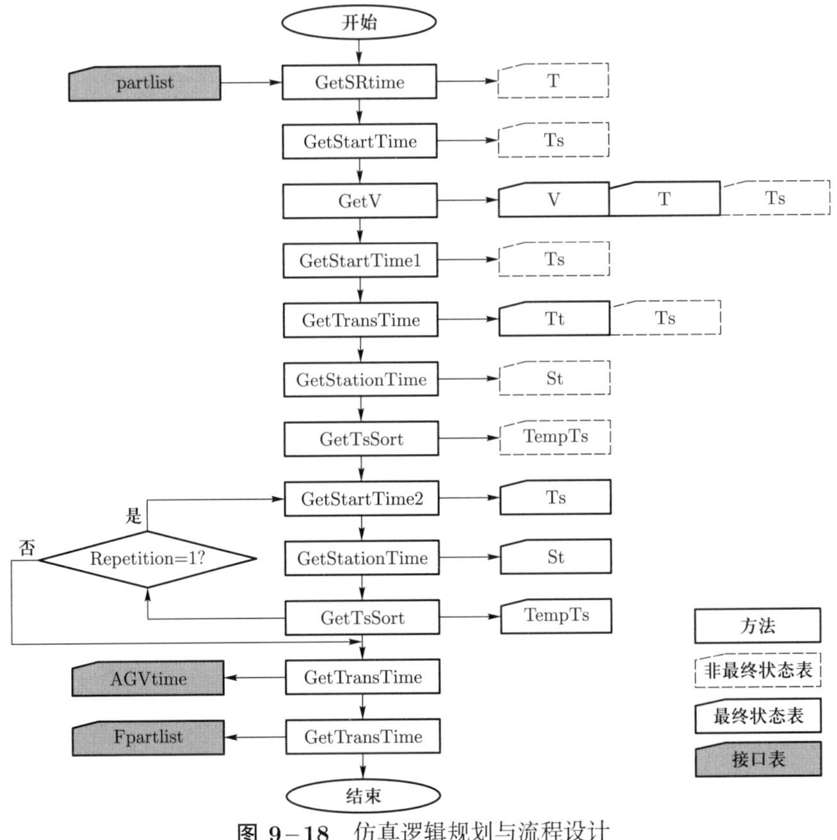

图 9–18 仿真逻辑规划与流程设计

相关数据列表和规划步骤的解释说明如下。

1. 数据表

形成的大型舱体舱外支架零件表 partlist 和优化顺序后的 Fpartlist, 其属性如表 9-2 所示。

表 9-2 大型舱体舱外支架零件表属性

编号	属性	属性说明	数据类型	备注
1	object	对象为零件	MU.part	plant 特有数据类型
2	number	零件数量	integer	目前按照每种支架 1 个
3	name	零件名称	string	
4	attributes	零件属性表	table	
5	station	零件所属站位	integer	1 ~ 6 号站位
6	quardrant	零件所属象限	integer	象限暂未考虑
7	workingtime	零件加工时间	time	机器人加工零件的仿真时间
8	starttime	零件加工开始时间	time	初始默认空, 由逻辑层计算后赋值
9	robot	零件加工机器人编号	integer	1 ~ 4 号机器人

表 9-3 是表 9-2 中属性 station 的示例, 为二维矩阵结构, 每列数字表示不同编号机器人的站位顺序, 例如编号为 2 的机器人 (robot2) 的站位顺序为 1 号站位—4 号站位—5 号站位。

表 9-3 属性 station 示例

robot2	robot4	robot1	robot3
0	0	0	0
0	0	0	0
0	0	0	0
1	0	0	0
4	2	6	1
5	4	3	6

表 9-4 是表 9-2 中属性 workingtime 的示例, 亦为二维矩阵结构, 每列数据表示不同编号机器人在不同站位 (如表 9-3 所示站位顺序) 的工作时间。结合表

9–3 可以得出编号为 2 的机器人 (robot2) 在 1 号站位的工作时间为 20 min, 在 4 号站位的工作时间为 40 min, 在 5 号站位的工作时间为 1 小时。

表 9–4　属性 workingtime 示例

robot2	robot4	robot1	robot3
0.0000	0.0000	0.0000	0.0000
0.0000	0.0000	0.0000	0.0000
0.0000	0.0000	0.0000	0.0000
20:00.0000	0.0000	0.0000	0.0000
40:00.0000	1:00:00.0000	20:00.0000	20:00.0000
1:00:00.0000	50:00.0000	30:00.0000	20:00.0000

表 9–5 用于记录每个站位的总体运行时间, 并按照时间由长到短排序。

表 9–5　站位总体运行时间记录表

编号	属性	属性说明	数据类型	备注
1	station	站位	integer	对应站位 1 ~ 6, 按照时间由长到短排序
2	totaltime	站位总运行时间	time	按照由长到短排序

表 9–6 作为最终排序后形成的机器人班次表, 记录了所有工作站位、对应站位的机器人以及机器人的加工开始时间, 用于指导执行层进行工作。

表 9–6　AGVtime 表格样式

编号	属性	属性说明	数据类型	备注
1	starttime	加工开始时间	time	
2	station	加工站位	integer	
3	robot	加工机器人	integer	

2. 方法

方法是时间规划与仿真的逻辑体现, 具体流程如下:

第一步: 进行站位独立运行时间规划。

根据被加工零件所属站位、加工特征与公差、加工顺序、加工装备和加工时间, 生成其隶属加工矩阵。并将上述规划要素作为进行站位独立运行时间规划的输入, 生成站位独立运行甘特图。

(1) GetSRtime。

按照站位 1 ~ 6、机器人 1 ~ 4 的顺序，从支架加工列表 partlist 中得到站位-机器人的加工时间表，结果为 T 表，其逻辑流程如图 9-19 所示。

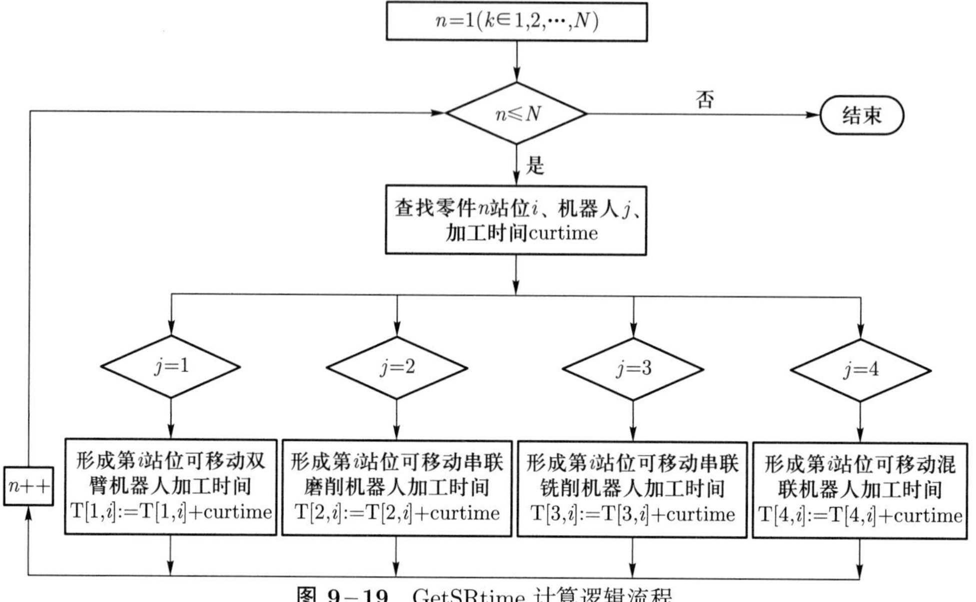

图 9-19 GetSRtime 计算逻辑流程

(2) GetStartTime。

各站位 (编号 1 ~ 6) 按照机器人编号 1 ~ 4 的优先级，计算每台机器人的开始加工时间，获得各站位独立运行开始时间表，结果为 Ts 表，其逻辑流程如图 9-20 所示。

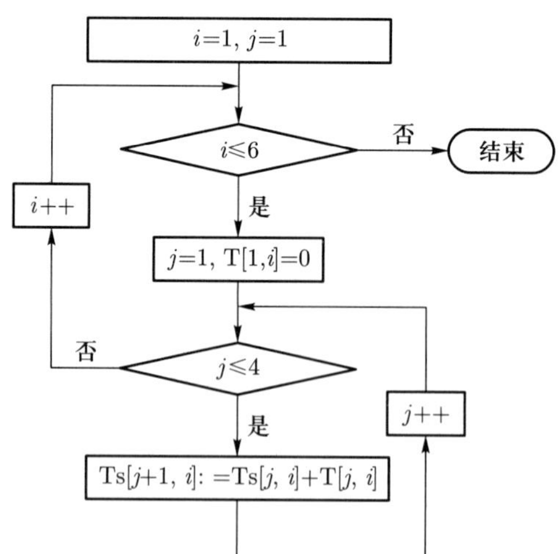

图 9-20 GetStartTime 计算逻辑流程

第二步: 进行同一时间段机器人无时间冲突规划。

以上一步得到的站位独立运行甘特图作为输入, 考虑到一个移动式工业机器人会在不同的站位上进行加工, 但同一时段其只能在一个站位工作, 因此需要在上一步基础上生成同一时间段机器人无时间冲突站位运行甘特图。

(1) GetV。

按照 "机器人开始时间较早的排在前面, 开始时间相同时加工时间较短的排在前面" 的原则, 以冒泡排序法得到机器人在各个站位的排序, 结果为 V 表, 并根据排序顺序修改 T 表和 Ts 表, 其逻辑流程如图 9–21 所示。

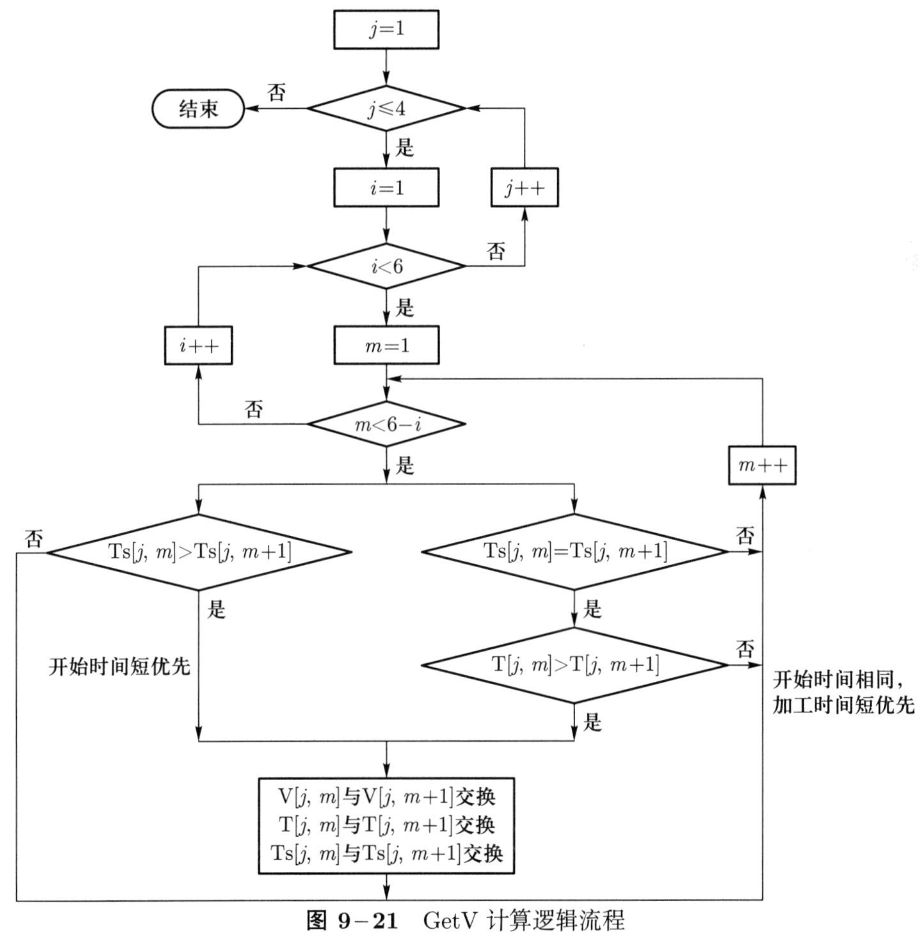

图 9–21 GetV 计算逻辑流程

(2) GetStartTime1。

按照机器人排序 V 表, 按照同一时间段同一个机器人只能在一个站位工作的原则, 更新加工开始时间, 修改 Ts 表, 其逻辑流程如图 9–22 所示。

第三步: 添加转移时间后站位规划。

在多机加工过程中, 移动式工业机器人从一个站位转向另一站位时, 原先站位上的机器人要先转移出来, 新的机器人才能进入该站位, 重新进行定位找正, 因此

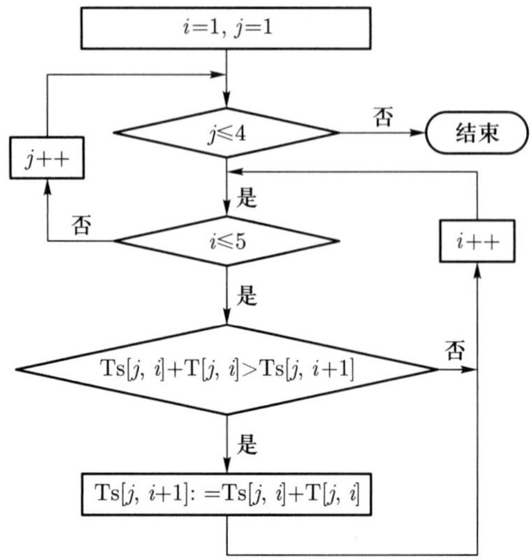

图 9-22　GetStartTime1 计算逻辑流程

需要添加转运时间, 生成添加转运时间后的站位甘特图。

(1) GetTransTime。

按照机器人排序 V 表和当前 Ts 表, 为机器人安排转运时间 (Transtime), 结果为 Tt 表, 并将增加的时间安排给加工开始时间, 修改 Ts 表, 其逻辑流程如图 9-23 所示。

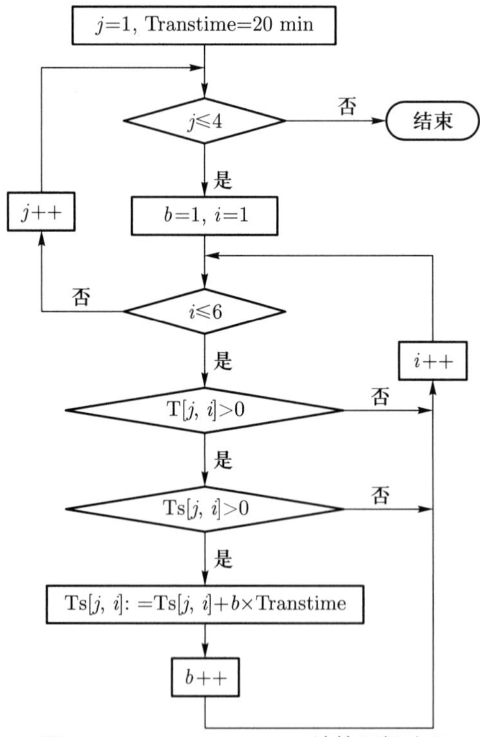

图 9-23　GetTransTime 计算逻辑流程

(2) GetStationTime。

安排转运时间后, 统计各个站位总体占用时间, 结果为 St 表, 在此基础上, 按照站位运行时间由长到短排序, 更新 St 表, 其逻辑流程如图 9-24 所示。

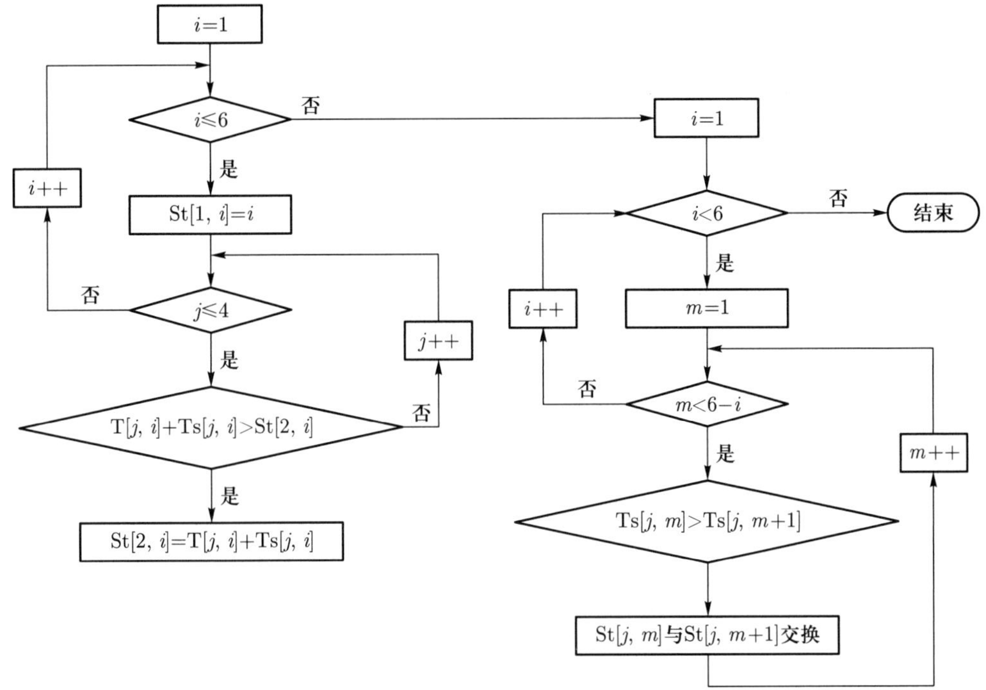

图 9-24 GetStationTime 计算逻辑流程

第四步: 空间无冲突站位转移规划。

由于移动式工业机器人需要安全转移, 为防止多台机器人转移路径发生干涉, 规定了每台机器人转移时, 其他机器人不得同时转移。因此需要在上一步规划的基础上, 进一步调整各台机器人的作业时序, 保证同一时间段内只有一台机器人在进行转移。

(1) GetTsSort。

遍历 Ts 表格, 按从大到小的顺序重新排序, 并去除相同项, 计入 TempTs 表, 其流程仅涉及表格操作, 逻辑如下: 获取 Ts 表格中所有当前开始时间; 按照由大到小的顺序对 TempTs 表格进行时间排序; 去除 TempTs 表格中相同项。

(2) GetStartTime2。

按照 St 表顺序, 以 TempTs 表中各个开始时间为索引, 对 St 中各个站位的机器人进行开始时间排序, 保证一个时间段内只有一台机器人在转运, 转运时间无冲突, 如果存在时间冲突则一直循环计算, 直至无冲突, 其逻辑流程如图 9-25 所示。

第五步: 生成机器人站位时间规划清单。

基于上一步调整的结果形成各移动式工业机器人的加工程序运行时间, 并形成加工程序, 推送至各移动式工业机器人, 以实现多机多工序时间协同的规划。

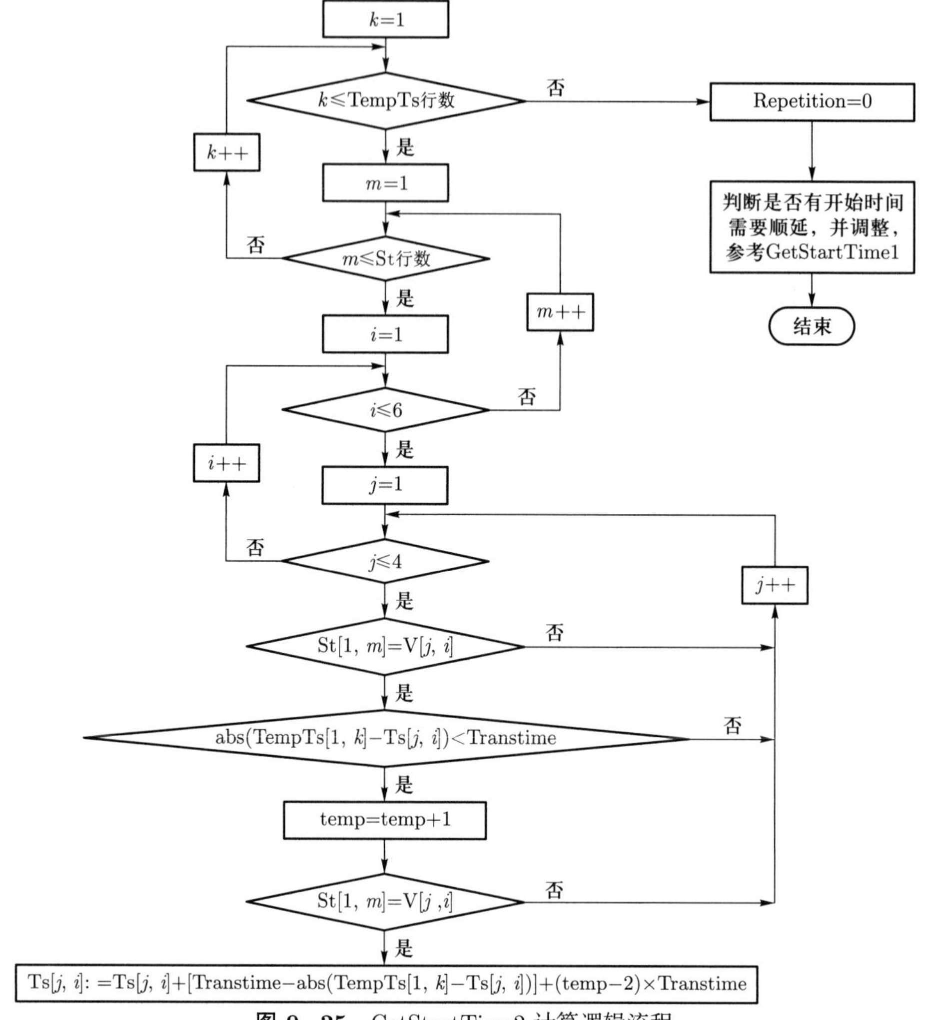

图 9−25 GetStartTime2 计算逻辑流程

(1) GetAGVtime。

获取最终机器人开始加工时间, 按照时间由小到大排序, 保证自动导引车 (AGV) 按照时间转运到对应站位, 机器人进入对应站位加工, 计入 AGVtime 表, 其逻辑流程如下: 从 Ts 表和 V 表中提取对应的开始时间、站位和机器人, 计入 AGVtime; 对当前 AGVtime 按照时间从小到大进行排序。

(2) GetFpartlist。

按照 AGVtime 最终机器人排序更新零件列表为 Fpartlist, 同时更新 partlist 中的 starttime。

9.2.3 仿真参数设置

1. 总体思路

仿真主要是针对大型舱体上安装支架的物料流过程, 涉及支架的输入、支架的缓存、支架的转运、支架的加工、支架的输出等几个阶段。① 支架作为 part, 是整个生产单元的仿真对象; ② 支架输入后, 存入缓存供 AGV 转运, AGV 移动到对应的站位后, 存入该站位对应的缓存, 供移动式工业机器人加工; ③ 为了保证支架流动至加工单元, 采用 AGV 作为支架流动的载体, 同时为了保证一个时间段只有一台移动式工业机器人转运站位, 在舱体周围铺设轨道作为 AGV 的运行通道; ④ 支持 4 台移动式工业机器人对支架进行加工, 在 AGV 将支架卸载到对应站位后, 根据支架属性中的机器人编号移动对应的机器人至站位进行加工; ⑤ 支架在移动式工业机器人完成加工后, 移动至输出, 同时输出物流分析报告。

根据上述总体思路, 建立仿真模型如图 9–26 所示。

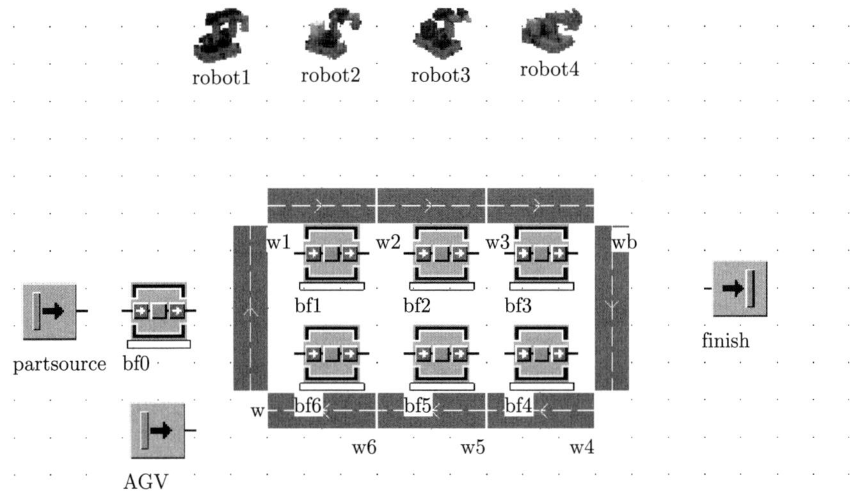

图 9–26 移动式工业机器人作业时间仿真模型

2. 全局变量设计

Variablepasstime: 记录 AGV 经过零件源的次数, 每经过一次变量加 1, 如果所有零件都被转运至相应站位, 则 AGV 停止转运, 设置界面如图 9–27 所示。

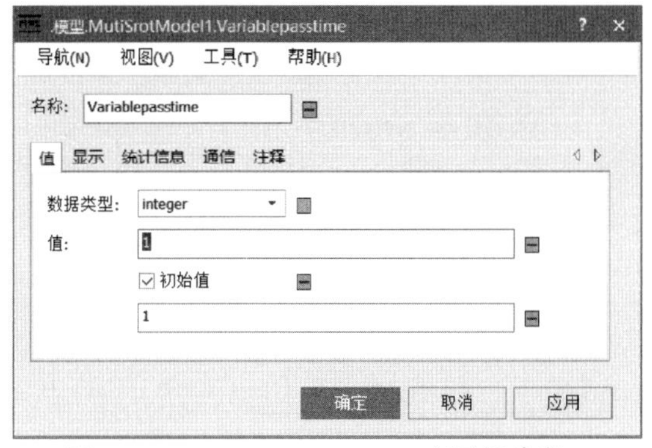

图 9–27 Variablepasstime 变量新建窗口

Repetition: 在计算各个零件开始加工时间的过程中, 记录是否存在相同的开始时间, 如果有则变量为 1, 如果没有则变量为 0, 设置界面如图 9–28 所示。

图 9–28 Repetition 变量新建窗口

Transtime: 默认各机器人从一个站位转移至其他站位的转运时间固定为 20 min, 设置界面如图 9–29 所示。

图 9–29 Transtime 变量新建窗口

3. 模块设计

输入: 从工具箱拖入一个 Source, 重命名为 partsource, 修改 MU 选择为序列, 并选择逻辑层最终计算得出的 Fpartlist 作为表, 设置界面如图 9–30 所示。

图 9–30 输入模块参数设置

缓存: 从工具箱拖入一个 Buff, 重命名为 bf0, 修改缓存容量为 100 (大于支架总数量即可), 一次性将输入的支架全部存入缓存, 设置界面如图 9-31 所示。

图 9-31 缓存模块参数设置

AGV 输入: 从工具箱拖入一个 Source, 重命名为 agv, 修改数量为 1, 保证运输支架的 AGV 只有一个, MU 选择为常数, MU 从左侧类库树中拖动 mobilerobot, 设置界面如图 9-32 所示。

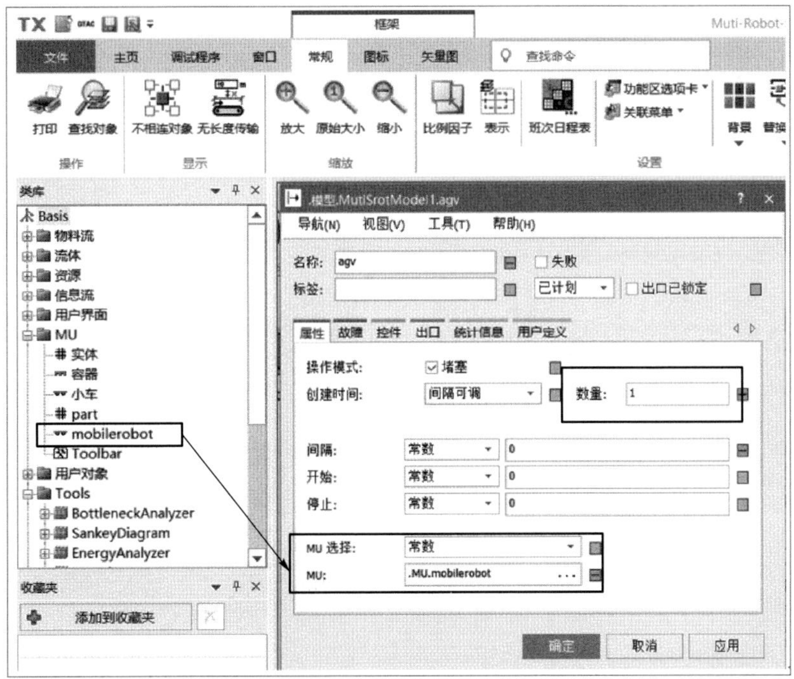

图 9-32 AGV 输入模块参数设置

AGV 运行路线：按照 9 m × (4 ∼ 5) m 的舱体尺寸要求，创建 wa、wb、w1、w2、w3、w4、w5、w6 作为 AGV 运行路线，其中 wa 用于 AGV 加载支架，如图 9−33 所示，w1 ∼ w6 用于站位 1 ∼ 6 处 AGV 卸载支架。在加载和卸载处需要设置传感器，AGV 通过传感器时可以执行预设好的加载或卸载程序。

图 9−33 AGV 运行路线创建

以 wa 为例，在属性选项卡输入长度 4.5，在控件选项卡选择传感器按钮（图 9−34），新增一个传感器，输入传感器位置，控件方法选择 load 或 unload，其后分别编写 load 和 unload1∼unload6 的方法。

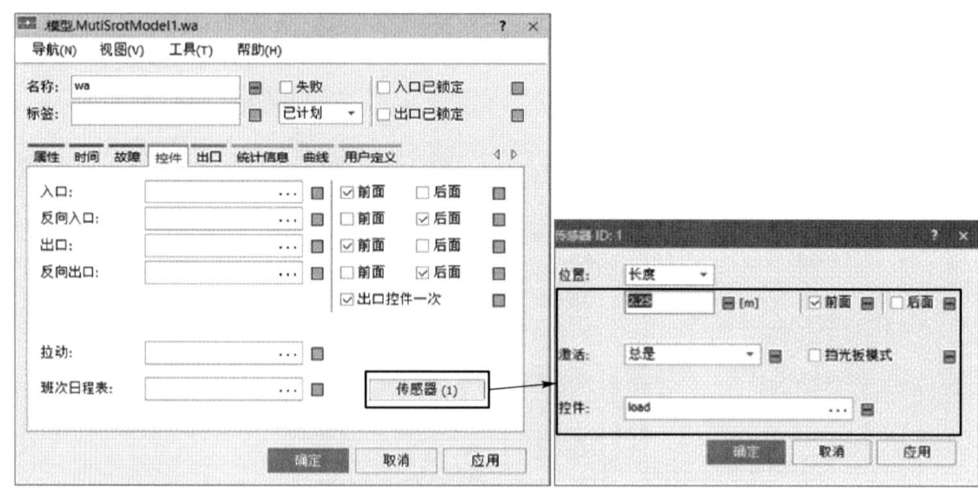

图 9−34 AGV 传感器属性设置

其中，load 运行逻辑如图 9−35 所示。

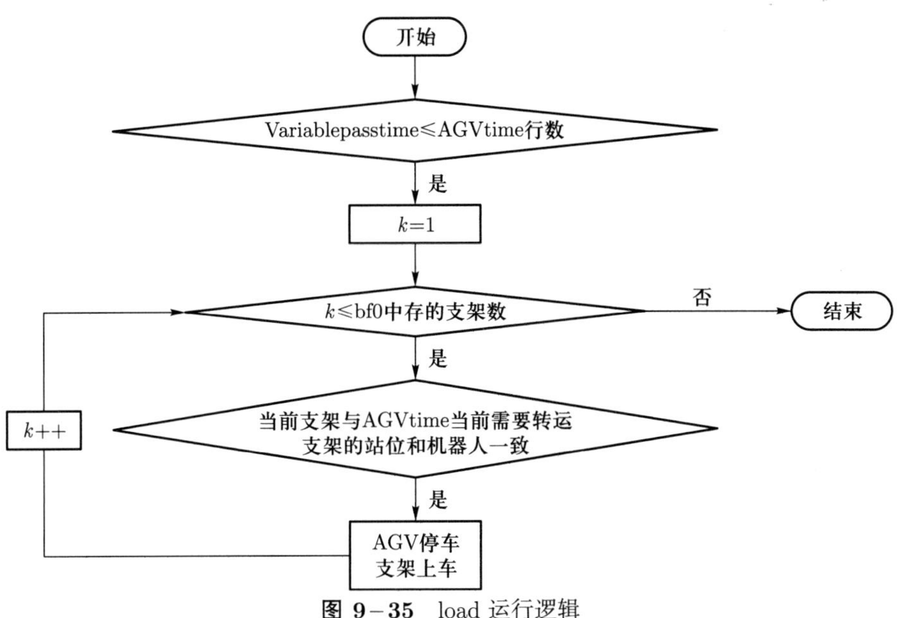

图 9–35 load 运行逻辑

unload 运行逻辑如图 9–36 所示。

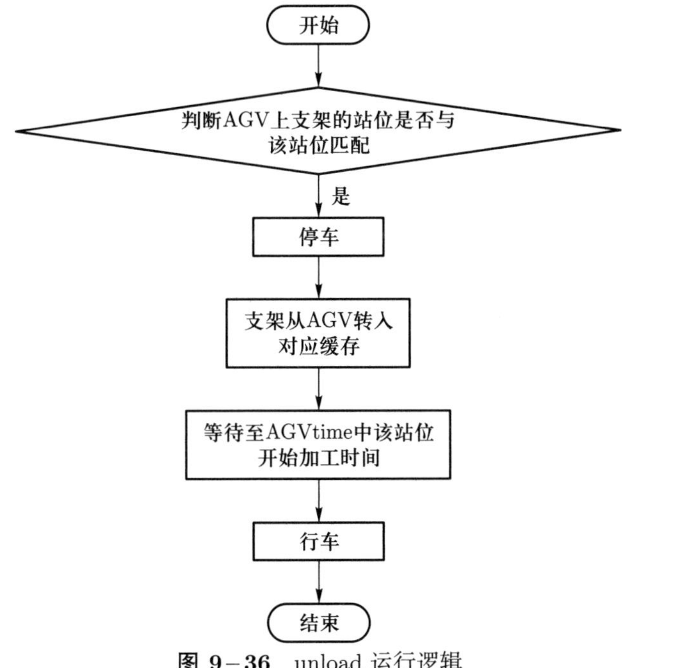

图 9–36 unload 运行逻辑

站位缓存: 创建 6 个站位缓存, 如图 9–37 所示, 分别命名为 bf1~bf6, 由于每一次缓存对应的机器人不同, 因此为每个站位控件选项卡中的出口设置 StoRobot 方法, 用于控制支架从缓存向机器人的转运。

图 9–37 站位缓存模块参数设置

StoRobot 运行逻辑如图 9–38 所示。

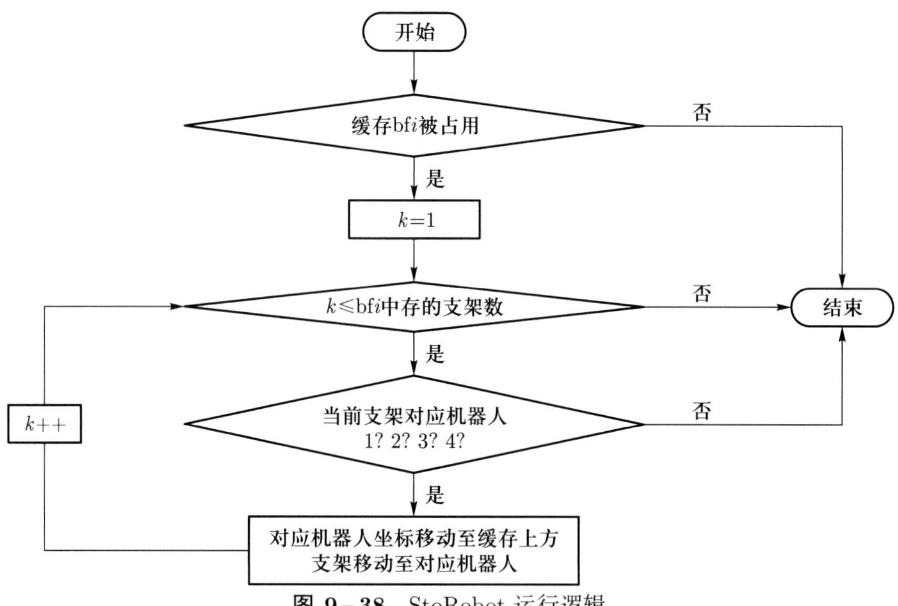

图 9–38 StoRobot 运行逻辑

移动式工业机器人: 创建 4 个单处理, 作为 4 个机器人, 命名为 robot1~robot4, 将时间选项卡中的处理时间设置为 @.workingtime, 如图 9–39 所示, 表示调用 Fpartlist 表中的 workingtime 属性。

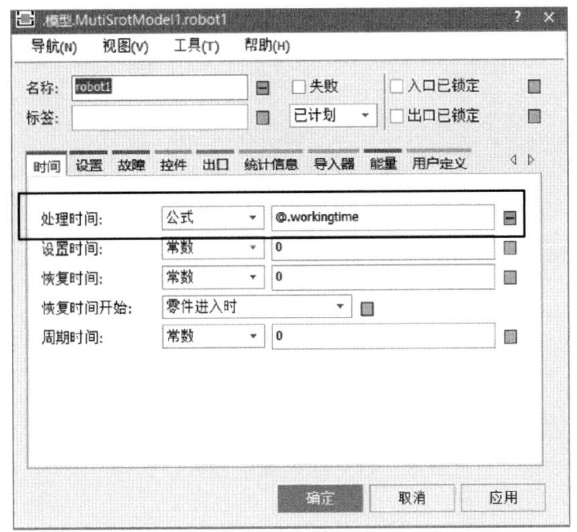

图 9-39　移动式工业机器人模块参数设置

同时, 为机器人创建对应的图标, 如图 9-40 所示, 右键编辑图标进入编辑页面, 工具栏新建图标, 导入提前做好的位图图标, 命名并设置为当前, 应用更改后即可显示。

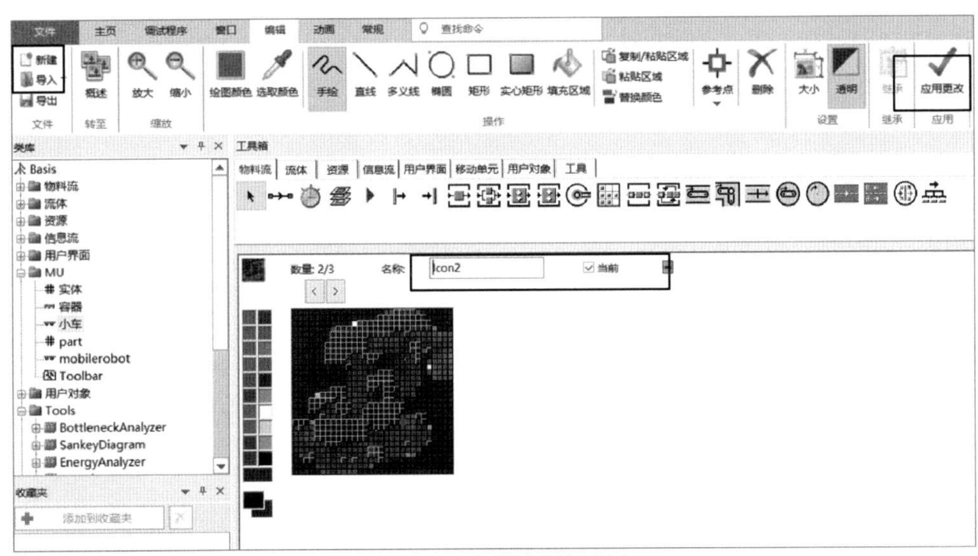

图 9-40　机器人图标创建

输出: 创建物料终结, 命名为 finish, 并在控件选项卡的入口处添加 outputlist 方法, 作为最终的输出, 该输出为自定义属性的 (输出 id、名称、机器人、站位、加工时间、开始时间、完成时间), 如图 9-41 所示。如果需要更全面的统计, 可以在仿真后查看类型统计信息选项卡, 如图 9-42 所示。

图 9–41 输出模块参数设置

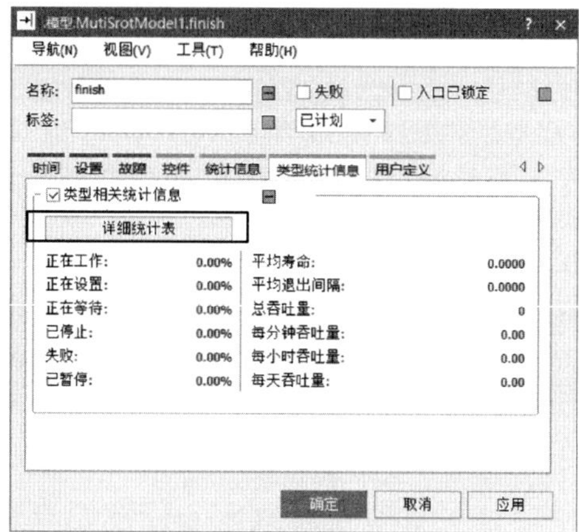

图 9–42 详细信息查询

9.2.4 仿真结果分析

1. 仿真运行

在上述建模的基础上, 给定零件列表, 初始化项目并开始仿真。仿真速度可以根据需求调整 (图 9–43 和图 9–44)。

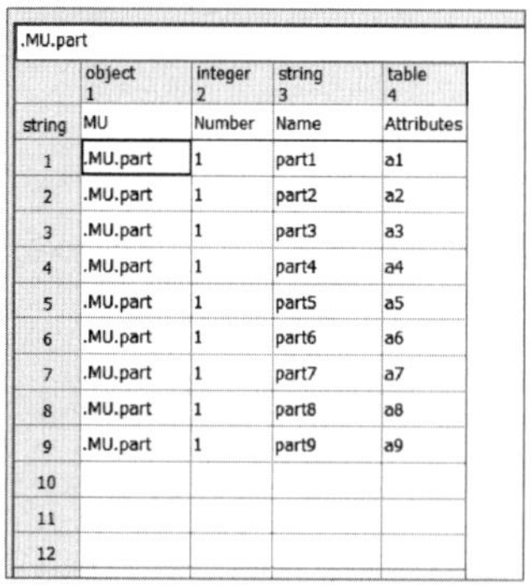

.MU.part

	object 1	integer 2	string 3	table 4
string	MU	Number	Name	Attributes
1	.MU.part	1	part1	a1
2	.MU.part	1	part2	a2
3	.MU.part	1	part3	a3
4	.MU.part	1	part4	a4
5	.MU.part	1	part5	a5
6	.MU.part	1	part6	a6
7	.MU.part	1	part7	a7
8	.MU.part	1	part8	a8
9	.MU.part	1	part9	a9
10				
11				
12				

图 9–43 零件初始列表

图 9–44 运行事件控制器

2. 仿真过程

经仿真, 站位排序结果如图 9–45 所示, robot1 站位规划为 $6 \to 3$; robot2 站位规划为 $1 \to 4 \to 5$; robot3 站位规划为 $1 \to 6$; robot4 站位规划为 $2 \to 4$。

	string 0	integer 1	integer 2	integer 3	integer 4
string		robot2	robot4	robot1	robot3
1	station	0	0	0	0
2	station	0	0	0	0
3	station	0	0	0	0
4	station	1	0	0	0
5	station	4	2	6	1
6	station	5	4	3	6
7					
8					
9					

图 9–45 移动式工业机器人站位排序结果

针对站位排序的结果, 统计每个机器人的站位工作时间如图 9–46 所示。

	string 0	time 1	time 2	time 3	time 4
string		robot2	robot4	robot1	robot3
1	station	0.0000	0.0000	0.0000	0.0000
2	station	0.0000	0.0000	0.0000	0.0000
3	station	0.0000	0.0000	0.0000	0.0000
4	station	20:00.0000	0.0000	0.0000	0.0000
5	station	40:00.0000	1:00:00.0000	20:00.0000	20:00.0000
6	station	1:00:00.0000	50:00.0000	30:00.0000	20:00.0000
7					
8					

图 9–46 机器人在不同站位的工作时间

针对站位排序的结果, 统计每个机器人在不同站位的工作起始时间 (图 9–47)。

	string 0	time 1	time 2	time 3	time 4
string		robot2	robot4	robot1	robot3
1	station	0.0000	0.0000	0.0000	0.0000
2	station	0.0000	0.0000	0.0000	0.0000
3	station	0.0000	0.0000	0.0000	0.0000
4	station	40:00.0000	0.0000	0.0000	0.0000
5	station	1:20:00.0000	1:00:00.0000	20:00.0000	2:00:00.0000
6	station	2:20:00.0000	2:40:00.0000	1:40:00.0000	3:00:00.0000
7					
8					

图 9–47 机器人在不同站位工作起始时间

针对站位排序的结果, 统计每个机器人在不同站位的转运时间 (图 9–48)。

	string 0	time 1	time 2	time 3	time 4
string		robot2	robot3	robot1	robot3
1	station	0.0000	0.0000	0.0000	0.0000
2	station	0.0000	0.0000	0.0000	0.0000
3	station	0.0000	0.0000	0.0000	0.0000
4	station	20:00.0000	0.0000	0.0000	0.0000
5	station	20:00.0000	20:00.0000	20:00.0000	20:00.0000
6	station	20:00.0000	20:00.0000	20:00.0000	20:00.0000
7					

图 9–48 机器人在不同站位的转运时间

统计各站位的总体运行时间, 按照时间从长到短排序, 如图 9–49 所示。

	integer 1	time 2
string	station	totaltime
1	4	3:30:00.0000
2	5	3:20:00.0000
3	6	3:20:00.0000
4	1	2:20:00.0000
5	3	2:10:00.0000
6	2	2:00:00.0000
7		

图 9–49 各站位总体运行时间排序

迭代计算每台机器人的起始加工时间 (图 9–50), 保证加工转运无冲突。

	time 1
1	3:00:00.0000
2	2:40:00.0000
3	2:20:00.0000
4	2:00:00.0000
5	1:40:00.0000
6	1:20:00.0000
7	1:00:00.0000
8	40:00.0000
9	20:00.0000
10	
11	

图 9–50 机器人起始加工时间

根据仿真计算出机器人运行时间如图 9–51 所示, 主要用于规定哪一台机器人在什么时间到达哪个站位, 以此安排机器人行程。

	time 1	integer 2	integer 3
string	starttime	station	robot
1	20:00.0000	6	3
2	40:00.0000	1	1
3	1:00:00.0000	2	2
4	1:20:00.0000	4	1
5	1:40:00.0000	3	3
6	2:00:00.0000	1	4
7	2:20:00.0000	5	1
8	2:40:00.0000	4	2
9	3:00:00.0000	6	4
10			

图 9–51 机器人运行时间

根据 AGVTime 表, 计算得出各零件的加工顺序如图 9–52 所示, 作为之后仿真的依据。

	object 1	integer 2	string 3	table 4
string	MU	Number	Name	Attributes
1	.MU.part	1	part8	a8
2	.MU.part	1	part1	a1
3	.MU.part	1	part3	a3
4	.MU.part	1	part5	a5
5	.MU.part	1	part4	a4
6	.MU.part	1	part2	a2
7	.MU.part	1	part7	a7
8	.MU.part	1	part6	a6
9	.MU.part	1	part9	a9
10				

图 9－52 各零件的加工顺序

3. 仿真结果

根据仿真输出零件实际结束时间如图 9－53 所示，由于是按照完成时间进行排序的，故输出结果 FpartList 为验证后最终结果。

	integer 1	string 2	integer 3	integer 4	time 5	time 6	time 7
string	id	name	robot	station	starttime	workingtime	finialtime
1	1	part8	3	6	20:00.0000	20:00.0000	40:00.0000
2	2	part1	1	1	40:00.0000	20:00.0000	1:00:00.0000
3	3	part3	2	2	1:00:00.0000	1:00:00.0000	2:00:00.0000
4	4	part5	1	4	1:20:00.0000	40:00.0000	2:00:00.0000
5	5	part4	3	3	1:40:00.0000	30:00.0000	2:10:00.0000
6	6	part2	4	1	2:00:00.0000	20:00.0000	2:20:00.0000
7	7	part7	1	5	2:20:00.0000	1:00:00.0000	3:20:00.0000
8	9	part9	4	6	3:00:00.0000	20:00.0000	3:20:00.0000
9	8	part6	2	4	2:40:00.0000	50:00.0000	3:30:00.0000
10							

图 9－53 零件实际结束时间仿真结果

仿真各机器人在整个流程中的利用情况如图 9－54 所示。

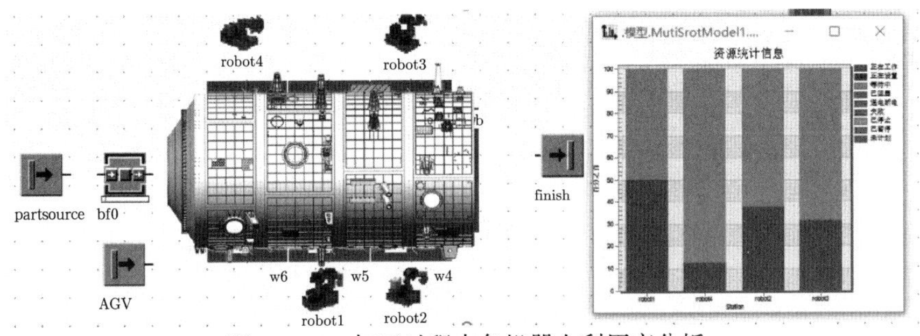

图 9－54 加工过程中各机器人利用率分析

9.3 移动式工业机器人空间路径仿真

9.3.1 仿真任务分析

依据航天器大型舱体组合加工工艺，针对本项目采用的舱体模拟件进行相关技术验证，编制相关工艺规程[12]。

如表 9–7 所示，依据相关工艺，针对大型舱体舱外载荷支架余量组合加工过程进行了不同工艺过程的划分，以移动式工业机器人为核心，主要分为：检测–装调工艺过程（视觉伺服载荷支架抓取与力位耦合柔顺装配）和检测–铣削工艺过程（视觉伺服机器人定位–找正与支架余量去除）。

表 9–7 工艺过程设备清单

工艺过程	包含设备	数量	设备用途	备注
检测–装调	移动检测机器人	1	移动式工业机器人装调过程视觉伺服	包括机器人本体、全向移动平台、双目视觉设备
	移动抓取机器人	1	载荷支架抓取及柔顺装配	包括机器人本体、全向移动平台、六维力传感器、抓取末端、气泵
	舱体模拟件	1	检测–装调过程试件	
检测–铣削	移动检测机器人	1	移动式工业机器人铣削过程定位–找正视觉伺服	包括机器人本体、全向移动平台、双目视觉设备
	移动铣削机器人	1	载荷支架余量去除	包括机器人本体、全向移动平台、铣削末端执行器、气泵、水冷机、吸屑装置
	舱体模拟件	1	检测–加工过程试件	

针对舱体模拟件，基于 Tecnomatix Process Simulate 软件平台，实现舱外有效载荷支架的检测–装调–铣削过程仿真，流程如图 9–55 所示。首先，基于机器人路径、移动平台站位等规划信息和舱体模型、移动式工业机器人模型、变位机模型等

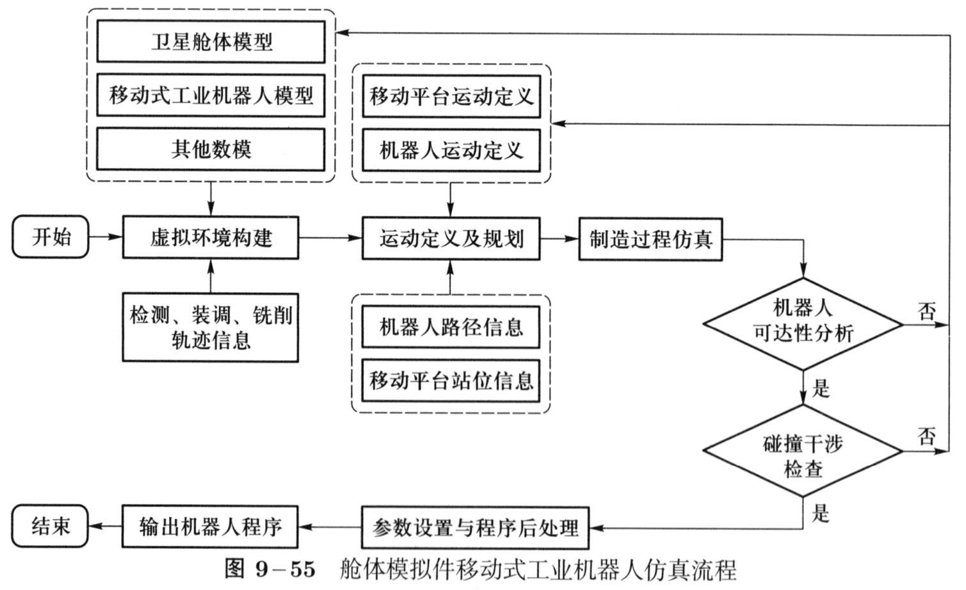

图 9–55 舱体模拟件移动式工业机器人仿真流程

三维模型构建虚拟仿真环境；其次，针对检测－装调－铣削工艺过程，对机器人、移动平台等运动对象进行仿真过程的运动定义及规划；再次，在此基础上进行上述工艺过程的仿真，判断机器人运动过程中的可达性并针对全仿真流转进行碰撞干涉检测，对于机器人不可达或是存在碰撞干涉的情况，重新进行规划与仿真校验；最后，在仿真结果满足要求的条件下，根据实际使用的机器人等相关设备进行参数的设置及程序后处理，最终获得机器人可执行的程序。

9.3.2 仿真环境构建

整个移动式工业机器人虚拟加工环境的构建需要定义一个全局坐标系 (WCS)，仿真环境中所有的对象都是基于该坐标系进行布局的，鉴于此，定义整舱基准为 WCS。首先，将需要导入仿真环境的三维模型转换为 .jt 格式。其次，针对复杂的仿真环境，对导入的三维模型进行合理的分类。依据三维模型的不同类别，构建对象树进行分类管控。对于机器人作用的对象 (一般是待加工的工件)，类型选择 Parts，作用于待加工工件的对象如机器人、变位机等归为 Resources，其他注释信息一般归为 Labels。最后，形成移动式工业机器人虚拟检测环境的对象树，如图 9－56 所示。

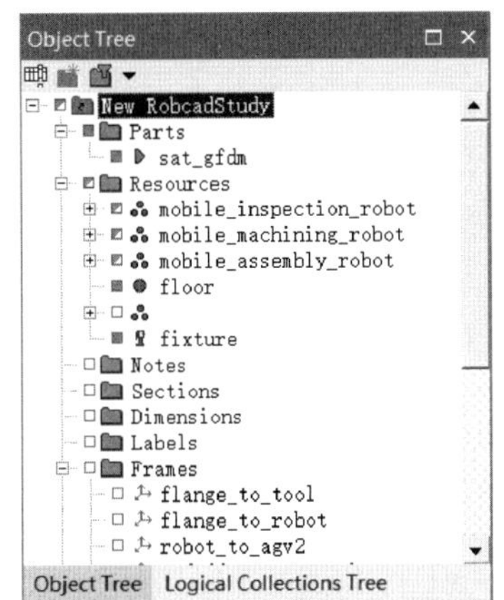

图 9－56 移动式工业机器人虚拟环境对象树

除了移动式工业机器人、舱体、变位机、护栏等三维模型外，还需要针对不同的制造过程对机器人作用的对象关联不同的制造特征。仿真软件一般能够关联焊接、搬运、喷涂等工业机器人常见的制造特征，而对于铣削等特定的应用场景，往往需要借助外部计算机辅助制造 (CAM) 软件实现移动式工业机器人制造特征轨迹关联。整体仿真环境搭建如图 9－57 所示。

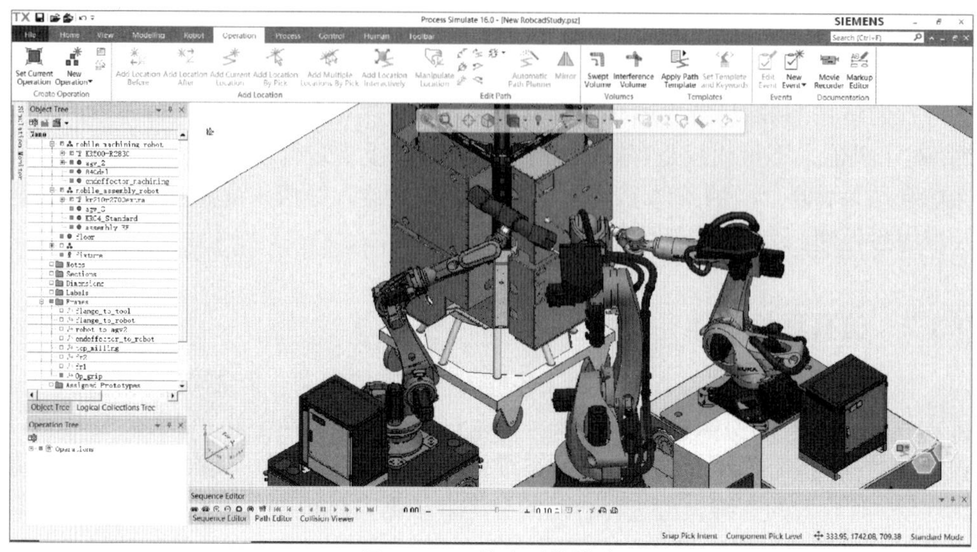

图 9-57　仿真环境搭建

9.3.3　仿真路径设置

1. 移动式工业机器人检测路径规划

依据卫星舱体模拟件太阳翼压紧点支架余量去除工艺需求，移动式工业机器人检测路径分为装配过程的视觉伺服跟踪和铣削过程的定位-找正。

由于卫星舱体模拟件需要装配和铣削的特征位于其侧面，外形结构并不复杂，检测过程只需控制末端运动至固定点，便能够将可移动抓取机器人末端靶标点和舱体表面靶标点同时包络在双目视觉设备视场内，检测过程中为避免碰撞干涉，可以设定多个路径过渡点。建立对应的移动式工业机器人检测路径操作组，生成检测路径甘特图如图 9-58 所示。

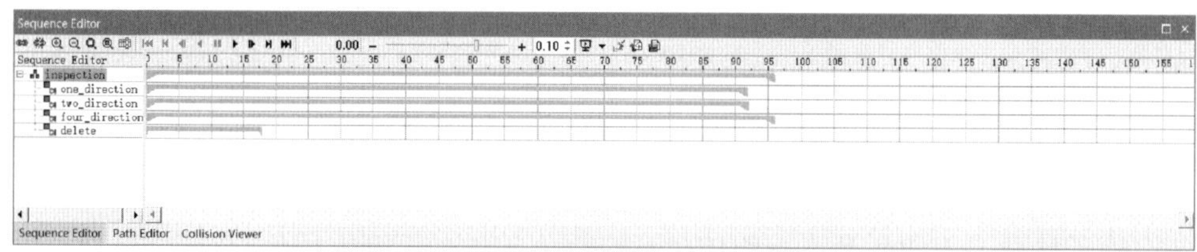

图 9-58　检测路径甘特图

按照现场实际情况，设定 TCP 点速度为 0.1 m/s 和检测过程机器人等待时间，同时，为确保机器人运动轨迹可控，轨迹运动形式定义为直线插补。可移动检测机器人路径仿真结果如图 9-59 和图 9-60 所示。

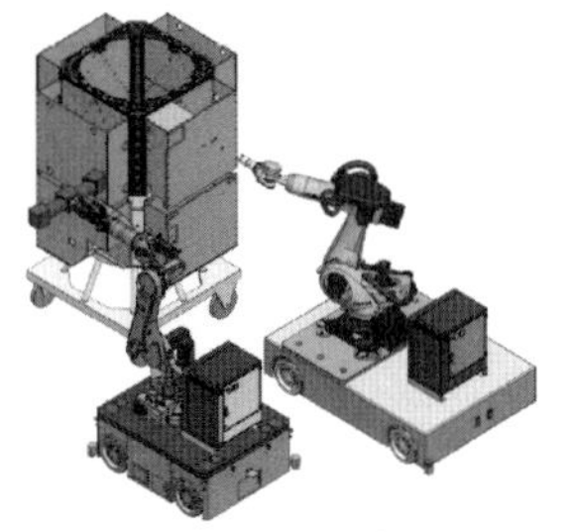
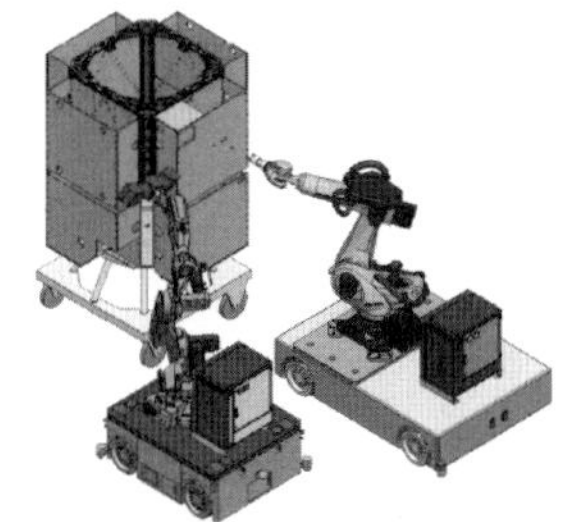
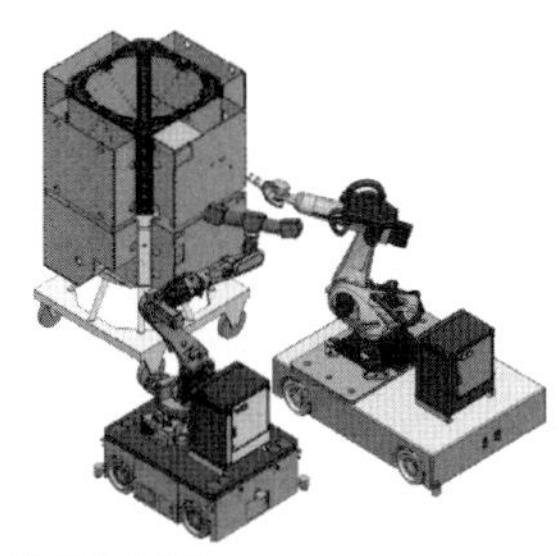

图 9-59 可移动检测机器人路径仿真结果 (装配过程)

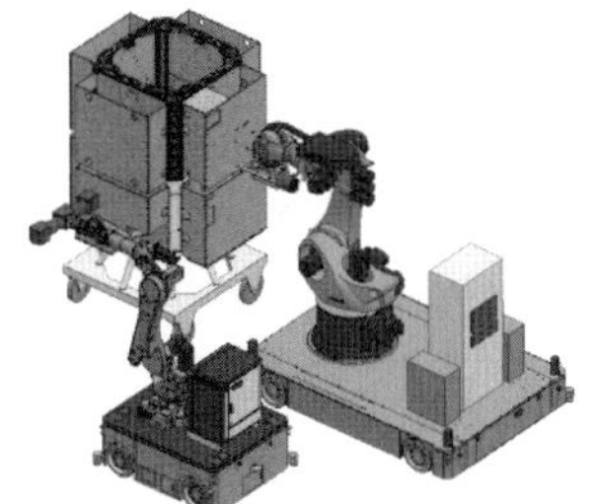
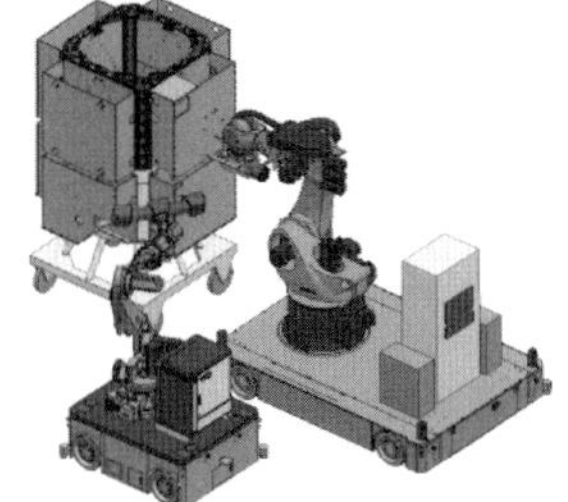
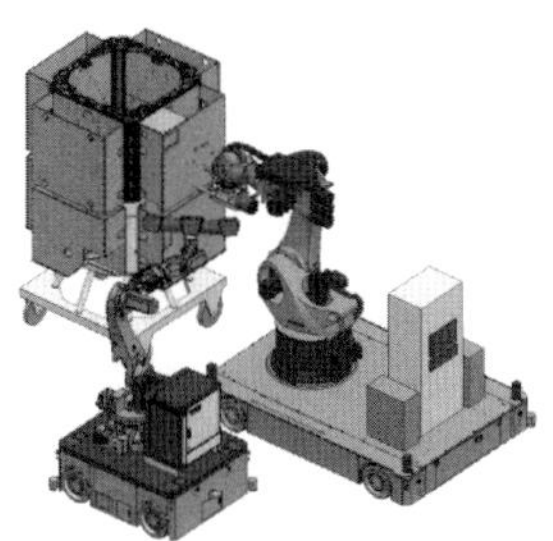

图 9-60 可移动检测机器人路径仿真结果 (定位-找正过程)

2. 移动式工业机器人装配路径规划

根据卫星舱体模拟件外侧支架装配流程, 需从可移动抓取机器人右侧工作台上抓取支架, 在机器人控制程序和视觉伺服引导下实现太阳翼压紧点支架的柔顺装配。因此, 需定义工作台支架抓取位置及星体外侧安装位置两处关键点。装配过程中为避免碰撞干涉, 可以设定多个路径跳转点, 按照现场实际情况, TCP 点速度为 0.2 m/s, 轨迹运动形式为直线插补。此外, 在抓取与释放过程中, 需要在机器人程序中关联夹爪数字量控制信号。建立对应的移动式工业机器人装配路径操作组, 生成装配路径甘特图和仿真结果分别如图 9-61 和图 9-62 所示。

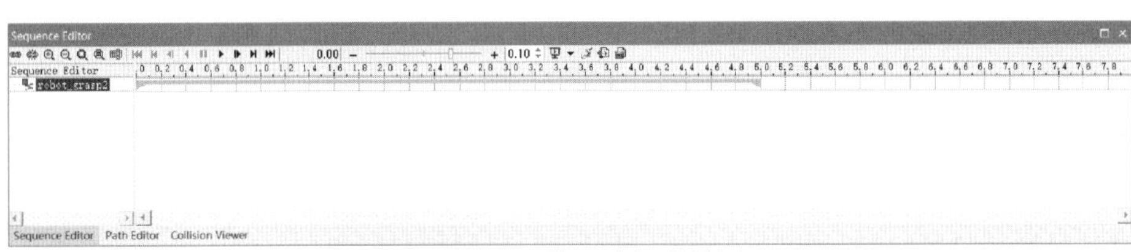

图 9-61 装配路径甘特图

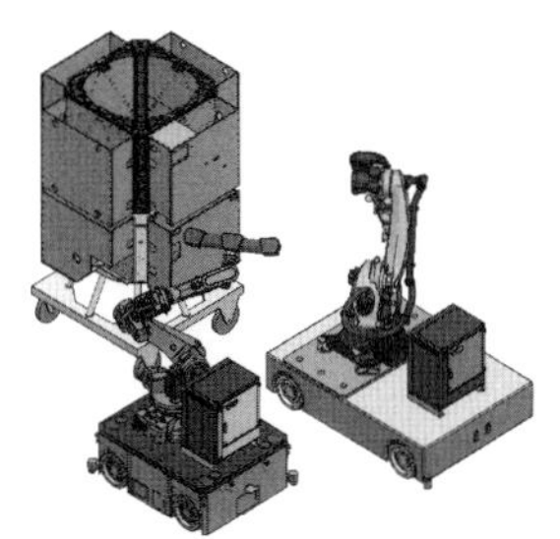
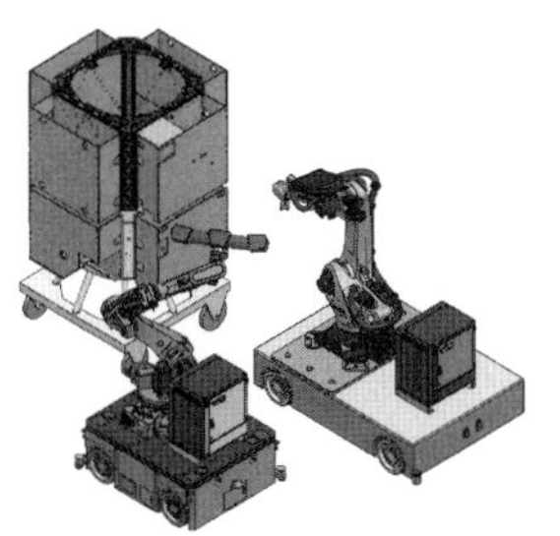
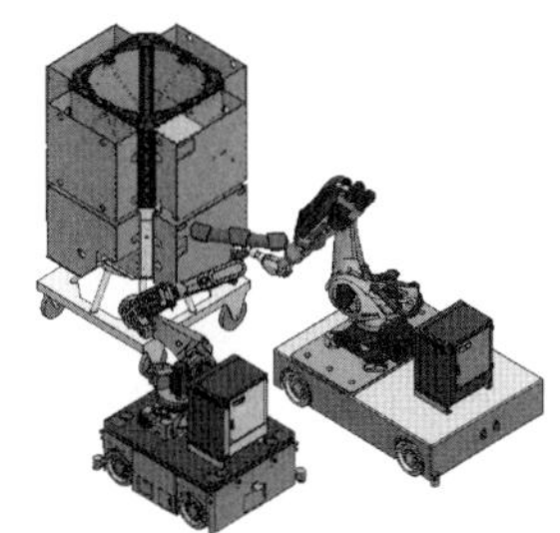

图 9-62 可移动抓取机器人装配过程

3. 移动式工业机器人铣削路径规划

针对卫星舱体表面太阳翼压紧点支架余量去除工艺需求，基于 NX CAM 开展支架余量去除刀路轨迹规划与编程工作。针对支架余量铣削过程，设定相应铣削工序为平面铣并定义加工工件坐标系（数控程序坐标系），如图 9－63 所示。

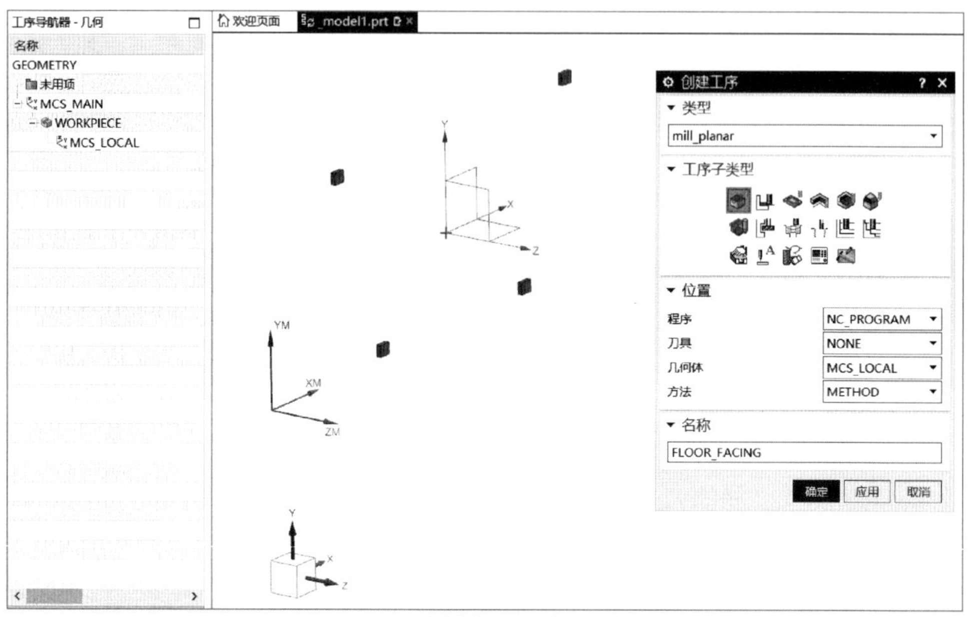

图 9－63　创建加工工序和坐标系

定义铣削刀具类型及参数，设置铣削平面和支架余量（图 9－64），设置相应铣削参数（图 9－65）与非铣削参数。

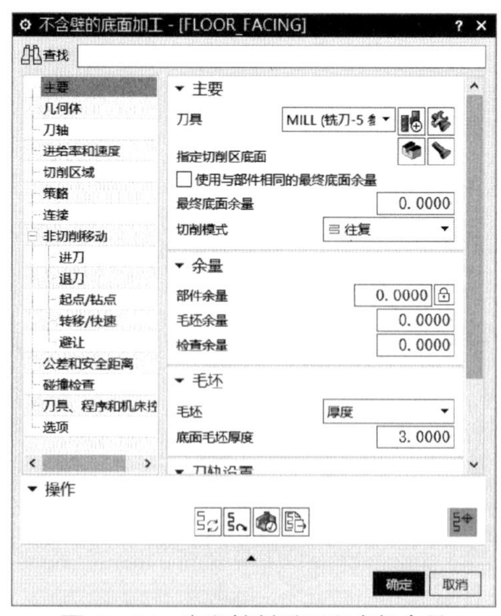

图 9－64　定义铣削平面和支架余量

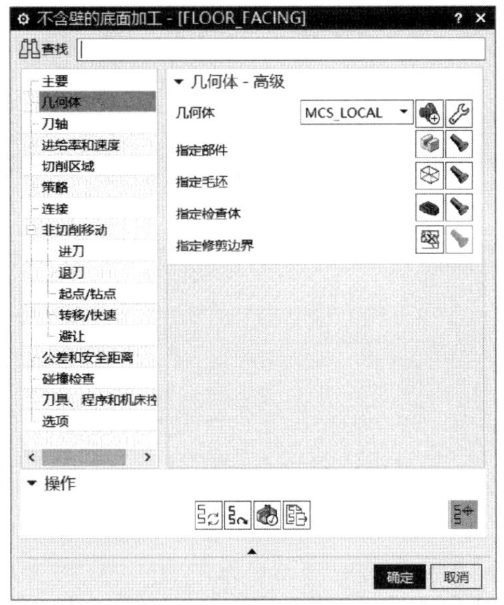

图 9–65 定义铣削参数

最后进行铣削路径仿真, 确认无误后, 后处理生成铣削轨迹 CAM 程序, 铣削轨迹如图 9–66 所示。

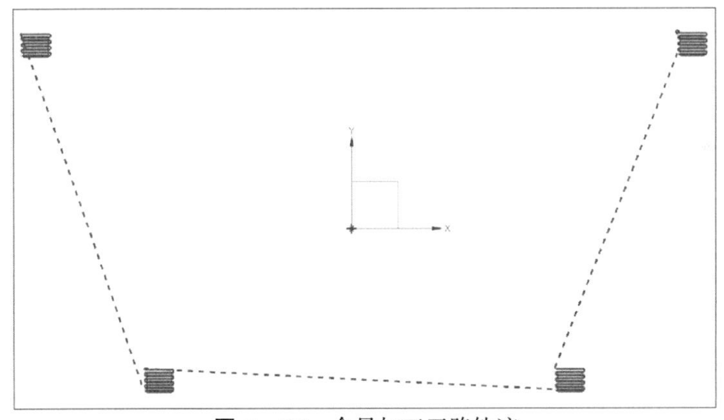

图 9–66 余量加工刀路轨迹

基于 NX CAM 生成的铣削轨迹信息保存为 .cls 格式文件, 导入机器人仿真软件, 关联已导入星体模拟件。

按照现场实际情况, 设置机器人型号为 KR500-R2830, 根据标定结果定义可移动铣削机器人刀具坐标系 (图 9–67) 和卫星舱体模拟件工件坐标系, 并确保仿真环境参数与机器人控制器中参数一致。

TCP 点铣削速度为 5 mm/s, 轨迹运动形式为直线插补。移动式工业机器人铣削路径甘特图及仿真结果分别如图 9–68 和图 9–69 所示。

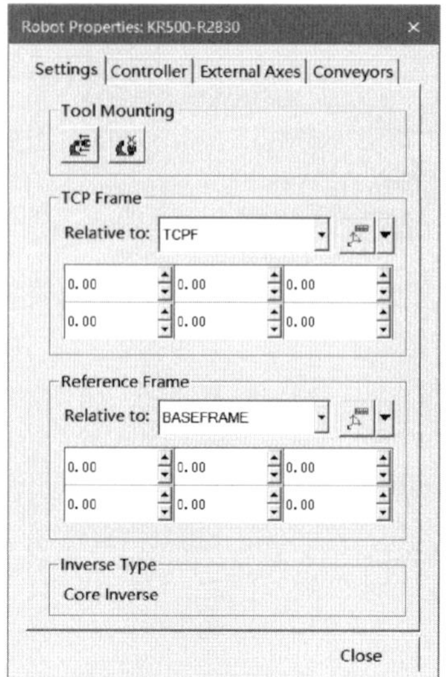

图 9-67　定义机器人刀具坐标系

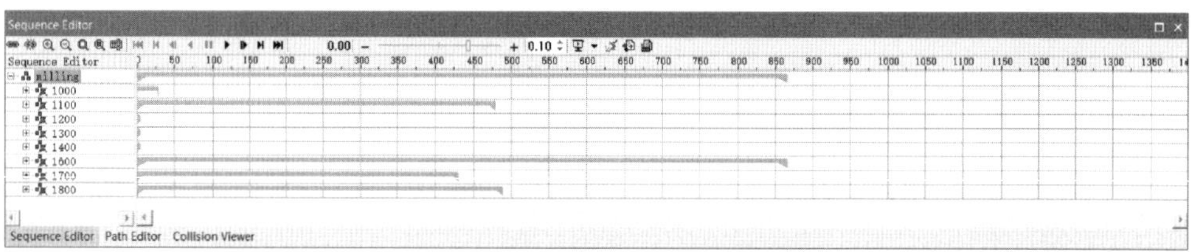

图 9-68　铣削路径甘特图

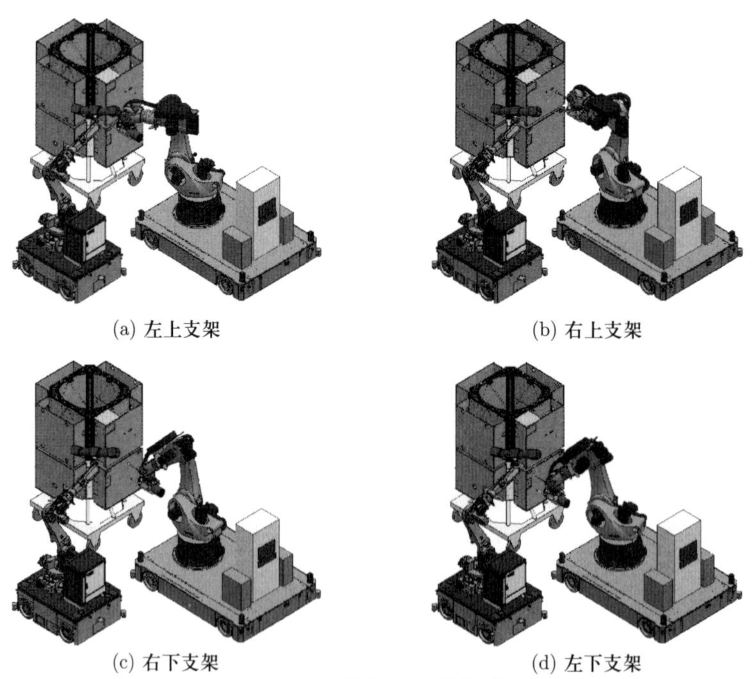

(a) 左上支架　(b) 右上支架

(c) 右下支架　(d) 左下支架

图 9-69　支架余量铣削路径

9.3.4　仿真结果分析

1. 路径仿真

路径仿真的内容主要包括: 机器人运动路径、全向智能移动平台运动路径及操作人员运动路径仿真。确保能够真实地反映出卫星舱体表面太阳翼压紧点支架检测–装调–加工相关工艺过程。仿真过程严格按照工艺执行, 依据不同工艺事件、对象定义总体仿真流程甘特图如图 9–70 所示。

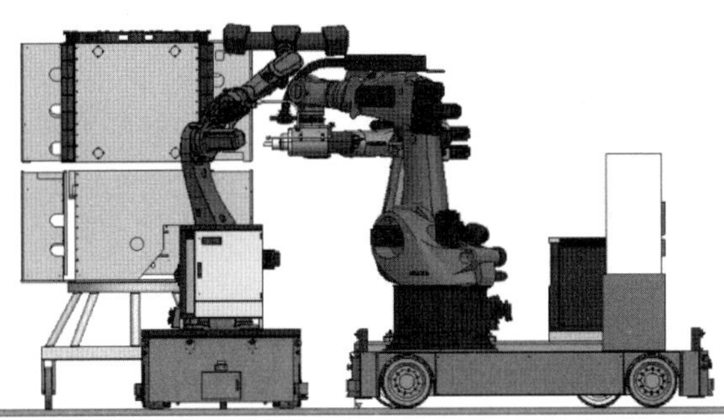

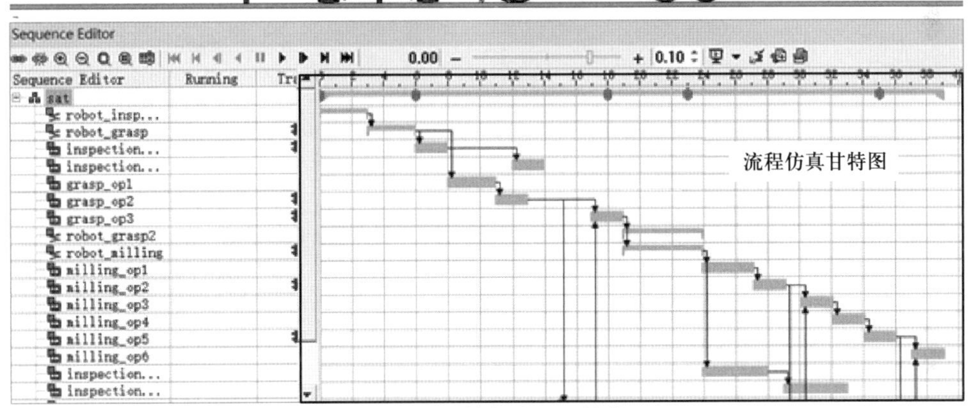

图 9–70　总体仿真流程甘特图

2. 避让检查

路径规划完成后, 需针对检测–装调–加工过程中可能发生的碰撞干涉问题开展相关避让检查工作。如图 9–71 所示, 检查对象分别选择可移动检测机器人、可移动抓取机器人、可移动铣削机器人和星体模拟件, 接触余量选择 50 mm, 即当检

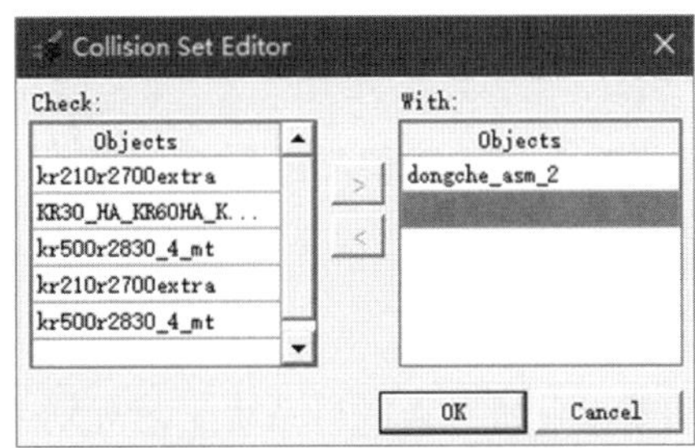

图 9–71　碰撞干涉检测

查对象间的距离小于 50 mm 时判断为发生碰撞干涉。

3. 规划程序后处理

为了使仿真尽可能地接近真实环境并且能够生成机器人可执行的程序, 需要对机器人运动参数及机器人系统参数进行设置。机器人运动参数包括 TCP 点运动的速度信息、加速度信息等, 机器人系统参数则包括机器人型号、控制器型号、控制器版本。完成设置后, 后处理生成机器人可执行的程序 (图 9-72 和图 9-73)。

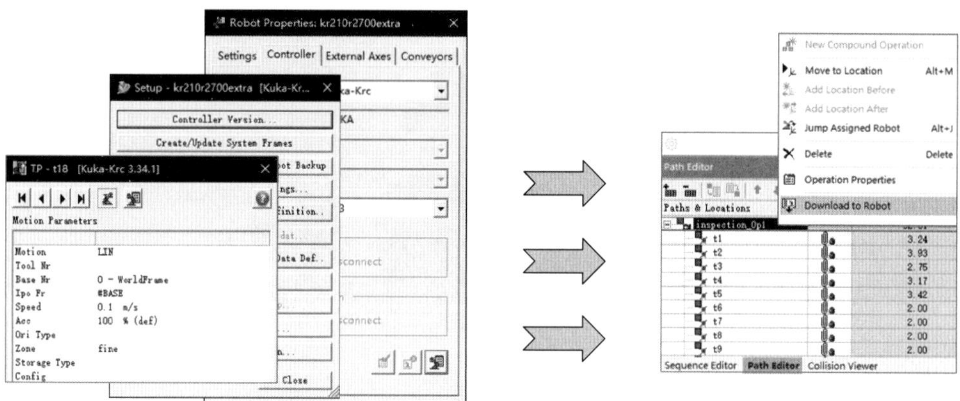

图 9-72 参数设置及后处理

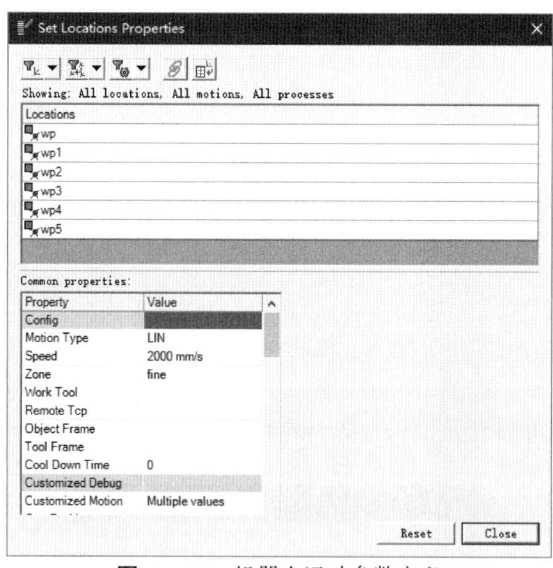

图 9-73 机器人运动参数定义

9.4 小结

本章首先介绍了移动式工业机器人制造系统工艺规划与仿真, 以大型航天器舱体加工为例, 提出了一种移动式工业机器人系统加工过程工艺架构, 梳理了加工过程工艺路线以及所需的相关工艺要素, 同时针对工艺规划过程中的分级精度控制、站位规划及加工空间分区拼接三个典型问题进行了详细的介绍; 其次, 依据移动式工业机器人作业时间仿真的基本步骤, 按照仿真的任务分析、过程规划、参数设置及结果分析进行大型舱体多移动式工业机器人作业顺序和加工时间仿真; 最后, 以某卫星舱体模拟件为例, 介绍了移动式工业机器人空间路径仿真的基本流程, 实现了作业过程中检测、装调及铣削多工序移动式工业机器人作业环境构建与作业路径规划仿真。

参考文献

[1] 张加波, 刘海涛, 乐毅, 等. 面向大型卫星的可移动混联机器人加工技术 [J]. 航空学报, 2022, 43(5): 100–108.

[2] FU J S, DING Y B, HUANG T et al. Hand-eye calibration method with a three-dimensional-vision sensor considering the rotation parameters of the robot pose[J]. International Journal of Advanced Robotic Systems, 2020, 17(6): 1 – 13.

[3] 林晓青, 杨继之, 乐毅, 等. 一种可移动检测机器人站位规划策略 [J]. 宇航学报, 2018, 39(9): 1031 – 1038.

[4] GADALETA M, BERSELLI G, PELLICCIARI M. Energy-optimal layout design of robotic work cells: Potential assessment on an industrial case study[J]. Robotics and Computer-Integrated Manufacturing, 2017, 47: 102–111.

[5] HUANG Y, CHIBA R, ARAI T, et al. Integrated design of multi-robot system for pick-and-place tasks[C]//2013 IEEE International Coference on Robotics and Biomimetics. Shenzhen, 2013: 970–975.

[6] TAO L, LIU Z. Optimization on multi-robot workcell layout in vertical plane[C]//2011 IEEE International Conference on Information and Automation. Shenzhen, 2011: 744–749.

[7] 王军, 曹春平, 丁武学, 等. 基于遗传算法的双机器人加工中心布局优化 [J]. 中国机械工程, 2016, 27(2): 173–178.

[8] 田威, 戴家隆, 周卫雪, 等. 附加外部轴的工业机器人自动钻铆系统分站式任务规划与控制技术 [J]. 中国机械工程, 2014, 25(1): 23–27.

[9] REN S N, YANG X D, XU J, et al. Determination of the base position and working area for mobile manipulators[J]. Assembly Automation, 2015, 36(1): 80–88.

[10] 杨继之, 乐毅, 张加波, 等. 移动机器人定位精度实时补偿策略研究 [J]. 机械工程学报, 2022, 58(14): 44–53.

[11] 文科, 张加波, 乐毅, 等. 数控驱动的移动铣削机器人精度提升方法 [J]. 机械工程学报, 2021, 57(5): 72–80.

[12] 杨继之, 林晓青, 乐毅, 等. 可移动机器人检测铣削系统建模与仿真研究 [J]. 机械设计与制造, 2020(7): 170–173.

第 10 章　系统在线决策与调控

本章对基于移动式工业机器人制造系统的在线决策与调控能力进行构建，主要包括智能调度、系统监控和电子地图，并在此基础上，采用智能感知和分析相关技术，对产品制造过程中的各类信息进行有效的采集、存储与融合分析，解决感知、决策、控制、执行的闭环问题，以提升大型构件智能制造过程生产管控的精准化水平，为制造过程的综合优化奠定数据和技术基础。

10.1　智能调度运行控制

10.1.1　机器人作业任务管理

机器人作业任务管理主要包括机器人管理、作业任务管理、多机器人任务排程和任务执行情况监控，实现对作业任务在生产线上各个制造单元中的分配，使各工作单元作业时间尽可能衔接生产节拍，从而达到制造单元的利用率最大化，提高生产效率。机器人管理包括机器人基础信息管理和机器人状态管理。其中，机器人基础信息管理包括对机器人编号、型号、类型、规格、投入使用时间等信息的管理。机器人状态管理反映当前机器人的实时状态，如空闲中、检修中、已停用或正处于某个作业任务当中。作业任务管理是根据工艺路线生成任务序列。多机器人任务排程是根据任务要求和机器人的类型与能力自动进行机器人任务分配，分配结果可手动调整。任务执行情况监控完成对整个加工过程的实时任务监控，包括当前正在执行的任务、任务正在由哪个机器人执行、任务完成进度以及排队中的任务情况等。机器人作业任务管理流程架构如图 10－1 所示。

(1) 自动调度的主要目标是使全部任务完成的工期最短，次要目标是实现资源的均衡 (各工作单元的作业时间和生产节拍尽可能衔接)。

(2) 通过机器人管理和作业任务管理获取机器人种类、机器人数量、任务序列和工时信息等数据作为调度的基础数据。

(3) 调度约束是对调度的限制。工期约束指的是全部任务完成的计划截止时间。任务的优先约束指的是任务之间的前后关联，可能是树式约束 (每项任务最多只有一个后置任务)，也可能是链式约束 (每项任务最多只有一个前置/后置任务)，依据

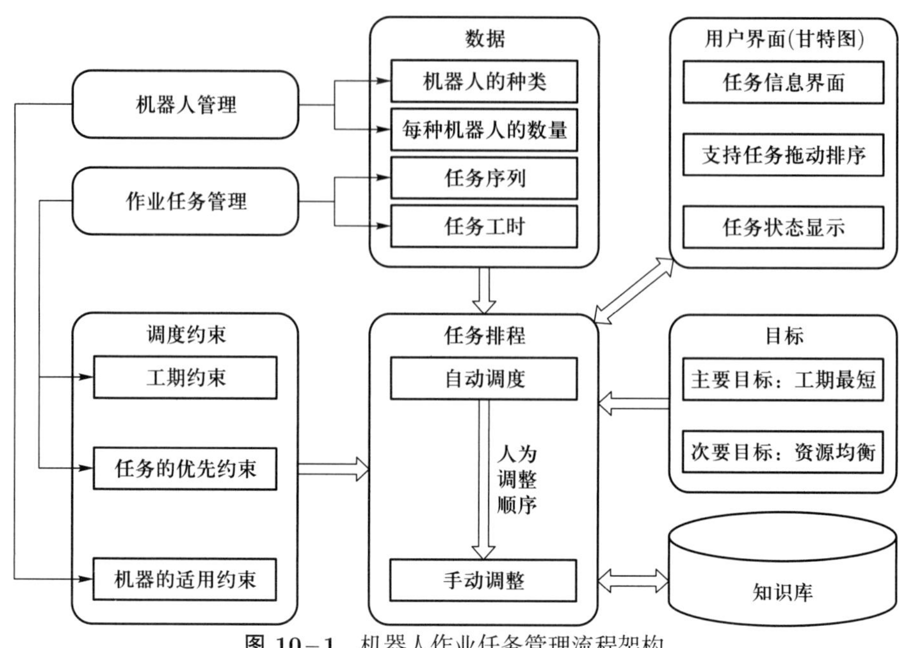

图 10-1　机器人作业任务管理流程架构

具体的工艺制定。机器的适用约束指的是不同类型的机器人只能针对性地进行某几项类型的任务，所以需要根据机器人和任务的类型进行分配。工期约束的计划截止时间和任务的优先约束中的关联的数据来源于作业任务管理，机器的适用约束中机器人工种的局限来源于机器人管理中的机器人基本信息。通过对调度的约束，能够保证自动调度和手动调度都能够满足要求。

(4) 通过算法自动调度得到调度方案之后，如果对自动调度方案不满意，调度人员可以通过用户界面的甘特图 (图 10-2) 调整同一个机器人或者不同机器人的

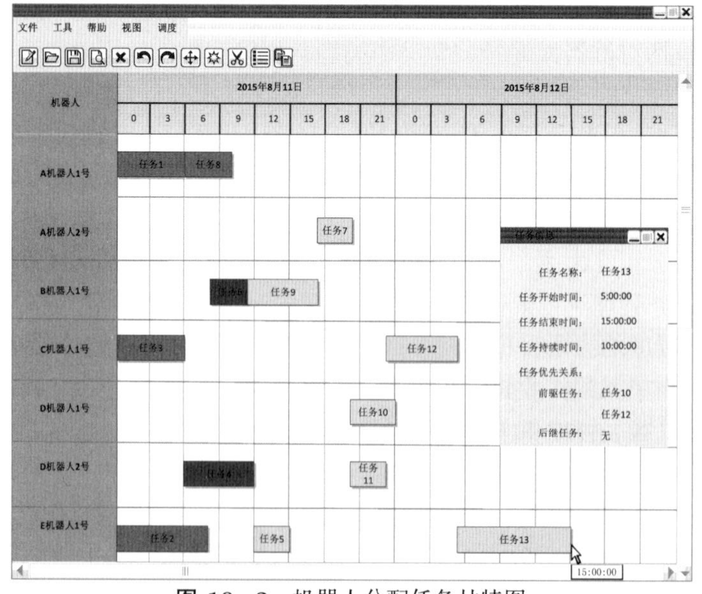

图 10-2　机器人分配任务甘特图

任务顺序。手动调整顺序之后, 另一种嵌入式的调度算法会根据调度人员做的调整来重新优化调度方案。

(5) 调度结果会存储在知识库中, 包括每次的调整记录, 以保证数据的可追溯性和重用性。

10.1.2 单移动作业单元控制

单移动作业单元控制系统包括中央控制模块、无线通信模块和信息交互中间件模块 3 个子模块。该系统利用物联网技术, 通过点播、组播、广播等多种通信方式, 实现单移动作业单元的无线通信。中央控制模块和各机器人均作为物联网节点, 通过物联网进行信息交互。

(1) 中央控制模块主要对任务调度模块、路径规划模块、全局环境监控模块、现场交通管理模块的信息进行解析, 并转化为无线通信网络协议的内容。

(2) 无线通信模块主要完成无线通信网络 (ZigBee、传感网络) 等的信息发送, 实现无线数据通信传送。

(3) 信息交互中间件模块主要完成 iGPS、全向智能移动平台、机器人的信息获取, 并将数据传送给信息处理单元, 实现不同通信协议之间的转化。数据收集/集成单元对原始数据进行加工和处理, 提供任务调度模块、路径规划模块、全局环境监控模块、现场交通管理模块使用, 从而使零散的数据成为有价值的信息。

单移动作业单元控制系统框图如图 10–3 所示。

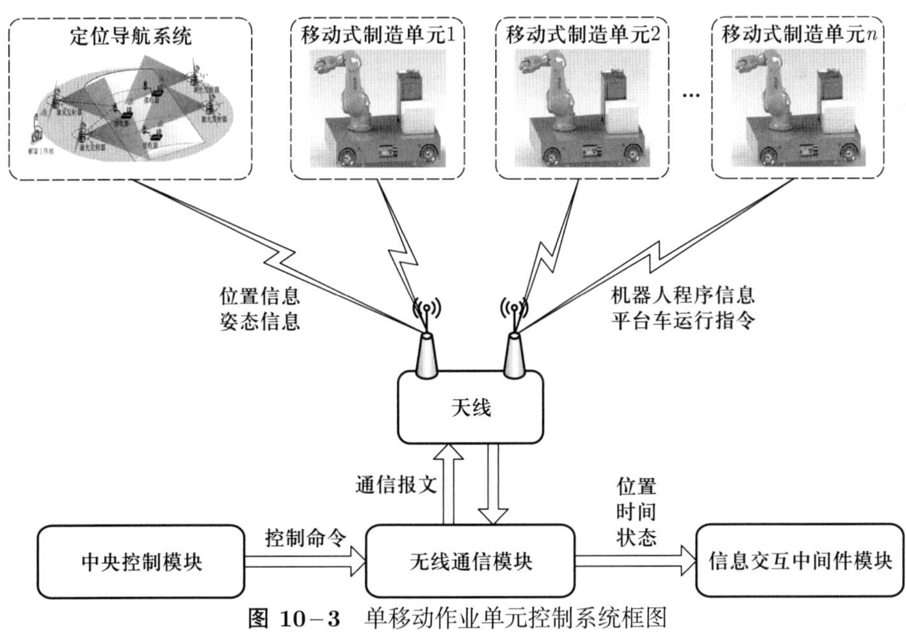

图 10–3 单移动作业单元控制系统框图

1. 系统间的信息交互与流动

车间现场的移动式工业机器人与调度系统之间需要实时传递数据, 包括全向智能移动平台、机器人、末端执行器的位姿和状态数据等，并涉及调度系统的其他模块，如任务调度模块、路径规划模块、现场交通管理模块、全局环境监控模块、电子地图模块以及机器人程序管理模块[1]。建立如图 10－4 所示的实测数据在各系统间的流动图。

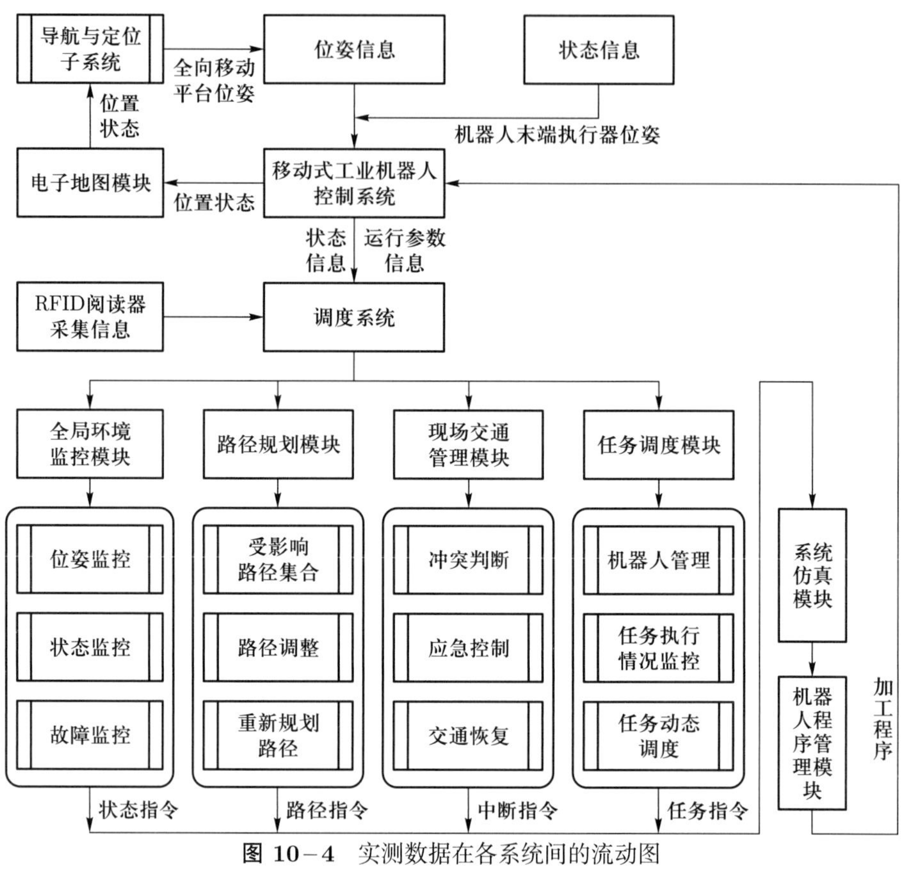

图 10－4 实测数据在各系统间的流动图

调度系统各模块与移动式工业机器人之间的信息交互包括以下方面:

(1) 任务调度模块与移动式工业机器人之间的信息交互: 包括任务调度模块需要的实时信息、移动式工业机器人的实时状态、智能移动制造单元需要从任务调度模块而来的信息和任务指令信息。

(2) 路径规划模块与移动式工业机器人之间的信息交互: 包括路径规划模块需要的实时信息、智能移动制造单元当前位姿或停留位姿、智能移动制造单元需要从路径规划模块而来的信息 [规划路径 (从起始点到终点的详细路径代码)]。

(3) 现场交通管理模块与移动式工业机器人之间的信息交互: 包括现场交通管理模块需要的实时信息、移动式工业机器人是否出现故障、移动式工业机器人和障碍物的实时位置、移动式工业机器人需要从现场交通模块而来的信息 (出现交通故障后的停车指令、恢复后的路径)。

(4) 全局环境监控模块与移动式工业机器人之间的信息交互: 包括全局环境监控模块需要的实时信息, 机器人的实时位姿、实时状态, 全向智能移动平台的实时位姿、实时状态, 机器人和全向智能移动平台故障预警等。

(5) 电子地图模块与移动式工业机器人之间的信息交互: 移动式工业机器人的位置需要在电子地图上同步实时展示。

(6) 机器人程序管理模块与智能移动制造单元之间的信息交互: 包括机器人程序管理模块将任务对应的加工程序下发至处于待工状态的机器人, 机器人接收到加工程序后返回相应的值, 并按照制定程序进行操作。

2. 交互信息类型

移动式工业机器人与调度系统之间存在的交互信息主要包括位姿信息、状态信息、运行参数信息、任务指令信息、路径规划信息和程序信息。其特点如下:

(1) 位姿信息、状态信息和运行参数信息数据量都不大, 但是实时性要求高; 路径规划信息和程序信息数据量较大。数据量大小的不同决定了数据传递方式的不同。

(2) 位姿信息、状态信息和运行参数信息为现场实时采集数据, 采集完成后, 数据实时传递给中间件, 由中间件对实时采集的信息进行过滤与分析, 分析完成后将有效的信息传递给调度系统, 最后由调度系统对实时数据进行最终的处理与展示。任务指令信息、程序信息和路径规划信息均是在系统中进行处理和管理, 并且由调度系统主动下发至机器人控制系统。数据来源的不同决定了数据传输方向及获取方式的不同。

3. 数据的获取

采用基于 iGPS 测量技术, 辅以激光跟踪仪的测量方式, 实现部件、全向智能移动平台、机器人的精确定位与跟踪; 并采用射频识别 (RFID) 技术实现移动式工业机器人的粗定位和导航。

各类信息的具体来源、获取方式如下:

(1) 位姿信息、状态信息、运行参数信息: 通过导航与定位系统 (由 iGPS 系统、末端传感器等检测单元构成) 获取全向智能移动平台、机器人和机器人末端执行器的位姿信息。由移动式工业机器人控制系统获取状态信息、运行参数信息并通过无线通信网络传递给调度系统。

(2) 状态、路径、中断、任务信息均传输给仿真模块, 模拟移动式工业机器人在现场环境下的状态, 确认无误后传递给机器人程序管理模块, 形成加工程序后发送给移动式工业机器人系统来实现。

4. 数据的传输

无线通信模块需要实现位姿信息、状态信息、环境信息、任务指令信息、路径规划信息、程序信息在移动式工业机器人/车间现场与调度系统之间的传递。传递的方式如下:

(1) 位姿信息、状态信息、环境信息: 通过 ZigBee、传感网络或 Wi-Fi 进行传递。

(2) 任务指令信息、路径规划信息、程序信息: 通过 Wi-Fi 进行传递。

另外, 现场实时采集的位姿信息的传递机制为: 调度系统每隔一定时间 (3 s) 发送获取移动式工业机器人的位姿信息指令, 移动式工业机器人控制系统将从 iGPS 系统获取到的位姿信息 (全向智能移动平台中心点坐标、偏横点) 传递给调度系统。

5. 移动式工业机器人的控制

调度系统发送路径指令到移动式工业机器人控制系统, 控制系统根据导航与定位系统传递的位姿数据对全向智能移动平台进行实时控制与导航。另外, 由于全向智能移动平台在移动过程中的精确度不需要太高, 而在车间现场全局布置 iGPS 系统的成本较高, 因此在非高精度需求的场合通过 RFID 标签实现对全向智能移动平台的位置确定, 并通过路径指令来对全向智能移动平台每一步的移动方向进行控制, 使得全向智能移动平台能够顺利地从初始位置到达指定的加工位置。而在到达加工位置后则通过 iGPS 系统对全向智能移动平台位置进行精确调整和控制。

10.1.3 多移动作业单元调度

10.1.3.1 路径规划

路径规划模块以电子地图、作业任务和执行机器人的规格参数作为输入, 根据指定的任务起点和终点, 以最短路径或最短行驶时间等为规划目标, 同时避免机器人在行驶轨道和交通路口出现冲突, 规划出多台机器人协同工作情况下的行驶路线和行驶速度。最后将规划好的路径生成可运行指令发送给机器人, 控制机器人行驶。

1. 总体设计

多移动机器人系统路径规划模块框图如图 10–5 所示, 路径规划模块涉及与调度系统其他模块如电子地图模块、任务调度模块等的信息传递与交互。其中, 信息的输入包括电子地图、作业任务、机器人参数、工作点、规划目标、规划约束、现场障碍物实时分布情况以及仿真结果, 输出为路径指令信息[2]。

(1) 电子地图: 来源于电子地图模块, 所规划的路径需要在电子地图上进行直观的显示。同时, 对规划路径进行全局仿真 (调度系统的运行仿真模块), 由仿真结果鉴定规划路径的有效性。

(2) 作业任务: 来源于任务调度模块。在作业任务中对路径规划有用的信息主要有任务要求、任务执行时间、任务执行位置、任务执行序列、任务对应的 NC 程序、执行任务的机器人。

(3) 机器人参数: 主要包括全向智能移动平台的尺寸、智能移动制造单元的行驶速度、拐弯时间等。

(4) 工作点: 机器人的初始地点一般为指定的初始位置 (机器人任务执行完成后会回到原处), 也可以通过信息交互模块获取机器人的当前位置和速度信息。针对多机器人协调路径规划问题, 由于实时的位姿等信息更新速度较快, 为了避免调整过慢, 系统需要在现场实时信息更新前就完成路径的动态调整和传递。为此, 采用局部调整的方式改变某些受影响机器人的路径、速度并传递给相应的移动式工

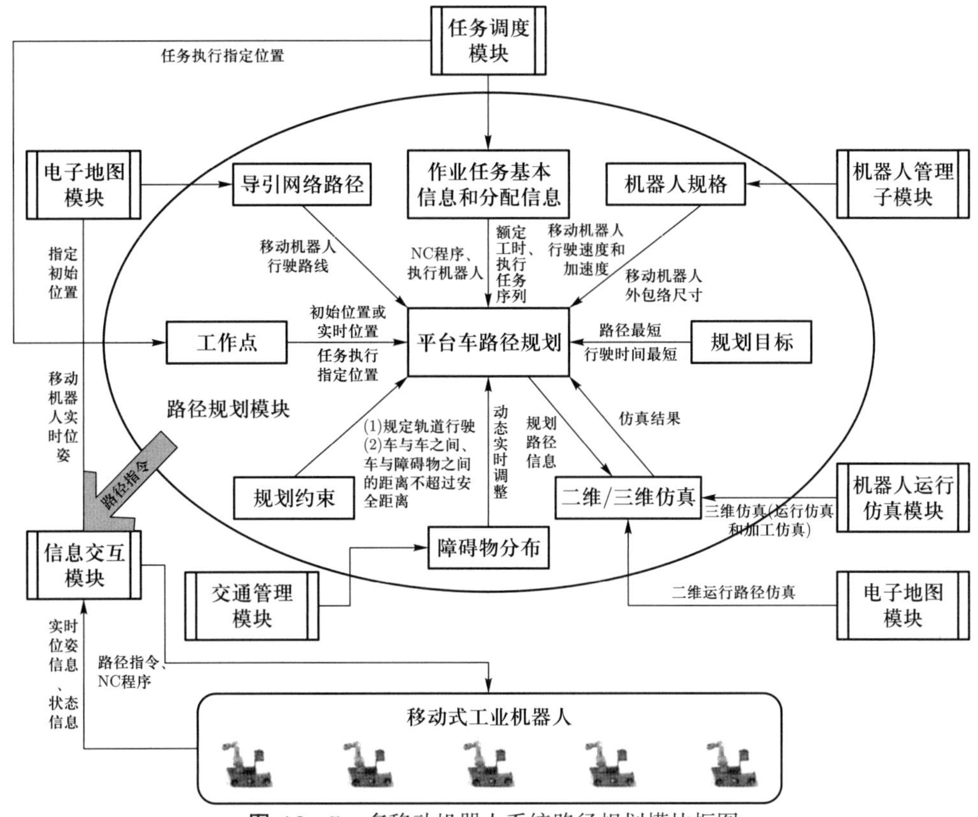

图 10-5　多移动机器人系统路径规划模块框图

业机器人, 而其他机器人的路径轨迹不发生变化。

(5) 规划目标: 主要包括路径最短、行驶时间最短 (拐弯最少)。

(6) 规划约束: ① 机器人不允许在行驶轨道和交通入口出现冲突; ② 机器人只能在指定的行驶轨道上行驶; ③ 车与车之间、车与障碍物之间的距离不超过安全距离。

(7) 机器人控制: 将规划好的路径生成可运行指令发送给机器人, 控制机器人行驶。

2. 防碰撞实现方案

为了实现移动式工业机器人路径规划目标, 机器人在一般情况下都以允许的、不损害机器人的最高速度行进。在机器人的行进过程中, 考虑到时间的因素, 即使机器人之间有路径重叠, 也只有很小的概率会发生碰撞。发生碰撞的情况有以下两种:

情况一: 来自不同方向的两个机器人在同一路口同时拐弯。

情况二: 在同一条道路上, 两个机器人同时朝着相对的方向前进。

第一种情况比较好解决, 只要将发生冲突的机器人排一个序列, 例如机器人 A 与机器人 B 发生这种情况时, 让机器人 A 先通过, 机器人 B 提前减速, 使两机器人之间相差两个车位, 导致机器人 B 用时比最短时间多了 t_1。第二种情况可以让一辆小车先通过, 而另一辆小车则在路口等待, 等待的时间为 t_2。由已知条件, 在不考虑碰撞的情况下, 可以由智能调度算法计算出各机器人的最优路径 (即最短路径), 并且以最高速度匀速行进, 能够获得最短的时间。在此基础上, 再考虑发生碰撞的两种情况。在搜索出来的路径优化方案中, 得到每种方案在不考虑碰撞情况下各机器人到达目的地花费的时间 t, 以及发生两种情况碰撞的次数 n 和 m, 则需要花费的总时间 $t_{\text{total}} = t + \sum_{i=1}^{n} t_{1,i} + \sum_{j=1}^{m} t_{2,j}$, 再根据 t_{total} 选择最优的路径规划方案。

获取发生碰撞次数的方法如下:

(1) 用一个二维矩阵模拟一个机器人的网格路线, 矩阵元素只有 0 和 1, 所有的 1 连成线表示机器人的运行路径, 0 则表示不可走的区域。

(2) 因为作业任务是唯一的, 所以需要以负责某一项作业任务的机器人开始行驶的时间作为时间基准, 在此基础上将时间添加到每一个代表机器人路径的矩阵中。

(3) 矩阵之间进行两两比较, 矩阵的大小都是相同的, 对两个矩阵中的对应元素进行 “与” 处理: 只要有一个数为 0, 则都为 0; 都不为 0, 则保留, 保留的数在理论上是能够连成一条线的, 记录这条线上两个端点的位置。获取相互比较的两个矩阵的这两个端点位置的数, 分别为第一个矩阵的 a_1、b_1, 第二个矩阵的 a_2、b_2。如果 $|a_1 - a_2| \leqslant 2t_{\text{OC}}$、$|b_1 - b_2| \leqslant 2t_{\text{OC}}$ (t_{OC} 为机器人以最高速度行驶一个车位宽度花费的时间), 则说明在路口 a 或者 b 很可能会发生第一种碰撞。如果 $a_1 \leqslant b_1$, 则发生碰撞的地点在路口 a, 否则发生碰撞的地点在路口 b。如果 $a_1 \leqslant b_1$ 且 $a_2 \geqslant b_2$, $(a_1 - a_2) \times (b_1 - b_2) \leqslant 0$, 则说明很可能会发生碰撞, 但是需要排除发生第一种碰撞 (路口碰撞) 的可能性, 然后针对发生第二种碰撞的情况, 判断是哪个机器人在哪个路口进行等待。获取时间间隔 $t_{\text{LC}} = |a_1 - b_1| = |a_2 - b_2|$, 以及两个机器人通过该条路的时间点 $T_{\text{m1}} = \max[a_1, b_1]$, $T_{\text{m2}} = \max[a_2, b_2]$。若 $T_{\text{m2}} \leqslant T_{\text{m1}}$, 则等待的是第一个机器人; 否则, 等待的是第二个机器人。最后比较对应机器人的 a、b 值, 判断等待的路口。

通过上述流程查找出碰撞点之后, 需要根据碰撞的种类进行路线上速度的调整。调整之后, 整个路线会发生变化, 因此需要重新检测是否会发生其他碰撞, 并进行再次调整。通过反复循环调整, 最终得到该方案下不发生碰撞的速度控制。

3. 路径仿真实现方案

路径仿真包括二维场景的机器人运行仿真和三维场景的运行仿真。其中, 二维场景的机器人运行仿真基于电子地图模型进行; 三维场景的运行仿真基于 Tecnomatix Process Simulate 软件实现。

针对基于电子地图的二维场景运行仿真分为静态环境和动态环境两种情况。系统刚开始运行时属于静态环境, 此时假定移动式工业机器人均在停留位置等候任务分配, 现场交通状况良好, 无任何道路故障。系统开始运行后, 首先用矩形标志移动式工业机器人 (安全距离包括在矩形标志内), 其初始位置信息会显示在电子地图上; 然后调度系统会进行路径规划, 并根据路径规划指令在电子地图上对移动式工业机器人的运行轨迹进行仿真, 移动式工业机器人的运行轨迹路线用粗线进行标识; 最后根据仿真结果 (是否发生碰撞等) 确定路径是否有效或者需要重新优化。

系统在启动一段时间后就处于动态环境下, 此时可能会出现移动式工业机器人故障、移动式工业机器人移动轨迹与设计情况不符、现场存在障碍物、任务延迟和改变等情况, 这些情况都会对之前规划的路径产生影响, 需要进行动态调整。为了实现动态环境下的路径运行仿真, 需要设定刷新时间 (与 iGPS 系统更新移动式工业机器人位姿信息的时间同步)。首先, 调度系统从信息交互模块获取移动式工业机器人的位姿信息、状态信息、速度信息 (当移动式工业机器人停留在某个工位上开始加工操作时可视为静止状态) 并在电子地图上进行实时同步展示; 其次, 调度系统会与事先定义好的路径指令进行比对, 对超出偏差允许范围的情况进行碰撞风险预测和判断, 并对可能存在的碰撞风险情况进行预警和局部的路径调整; 最后, 将调整后的可行路径指令通过信息交互模块传递给相应的移动式工业机器人, 实现动态调整, 防止碰撞发生。

在三维场景的运行仿真中, 当某个移动式工业机器人到达任务执行位置并准备就绪后, 调度系统中的机器人运行仿真模块会调用机器人程序管理模块中相对应的 NC 程序进行虚拟的加工场景仿真, 其他处在移动和运输当中的移动式工业机器人仍然会进行实时的运行仿真。

10.1.3.2 现场交通管理

现场交通管理模块的功能主要包括交通监听、冲突判断、车辆应急控制和交通恢复。通过该模块可以解决由不可预见因素 (如机器人出现故障而停车、路径上出现障碍物等情况) 导致的交通阻塞。

现场交通管理模块总体实现流程如图 10–6 所示, 主要包括交通监听、冲突判断、应急控制和交通恢复 4 个子模块, 功能描述如下。

1) 交通监听

通过无线通信模块获取现场导航与定位系统实时采集的移动式工业机器人的位姿信息和状态信息, 以及现场障碍物的精确位置信息。

2) 冲突判断

根据位姿信息、状态信息和障碍物位置信息对可能出现的冲突进行预判, 判断机制在路径规划模块中实现。

3) 应急控制

对可能出现的冲突进行提前处理, 采取分级控制策略。若处于非常紧急的情况, 则采取停车处理; 不受影响的机器人继续执行任务。此外, 如果移动式工业机器人出现故障, 则需要进行任务的动态调度, 并对受影响的机器人进行路径重新规划。

根据判断的结果, 采取以下分级控制策略:

(1) 不存在碰撞风险, 系统正常运行。

(2) 存在碰撞风险或者移动式工业机器人出现故障, 将判断的结果传递给全局监控模块, 由全局监控模块进行报警提醒。

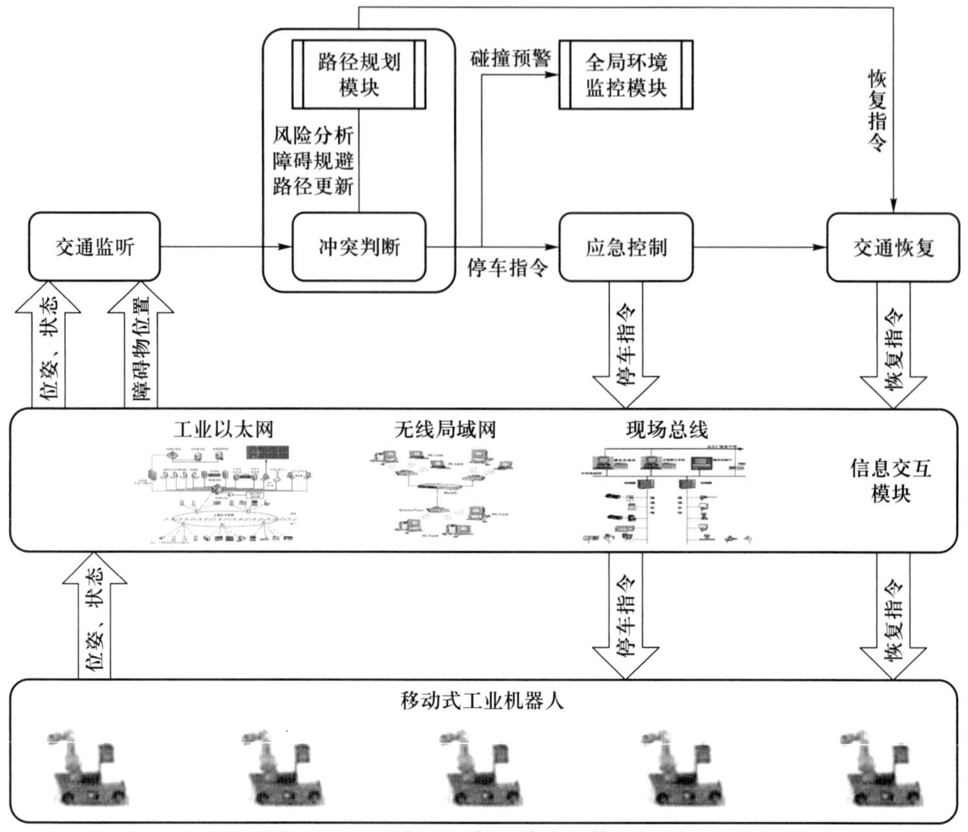

图 10–6 现场交通管理模块总体实现流程

(3) 对于紧急突发情况, 需要进行应急控制, 强制全向智能移动平台迅速停车。

(4) 建立受影响的移动式工业机器人集合, 在路径规划模块中重新规划各全向智能移动平台的路径和速度, 生成新的路径指令, 并通过信息交互模块将更新后的控制指令传递给机器人控制系统。

(5) 如果全向智能移动平台或机器人出现故障, 建立受影响的任务集合和机器人集合, 并通过任务调度模块重新分配任务, 任务分配完成后进行路径规划。

4) 交通恢复

规划完成后将任务指令、路径指令等信息通过信息交互模块重新下发给各移动式工业机器人, 恢复通车, 并更新全局监控模块中的相关信息。

智能调度系统采用基于时间窗的事件驱动型交通管制策略对多移动平台进行管理, 能够自主预判路况, 实现基于现场实时路径的动作指令决策, 保证多智能体同时高效自主转运、高速仓储; 实现多移动平台对同一路段的分时使用和自动避让, 防止多车冲突、路径交叉、环路死锁等问题, 提高运行效率和运行安全性。

时间窗是执行任务的移动平台从开始进入到离开某个交叉路口或某个路段的整个过程所花费的时间, 其主要作用是对移动平台已占用的交叉路口或行驶路段进行标记, 以避免在该移动平台占用的时间段内, 其他移动平台驶入该路口或路段而发生死锁或者碰撞。假设系统有 n 个移动平台, 当前有 m 项任务指派给 m 个移动平台完成。对于系统中的移动平台和待分配的任务可分别用集合 N 和集合 M 表示, 即 $N=\{n_1,n_2,n_3,\cdots,n_n\}$, $M=\{m_1,m_2,m_3,\cdots,m_m\}$。对于任意一项任务 m_i, 系统首先会按照任务调度策略为其排序和分配移动平台; 然后调用 Dijkstra 算法为接受该任务的移动平台 (其编号可用 q_i 表示) 规划出一条距离最短的路径, 该路径由一系列运行路段组成, 可用有序路段集合 λ_i 表示, 即 $\lambda_i=\{e_1^i,e_2^i,\cdots,e_q^i\}$, 其中 e_q^i 表示路段 e_q 在某个时间段被任务 m_i 占用。最后, 为避免执行任务 m_i 的移动平台与其他移动平台因争夺路径资源而引发死锁或碰撞冲突, 系统利用时间窗算法为该可行路径上的各有序路段插入合理、连续的时间窗, 如图 10－7 所示。

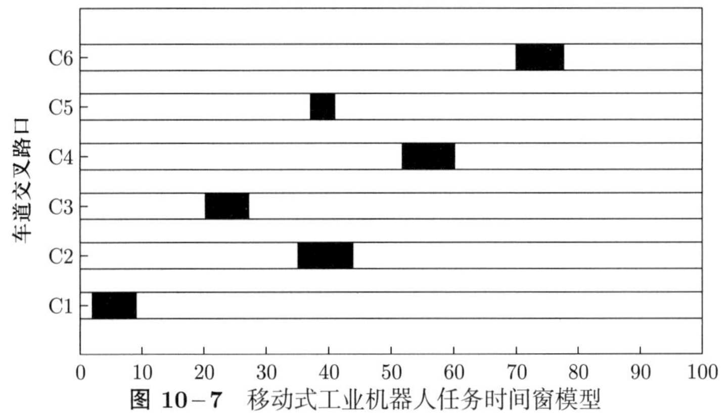

图 10－7 移动式工业机器人任务时间窗模型

(1) 基于动态时间窗的多移动平台路径规划算法的实现可以分为两个步骤, 首先为任务优先级最高的任务分配移动平台, 然后利用 Dijkstra 算法规划出执行该任务的最短路径, 并计算出执行该任务过程中移动平台所占用的所有路段的驶入和驶出时间, 初始化各路段的时间向量表。

(2) 调度次优先级的任务。查询剩余移动平台的状态是否有空闲: 如果没有, 则该任务进入等待状态; 如果有, 则继续使用 Dijkstra 算法规划出执行该任务的最短路径, 并计算出该移动平台在各路段的驶入和驶出时间, 更新各路段的时间向量表。

(3) 判断各个路段的时间向量表是否存在重叠: 如果不存在重叠, 则路径规划完成; 如果存在重叠, 则先计算时间窗重叠部分的时间长度和完成该任务所需要时间 T_i, 并将该路径标记为不可用路段, 再用 Dijkstra 算法规划出执行该任务的最短路径。重复上述步骤, 直至各路段的时间向量表不再发生冲突。如果不能规划出最短路径, 则该移动平台行驶至冲突路段的前一路段, 并进入等待状态。

(4) 对任务列表中剩余任务进行优先级排序, 为任务优先级最高的任务分配移动平台并对其进行路径规划, 同样计算出各路段的时间向量表并判断各路段的时间向量表是否存在冲突, 重复上述步骤即可完成多个任务的最优调度。

采用事件驱动机制, 对于突发事件, 如路段中突然出现障碍物 (故障机器人), 移动平台实时反馈状态信息, 调度系统根据事件状态重新进行路径规划, 提高突发事件处理的实时性。

10.2 系统监控

系统监控模块主要包括: ① 控制台; ② 警示灯; ③ 数据库服务器; ④ 地图同步展示; ⑤ 位姿监控子模块; ⑥ 状态监控子模块; ⑦ 故障预警子模块。该模块实现当前机器人调度系统状态的实时采集和反映, 包括机器人位姿信息、机器人状态信息、机器人任务信息等, 并将这些信息以文字或图像的形式表示出来。该模块根据从信息交互模块和任务管理子系统处接收到的信息更新全局环境状态, 并为其他子系统提供全局环境信息; 同时给用户提供观察全局环境信息的人机交互界面。具体完成任务如下:

(1) 控制台、警示灯、数据库服务器完成系统的图形化页面展示、报警提示和数据存储功能。

(2) 地图同步展示完成电子地图的同步显示和各类状态信息的可视化展示。

(3) 位姿监控子模块完成对全向智能移动平台、机器人的位置和姿态的监控。

(4) 状态监控子模块完成对全向智能移动平台状态、机器人状态、任务状态以及环境状态的监控。

(5) 故障预警子模块完成多机器人、全向智能移动平台运行过程中碰撞风险预警及故障预警。

基于任务需求分析设计的车间现场全局监控模块, 其交互界面如图 10–8 所示, 主要包括两部分: ① 左侧是以列表形式分别对全向智能移动平台、机器人、任务、故障进行监控与展示; ② 右侧是在电子地图上同步完成全向智能移动平台、机器人的位姿和状态显示, 环境监控 (主要展示现场出现的障碍物), 以及实时的二维仿真场景; 通过警示灯来反映现场交通状况并对故障进行报警; 同时, 可以实现基于二维电子地图的路径仿真场景与基于三维的机器人运行仿真场景的切换。

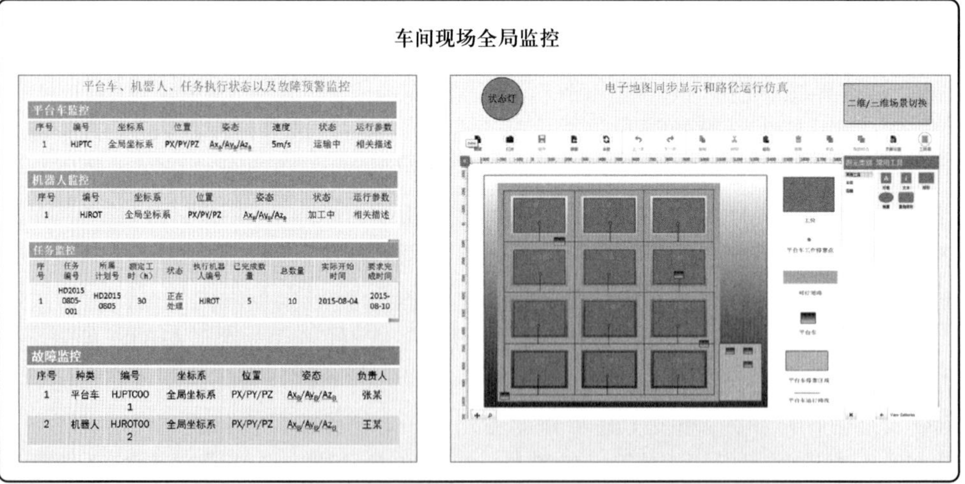

图 10–8 车间现场全局监控交互界面

10.3 电子地图

电子地图模块用于指导移动式工业机器人执行加工任务, 告诉机器人所处环境与位置, 根据当前地图中所有移动式工业机器人的站位, 规划机器人从一个加工站位到另一个加工站位的运动路径。该模块主要包括电子地图建模与机器人导引路径规划两方面。涉及的关键技术主要包括同步定位与建图 (SLAM) 和路径规划部分。SLAM 需要完成机器人的定位与建图任务, 而路径规划问题实际上就是依据某个或者某些优化准则 (如实时性、安全性、最优性等) 为移动式工业机器人规划出一条成功躲避动态障碍物的可行路径。

10.3.1 电子地图建模

电子地图建模是指对移动式工业机器人传感器所获取的信息进行处理与融合, 建立一个能够描述机器人所处环境特征的信息模型, 这是机器人实现自主功能的基础。SLAM 概念的提出正是为了充分利用定位与建图之间的相关性, 在没有先验环境地图信息及 GPS 等辅助定位设备的情形下, 实现未知环境的增量式地图创建。

SLAM 系统包含前端与后端: 前端负责收集和关联机器人传感器获得的数据, 后端负责通过所有关联的传感器数据估计机器人的位姿、轨迹和地图。前端按照传感器类型的不同可分为激光 SLAM 和视觉 SLAM。其中, 激光 SLAM 基于激光反射测距进行即时定位与地图构建, 从维度上分有二维激光和三维激光, 根据实际使用分为有反射板和无反射板两种; 视觉 SLAM 则使用相机作为传感器, 在一定的图像帧率下捕捉周围环境信息, 获得一系列连续变化的图像, 通过测算相机运动来获得当前时刻相机的位姿, 并构建环境地图。

对于前端, 激光 SLAM 起步早, 在理论、技术和产品落地上都相对成熟, 目前业界以二维激光作为主要的导航传感器进行应用。相比于激光, 视觉相机具有成本低、功耗低、体积小、信息丰富等优点, 随着计算机硬件能力的不断提升, 视觉 SLAM 能够在嵌入式设备上实时运行, 但图像信息极易受到外界光线影响, 稳定性不足, 因此基于视觉 SLAM 的方案目前尚处于进一步研发和应用场景拓展、产品落地阶段。

对于后端, SLAM 问题的数学描述通常包括运动方程与观测方程两部分, 对于不同的传感器、不同的应用场景, 分别有着不同的参数化方程及状态量。本质上可将 SLAM 后端优化看作一个状态估计问题。根据所使用的状态估计方法的不同, 可以大致将 SLAM 算法划分为以下 3 类: 基于直接帧匹配的 SLAM 算法、基于滤波器的 SLAM 算法和基于优化的 SLAM 算法[3–6]。

1) 基于直接帧匹配的 SLAM 算法

该类算法分两步完成地图构建任务: 首先在当前帧与上一时刻的激光帧之间或者与当前地图之间进行帧匹配, 从而对机器人的位姿估计进行更新; 然后在估计的机器人位姿处将当前激光帧融合进地图中。迭代执行上述两个步骤, 直至地图构建任务完成。虽然基于直接帧匹配的 SLAM 算法简单易实现, 但是其误差累积较快。

2) 基于滤波器的 SLAM 算法

根据滤波器种类的不同, 基于滤波器的 SLAM 算法大致可以划分为两类: 第一类是基于高斯滤波器的 SLAM 算法; 第二类是基于粒子滤波器的 SLAM 算法。前者又可划分为基于扩展卡尔曼滤波器的 SLAM (extended Kalman filter based SLAM) 算法、基于无迹卡尔曼滤波器的 SLAM (unscented Kalman filter based SLAM) 算法和基于稀疏扩展信息滤波器的 SLAM (sparse extended information filter based SLAM) 算法。

3) 基于优化的 SLAM 算法

该算法是将机器人位姿与地图估计转化成一个参数估计问题, 然后使用最大似然估计法迭代优化一个与待估计参数相关的目标函数。早期的基于优化的 SLAM 算法的参数状态空间通常包括机器人位姿与所有地图参数。由于状态空间中包含所有的机器人位姿与地图特征信息, 其优化过程计算量巨大, 因此算法实时性通常得不到保证。后来基于对特征的测量与机器人位姿关系的分析, 将特征的测量转化成不同时刻机器人位姿之间的约束链接, 从而形成了基于节点连接图的图优化 SLAM (graph-based optimization SLAM) 算法。图优化 SLAM 算法在迭代优化时重复地在最新的节点位姿处计算误差函数的雅可比矩阵, 因此其一致性优于基于扩展卡尔曼滤波器的 SLAM 算法, 并且收敛于最优状态估计。由于在一致性及处理闭环上的优越性, 图优化 SLAM 算法是目前 SLAM 算法研究中最热门的方向。

10.3.2 机器人导引路径规划

机器人导引路径规划是实现机器人自主运动及加工任务的基础, 也是移动式工业机器人技术最核心的研究内容之一。机器人工作环境的信息往往是复杂多变的, 根据对环境信息的掌握程度可将路径规划分为全部环境信息已知的全局路径规划和环境信息完全未知或部分已知的局部路径规划。目前全局路径规划及局部路径规划的算法较多, 大致分类如图 10-9 所示[7-10]。

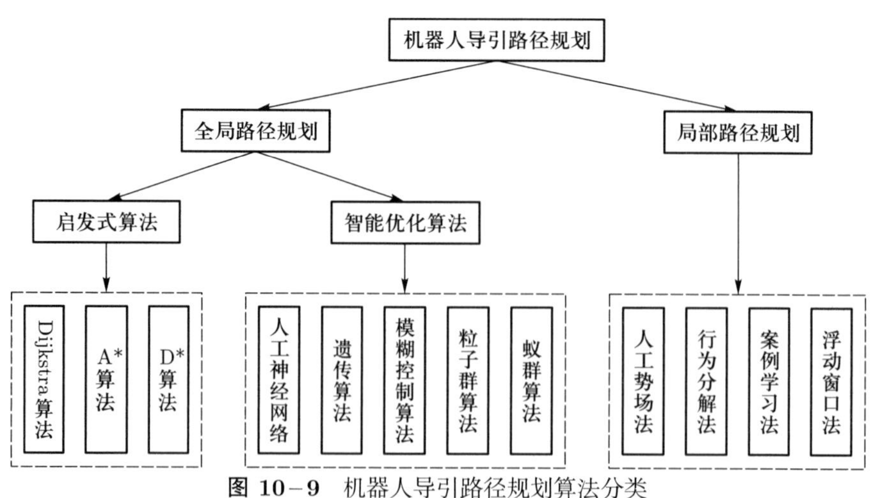

图 10-9 机器人导引路径规划算法分类

1. 全局路径规划

全局路径规划可以得到最优路径, 但对环境建模技术要求较高, 计算量大, 实时性差; 当环境变化时, 规划效果较差甚至无法进行规划。常用的全局路径规划方法如下。

1) 启发式算法

(1) Dijkstra 算法。Dijkstra 算法是广度优先的最短路径搜索算法, 主要应用于有向图中最短路径的搜索。该算法可以求解路线图中任意两个节点间的最短路径, 但是需要遍历较多的路径节点。

(2) A* 算法。A* 算法属于经典的启发式全局路径搜索算法。主要是在 Dijkstra 算法的距离函数中引入启发信息, 优先搜索具有最小代价值的路径点。A* 算法不但可以找到最短路径, 而且缩小了搜索空间, 具有较高的搜索效率。但是当环境复杂、规模较大时, A* 算法几乎要扩展至整个空间才能找到目标点, 运算时间长, 规划效率低, 难以满足实时性的要求。可通过一些改进措施来改进 A* 算法, 如: 采用稀疏 A* 算法来提高搜索速度; 改变启发信息值的权重以提高运算速度; 采用基于 Anytime 思想的改进 A* 算法, 提高算法的实时性。

(3) D* 算法。改进 A* 算法提高了算法的规划效率, 但是无法应用于动态路径规划。可采用 D* 算法来解决动态环境下的路径规划问题。D* 算法不需要预先探明地图, 随着环境信息的感知而进行路径的搜索。当环境变化时, 只需修改部分节点的权值即可找到最短路径, 从而提高了搜索效率。但是 D* 算法规划的路径转折次数多, 不平滑, 且距障碍物较近, 安全性较低。

2) 智能优化算法

除启发式算法外, 智能优化算法也广泛应用于路径规划问题, 常见的算法如下。

(1) 人工神经网络 (artificial neural network)。人工神经网络是由大量神经元经过相互连接而构成的自适应非线性动态系统, 具有较强的学习与泛化能力。路径规划从本质上来说就是从感知空间到行为空间的映射, 因此人工神经网络在路径规划中得到广泛应用。该方法需要将环境地图预先映射成神经元网络, 通过大量训练才能得到最优路径。在动态环境下无法掌握全部地图信息, 因此难以得到理想的训练效果。此外, 神经网络结构日益复杂, 导致收敛速度慢, 无法保证能得到最优解。

(2) 遗传算法 (genetic algorithm)。遗传算法是模拟自然界生物遗传进化过程而提出的一种概率搜索算法, 具有较好的全局寻优能力和并行特性, 在单机器人及多机器人路径规划中均取得了较好的规划结果。虽然遗传算法不依赖于梯度信息进行优化操作, 但是染色体编码方式、适应度函数等对运行效率具有重要影响。此外, 遗传操作算子虽然扩大了算法的搜索空间, 但是会生成大量的无效路径, 导致规划效率低下, 无法保证算法的可靠性。

(3) 模糊控制算法 (fuzzy control algorithm)。模糊控制是一种基于模糊集理论的控制方法。模糊控制算法无需准确的路径规划数学模型, 也不需要进行复杂的计算, 通过查表即可实现路径规划, 具有较好的实时性, 但也存在一些固有缺陷, 如: 需要依据专家经验事先制定模糊推理规则, 路径优劣与专家经验密切相关; 最优路径依赖于模糊推理规则; 随着障碍信息的增加, 推理规则或模糊表会急剧膨胀, 影响算法的实时性; 当环境变化时, 已有规则可能不适用于新的环境, 导致无法选择正确路径; 避障策略缺乏智能性, 无法灵活应对动态障碍物。

(4) 粒子群优化算法 (particle swarm optimization algorithm)。粒子群优化算法是模拟鸟群飞行觅食行为而提出的群体智能优化算法, 具有收敛速度快、参数少、简单易实现和鲁棒性强等优点, 广泛应用于机器人路径规划。

(5) 蚁群优化算法 (ant colony optimization algorithm)。蚁群优化算法是受自然界中蚂蚁觅食行为的启发而提出的智能优化方法, 是一种基于图的概率型路径搜索算法。蚁群优化算法已经由最初的旅行商问题求解扩展到多个应用领域, 在移动式工业机器人路径规划方面有广泛的应用。

2. 局部路径规划

当环境信息全部未知或部分已知时, 机器人利用传感器感知周围环境并建立环境模型, 为机器人找到一条能避开动态障碍的路径, 这种规划方法称为局部路径规划。该方法是在机器人移动时执行规划, 因此又称为在线规划。与全局路径规划任务不同, 局部路径规划侧重于避障的安全性与实时性。由于仅依据局部环境信息进行路径规划, 该方法存在局部极值点, 甚至会出现无法找到可行路径等情况。常见的局部路径规划方法如下。

1) 人工势场法

人工势场法是一种虚拟力法, 其主要思想是将机器人在障碍物环境中的运动视为机器人在抽象势场作用下的运动: 目标位置形成引力场, 对机器人产生引力, 引力大小由机器人到目标位置的距离确定, 方向指向目标位置; 环境中的障碍物形成斥力场, 对机器人产生斥力, 斥力值随机器人与障碍物之间距离的增大而减小, 方向指向远离障碍物方向; 二者共同作用于机器人, 使机器人能够避开环境中的障碍物而到达指定位置。人工势场法具有结构简单、路径平滑、实时性高及易于实现等特点, 是一种有效的局部路径规划方法, 但也存在一些不足, 如易陷入局部极小值、目标不可达、规划路径可能产生振荡等, 限制了其应用。

2) 行为分解法

行为分解法是一种经典的局部路径规划方法。考虑到准确建立避障过程的数学模型比较困难, 可将复杂的机器人导航任务分解为多个相对独立的行为单元, 如目标跟踪、静态避障、动态避障及陷阱逃离等, 在此基础上设计具有多行为的机器人体系结构。每个行为单元都有自己的感知模块与执行机构, 能根据指令完成相应的功能。行为分解法广泛应用于机器人局部路径规划, 但是当工作环境复杂或具有大量不同类型的行为时, 易产生行为冲突或竞争问题。

3) 案例学习法

案例学习法主要是根据过去的经验进行学习及问题求解, 因此需要在路径规划之前建立合适的案例库。当遇到新问题时, 从已建立的案例库中搜索信息, 找出与新问题最匹配的解决方案。案例学习法能根据局部障碍物情况自动调整规划路径, 提高规划效率, 但是无法保证得到全局最优路径, 同时, 案例属性提取、案例匹配和择优、案例库更新等均需要丰富的专家经验。

4) 滚动窗口法

滚动窗口法借鉴了预测控制与滚动优化的思想, 是一种高效的局部路径规划方法。移动式工业机器人利用获取的局部环境信息建立一个虚拟的 “规划窗口”, 在运动过程中根据感知到的环境信息递归更新 “窗口” 内容, 按照优化准则实现窗口内的局部路径规划。在每一个滚动窗口内, 采用启发式方法得到该窗口对应的子目标点, 然后在当前窗口进行路径规划, 规划的局部路径使机器人能有效地避开动态障碍物。随着机器人的移动, 窗口不断地发生变化, 子目标也不断地更新。反复执行上述局部路径规划, 直到任务完成。滚动窗口法只考虑局部环境内的路径规划, 具有较高的实时性, 但是从本质上来说, 滚动窗口法并没有提高算法的搜索效率。此外, 该类方法优先考虑避障功能, 在解决路径规划问题时, 缺乏全局性。

综合考虑多种路径规划方法的性能、实际导航路径特点, 以及运行过程中的障碍物动态变化的特点, 在机器人导引路径规划时可将适用于任何图形算法的广度优先的 Dijkstra 算法和基于路径通行难易程度正反馈信息的蚁群优化算法融合, 制定基于现场实时路径决策策略, 实现最短、最易通行路径的优化。同时将地图分成数个区域, 尽量将最短路径的规划放到一个区域或者跨越较少的几个相邻区域, 通过区域规划, 提升整体求解速度, 搜索移动平台最优路径。

10.4 智能制造系统信息融合分析技术

采用智能感知和分析相关技术, 对产品制造过程各类信息进行有效的采集、存储与融合分析, 提升了智能制造过程生产管控的精准化水平, 为制造过程的综合优化奠定数据和技术基础。下面以空间站大型舱体制造为例说明。

10.4.1 基于移动式工业机器人制造的生产在线信息采集与判读

为实现移动式工业机器人制造过程相关信息的整合管理和分析利用, 需要对加工过程数据、检测过程数据及相关业务数据进行有效的采集和储存, 为空间站结构制造过程回溯分析、数据包快速生成、制造装备健康状态预测与评估等提供数据基础。

针对当前移动式工业机器人制造生产准备、物料配套周期较长, 生产过程中对制造资源齐套状态信息不能实时了解, 物料领用、装机记录等主要依靠人工判断与信息整理等问题, 设计了基于移动式工业机器人制造的生产在线信息采集与判读方案, 可对移动式工业机器人制造生产相关信息进行在线采集, 并实现制造资源齐套性检查、物料信息自动记录与核对等, 如图 10–10 所示。

1) 生产准备信息采集与齐套性检查

梳理并重新设计了业务流程, 通过系统集成最新工艺、检验、物料等信息, 作为开工前生产准备的检查标准, 并根据采集到的信息进行齐套性自动检查, 实时显

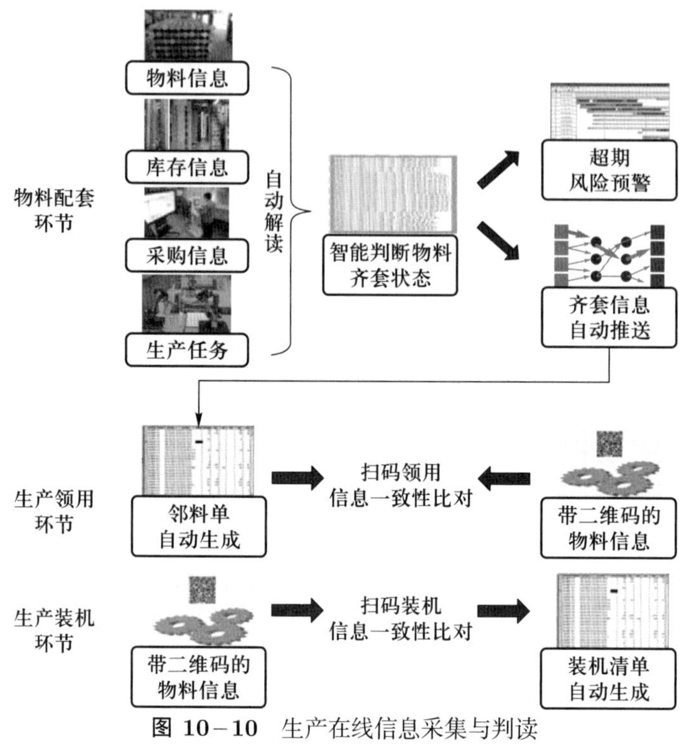

图 10–10　生产在线信息采集与判读

示生产准备所需制造资源的齐套状态, 基于状态信息和生产任务信息进行配套资源超期风险智能识别与报警。当制造资源齐套时, 进行自动提示, 并触发物料领用和物流配送。

2) 物料信息自动记录与核对

采用二维码的方式对物料进行标识和管理, 在物料领用、零部件接收、支架装配至舱体等过程中, 通过扫描二维码实现物料领用信息、装机信息卡等信息的自动记录, 并且进行智能核对, 对不匹配信息予以提示预警, 如图 10–11 所示。

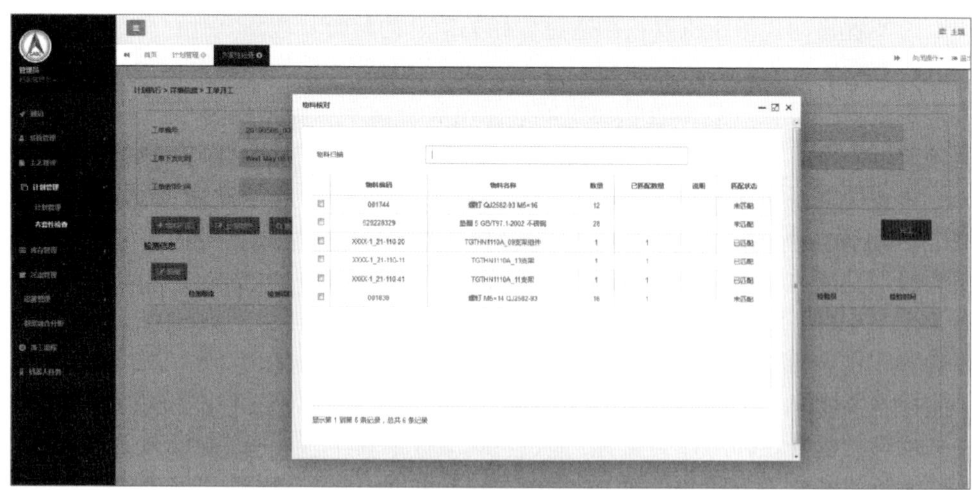
图 10–11　物料信息自动核对

10.4.2 基于移动式工业机器人制造的过程信息融合技术

针对移动式工业机器人制造过程生产数据和检测数据的数据量大、数据类型多且异构的特点, 对异构数据的存储建模技术进行研究, 建立空间站结构生产过程信息模型, 将型号、任务、工艺、物料等不同类型、不同文件格式的制造过程信息进行融合和关联, 在此基础上, 构建空间站结构制造全过程信息数据库, 支撑数据的追溯、统计、分析、反馈决策等。

开展了数据融合分析总体架构设计 (图 10–12)、元模型层次结构设计、空间站结构产品生产过程数据梳理分析等工作, 对分散在物资管理、生产管理、工艺管理等环节的相关信息等进行集成融合, 覆盖工艺要求信息、生产任务信息、物料信息、库存信息、采购状态信息、质量检测信息等。

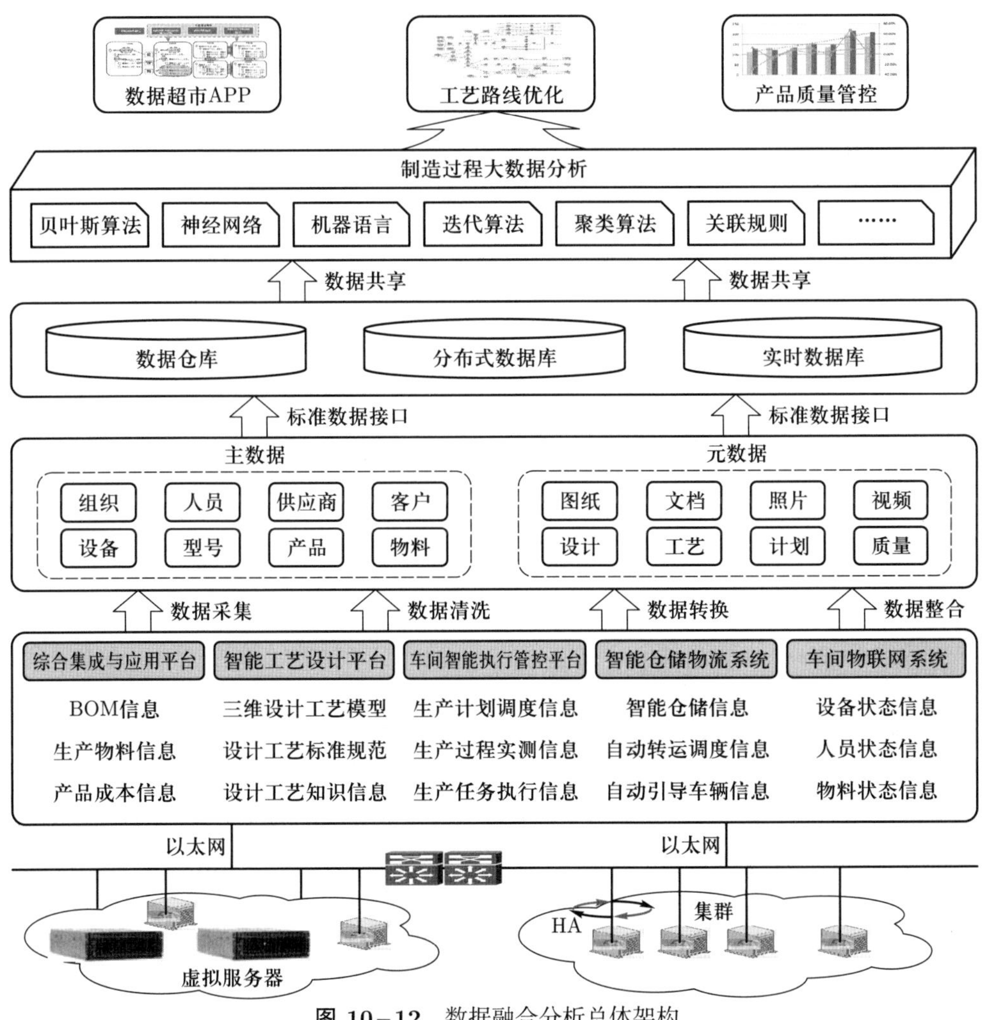

图 10–12 数据融合分析总体架构

构建了移动式工业机器人制造生产过程信息模型, 将工艺信息、任务信息、物料信息、实测数据、实做参数、质量信息、人员信息、装备信息、环节信息、工具信息等进行有效组织与管理, 实现了生产过程信息向制造过程模型的映射。

在移动式工业机器人制造生产过程信息模型的基础上, 结合生产现场分析决策需求, 采用数据压缩降维、数据分类归集、知识推理、机器学习、回归分析等分析手段, 对加工过程大数据进行融合分析, 获取单一数据源无法感知和反映的加工全过程状态, 挖掘出加工过程中的多特征 (技术特征、设备特征等) 与多参数 (工艺参数、装备参数等) 之间的关系, 从而实现面向加工过程的多源异构数据关联融合分析 (图 10–13 和图 10–14), 为加工工艺优化、生产计划管理效率提升、生产过程问题预警预报等提供大数据支撑。

图 10–13 制造信息融合: 追溯管理

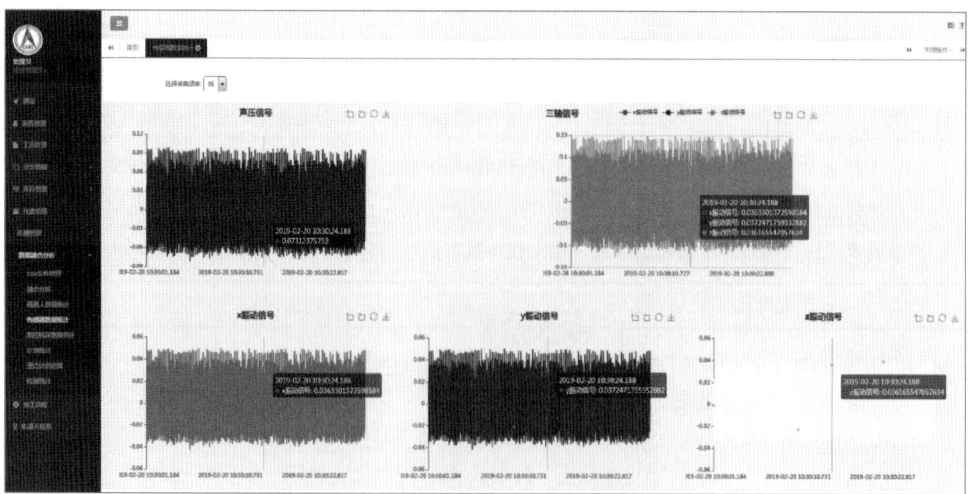

图 10–14 制造信息融合: 数据融合分析

10.4.3 基于移动式工业机器人制造的过程回溯分析技术

基于移动式工业机器人制造生产过程信息模型及制造全过程信息数据库, 可实现面向空间站智能制造过程的数据回溯, 并基于回溯数据分析实现产品质量问题分析与辅助决策。

针对航天产品生产过程高质量、高可靠要求, 基于数据融合模型, 构建面向产品质量分析的数据模型, 基于回溯数据、异常特征库、故障模式库等, 进行产品质量问题分析, 从系统的角度对加工过程进行整体分析与评价, 进而获得最优的质量问题解决措施, 实现闭环质量控制和工艺方案优化。

影响最终产品质量的因素是多源和多维度的, 主要包括来自设备的加工状态信息、来自加工过程的加工参数信息、来自生产现场的噪声等, 以及产品的几何尺寸、形位公差和表面粗糙度等信息, 而这些信息又隶属于具体的产品、工艺、车间、操作人员等, 因此需要对异构的数据进行面向质量问题处理的情境建模, 对多源数据进行分类和同步处理, 从而保证多源感知信息的连续性和时效性。基于上述信息可以对产品质量问题进行分析, 主要包括质量问题溯源分析、产品质量影响分析与改进决策、生产过程稳定性分析与改进决策等 (图 10-15)。

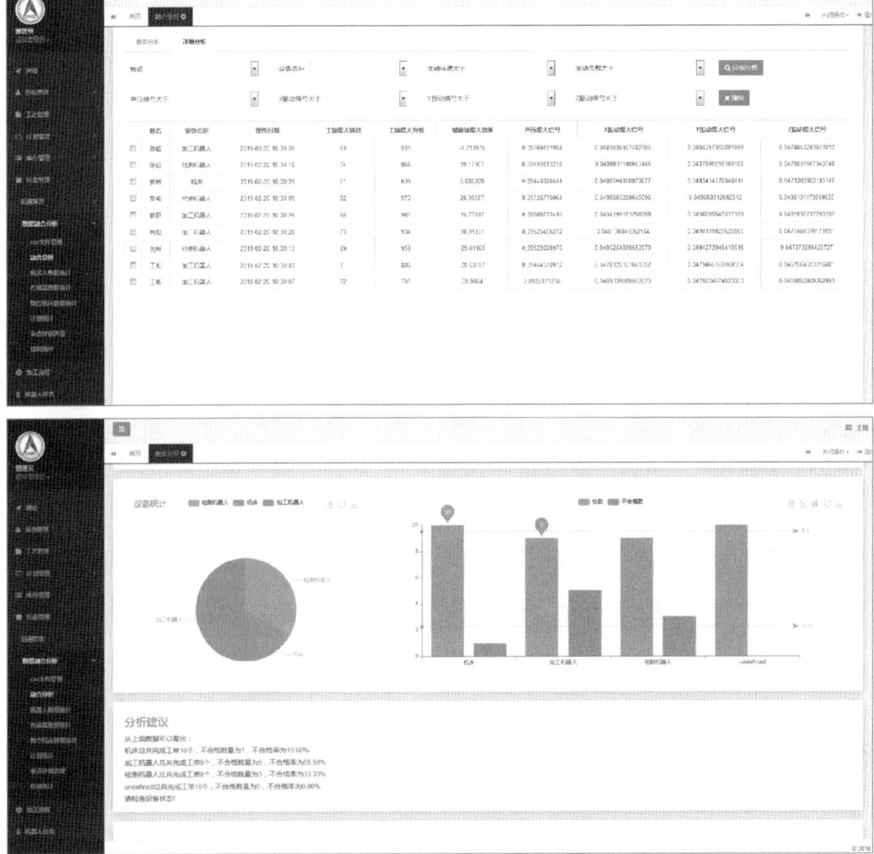

图 10-15 基于数据回溯的产品质量问题分析与辅助决策

通过机器人运行状态及环境数据采集技术, 完整记录空间站结构制造生产和检测过程的全方面数据, 实现空间站结构制造过程回溯展示和数据深度分析利用。基于空间站制造过程数据的完成记录, 重现机器人的实际作业过程, 并基于历史数据实现了各类统计分析。根据机器人作业数据, 挖掘分析空间站结构制造加工参数与加工结果的内在关联规律, 对空间站结构加工参数及其加工结果进行量化预测, 从而为空间站结构制造的工艺设计、生产加工作业提供决策支持, 以促进机器人加工装备的优化控制, 提升机器人加工的可靠性 (图 10–16)。

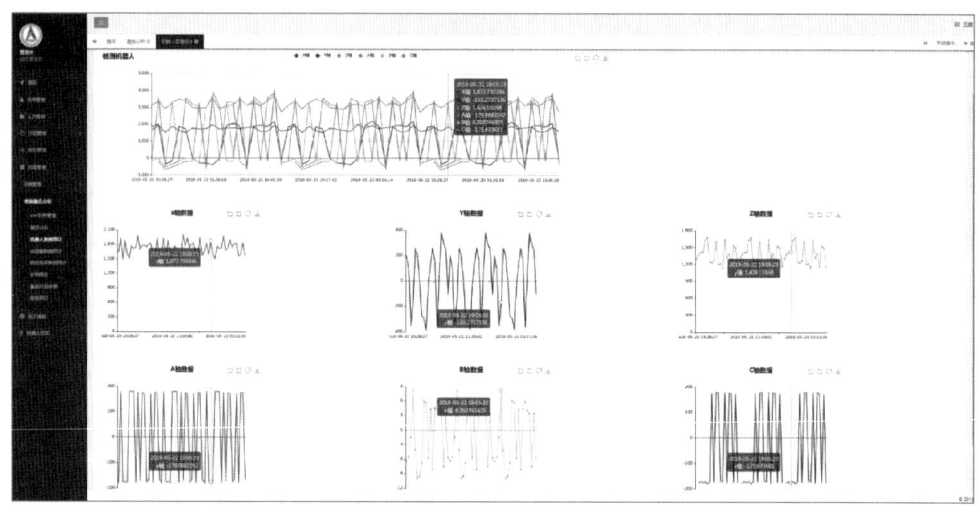

图 10–16　机器人制造过程数据回溯

10.5　小结

本章介绍了移动式工业机器人制造系统的在线决策与调控方式, 阐述了移动式工业机器人智能调度系统的运行控制机制, 介绍了机器人作业任务管理的流程、单移动作业单元的控制架构, 以及在形成制造系统后如何实现多台移动式工业机器人的无冲突任务调度。为保障多台移动机器人的运行效率和路径安全, 描述了系统监控、电子地图的组成和功能, 阐述了电子地图建模常用的方法及电子地图建成后机器人路径规划的方法, 以指导加工环境的建立及作业规划。最后给出了实践案例, 即如何实现机器人制造系统生产过程信息的在线采集、分析和回溯, 提升机器人制造系统加工的可靠性。

参考文献

[1] 潘智辉, 陈睿, 胡昌平, 等. 透明刚体非侵入式三维重建技术研究进展 [J]. 激光与光电子学进展, 2023, 60(8): 96–104.

[2] 刘志, 陈恳, 徐静. 基于模型和数据驱动的机器人 6D 位姿估计方法 [J]. 清华大学学报 (自然科学版), 2022, 62(3): 391–399.

[3] 徐巍军. 基于贝叶斯滤波器的移动机器人同时定位与地图创建算法研究 [D]. 杭州: 浙江大学, 2016.

[4] 张松灿. 基于蚁群算法的移动机器人路径规划研究 [D]. 洛阳: 河南科技大学, 2021.

[5] 王越. 长期运行移动机器人的定位与地图构建 [D]. 杭州: 浙江大学, 2016.

[6] 曹风魁. 基于激光雷达的移动机器人室外场景识别与地图维护 [D]. 大连: 大连理工大学, 2020.

[7] 杨韵, 王成彦, 巫凯旋, 等. 移动机器人全局路径规划算法综述 [J]. 信息记录材料, 2022, 23(3): 29–32.

[8] 武星, 杨俊杰, 汤凯, 等. 面向复合地图的移动机器人分层路径规划 [J]. 中国机械工程, 2023, 34(5): 563–575.

[9] 邢子超. 多移动机器人规划与调度关键技术研究 [D]. 杭州: 浙江大学, 2022.

[10] 王承平. 论移动机器人的智能路径规划算法综述 [J]. 时代汽车, 2022(6): 13–14.

第五篇　应　　用

第 11 章　移动式工业机器人高效制造典型应用

随着航空航天、轨道交通、海洋工程、武器装备等领域中高端装备的大型化、复杂化, 高端装备制造对制造系统的功能和可靠性提出了更高的要求, 传统制造装备和模式已经无法满足其制造需求。近年来, 随着智能制造技术的发展, 移动式工业机器人及智能制造系统凭借其更大的空间灵活性, 以及技术先进性和前沿性, 已经成为工业制造领域的重要发展方向。

移动式工业机器人作为一个独立的子系统, 可根据工作任务调整其相对产品的位置和角度, 实现大尺寸加工或特殊面加工、检测及装配。本章在前述技术的基础上, 重点介绍移动式工业机器人在航天领域大型产品铣削、焊接、测量、装配等流程中的典型应用。

11.1　移动铣削机器人加工实验

11.1.1　铝块与铝合金支架平面铣削

1. 实验平台搭建

基于移动式工业机器人数控加工系统, 对空间铝块进行铣削, 其实验环境如图 11-1 所示, 在包络尺寸为 400 mm × 350 mm × 60 mm 的铝块上, 规划 9 组 100 mm × 100 mm 的待加工平面铣削区, 完成移动机器人数控铣削加工。对铝合金支架进行铣削的实验环境如图 11-2 所示, 舱体模拟件上安装有 4 个支架, 每个支架根部均设置有局部靶标点, 同时, 为了快速建立机器人的基坐标系, 提前在全向智能移动平台上布置了 3 处 38.1 mm 激光跟踪仪靶球座。

2. 平面铣削加工工艺流程

结合空间铝块结构特点进行铣削工艺规划, 将大型构件移动式工业机器人数控铣削加工工艺流程分为:

(1) 激光跟踪仪测量, 系统坐标系构建;

(2) 相对位姿求解, 数控程序修正;

图 11–1　数控驱动移动式工业机器人进行空间铝块平面铣削

图 11–2　数控驱动移动式工业机器人进行铝合金支架平面铣削

(3) 移动式工业机器人加工铣削参数设置;

(4) 移动式工业机器人进行多个铝合金平面铣削;

(5) 使用激光跟踪仪/视觉测量系统检测铣削平面, 并进行评价。

将上述加工工艺流程进行整理, 得到大型构件移动式工业机器人数控加工铝块和铝合金支架流程, 如图 11–3 所示。

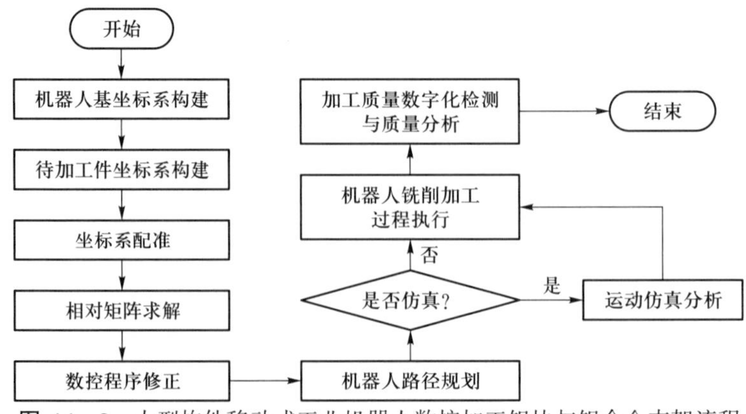

图 11–3　大型构件移动式工业机器人数控加工铝块与铝合金支架流程

3. 加工实验与结果分析

基于构建的实验系统, 结合加工工艺流程, 进行铝块平面铣削加工实验, 其实验参数如表 11–1 所示, 实验结果如图 11–4 所示。通过激光跟踪仪和 Spatial Analyzer 软件完成铣削平面的拟合, 按照相关国家标准计算加工面距离基准的实测距离, 并与设计理论距离进行比对, 9 组加工面的误差值均在 ±0.2 mm 以内, 满足加工精度要求。

表 11–1 移动式工业机器人平面铣削加工实验参数 (铝块)

参数	数值
主轴转速/$(\mathrm{r \cdot min^{-1}})$	8 000
进给速度/$(\mathrm{mm \cdot min^{-1}})$	30
切削深度/mm	0.5
刀具直径/mm	8
加工范围/mm	100 × 100

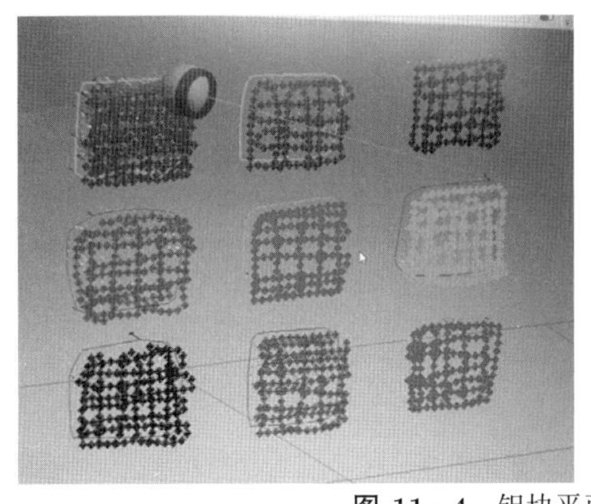
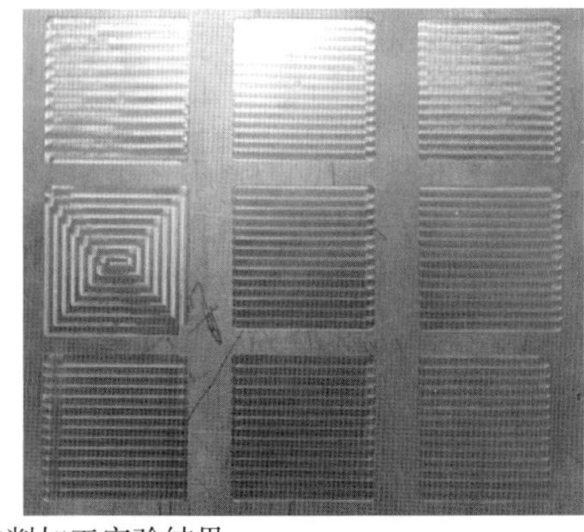

图 11–4 铝块平面铣削加工实验结果

基于构建的实验系统, 结合加工工艺流程, 进行铝合金支架平面铣削加工实验, 其实验参数如表 11–2 所示, 加工过程如图 11–5 所示。通过视觉测量系统对加工完成的支架进行检测和质量分析, 完成支架点云数据的采集。最终, 通过局部基准的拟合将待测支架安装面的点云数据还原到三维设计模型坐标系中, 完成支架点云数据理论值与实际测量值的对比, 误差值均在 ±0.25 mm 以内, 这是由于支架为悬臂梁结构, 刚性弱, 导致加工误差较大。

表 11–2 移动式工业机器人平面铣削加工实验参数 (铝合金支架)

参数	数值
主轴转速/$(\mathrm{r \cdot min^{-1}})$	5 000
进给速度/$(\mathrm{mm \cdot min^{-1}})$	30
切削深度/mm	0.3
刀具直径/mm	6

图 11–5　支架铣削加工过程

11.1.2　铝合金 S 试件与 NAS 试件铣削

1. 实验平台搭建

基于移动式工业机器人数控加工系统, 对空间铝块进行 S 试件与 NAS 试件铣削加工实验, 其实验环境如图 11–6 所示, 在包络尺寸为 400 mm×350 mm×60 mm 的铝块上进行铣削加工, 然后对移动式工业机器人加工质量进行评定。

图 11–6　移动式工业机器人铝合金 S 试件与 NAS 试件铣削加工实验

2. 试件铣削加工工艺流程

结合铝合金 S 试件与 NAS 试件特点进行铣削工艺规划, 将大型构件移动式工业机器人数控加工工艺流程分为:

(1) 基于 UG CAM 的铣削加工工艺设计;

(2) 程序后处理数控程序;

(3) 激光跟踪仪测量, 系统坐标系构建;

(4) 相对位姿求解, 数控程序修正;

(5) 移动式工业机器人加工铣削参数设置;

(6) 移动式工业机器人进行 S 试件与 NAS 试件铣削;

(7) 使用激光跟踪仪/三坐标测量机检测铣削结果, 并进行评价。

将上述加工工艺流程进行整理, 得到大型构件移动式工业机器人数控加工铝合金 S 试件与 NAS 试件流程, 如图 11–7 所示。

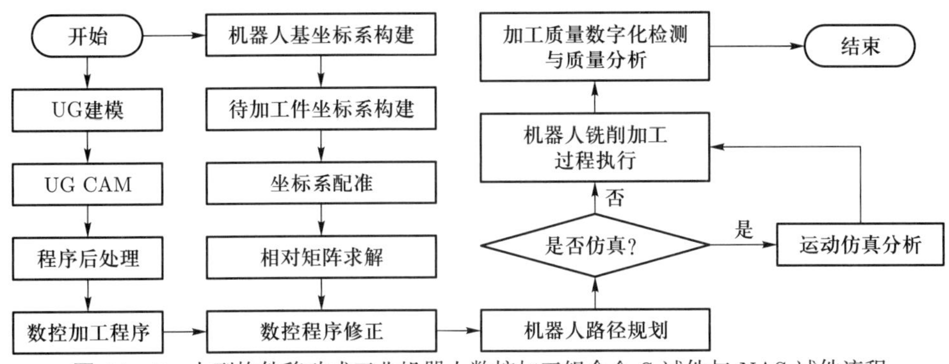

图 11–7 大型构件移动式工业机器人数控加工铝合金 S 试件与 NAS 试件流程

3. 标准试件铣削精度分析

基于构建的实验系统, 结合加工工艺流程, 进行铝合金 S 试件铣削加工实验, 实验结果如图 11–8 所示。采用三坐标测量机对 S 试件进行测量, 结果如图 11–9 所示, 与理论模型进行对比, 轮廓度误差小于 0.2 mm。

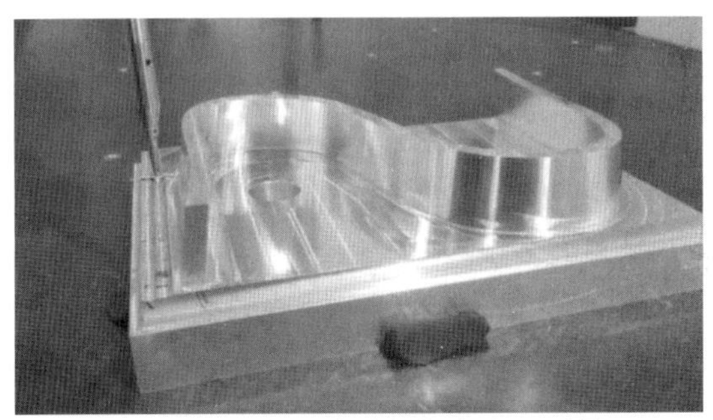

图 11–8 加工完成的铝合金 S 试件

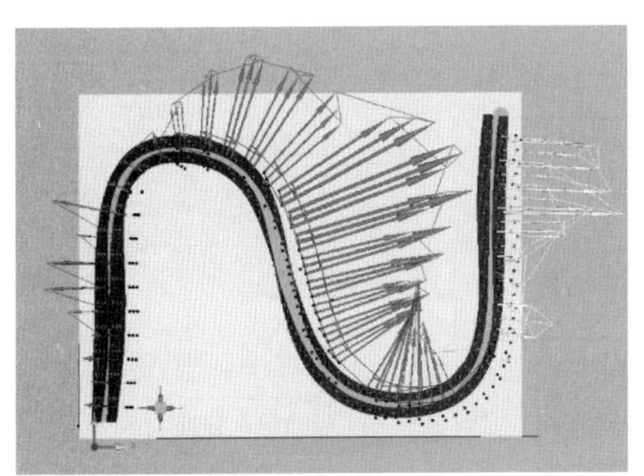
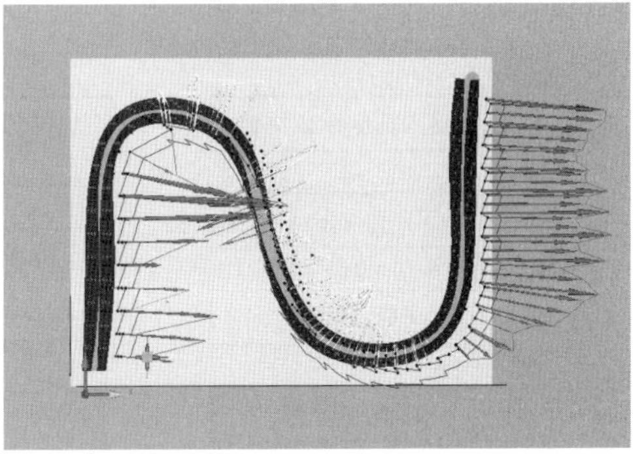

图 11–9 三坐标测量机扫描 S 试件特征轮廓度

11.1.3 卫星多凸台组合加工

1. 实验平台搭建

基于移动式工业机器人数控加工系统, 对卫星多凸台进行铣削, 其实验环境如图 11–10 所示, 面向大型卫星模拟件, 一次性组合加工多个凸台结构, 以保证多个凸台之间的共面度。

图 11–10 大型构件移动式工业机器人组合加工系统

2. 移动式工业机器人组合加工工艺流程

结合卫星模拟件多凸台特点进行铣削工艺规划, 将大型构件移动式工业机器人数控加工工艺流程分为:

(1) 激光跟踪仪测量, 系统坐标系构建;

(2) 相对位姿求解, 数控程序修正;

(3) 移动式工业机器人加工铣削参数设置;

(4) 移动式工业机器人进行多凸台一次性铣削加工;

(5) 使用激光跟踪仪检测铣削结果, 并进行评价。

将上述加工工艺流程进行整理, 得到大型构件移动式工业机器人多凸台组合加工流程, 如图 11–11 所示。

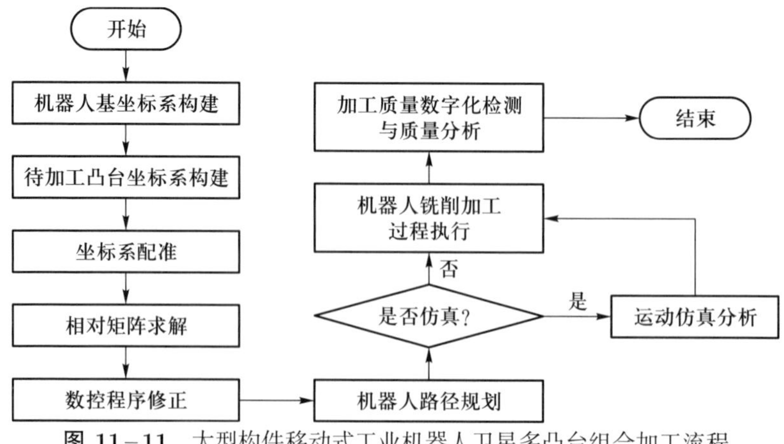

图 11–11 大型构件移动式工业机器人卫星多凸台组合加工流程

3. 卫星模拟件组合加工共面度分析

基于构建的实验系统, 结合加工工艺流程, 进行卫星模拟件多凸台组合加工实验, 实验参数如表 11–3 所示, 实验结果如图 11–12 和图 11–13 所示。采用激光跟踪仪对加工完成的凸台进行共面度检测: 矩形凸台的共面度误差在 ±0.2 mm 以内 (图 11–14); 圆形凸台采用刀口尺进行测量, 误差在 ±0.1 mm 以内。这表明加工距离相近的凸台比加工距离较远的凸台精度更高。

表 11–3　移动式工业机器人卫星模拟件组合加工实验参数

参数	数值			
主轴转速/($r \cdot min^{-1}$)	1 500	2 000	3 000	3 500
进给速度/($mm \cdot min^{-1}$)	20	20	20	20
切削深度/mm	0.2	0.2	0.2	0.2
刀具直径/mm	8	8	8	8

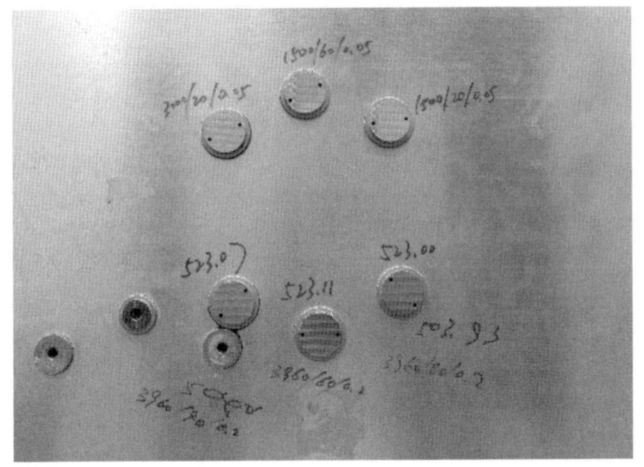

图 11–12　圆形凸台

图 11–13　矩形凸台

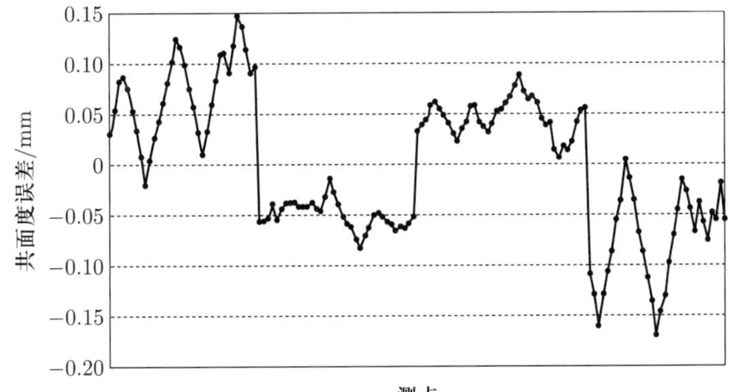

图 11–14　SpatialAnalyzer 软件拟合矩形凸台共面度误差

11.2 移动式焊接机器人焊接实验

移动式焊接机器人系统 (图 11–15) 构建了一套基于现场总线技术的多位一体的自动化焊接控制系统: 利用 EtherCAT 协议构建系统的运动控制平台, 利用 DeviceNet 协议构建系统的焊接工艺控制平台。其可以对自动化焊接过程的焊接工艺参数、焊枪姿态和焊接轨迹进行实时控制与监测, 完成自动化控制。在上述机器控制回路的基础上, 又以专用 CMT 焊接机头为执行部件, 配合激光结构光传感器、焊接电弧与熔池视频监视系统, 以实现焊接过程实时微调的人在回路 (human-in-the-loop) 控制。

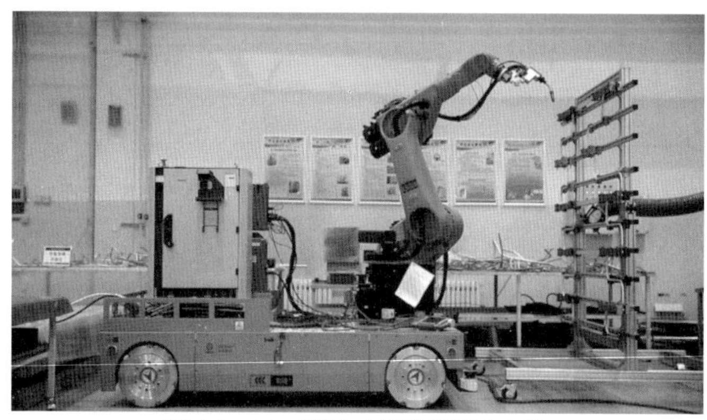

图 11–15 移动式焊接机器人系统

焊接材料选用 1 mm + 0.8 mm 的 3A21+3A21 焊接试件和 1 mm + 0.8 mm 的 6063+3A21 焊接试件, 完成焊接后 (图 11–16) 对焊缝的外观、力学性能、弯曲性能和组织性能等进行测试与分析。

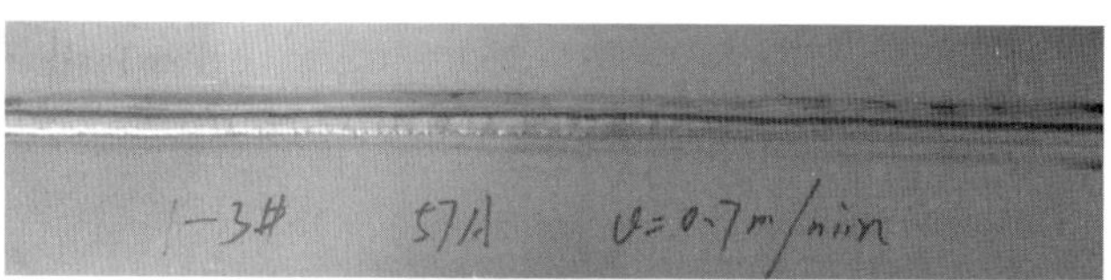

(a) 1 mm+0.8 mm的3A21+3A21焊接试件

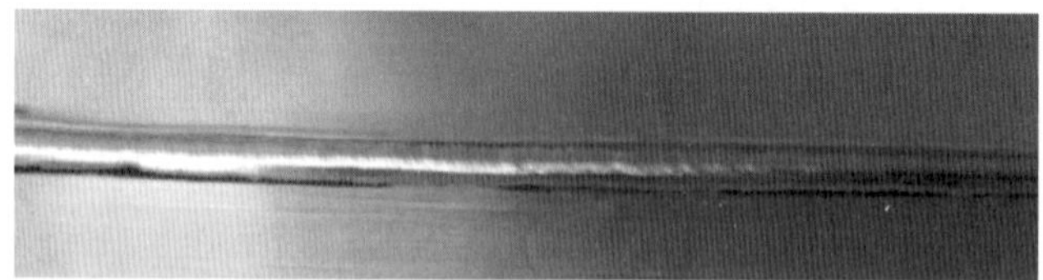

(b) 1 mm+0.8 mm的6063+3A21焊接试件

图 11–16 薄板 CMT 自动焊接焊缝

1. 力学性能

热管翅片与铝蒙皮焊接焊缝的抗拉强度应满足《铝及铝合金熔焊技术要求》

(QJ 2698A — 2011) 中Ⅱ级焊缝要求。

对焊接试件进行拉伸实验，实际拉伸力值与拉伸后的断裂位置分别如表 11-4 和图 11-17 所示。实验结果显示，断裂位置均在 3A21 一侧的 0.8 mm 厚处，表明其薄弱环节在 3A21 一侧，抗拉强度均在 90 MPa 以上，满足Ⅱ级焊缝接头力学性能要求。

表 11-4　热管翅片与铝蒙皮焊接试件拉伸实验力值

编号	实测力值/kN			
	3A21 蒙皮母材	6063+3A21	3A21+3A21	6063+3A21(去余高)
1	0.56	0.56	0.55	0.59
2	0.56	0.56	0.55	0.58
3	0.56	0.57	0.56	0.59
4	0.56	0.56	0.55	0.59
5	0.56	0.57	0.56	0.56
6	0.56	0.57	0.56	0.56
7	0.56	0.59	0.56	0.57
8	0.56	0.55	0.56	0.57
9	0.56	0.57	0.56	0.57
10	0.56	0.58	0.56	0.57

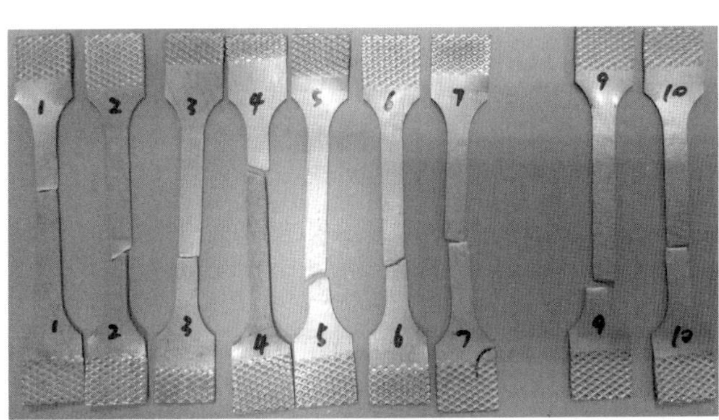

(a) 3A21母材

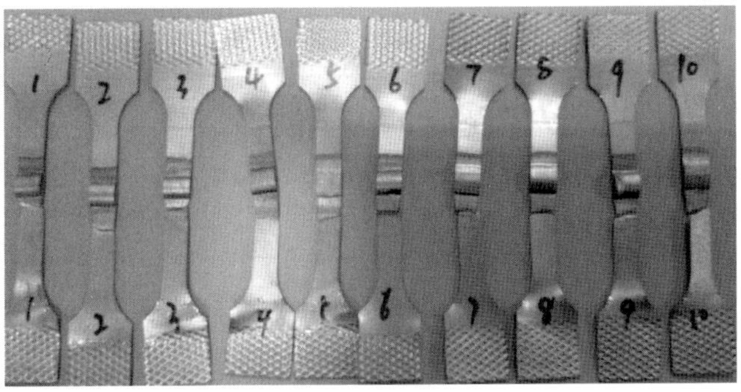

(b) 6063+3A21

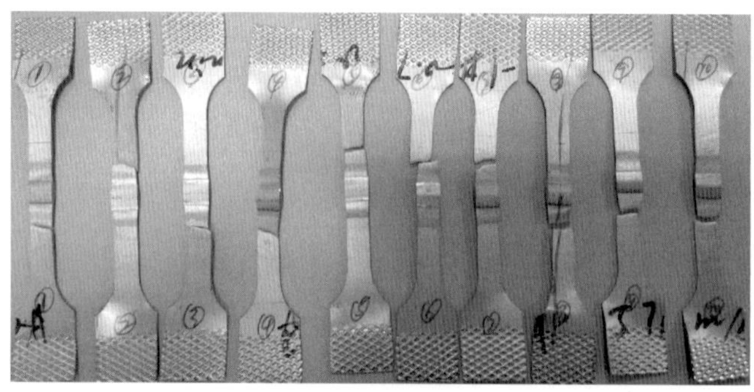

(c) 3A21+3A21

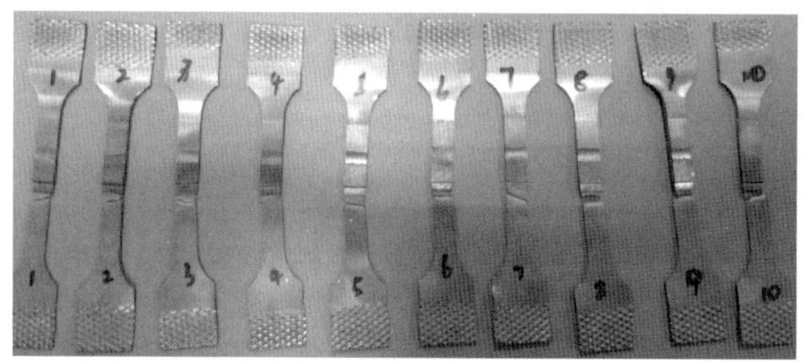

(d) 6063+3A21(去余高)

图 11－17 板板焊接拉伸后的断裂位置

2. 弯曲实验

对热管翅片焊接的试件进行正弯和背弯弯曲实验, 实验结果如图 11－18 所示, 正弯、背弯的弯曲平均角度为 90° ～ 100°。辐射器焊接完成之后的成形角度大约为 5°, 满足成形的要求。

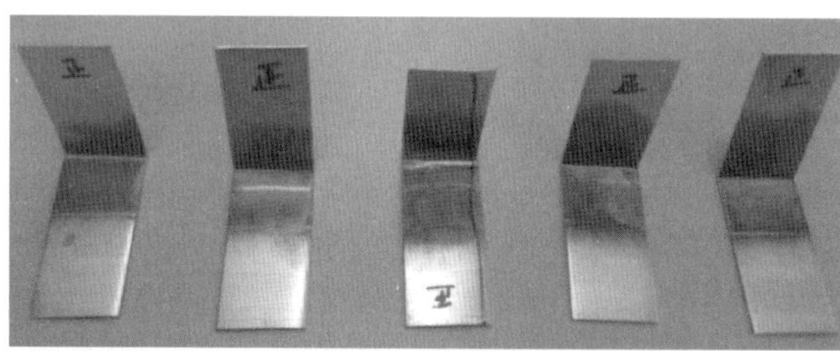

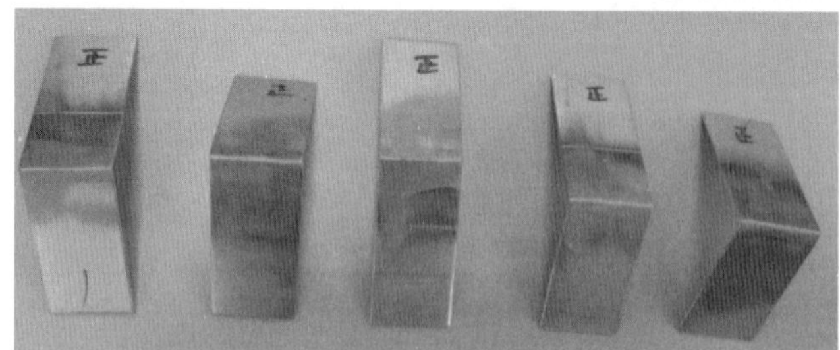

图 11－18 弯曲实验结果

3. 焊缝组织分析

对焊缝位置进行分析, 如图 11 – 19 所示, 焊缝组织均匀无明显变化, 无过烧和复熔。

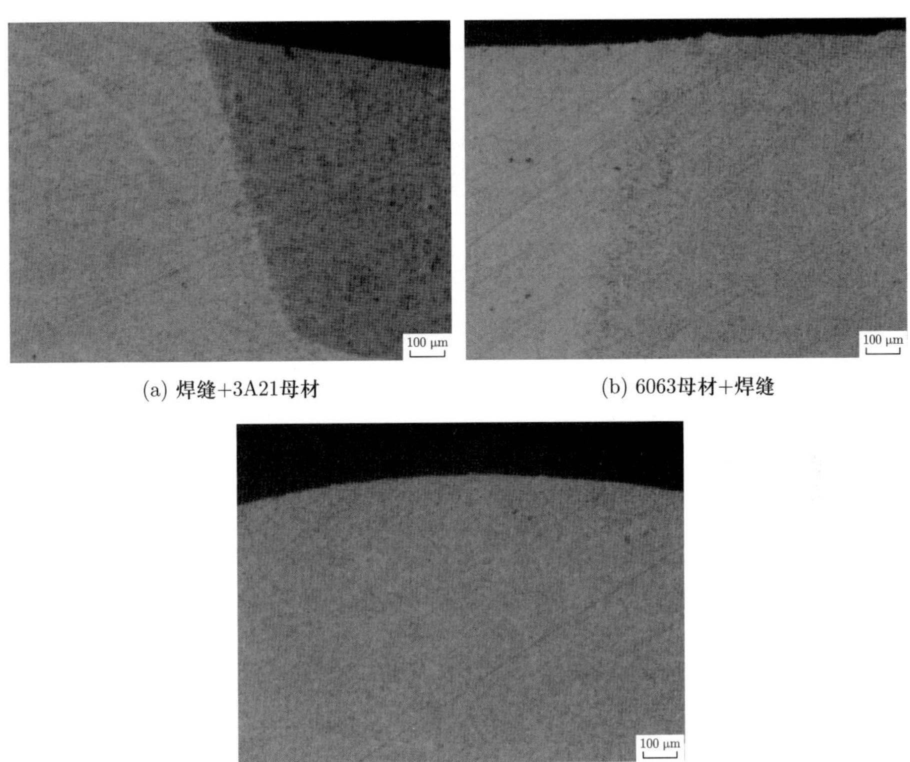

(a) 焊缝+3A21母材

(b) 6063母材+焊缝

(c) 焊缝组织

图 11 – 19 导管翅片与蒙皮焊接之后的金相组织

11.3 移动式测量机器人测量实验

1. 移动式测量机器人工作流程

移动式测量机器人工作流程如图 11 – 20 所示, 其测量步骤如下:

(1) 将壁板组件固定到工作台上, 模拟立舱状态, 通过激光跟踪仪标定壁板组件上的特征点, 建立模拟的整舱坐标系, 同时标定待测支架的局部基准, 建立整舱坐标系与局部基准的相对位姿关系。

(2) 人为调整壁板组件位置, 模拟横舱状态。

(3) 根据规划好的移动平台站位坐标信息, 控制机器人移动到该站位, 通过激光跟踪仪标定移动平台位姿, 修正平台定位误差。

(4) 控制机器人操作面板, 选择规划好的检测程序, 运行模式切换到 AUTO 自动运行, 完成检测。

(5) 将检测过程采集到的图像点云信息进行多边化等相关处理, 提取模型中局部基准的位姿信息。

(6) 将检测设备处理得到的局部基准与激光跟踪仪标定的相同局部基准做最小二乘拟合。

(7) 通过局部基准的拟合将支架点云模型转移到模拟的整舱坐标系中并与理论模型进行比对, 得到的偏差通过色差图进行显示, 确定加工余量。

(8) 通过激光跟踪仪二次标定局部基准和支架设备安装面, 完成数据拟合, 确定加工余量, 并与移动式测量机器人获得的检测结果进行对比, 验证三维检测精度与准确性。

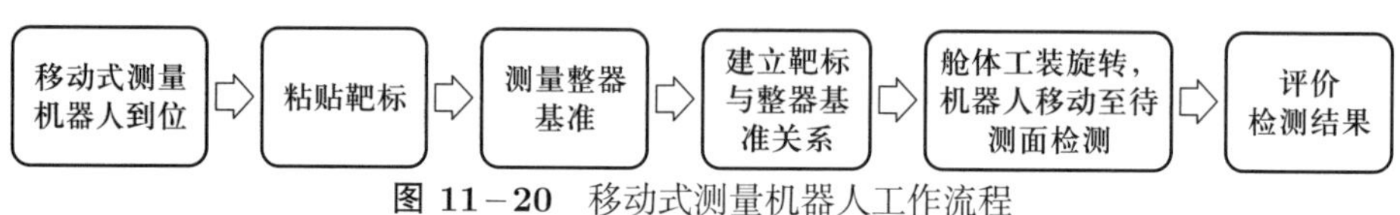

图 11-20　移动式测量机器人工作流程

2. 实验平台搭建与规划仿真

搭建如图 11-21 所示的实验平台, 通过视点规划模块分别获取了针对左支架的 4 处和右支架的 2 处检测视点的位置信息与检测设备方向信息, 通过遗传算法完成检测路径的规划, 规划前后路径对比如图 11-22 所示。设定机器人检测视点间的运动形式为 LIN (直线运动), TCP 点速度为 0.05 m/s, 每个检测视点停留检测时间设为 20 s。固定全向智能移动平台站位不变, 运行这两种路径对应的机器人检测程序并记录检测过程机器人运行时间, 机器人按照随机生成路径运动的时间为 234 s, 而按照规划生成路径运动的时间为 194 s, 检测时间缩短了约 17%, 这说明路径规划能够提高检测的效率。

图 11-21　移动式测量机器人三维检测实验平台

针对移动平台站位规划结果, 选取 3 组不同站位, 分别由仿真并后处理得到机器人检测程序, 执行机器人检测程序并记录机器人示教器面板上 A_1 到 A_6 轴的关节角度, 如图 11-23 所示, 横坐标表示检测视点的次序, 纵坐标表示关节角度, 且

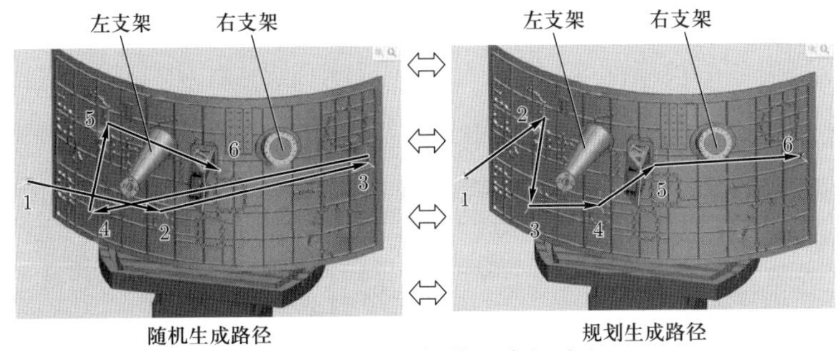

图 11−22　规划前后路径对比

纵坐标的值域表示的是实际检测机器人的轴限位。由图可知机器人各轴关节角度值均未超过限位，机器人能够顺利执行检测程序，验证了站位规划的有效性。

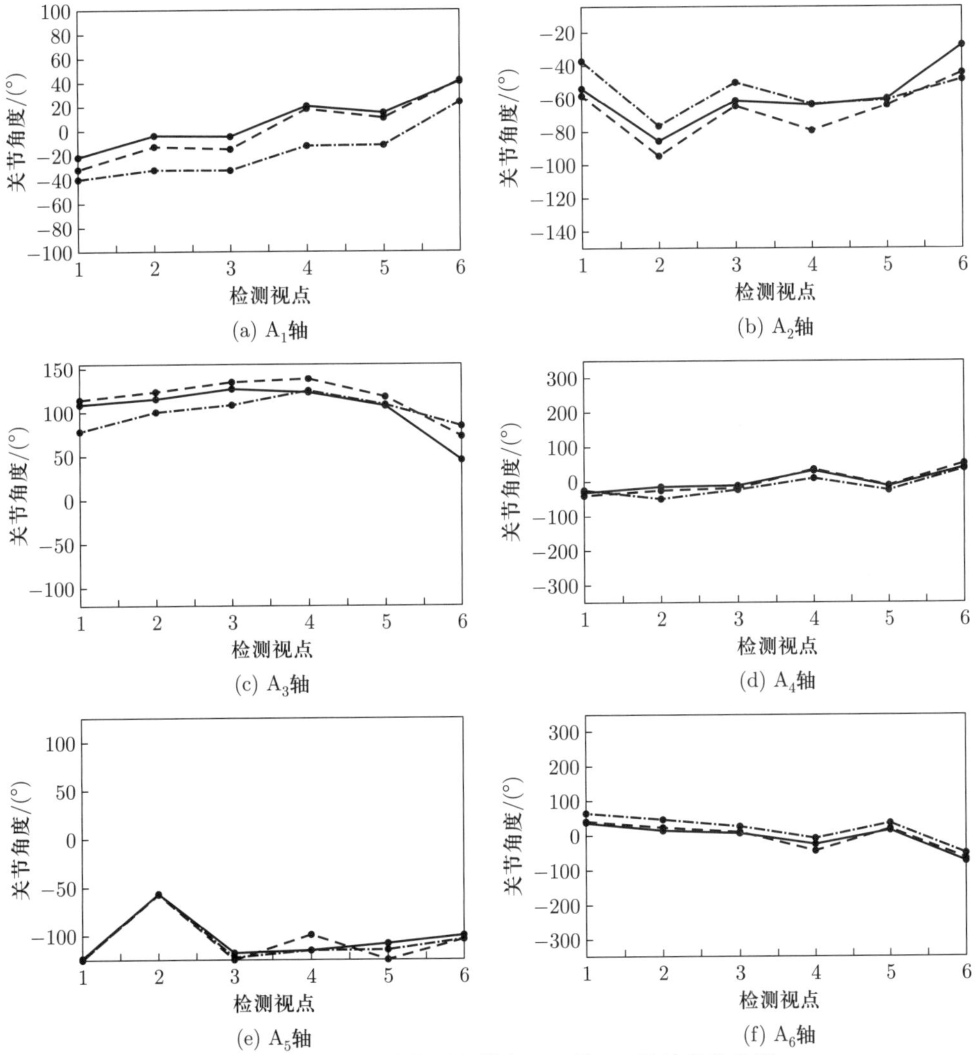

(a) A_1轴

(b) A_2轴

(c) A_3轴

(d) A_4轴

(e) A_5轴

(f) A_6轴

图 11−23　3 组站位下机器人 A_1 到 A_6 轴的关节角度

3. 实验结果对比分析

依据规划完成的检测视点、机器人路径、移动平台站位生成驱动机器人运动与检测设备拍照的指令程序，仿真与实验过程如图 11–24 所示。

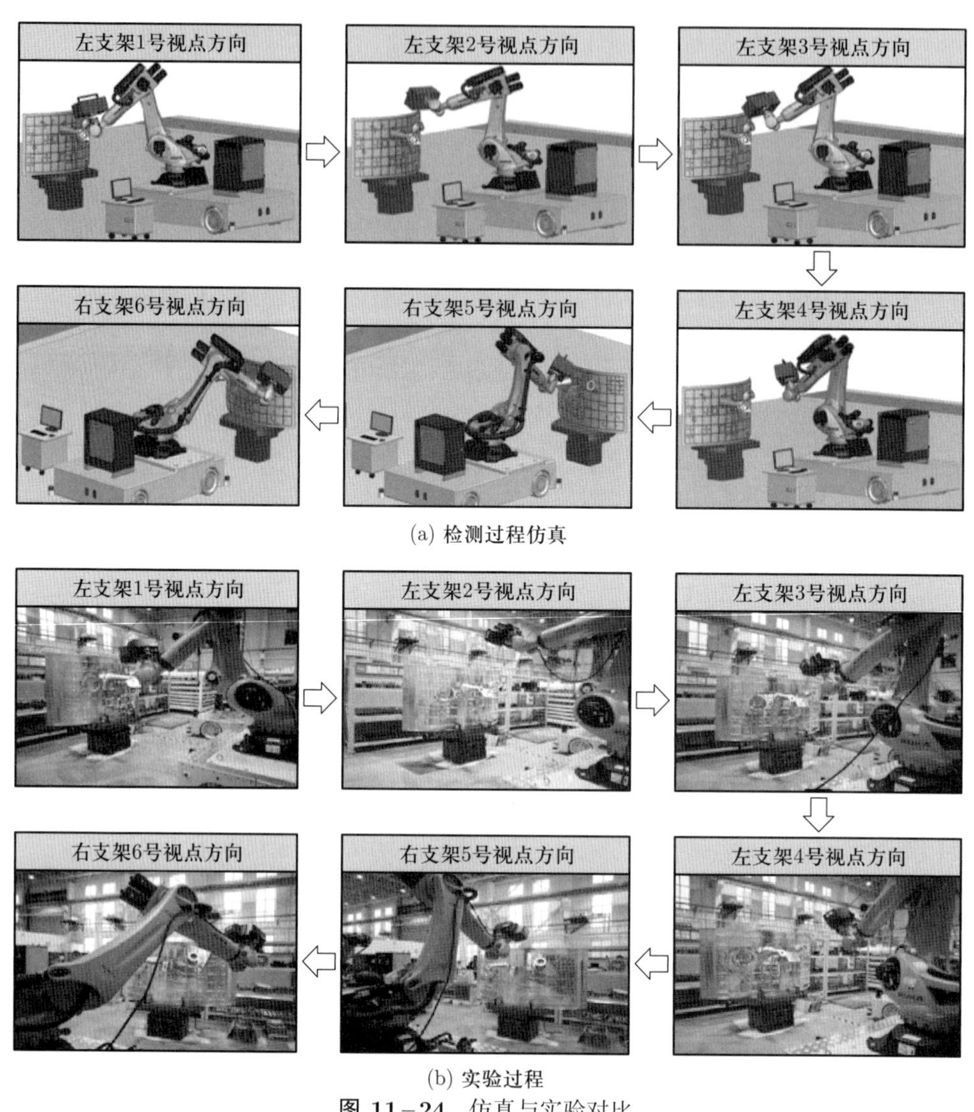

图 11–24 仿真与实验对比

实验结果表明，全向智能移动平台将机器人运送到提前规划好的站位后，测量机器人能够按照仿真后处理的程序完成整个检测过程，并且能够在支架对应的视点处向 GOM 三维检测设备发送检测指令，采集到足够的点云数据。记录整个实验过程检测时间（不包括后续图像处理阶段）为 194 s，比人工检测过程的检测时间缩短了近 70%。由于检测实验不存在人工不可达的检测位置，因此实际检测过程中，应用机器人完成检测任务的效率会更高。

为了验证视点规划的有效性，实验过程分别选取了左、右两支架进行检测效果评估。其中, 左支架规划得到 4 个检测视点, 右支架规划得到 2 个检测视点。实验结果如图 11−25 和图 11−26 所示, 结果表明无论是针对左支架的检测情况还是针对右支架的检测情况, 都能完成局部基准和支架设备安装面的点云数据采集。由于铝合金支架高反光的特性, 相机采集图像过程中存在一定的曝光过度情况, 如图 11−25 和图 11−26 中红色部分, 影响成像质量, 通过将检测过程中面曝光的时间缩短到 10 ms 以内能够改善曝光过度的情况。

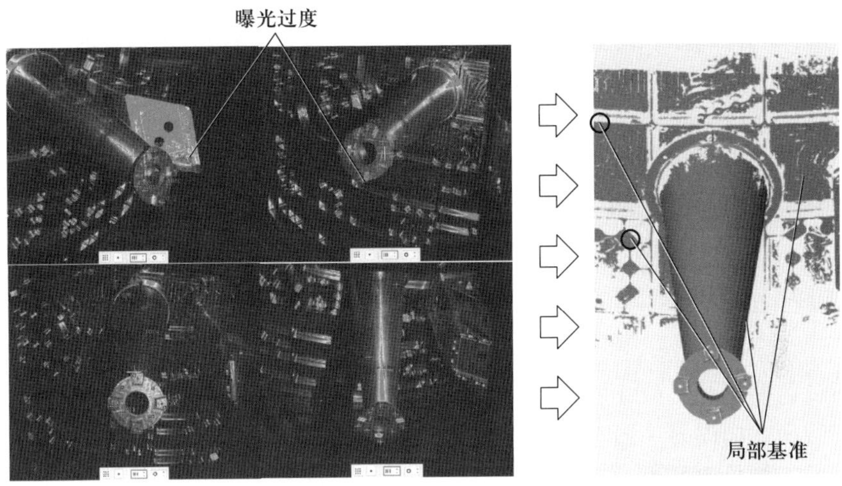

图 11−25 左支架检测结果与拟合数据 (参见书后彩图)

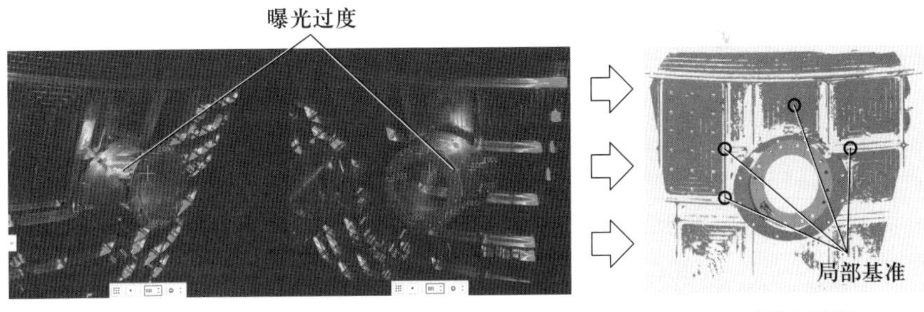

图 11−26 右支架检测结果与拟合数据 (参见书后彩图)

以左支架为例, 将移动式测量机器人三维检测获得的局部坐标系与激光跟踪仪一次标定的局部坐标系进行最小二乘拟合, 4 个局部基准点的拟合误差如表 11−5 所示, 最大拟合误差为 0.021 mm。

表 11−5 左支架局部基准拟合误差

基准点	1	2	3	4
Δ/mm	0.018	0.021	0.017	0.020

因此, 通过局部基准的拟合将待测支架设备安装面的点云数据还原到模拟的整舱坐标系中 (图 11–27), 完成支架点云数据理论值与实际测量值的对比, 形成色差图 (图 11–28)。

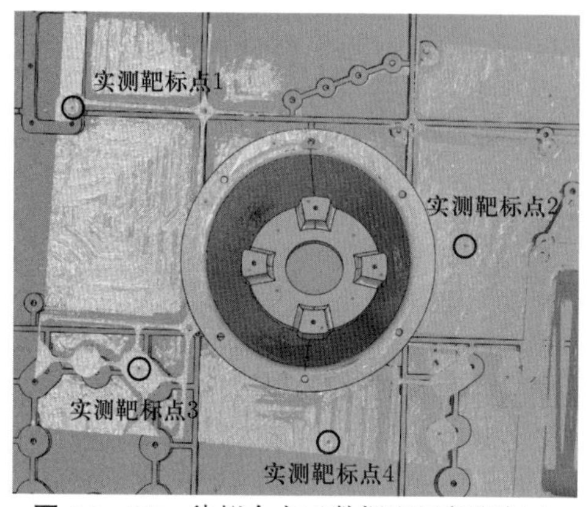

图 11–27 待拟合点云数据和局部靶标点

图 11–28 拟合完成后模型色差图 (参见书后彩图)

通过色差图及 GOM 三维检测设备对支架设备安装面误差进行分析, 可以得到设备安装面法向误差一般在 2 mm 左右, 最大误差为 3 mm。为了验证移动式测量机器人的三维检测精度, 按照现有的检测流程, 再次利用激光跟踪仪进行支架设备安装面标定和局部基准二次标定, 通过拟合激光跟踪仪两次标定的局部基准, 在理论模型中还原支架设备安装面的实际位姿。两次基准的拟合精度为 0.008 mm。随机选取支架设备安装面上 5 个特征点进行精度校验, 对比激光跟踪仪的标定拟合结果, 误差如表 11–6 所示, 最大误差为 0.032 mm。

表 11–6 左支架局部基准拟合误差

特征点	Δx/mm	Δy/mm	Δz/mm	Δ/mm
1	0.016	0.016	0.016	0.028
2	0.016	0.018	0.016	0.030
3	0.015	0.017	0.016	0.028
4	0.018	0.014	0.013	0.026
5	0.017	0.018	0.020	0.032

该装备已应用于空间站各类舱体舱外支架、卫星各类星体设备安装面的测量 (图 11–29), 有效提高了产品的制造效率及自动化水平。

图 11－29 全向移动测量机器人系统

11.4 卫星异形热管铣削型号应用

1. 铣削加工系统搭建

采用移动式铣削机器人加工卫星异形热管，加工系统如图 11－30 所示。系统硬件主要由机器人、电主轴、冷却系统等组成。机器人型号为 KUKA KR500-3。电主轴选用 Weiss 电主轴，最高转速可达 18 000 r/min，额定电流为 42 A，大转矩，高转速，可实现高速、高效切削加工，满足加工要求。采用冷却液循环内冷降温，装卸刀具通有保护气，防止飞尘切屑进入。

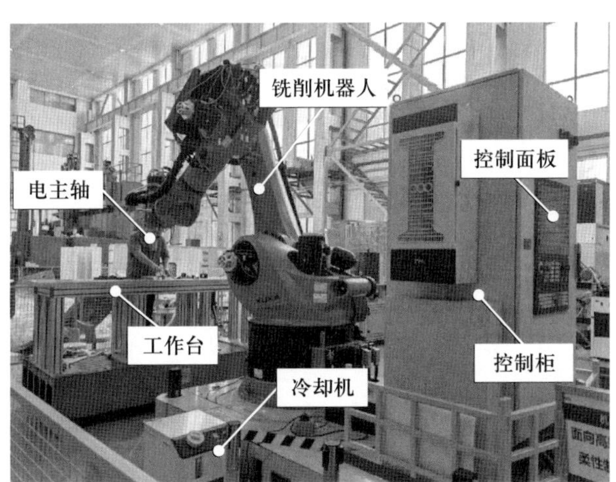

图 11－30 热管加工系统场景

热管工件在工作台面上的定位通过定位销和挡块完成，挡块预先用机器人进行拉直，确定为热管 x 方向。安装热管时，使其一端侧边紧贴挡块，然后用压板压紧，完成热管的固定。对于热管产品加工原点的确定，取其一自由端底部中点为坐标原点，x、y 方向如图 11－31 所示，z 轴垂直台面竖直向上。基于该坐标原点的特点，取热管一端头为 x 向零点，取热管翅片对中为 y 向零点。

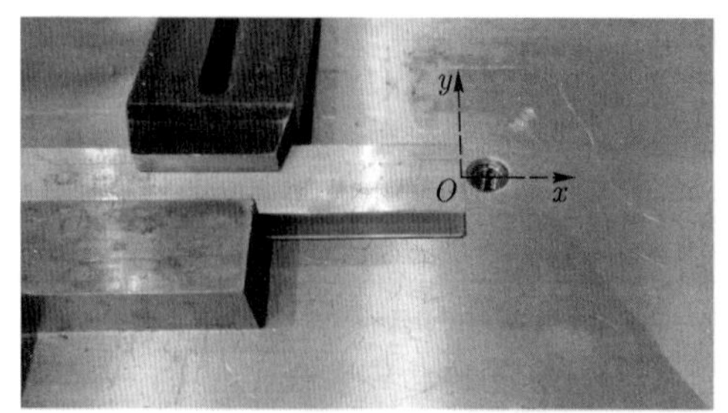

图 11-31　热管坐标系

热管产品通常有上下两层翅片需要加工, 因此可选择上下层翅片一起加工或者单层加工然后翻转。通过实验分析可知, 上下层翅片同时加工只需装夹一次, 标定时将 z 向零点确定准确即可; 而单层加工然后翻转很容易与原来装夹位置有差别, 导致需要重新找正原点。因此, 选取上下层翅片一次装夹同时加工的加工方法。

2. 加工工艺流程

热管加工系统的工艺流程如图 11-32 所示。首先用 UG CAM 完成加工程序编制, 即生成宏程序, 具体参数可依据图纸进行修改; 其次进行后处理导入机器人; 再次控制机器人夹持百分表完成工件系原点的找正, 将参数输入编程坐标系 G54 中; 最后执行程序进行加工。

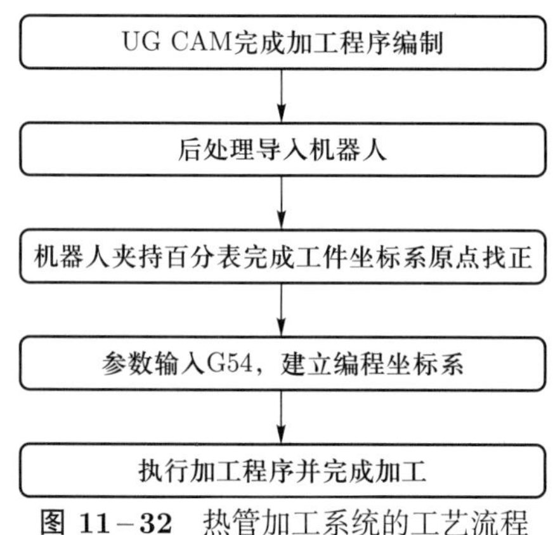

图 11-32　热管加工系统的工艺流程

3. 加工效果

对热管产品完成了铣翅片、拉圆等宏程序加工实验验证, 零件模型如图 11-33 所示。

对于工艺参数, 多为现场编程, 选用 ϕ10 mm 铣刀铣翅片, 选用 ϕ8 mm 球刀加工圆柱面, 机床进给速度为 200 mm/min, 主轴转速为 800 r/min, 加工过程如图 11-34 所示。

加工完成后对移动式铣削机器人的加工结果与机床的加工结果进行对比 (图 11-35), 通过尺寸测量, 机器人加工结果满足产品公差要求。

此外, 在完整的热管上进行了连贯的宏程序实验, 包括铣翅片、铣槽、豁口、拉

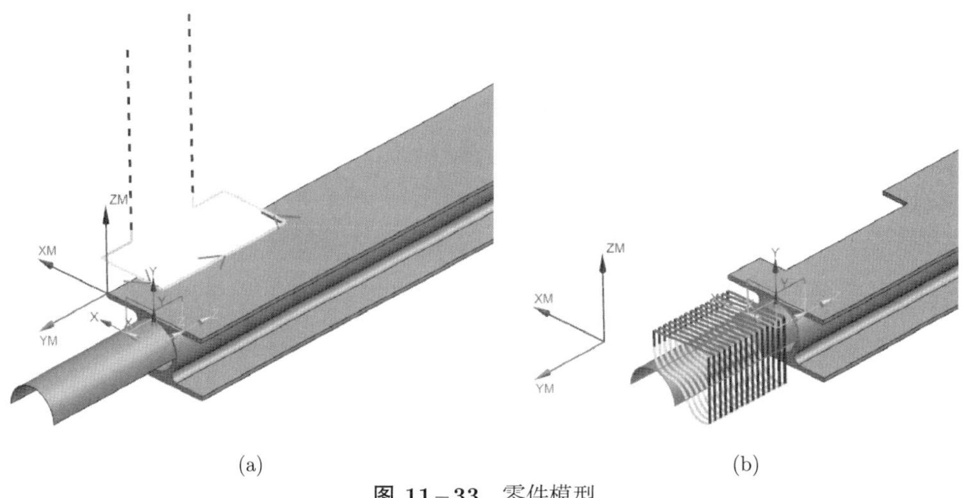

(a) (b)

图 11–33 零件模型

图 11–34 热管加工

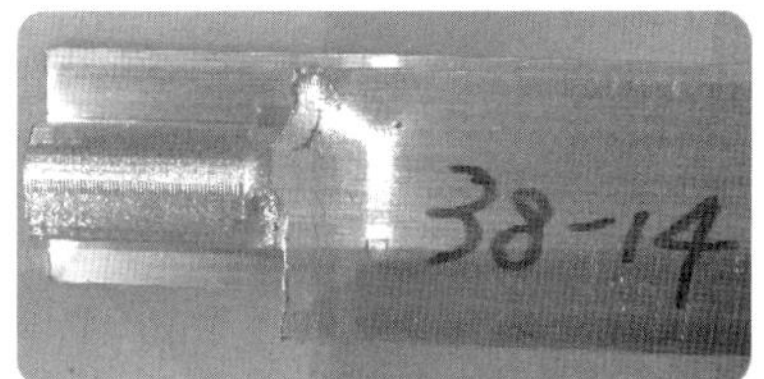

(a) **机床加工结果** (b) **机器人加工结果**

图 11–35 加工结果

圆等一系列加工, 将热管从原始状态加工为一定尺寸要求的产品, 并通过测量证实产品符合公差要求, 进一步证明了移动式铣削机器人的可靠性与实用性。

11.5 整星刮研应用

采用移动式铣削机器人加工卫星, 过程涉及铣面及钻孔两种工艺。加工和检测场景如图 11–36 所示。

图 11－36 整星加工和检测场景

11.5.1 铣面加工

1. 加工流程

$-y$ 面凸台组合加工工艺流程如图 11－37 所示, $+y$ 面与此类似。

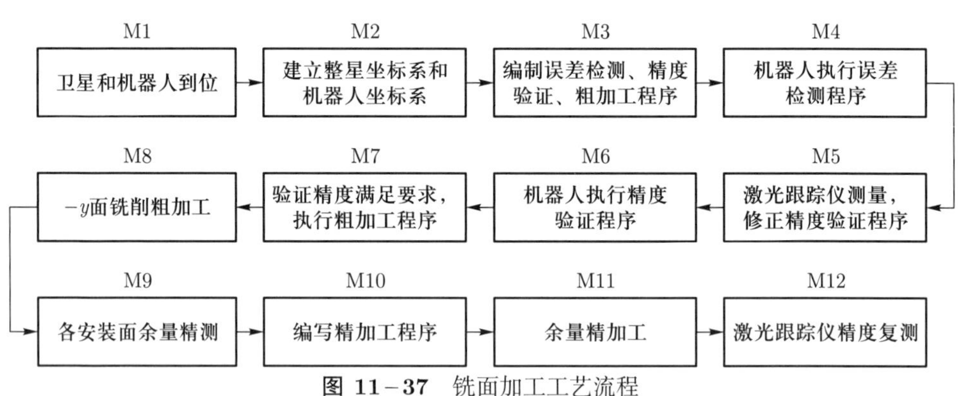

图 11－37 铣面加工工艺流程

M1: 卫星通过部装支架安装在高精度转台上, 将机器人导引至 $-y$ 面加工对象处, 尽可能保证机器人在加工面中间, 使得加工行程能够覆盖整个面。

M2: 将激光跟踪仪放置在能够同时观测到壁板工件坐标系、移动机器人 AGV 靶标点的位置, 以建立两者之间的关系。

M3: 为保证加工精度, 在粗加工前分别编制机器误差检测和精度验证程序, 以保证机器人在工件坐标系 z 方向上的位置准确性, 保证加工面与整星坐标系的平行度和加工余量。

M4: 执行程序, 模拟铣面过程运动轨迹, 测量起始点位置和机器人运动姿态误差。

M5: 根据误差测量结果, 将补偿值写入精度验证程序 ROT/ATRANS 中。

M6: 执行精度验证程序, 观察位置误差补偿结果, 重点关注工件坐标系同一个面上的 z 值变化情况, z 值变化小说明刀轴方向垂直于 $-y$ 面。

M7: 精度验证没问题后, 执行铣面粗加工程序。

M8: 开始机器人铣面粗加工, 加工顺序为粗加工完一个面, 再加工下一个面。

M9: 粗加工完成后, 通过激光跟踪仪进行每个面的余量检测。

M10: 根据每个面的余量, 在粗加工程序的基础上, 修改为精加工程序。

M11: 执行精加工程序, 完成所有安装面的加工。

M12: 加工完成后, 通过激光跟踪仪在整星坐标系下测量每个安装面并通过最佳拟合评估加工精度。

2. 铣面精度补偿

铣面加工过程采用 $\phi 64$ mm 自制刮刀进行加工, 刀具直径能够覆盖每个凸台, 因此每个凸台的加工轨迹为一条直线。此外, 考虑凸台的长和宽, 加工轨迹分为自左向右和自上而下两种。为保证轨迹一致性, 测量程序轨迹需要与加工轨迹方向一致。因此, 测量轨迹主要分为图 11–38 和图 11–39 所示两种。

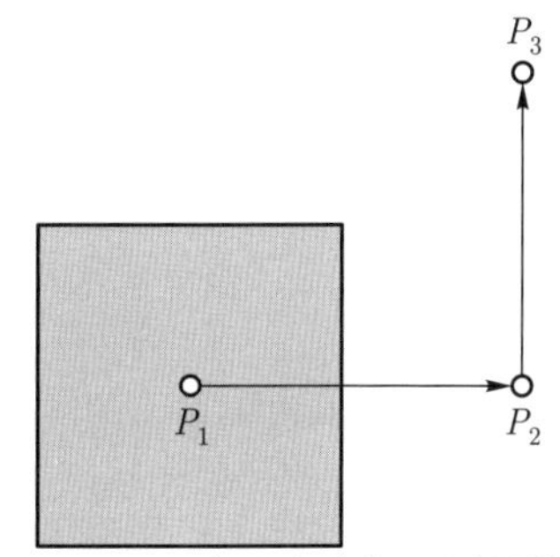

图 11–38 自左向右加工测量轨迹

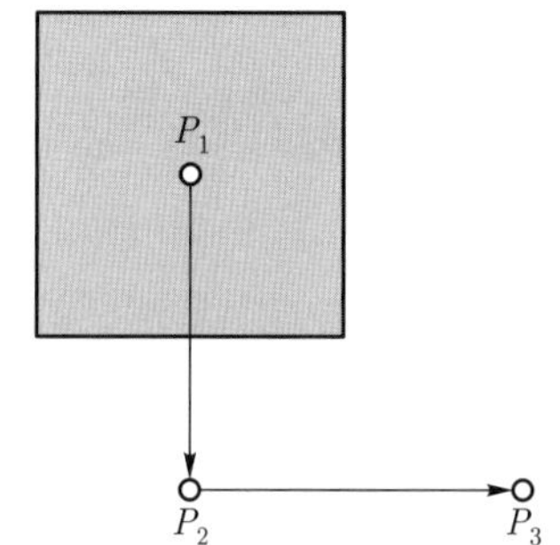

图 11–39 自上而下加工测量轨迹

在机器人重复定位精度保障方面, 机器人单向重复定位精度较高 (一般为 0.02 mm 以下), 而双向重复定位精度较差 (达到 0.07 mm)。因此, 需保证测量程序和加工程序的点位基本一致, 即补偿轨迹与实际加工轨迹保持一致。

精度补偿主要分为位置误差补偿和姿态误差补偿。其中, 位置误差补偿是每个凸台补偿一次, 补偿值选用面心 P_1 点的误差 δx、δy 和 δz。姿态误差补偿需首先通过运动轨迹建立每个凸台的局部坐标系, 如图 11–40 所示。对于自左向右的建系方法是 P_1 点指向 P_2 点为 x 轴正向, P_2 点指向 P_3 点为 y 轴正向, 坐标原点为

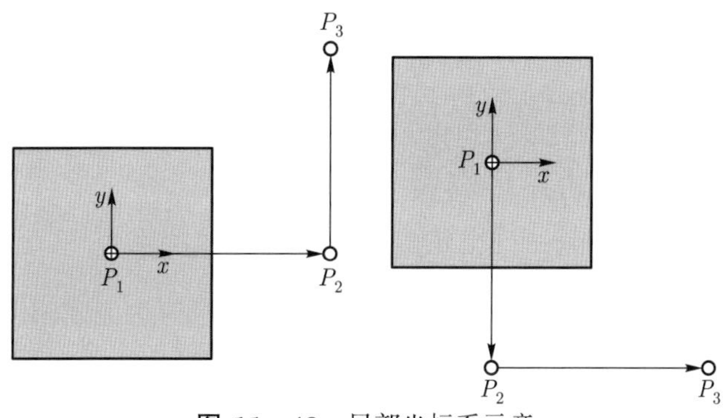

图 11–40 局部坐标系示意

P_1 点; 对于自上而下的建系方法是 P_1 点指向 P_2 点为 y 轴负向, P_2 指向 P_3 点为 x 轴正向, 坐标原点为 P_1 点。

如图 11-41 所示, 建系完成后, 以新建的局部坐标系为基准, 查看整星坐标系相对于局部坐标系的偏差, 即得到机器人位姿误差 (图 11-42)。

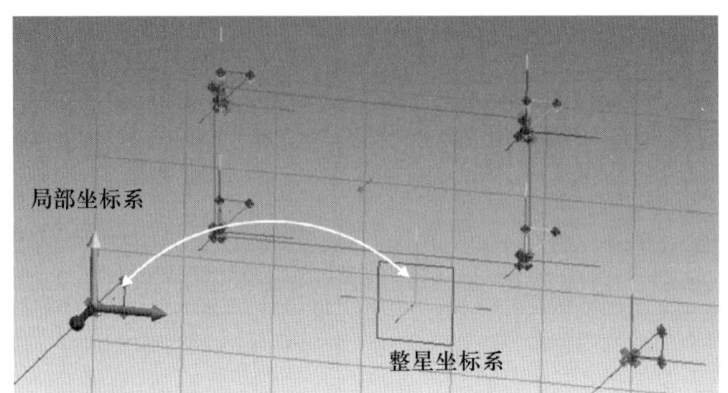

图 11-41　局部坐标系与整星坐标系的相对位姿关系

坐标系 A:+Y铁面			
	X	Y	Z
Translation (mm)	905.3098	-72.5363	-672.9262
旋转 (度)	0.0862	0.0493	0.0265
X轴线	1.000000	0.000462	-0.000861
Y轴线	-0.000461	0.999999	0.001505
Z轴线	0.000862	-0.001505	0.999998
投影角度	Rx自Y	Ry自Z	Rz自X
X (度)	-61.7869	90.0493	0.0265
Y (度)	0.0862	-17.0134	90.0264
Z (度)	90.0862	0.0494	-60.2060

位置误差 (与理论值相减)

姿态误差

图 11-42　测量获得的位置误差和姿态误差

为保证补偿精度, 测量过程的虚拟刀长与加工过程的刀长需尽可能保持一致 (图 11-43 和图 11-44), 且测量程序控制虚拟刀尖点尽可能与加工程序刀尖点的运动轨迹保持一致。其目的是保证机器人各个关节转角变化状态一致, 减少误差。

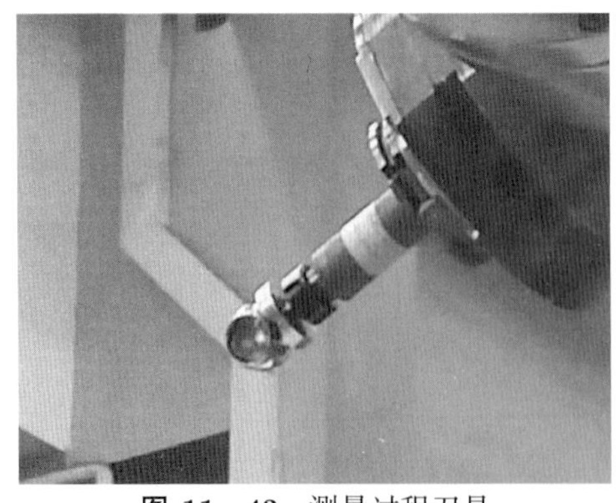

图 11-43　测量过程刀具

图 11-44　加工过程刀具

3. 加工结果

为保证精度补偿效果, 加工轨迹与测量轨迹顺序尽可能保持一致, 对于 $+y/-y$ 面上所有凸台, 加工程序一次完成粗加工, 在完成凸台 i 粗加工后同时再进行凸台 $i+1$ 粗加工。根据加工技术要求, 凸台 3、4、5、6 与整星基准有相对位置关系要求, 凸台 1、2 与凸台 3、4、5、6 所形成的平面有相对位置关系。因此, 在完成粗加工后, 首先对凸台 3、4、5、6 进行余量检测并完成精加工, 随后以精加工后的结果为基准, 测量凸台 1、2 余量, 最后完成凸台 1、2 精加工。加工流程如图 11–45 所示。

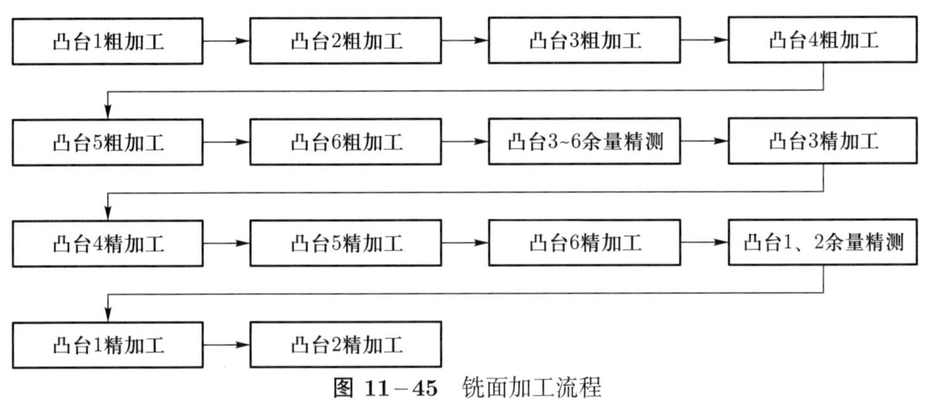

图 11–45 铣面加工流程

加工过程工艺参数如表 11–7 所示。

表 11–7 加工过程工艺参数

参数	数值
粗加工切削深度/mm	0.2
精加工切削深度/mm	0.1 (部分小于 0.1)
切削进给速度/($mm \cdot min^{-1}$)	60
非切削进给速度/($mm \cdot min^{-1}$)	450
主轴转速/($rad \cdot min^{-1}$)	800

针对 $+y/-y$ 面铣削结果, 通过激光跟踪仪进行平面拟合和精度验证, 最终精度验证结果如下: 完成了 $\pm y$ 侧板各面精度检测, 检测结果如表 11–8 和表 11–9 所示, 实测 4 个压紧座、2 个根铰、2 个撑杆安装面组成面的共面度均小于 0.1 mm, 平行度均小于 0.2 mm, 粗糙度均小于 Ra 0.4 μm。

按照标准公差等级表, 1 600 ~ 2 000 mm 尺寸间的 IT8 公差带为 0.23 mm, 630 ~ 800 mm 尺寸间的 IT8 公差带为 0.125 mm, 距离 1 810 mm × 692 mm 范围内 6 个面拟合而成平面的共面度达到 0.06 mm, 所加工尺寸优于 IT8 公差等级要求。

表 11－8　$+y$ 面实测值

名称	要求值	实测值	备注
太阳翼压紧面距离整星基准/mm	572 ± 0.5	$572.17\sim572.30$	合格
4 个压紧座、2 个根铰、2 个撑杆安装面组成面的共面度/mm	<0.1	0.06	合格
根铰安装座两个面的共面度/mm	<0.15	0.06	合格
4 个压紧座与 2 个根铰安装座平行度/mm	<0.2	0.09	合格
4 个压紧座与 2 个根铰安装座高度差/mm	59.7 ± 0.1	$59.63\sim59.66$	合格
4 个压紧座、2 个撑杆安装面组成的平面与卫星 xOz 面的平行度/mm	<0.2	0.09	合格
各安装面粗糙度 Ra/μm	0.8	0.4	合格

表 11－9　$-y$ 面实测值

名称	要求值	实测值	备注
太阳翼压紧面距离整星基准/mm	572 ± 0.5	$572.08\sim572.11$	合格
4 个压紧座、2 个根铰、2 个撑杆安装面组成面的共面度/mm	<0.1	0.1	合格
根铰安装座两个面的共面度/mm	<0.15	0.1	合格
4 个压紧座与 2 个根铰安装座平行度/mm	<0.2	0.12	合格
4 个压紧座与 2 个根铰安装座高度差/mm	59.7 ± 0.1	$59.67\sim59.68$	合格
4 个压紧座、2 个撑杆安装面组成的平面与卫星 xOz 面的平行度/mm	<0.2	0.12	合格
各安装面粗糙度 Ra/μm	0.8	0.4	合格

11.5.2 钻孔加工

1. 加工流程

ST4 螺纹底孔加工工艺流程如图 11－46 所示。

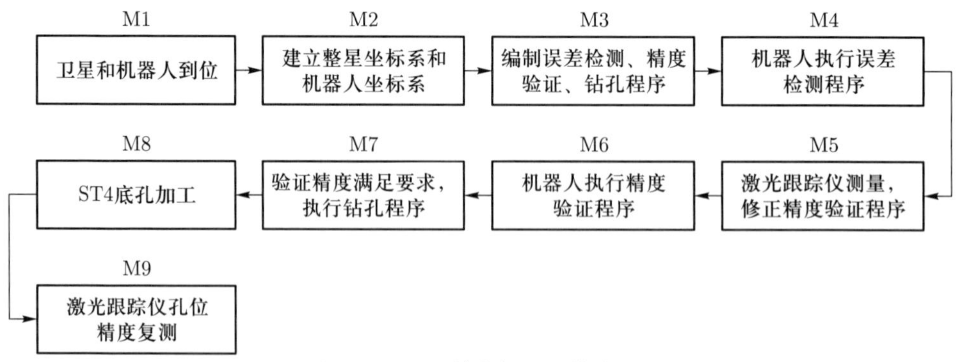

图 11－46　钻孔加工工艺流程

M1: 卫星通过部装支架安装在高精度转台上, 将机器人导引至 $+y/-y$ 面加工对象处, 尽可能保证机器人在加工面中间, 使得加工行程能够覆盖整个面。

M2: 将激光跟踪仪放置在能够同时观测到壁板工件坐标系、移动机器人 AGV 上靶标点的位置, 建立两者之间的关系。

M3: 为保证加工精度, 在钻孔前分别编制机器误差检测和精度验证程序, 保证机器人在工件坐标系 x、y 方向上的位置准确性。

M4: 执行程序, 控制机器人运动至每个孔位起始点, 测量起始点位置和机器人运动姿态误差。

M5: 根据误差测量结果, 将补偿值写入精度验证程序 ROT/ATRANS 中, 其中每个小面上的 AROT 值保持一致, 每个孔位的 ATRANS 值单独补偿。

M6: 执行精度验证程序观察位置误差补偿结果, 重点关注工件坐标系同一个面上的 x、y 值情况, 与理论值越接近, 说明该点补偿效果越好。

M7: 精度验证没问题后, 执行铣面粗加工程序。

M8: 加工过程先用中心钻在每个孔位处打 2 mm 深定位孔, 再用 ϕ4.1 mm 钻头加工 ST4 底孔。

M9: 加工完成后, 将带销柱靶球座放置在每个孔中, 通过激光跟踪仪进行孔位精度测量。

2. 钻孔精度补偿

钻孔精度补偿方案是针对每个孔位进行位置误差补偿, 其中一个凸台上典型程序轨迹如图 11–47 所示。

位置误差的补偿值选用程序中进刀点的 δx、δy 和 δz。姿态误差补偿同样需通过运动轨迹建立每个凸台的局部坐标系, 如图 11–48 所示。建系方法是 P_1 指向 P_4 点为 x 轴正向, P_2 指向 P_1 点为 y 轴正向, 坐标原点为 P_1 点。

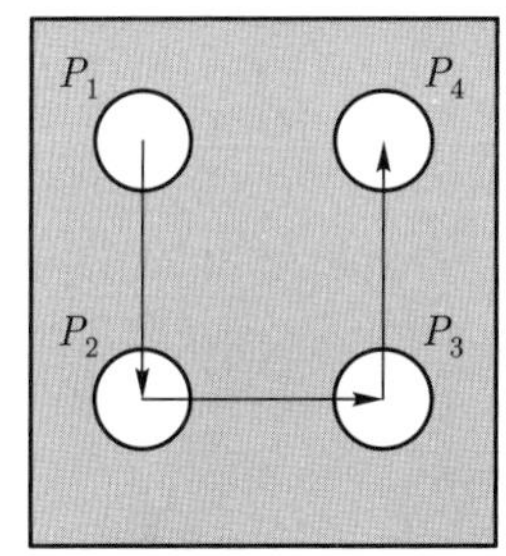

图 11–47 钻孔精度补偿典型轨迹

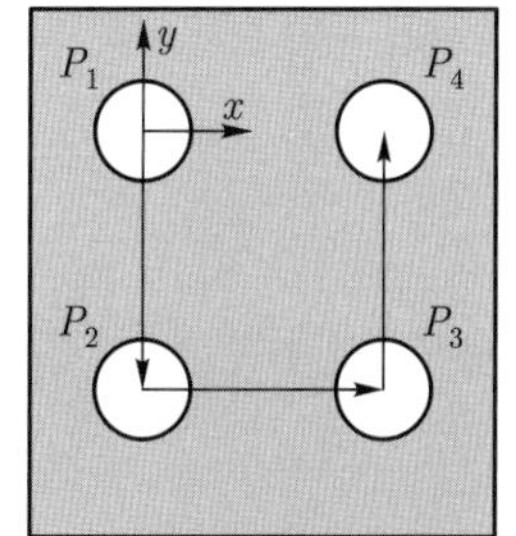

图 11–48 局部坐标系示意

如图 11–49 所示, 建系完成后, 以新建的局部坐标系为基准, 查看整星坐标系相对于局部坐标系的偏差, 即得到机器人姿态误差 (图 11–50)。

在整星坐标系下, 查看所有测量点的位置误差, 即可获得孔位的位置误差, 如图 11–51 所示。

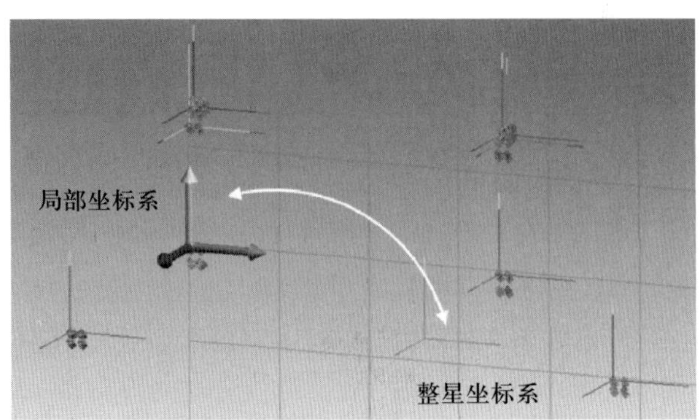

图 11－49　局部坐标系与整星坐标系相对位姿关系

坐标系 A::整星-Y			
	X	Y	Z
Translation (mm)	533.0050	-367.0113	-613.4437
旋转 (度)	0.1773	0.0417	-0.0275
X轴线	1.000000	-0.000479	-0.000728
Y轴线	0.000482	0.999995	0.003095
Z轴线	0.000726	-0.003095	0.999995
投影角度	Rx自Y	Ry自Z	Rz自X
X (度)	-123.3684	90.0417	-0.0275
Y (度)	0.1773	8.8475	89.9724
Z (度)	90.1773	0.0416	-76.7897

图 11－50　测量获得的姿态误差

点组合 A::打孔误差pt4			
点名称	X (mm)	Y (mm)	Z (mm)
p1	-911.7498	87.7201	671.9418
p2	-911.6980	59.6675	672.0506
p3	-875.4719	59.6088	672.1115
p4	-875.5420	87.6961	671.9887
p5	898.8499	87.5099	671.5082
p6	898.8087	59.4940	671.5977
p7	934.8337	59.5172	671.5159
p8	934.8203	87.5093	671.4861
p9	-533.6273	368.6510	611.9237
p10	-533.5830	322.5897	612.0538
p11	-503.3962	322.5849	612.0883
p12	-503.4085	368.6656	611.9332
p13	496.7484	368.5458	611.6962
p14	496.7407	322.4649	611.8193
p15	526.7784	322.5428	611.7292
p16	526.7352	368.5067	611.6988
p17	-533.6873	742.6988	611.5741
p18	-503.4801	742.6068	611.6710
p19	-503.4943	788.7086	611.5584
p20	-533.7033	788.6778	611.5488
p21	-519.5237	804.1877	611.5537
p22	-519.5006	827.1956	611.5367
p23	-487.4841	827.1372	611.6349
p24	-487.4789	804.1349	611.6290
p25	510.8052	804.0685	611.2502
p26	510.8028	827.0519	611.2470
p27	542.8370	827.0986	611.2344
p28	542.8038	804.0305	611.3333
p29	526.5290	788.4706	611.3686
p30	526.5740	742.5240	611.4026
p31	496.5276	742.4842	611.4088
p32	496.5647	788.5274	611.2830

图 11－51　测量获得的位置误差

11.6　卫星承力筒加工

1. 加工平台搭建

为提高卫星承力筒打孔精度和质量，增加操作安全性，采用移动铣削机器人进行承力筒打孔，该机器人采用 KUKA KR500 机器人，数控系统为西门子 840D sl，加工环境如图 11 – 52 所示。

图 11 – 52 承力筒加工功能性实验环境

2. 钻底孔加工

承力筒钻孔是通过采用数控编程方法，使用金刚石涂层刀具，按照 1 500 ~ 3 000 r/min 的转速、100 mm/min 的进给速度进行钻孔，钻孔过程如图 11 – 53 所示。

图 11 – 53 钻 ϕ10 mm 底孔功能性验证过程

钻孔结果如图 11 – 54 所示，钻孔显示碳纤维无分层、毛刺和断裂现象。

图 11 – 54 钻 ϕ10 mm 底孔加工结果

3. 铣孔加工

承力筒铣孔使用带金刚石涂层的 ϕ10 mm 铣刀, 按照 1 500 ~ 3 000 r/min 的转速、100 mm/min 的进给速度进行铣孔, 通过刀具半径补偿功能, 保证孔径尺寸, 铣孔结果如图 11－55 所示, 碳纤维无分层、毛刺和断裂现象。

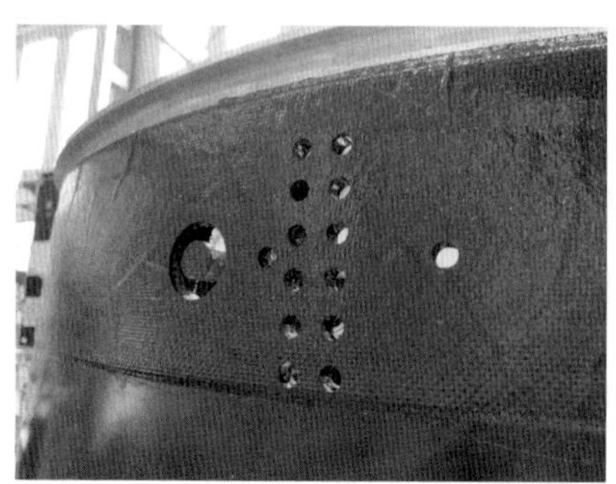

图 11－55 铣 ϕ25 mm 孔加工结果

表 11－10 为各加工孔的实测孔径。由结果可知, 钻孔的实测孔径比加工钻头直径要大, 并且圆度较差 (0.3 ~ 1 mm), 而铣孔的孔径保持较好。这是由机器人关节的回差间隙较大造成的, 导致钻孔回退过程的轨迹发生变化, 从而扩大了孔径。而铣孔过程中则不存在此问题, 机器人各关节一直向一个方向运动, 不存在回差问题, 所以铣孔质量更好。虽然可以通过在关节处增加光栅尺来直接测量关节的扭转角度以消除回差间隙, 但在机器人 6 个关节增加光栅无疑会增加较大的成本。因此, 采用铣削工艺方法可以有效避免孔径超差的问题。

表 11－10　各加工孔的实测孔径

加工对象/mm	实测孔径/mm
ϕ10 孔	ϕ10.3
ϕ10 孔	ϕ10.2
ϕ10 孔	ϕ10.2
ϕ10 孔	ϕ10.2
ϕ10 孔	ϕ10.2
ϕ10 孔	ϕ10.3
ϕ10 孔	ϕ10.3
ϕ10 孔	ϕ10.3
ϕ10 孔	ϕ10.2
ϕ10 孔	ϕ10.2
ϕ10 孔	ϕ10.3
ϕ10 孔	ϕ10.3
ϕ25 孔	ϕ24.98

11.7 卫星检测–装调–加工一体化多机器人协同应用

在大型卫星结构装配过程中, 为保证其部分高精度载荷, 如 4 个太阳翼压紧面, 虽然每个压紧面的尺寸不到 50 mm × 60 mm, 但其分布在卫星侧壁 1 200 mm × 800 mm 的 4 个顶点上, 其共面度要求在 0.3 mm 以内。由于这 4 个压紧面分别胶接在不同仪器板上, 很难通过装调保证其共面度, 因此需要在整星部装完毕后再进行加工。目前采取的方案是将整星 (约 3 000 mm × 3 000 mm × 3 000 mm 的立方体) 先在部装现场完成装配, 再转运到机加车间进行整体加工。这种 "工位不动, 卫星移动" 的工艺流程需要经过两次跨车间吊装, 存在吊装风险, 而且机加车间的洁净度较低, 容易导致卫星存在多余物。而采用 "卫星不动, 工具移动" 的工艺则能很好地解决这个问题, 同时避免吊装和多余物的风险 (图 11–56)。

基于移动机器人检测–装调–加工一体化的大型卫星结构制造过程系统可满足卫星载荷安装支架整体原位检测–装调–加工过程, 并实现局部加工精度优于 ±0.2 mm、全局装调精度优于 ±0.2 mm、平面度优于 0.1 mm、表面粗糙度优于 *Ra* 3.2 μm 的卫星整体组合加工要求。

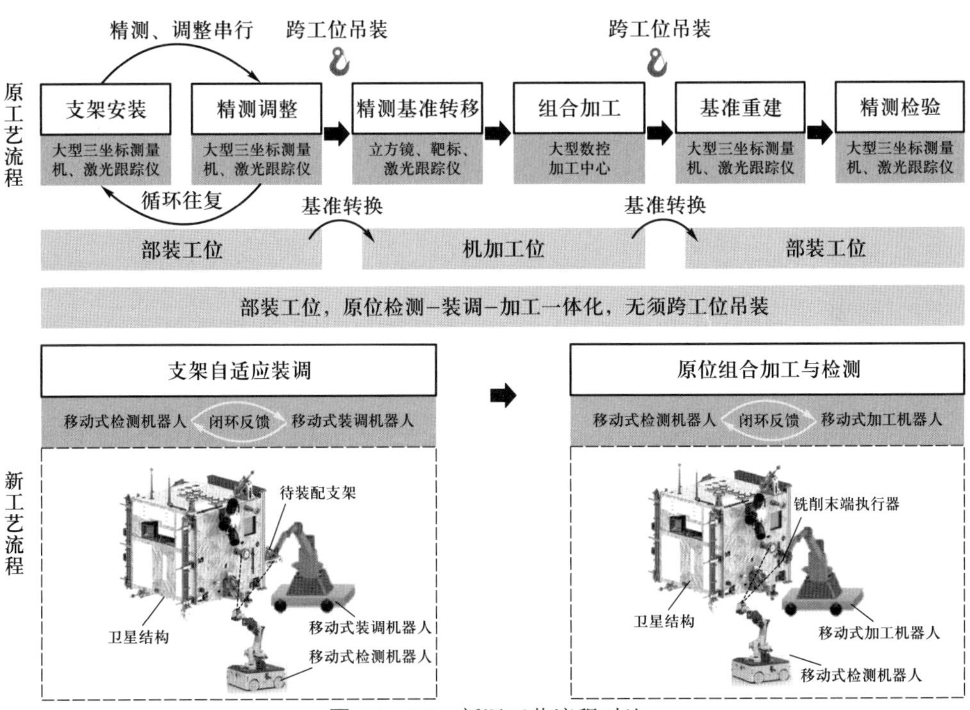

图 11–56 新旧工艺流程对比

仿真场景与实际应用如图 11–57 所示, 包括星体模拟件、星体转运工装、移动式检测机器人、移动式装调机器人和移动式铣削机器人。为实现检测–装调–加工一体化加工, 拟采用 3 台移动式机器人协同作业, 分别完成装调型面扫描、监控与视觉引导, 设备支架装调, 仪器设备安装面精铣 3 项主要任务。作业过程具体包括:

首先由移动式检测机器人完成装调目标位置的型面检测，对采集到的型面点云信息进行重构，获取满足加工余量可靠包络的装调位置；其次由激光跟踪仪与视觉系统完成大视场的装调引导，同时由移动式检测机器人的末端视觉系统完成局部的精确装调伺服引导，并配合力觉传感信息，进一步提高装调过程的精度和柔顺性；最后对精铣机器人实施基于视觉伺服的轨迹控制，完成安装平面/孔的精铣加工。

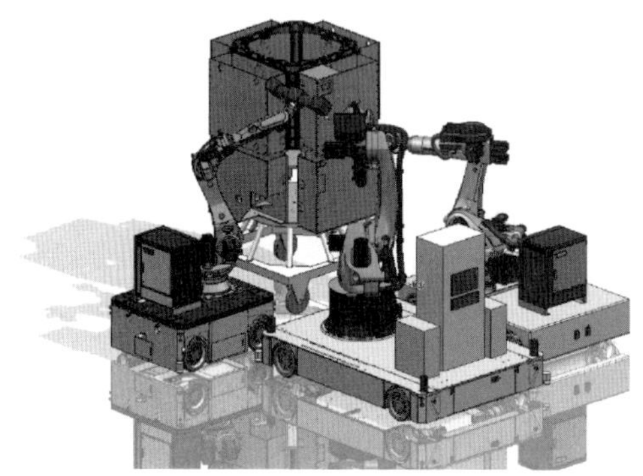

图 11−57 仿真场景与实际应用验证

应用作业内容包括以下两个方面：① 基于视觉伺服和力位耦合的太阳翼压紧点支架柔顺抓取与装配；② 基于视觉伺服的铣削轨迹修正和支架余量去除。

如表 11−11 所示，依据相关工艺，针对大型卫星太阳翼压紧点支架余量组合加工过程进行了不同工艺过程的划分，以移动式工业机器人为核心，主要分为检测−装调工艺过程（视觉伺服太阳翼压紧点支架抓取与力位耦合柔顺装配）和检测−加工工艺过程（视觉伺服机器人定位−找正与支架余量去除）。

表 11−11 工艺过程设备清单

工艺过程	包含设备	数量	设备用途	备注
检测−装调	移动式检测机器人	1	移动式工业机器人装调过程视觉伺服	包括机器人本体、全向智能移动平台、C-Track
	移动式抓取机器人	1	太阳翼压紧点支架抓取及柔顺装配	包括机器人本体、全向智能移动平台、六维力传感器、抓取末端、气泵
	星体模拟件	1	检测−装调过程试件	
	转运工装	1	星体模拟件固定及转运	
检测−加工	移动式检测机器人	1	移动式工业机器人铣削过程定位−找正视觉伺服	包括机器人本体、全向智能移动平台、C-Track
	移动式铣削机器人	1	太阳翼压紧点支架余量去除	包括机器人本体、全向智能移动平台、铣削末端执行器、气泵、水冷机、吸屑装置
	星体模拟件	1	检测−加工过程试件	
	转运工装	1	星体模拟件固定及转运	

1) 基于视觉伺服和力位耦合的太阳翼压紧点支架柔顺抓取与装配

根据现场实际作业过程, 分别在移动式抓取机器人末端和星体表面粘贴 C-Track 公共靶标点, 将 Tecnomatix Process Simulate 后处理的程序分别传入移动式检测机器人和移动式抓取机器人的控制器中, 依据仿真时序逻辑执行检测–装调工艺过程相关程序。支架检测–装调工艺过程如图 11–58 所示。

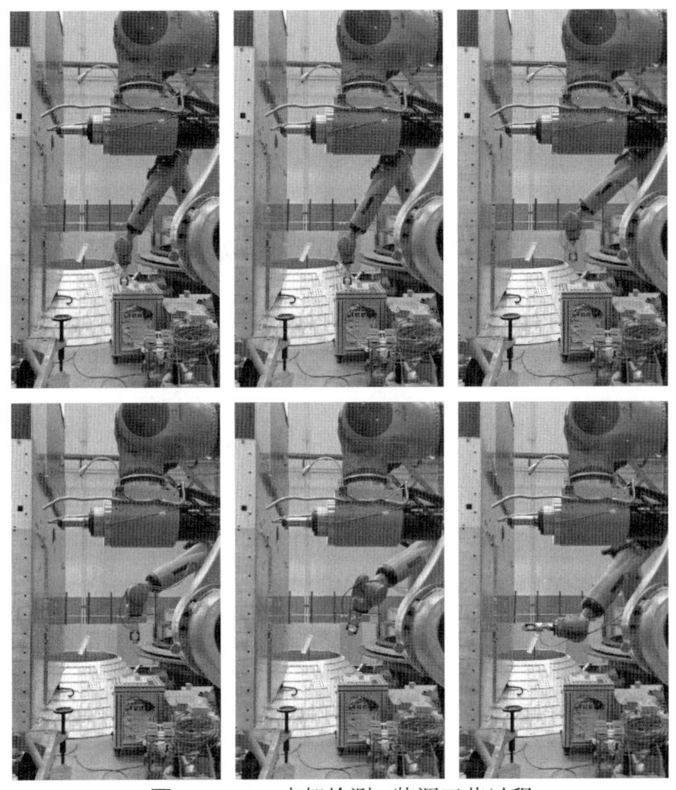

图 11–58 支架检测–装调工艺过程

同时, 针对装配过程中插补直线, 通过 C-Track 测量出无补偿和基于视觉伺服的精度补偿方法这两种情况下末端执行器轴尖处的位姿, 对实验数据进行处理后得出实验结果如图 11–59 至图 11–62 所示。

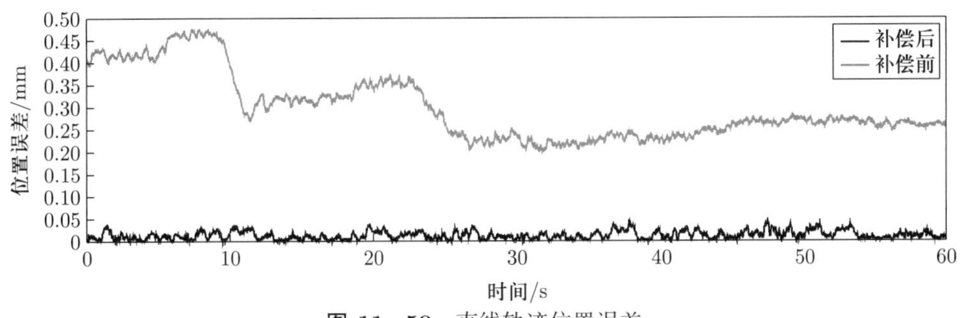

图 11–59 直线轨迹位置误差

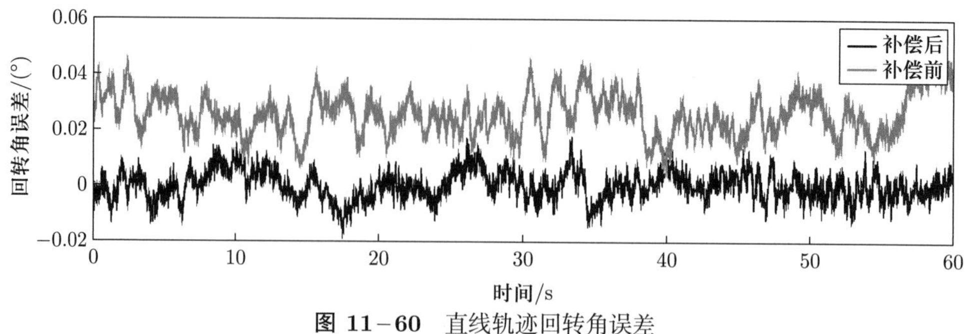

图 11−60 直线轨迹回转角误差

图 11−61 直线轨迹俯仰角误差

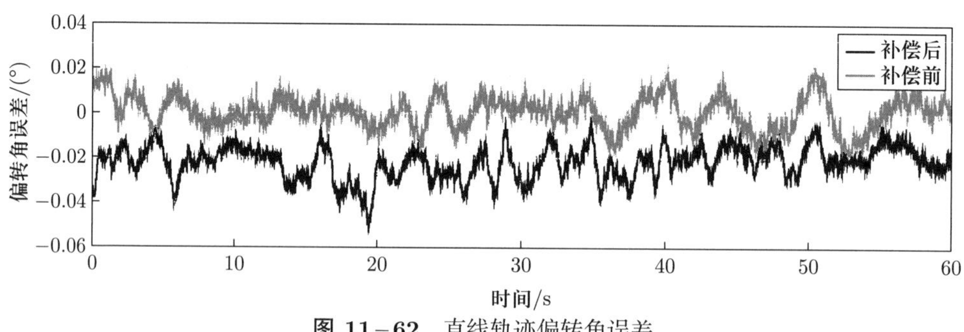

图 11−62 直线轨迹偏转角误差

实验统计数据如表 11−12 和表 11−13 所示，由统计数据可以看出，视觉伺服控制模型能够极大地提高机器人装配过程的直线轨迹精度，位置误差控制在 0.05 mm 以内，姿态误差控制在 0.02° 以内，各项指标的均方根误差 (RMSE) 值也显著降低。

表 11−12 补偿前统计数据值

误差	Δp/mm	$\Delta\alpha$/(°)	$\Delta\beta$/(°)	$\Delta\gamma$/(°)
最大偏差	1.11	0.030	0.020	0.030
RMSE	0.78	0.019	0.012	0.017

表 11−13 补偿后统计数据值

误差	Δp/mm	$\Delta\alpha$/(°)	$\Delta\beta$/(°)	$\Delta\gamma$/(°)
最大偏差	0.04	0.010	0.000	0.010
RMSE	0.03	0.004	0.002	0.005

2) 基于视觉伺服的铣削轨迹修正和支架余量去除

卫星舱体上太阳翼压紧面位于间距 1 600 mm × 800 mm 梯形 4 个顶点上, 每个压紧面为 60 mm × 50 mm。由于受到卫星舱体装配误差的影响, 这 4 个凸台表面并不处于同一个平面上, 与整星坐标系也无法垂直, 因此需要在卫星结构装配完毕后, 再同时加工这 4 个安装面, 以使这 4 个安装面的共面度优于 0.3 mm、与整星坐标系底面的垂直度保持 0.5 mm, 这样才能保证太阳翼在展开前能够压紧在这 4 个安装面上 (图 11-63)。

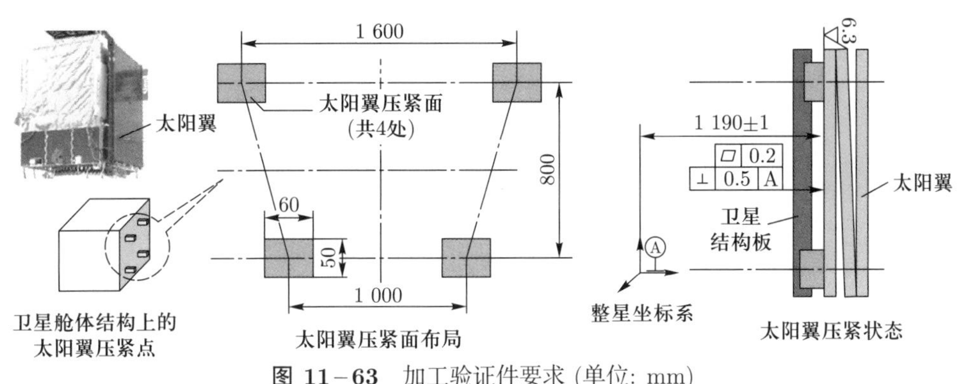

图 11-63 加工验证件要求 (单位: mm)

过程中采用两种刀具进行实验: 一种是直径为 16 mm 的立式铣刀, 按照 “Zig” 方式加工; 另一种是直径为 80 mm 的自制刮面镗刀, 在镗杆处安装菱形车刀片, 也采用 “Zig” 方式加工, 由于其直径大于加工面宽度, 只加工一行即可覆盖整个安装面。

通过检测加工结果可以分析得出以下几种情况:

(1) 如果单个压紧面平面度不满足要求: 对于采用 80 mm 自制刮面镗刀, 可能是机器人在执行坐标变换后行走的轨迹不是一条空间直线, 由此获得的加工包络面为一个曲面, 这是由机器人直线插补存在误差所导致的; 而对于采用 16 mm 立式铣刀, 还有另外一种可能, 即机器人的刀轴进给方向与刀具轴线不平行, 由此形成 “锯齿状” 的加工表面。机器人刀轴方向并不存在实际轴, 因此需要旋转工件坐标系使其 z 方向与刀轴方向重合。

(2) 如果单个压紧面平面度满足要求, 而 4 个压紧面共面度不满足要求: 对于采用 80 mm 自制刮面镗刀, 此时可以首先评价这 4 个压紧面的平行度, 如果平行度优于 0.2 mm, 则说明虽然机器人的刀轴进给方向和刀具轴线不平行, 但加工这 4 个压紧面的机器人矩形轨迹 4 个端点是共面的, 机器人的轨迹精度是满足要求的。如果共面度满足要求, 则验证了机器人在轨迹插补和加工找正过程都是正确的。

(3) 如果 4 个压紧面共面度满足要求, 而垂直度不满足要求: 说明机器人找正过程中俯仰方向存在偏差, 即需要校正机器人刀具坐标系 xOy 平面 (垂直于刀具进给方向) 与整星坐标系 xOy 平面 (星、箭对接面) 是否垂直。

(4) 如果 4 个压紧面垂直度满足要求, 但其距离整星坐标系的尺寸公差不满足要求: 说明此时机器人无论是定位找正还是轨迹精度都已经满足要求, 但机器人理论刀尖点与实际刀尖点可能不重合。

使用 16 mm 立式铣刀、转速 8 000 r/min、进给速度 1 500 mm/min 和使用 80 mm 自制刮面镗刀、转速 1 000 r/min、进给速度 600 mm/min 的加工压紧点与加工结果分别如图 11－64 和图 11－65 所示。从加工结果来看，加工面的粗糙度均可以满足 *Ra* 6.3 μm 的要求。下面具体分析加工面的尺寸和形位公差。

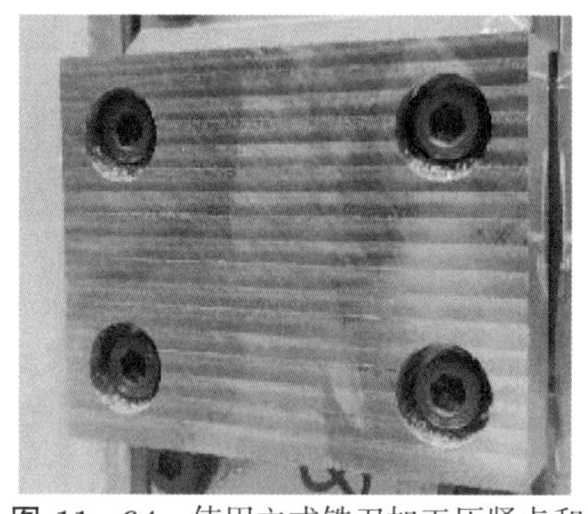

图 11－64 使用立式铣刀加工压紧点和加工结果

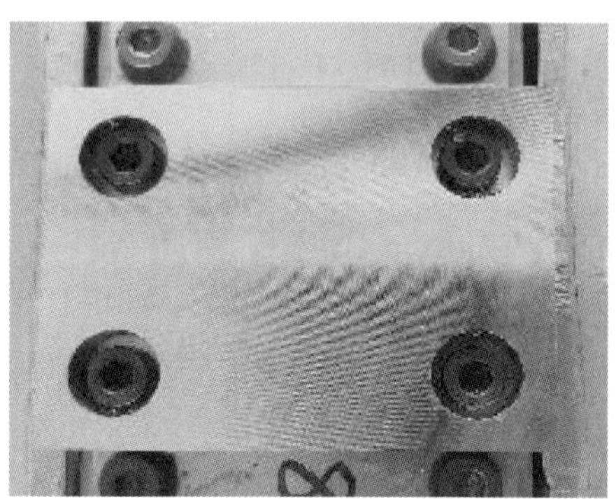

图 11－65 使用刮面镗刀加工压紧点和加工结果

最终卫星 4 处加工面铣削结果如图 11－66 所示。

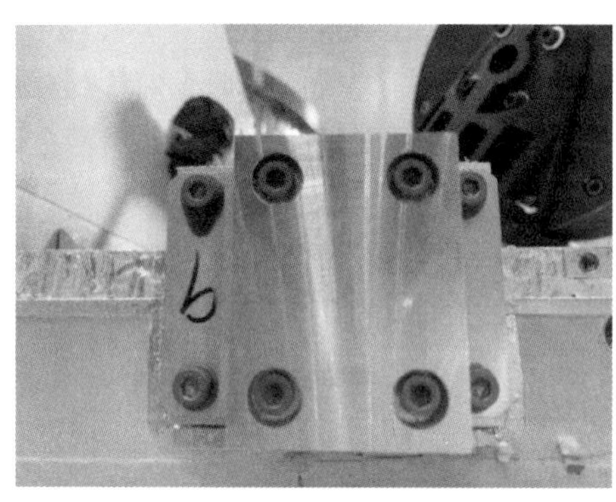

(a) 左上支架

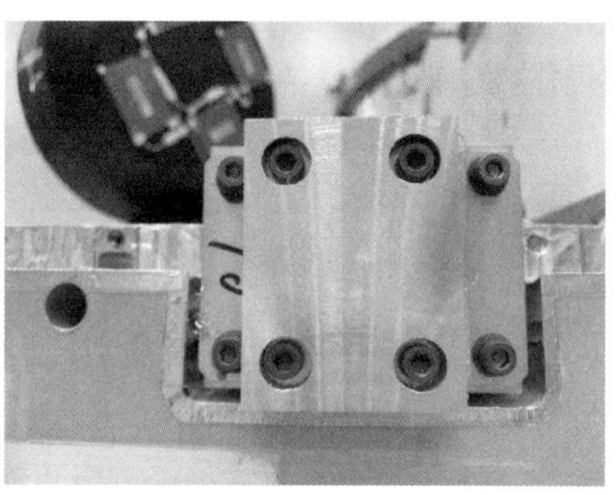

(b) 右上支架

(c) 左下支架

(d) 右下支架

图 11－66 卫星结构铣削加工结果

使用激光跟踪仪靶球采集 4 个加工面上的点云数据，每个面上采集约 40 个点位，采集完成后，在整星坐标系下完成这 4 个面加工结果评价，包括平面度、共面度、垂直度和距离整星坐标系的距离。数据采集方法如图 11－67 所示。

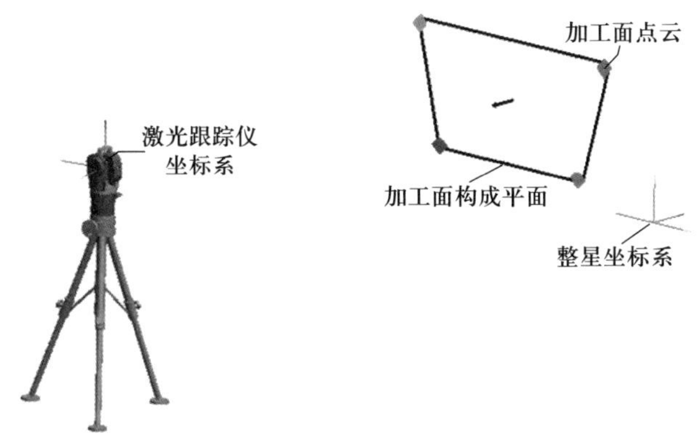

图 11－67 加工结果检测与评价

1) 平面度指标评价

平面误差曲线如图 11－68 所示。采用最小二乘法，保证各点到拟合面的距离平方和最小，计算出各面位置，然后比较测量点到该平面的距离，并取距离的最大值作为评估，4 个面的平面度都在 0.04 mm 以内，说明无论是机器人的直线插补功能还是工件坐标系 z 方向与刀轴方向重合性都较好。

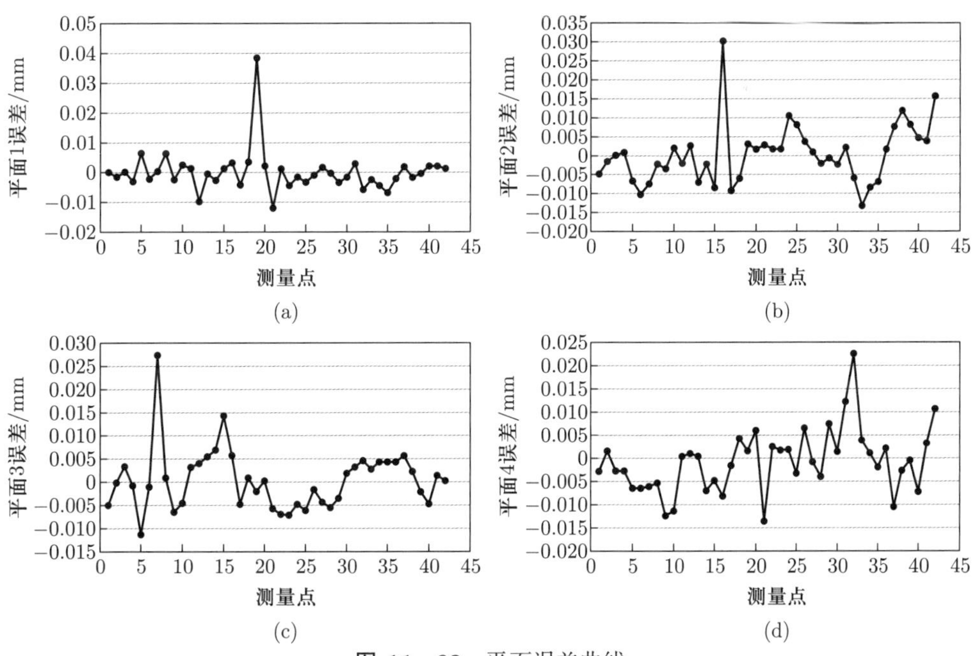

图 11－68 平面误差曲线

2) 共面度指标评价

评价 4 个面的共面度, 仍采用上述方法, 建立最佳拟合面如图 11 – 69 所示, 然后比较测量各点到该平面的距离, 并取距离的最大值作为评估, 由计算结果得知共面度达到 0.3 mm。

图 11 – 69 共面度评价结果 (参见书后彩图)

3) 位置度指标评价

由于太阳翼有指向精度要求, 需确保太阳翼压紧面组合加工满足位置度指标要求。针对整星基准 xOy 平面, 在建立的整星基准坐标系下记录 4 个平面的 z 值。4 个平面 z 轴最大值和最小值如表 11 – 14 所示。相对于基准的位置度为 0.6 mm。

表 11 – 14 4 个凸台 z 轴极值坐标

	平面 1	平面 2	平面 3	平面 4
Z_{max}/mm	−1 191.580 5	−1 191.105 1	−1 191.210 7	−1 191.447 7
Z_{min}/mm	−1 191.767 9	−1 191.159 6	−1 191.284 4	−1 191.645 6

11.8 小结

本章以航天领域一些典型航天器大型产品加工为例, 介绍了移动式工业机器人的集成与应用情况。通过移动机器人在焊接、测量、铣削、装配等领域的应用实例, 验证了移动机器人在航天等高端装备制造业中的深入应用。这些应用中, 有的解决了超大构件超出机床行程的制造瓶颈问题, 有的缓解了对关重设备的占用, 还有的减少了转运和装夹环节, 实现了在一个工位直接加工、装配和检测。多种应用都验证了移动机器人这种低成本化的装备能够实现大型构件的制造, 具有良好的社会经济效益。

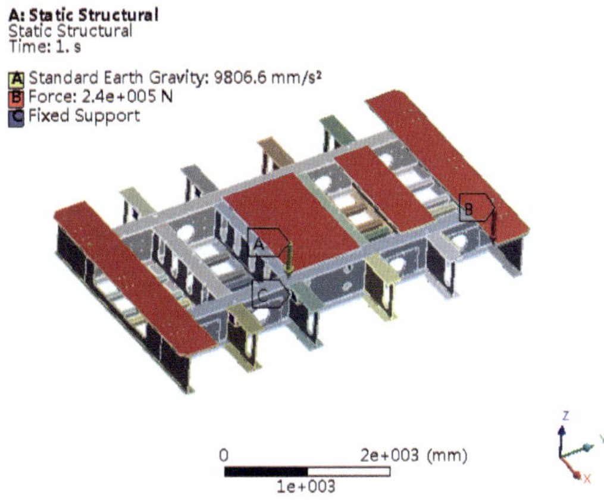

图 3-5 边界条件

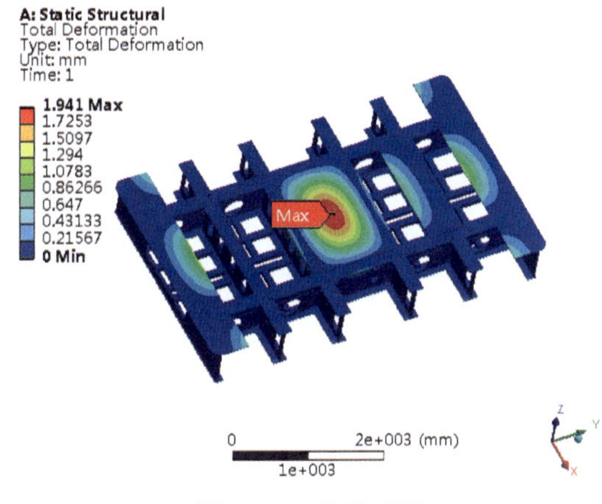

图 3-6 位移云图

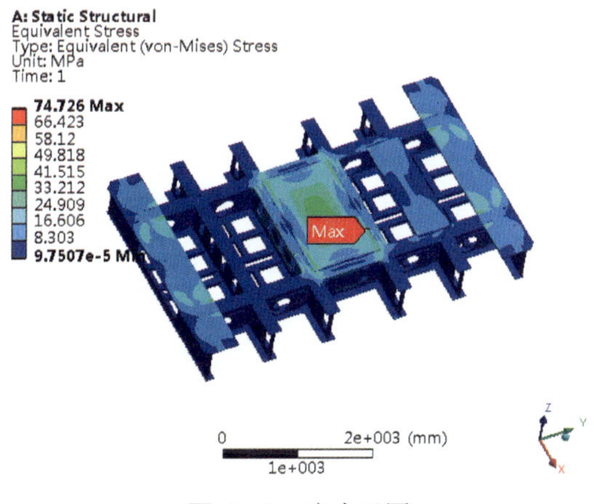

图 3-7 应力云图

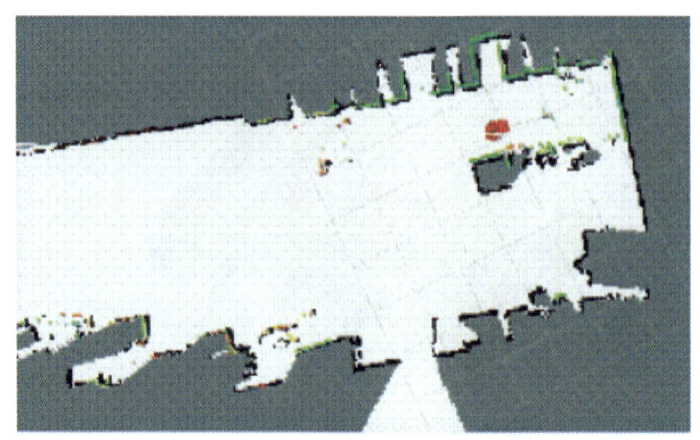
图 6-13　Gmapping 实际建图

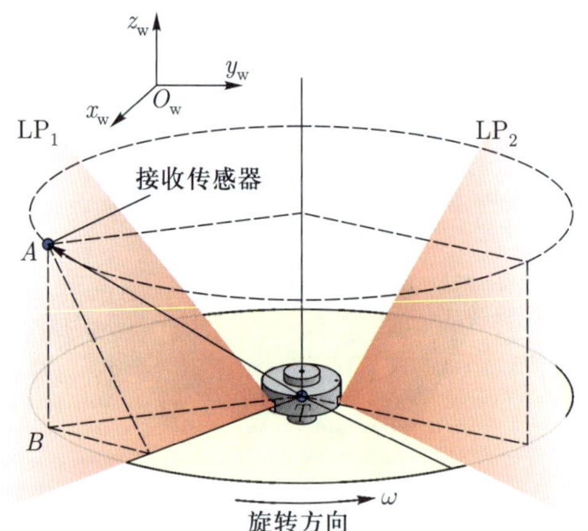

图 6-22　激光扫描单元几何模型

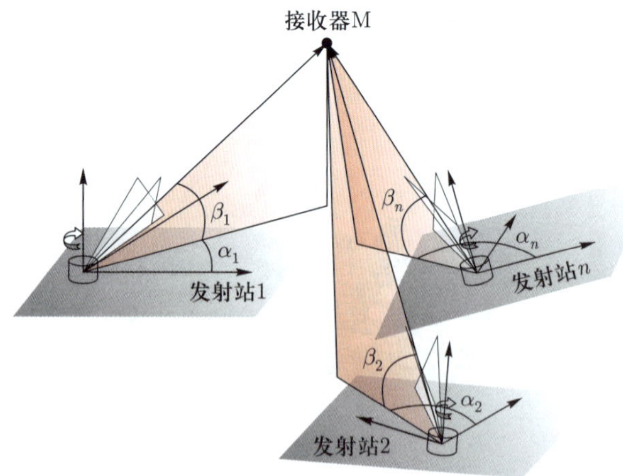

图 6-23　激光扫描单元组网测量几何模型

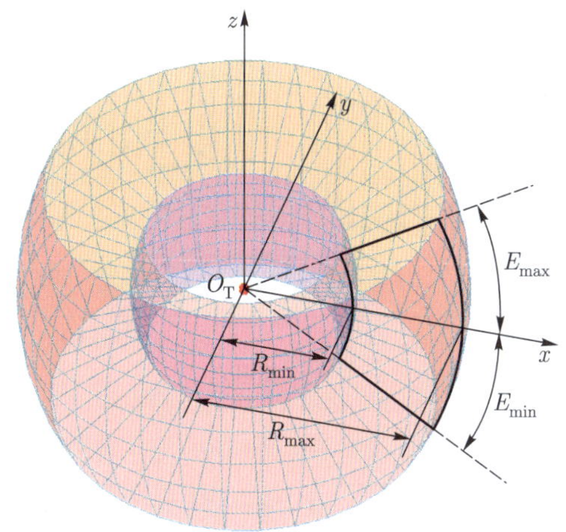

图 6–26　单台激光扫描单元有效覆盖区域示意

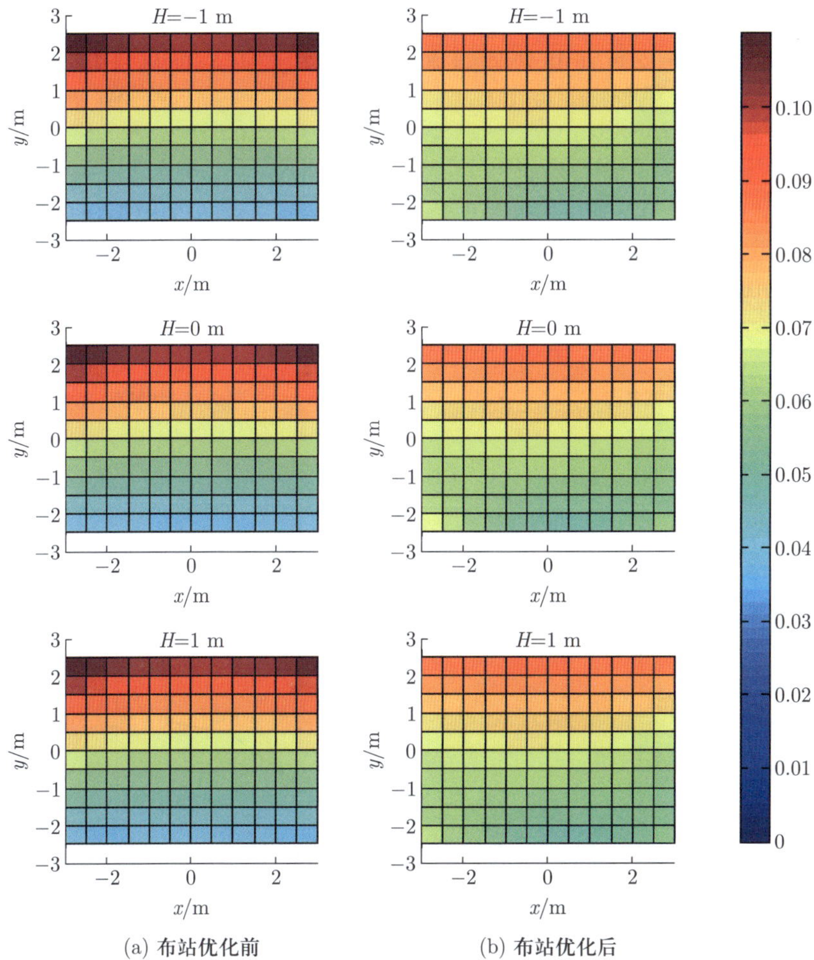

(a) 布站优化前　(b) 布站优化后

图 6–28　布站优化前后测量区域不同高度的误差分布

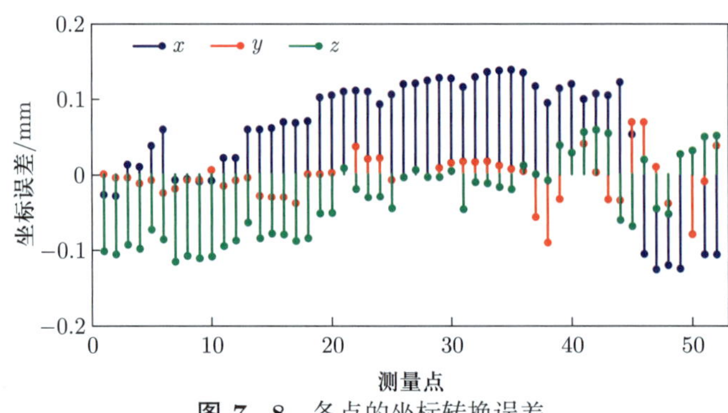

图 7–8 各点的坐标转换误差

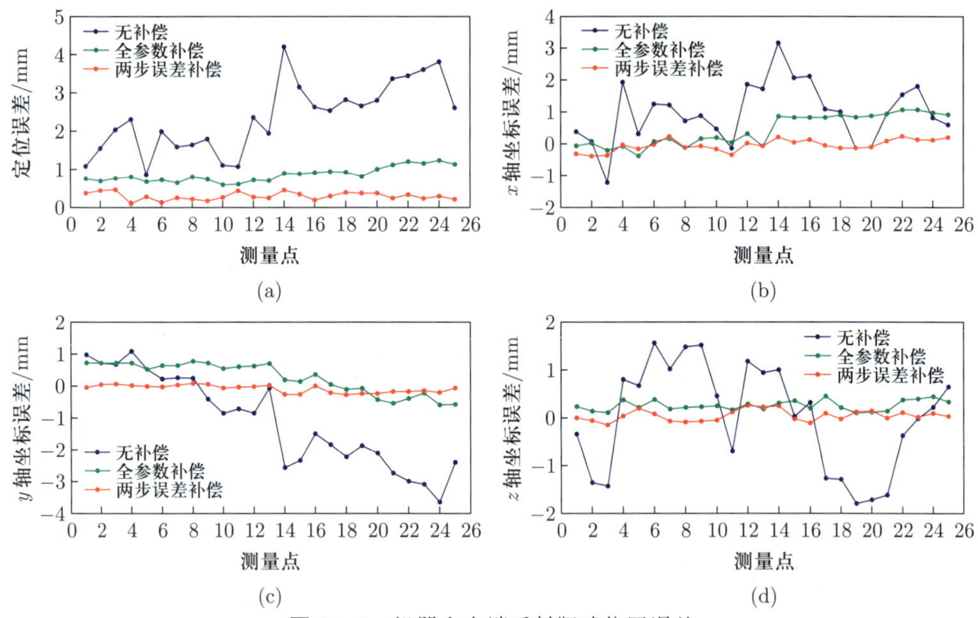

图 7–9 机器人末端反射靶球位置误差

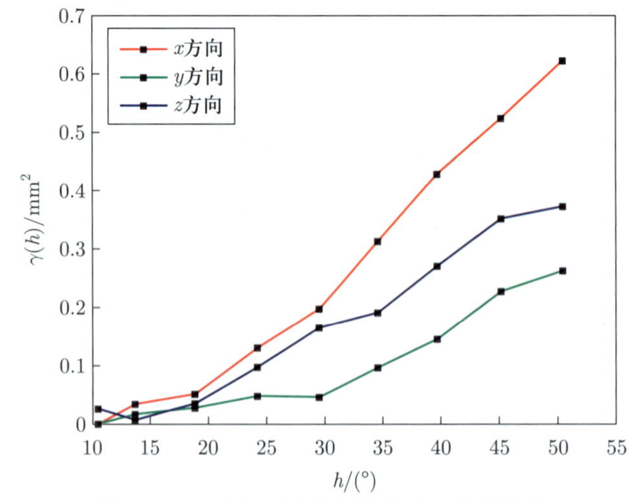

图 7–14 分组后定位误差变差函数的均值

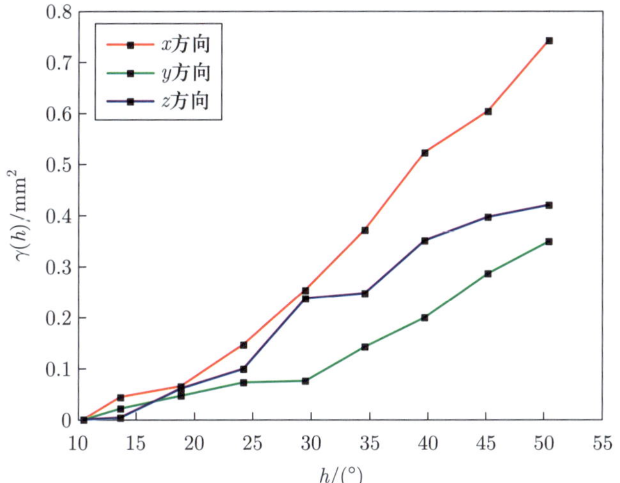

图 7-15　分组后定位误差变差函数的标准差

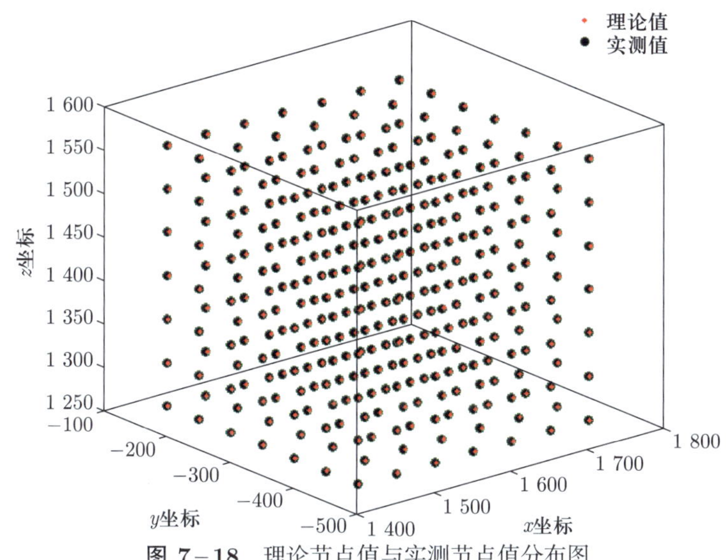

图 7-18　理论节点值与实测节点值分布图

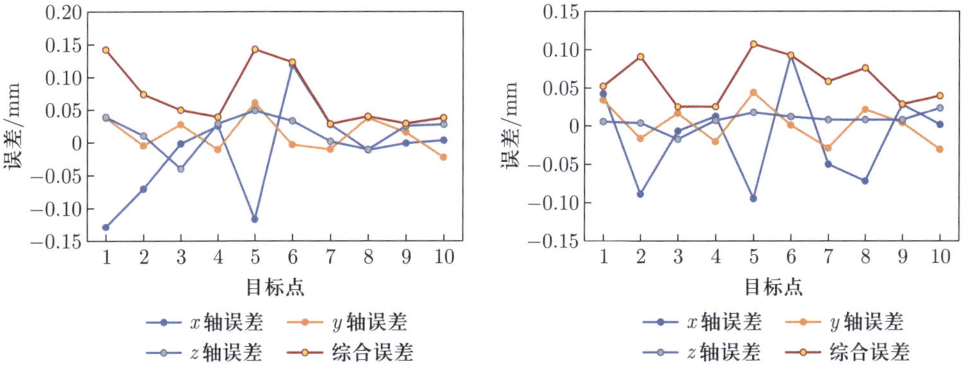

(a) 300 mm×300 mm×300 mm, 间距70 mm

(b) 300 mm×300 mm×300 mm, 间距50 mm

图 7-19　10 个目标点的误差补偿精度

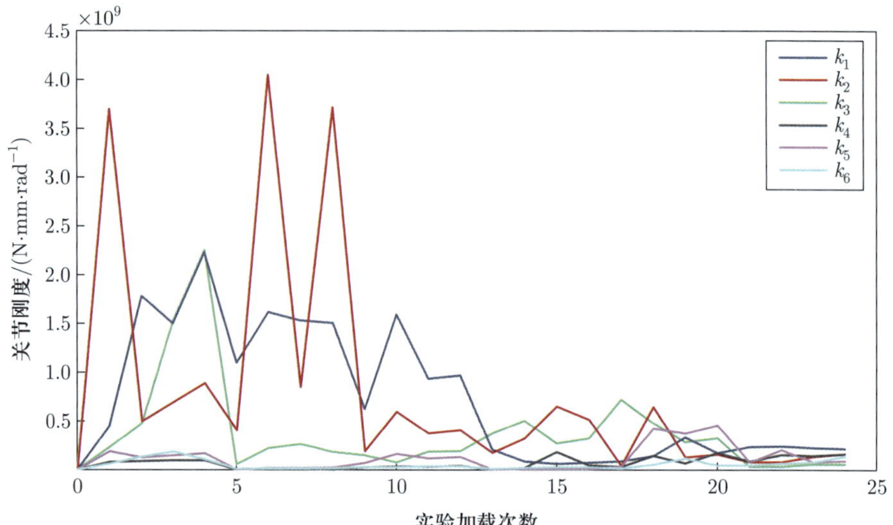

图 7-25 机器人关节刚度辨识结果

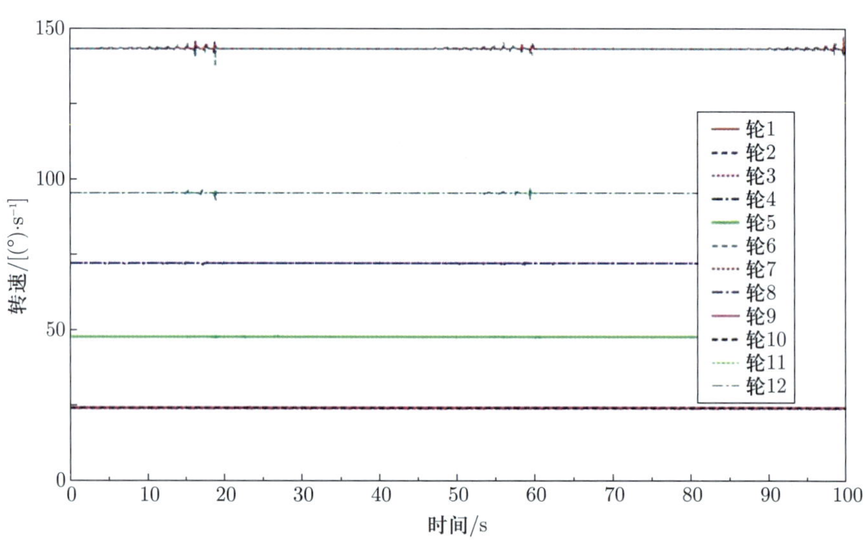

图 8-15 三车共 12 个驱动轮的转速曲线

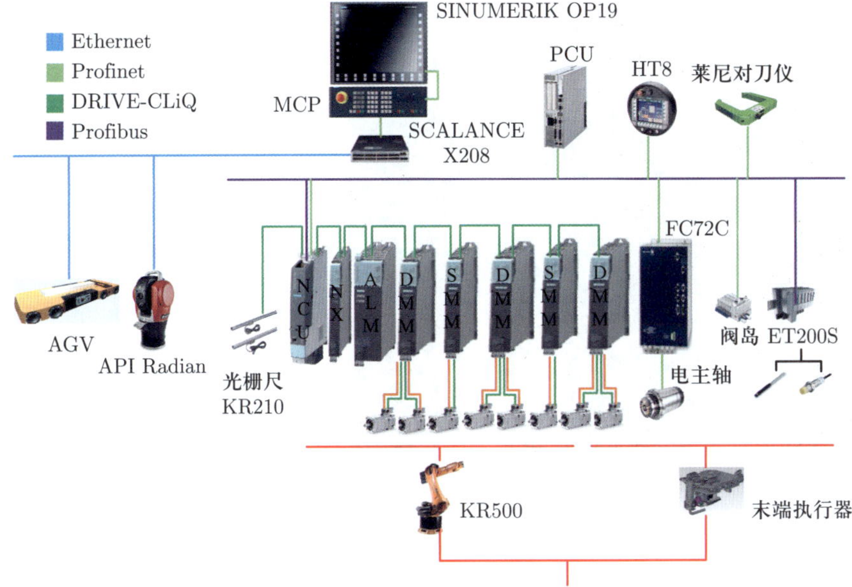

图 8-27　移动式工业机器人装备数控系统实现架构

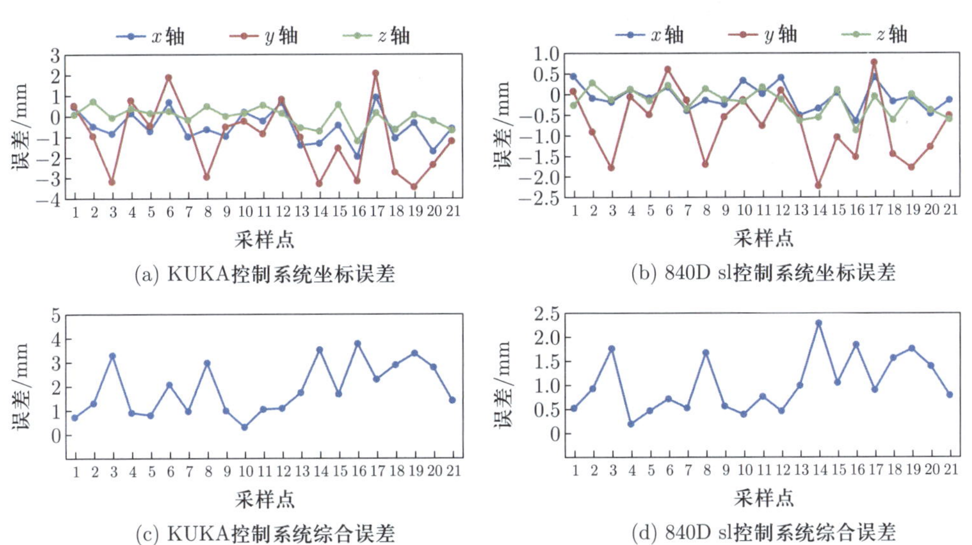

图 8-32　实验结果

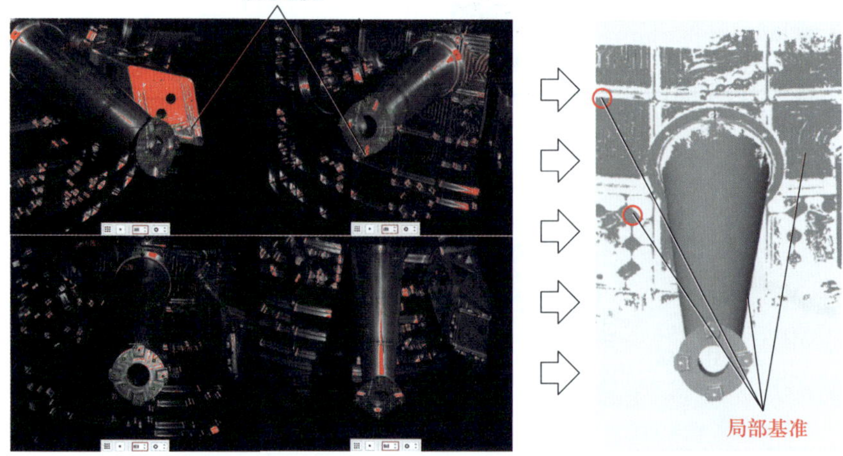

图 11–25　左支架检测结果与拟合数据

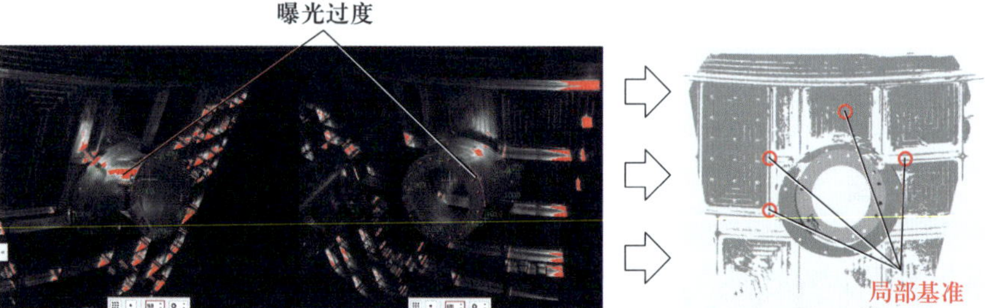

图 11–26　右支架检测结果与拟合数据

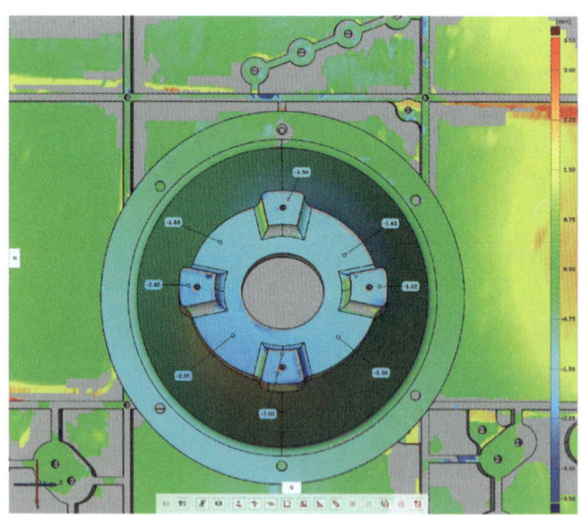

图 11–28　拟合完成后模型色差图

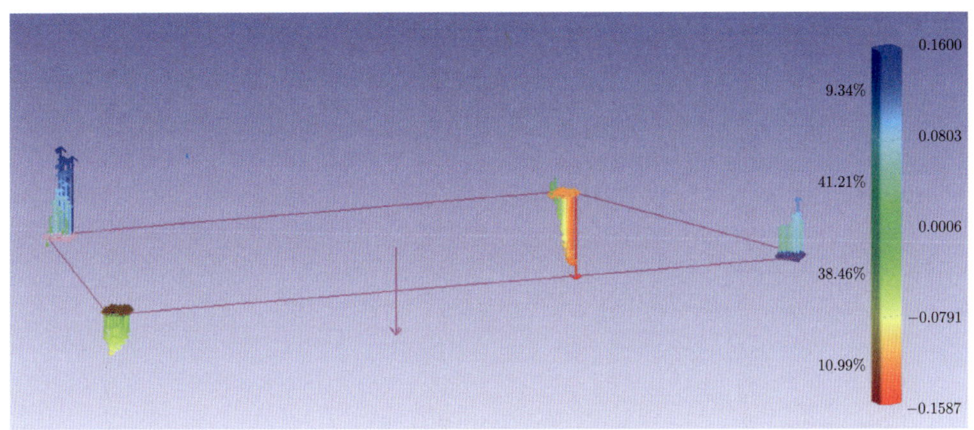

图 11-69　共面度评价结果